축산식품 윤리

Ethics of Livestock Products

편저자

이무하 · 남기창 · 장애라 · 조철훈

들어가는 말

전 세계적으로 한 국가의 경제가 발달하면 국민들의 식생활 패턴이 바뀐다. 즉, 소비하는 식품의 구성이 식물성에서 동물성 위주로 바뀌게 된다. 세계경제는 시대의 변천에 따라 지속적으로 발전하여 왔고 최근에는 중국과 인도에서 중산층 인구가 지속적으로 증가하고 있다. 이에 따라 축산물의 수요는 전 세계적으로 늘어나고 있다. 이 늘어나는 축산물 수요를 충족시키기 위해서는 생산을 늘려야 하고 생산을 늘리기 위해서는 가축 사육을 늘려야 한다. 이것은 다시 사료로 사용되는 곡물의 수요를 늘어나게 한다.

지구의 한 편에서는 매일 저녁 굶주린 배를 움켜쥐고 잠자리에 들어가는 사람의 수가 수억에 이른다. 2014년에 11%의 인구가 식품 불안 상태에 있는 것으로 보고되었다. 다른 한 편에서는 비만과 관련된 질병으로 고통을 겪는 사람의 수가 굶주린 사람의 수보다 많다고 한다. 이런 상황 속에서 농업 생산량을 늘리기 위해 다국적 기업들은 개도국의 토지를 착취하는 상황이 일반화되어 가고 있고 가난한 나라들의 생계형 농민들은 자신들의 토지가 황폐화되어 가는 줄도 모르고 생산량을 늘리기 위해 어렵게 살아가고 있다. 세계적으로 현재의 지구 식품시스템을 개혁해야 한다고 목소리를 높이지만 현실적으로 개선되는 경우는 매우 드물다. 이것은 이러한 상황이 소위 선진국의 소비자들에게는 피부에 와 닿지 않기 때문이고 개도국의 힘들게 살아가는 국민들은 이런 상황에 신경을 쓸 여유가 없기 때문이다.

우리나라 경제는 이제 많은 개도국들이 선진국이라고 평가를 내려주는 선진국 문턱에 와 있는 상태로 보인다. 국토를 둘러보면 이제는 환경을 걱정하면서 개발을 추진하는 시대에 살고 있고 건강에 도움이 되는 유기농산물을 이야기하는 국민들이 상당수에 달하는 형편이다. 하지만 아직도 우리 자신이 상대적으로 얼마나 풍요로운 나라에서 살고 있는지를 깨닫지 못하고 채워질 수 없는 욕망을 채우려고 국민 대다수가 발버둥치고 있음을 보게 된다. 한 해에 우리나라에서 버려지는 음식이 500만 톤에 이르고 금액으로는 약 20조원에 달하는 상황에서 아프리카의 많은 국가에서는 굶주린 사람들이 죽어가고 있다. 이것은 국가 경제 차원에서 뿐만 아니라 윤리적 차원에서 개선되어야 할 사안이다.

윤리란 다른 사람들의 복지를 고려할 때 이룩되는 것이다. 전 지구적인 차원에서는 우리 자손들에게 건강한 자연을 물려주기 위해서 지속가능한 식량생산을 실행해야 하고 국가적으로는 건전한 소비생활을 영위함으로써 건강한 육체와 어려운 사람들에게 식품안보를 제공하는 총체적인 윤리적 식량생산과 소비를 생각할 시대가 되었다. 특히 축산은 항상 곡물 생산과 연계되어 지구 식량위기 해결을 위한 그 효율성이 문제로 지적되어 왔고, 생산성 향상을 위한 공장식 축산으로의 진화가 동물학대의 원인으로 지적되어 왔으며 지구환경 악화에 상당한 책임이 있음이 인정되고 있기 때문에 축산식품의 윤리는 학문 후속세대뿐만 아니라 젊은이들에게 매우 시의적절한 주제라고 생각된다. 부디 이 『축산식품 윤리』를 통하여 우리 젊은이들이 지구적 및 국가적 차원에서 축산식품 생산과 소비와 관련한 시야가 넓혀지기를 기대해 본다.

2018년 2월

편저자 일동

차 례

제 1 장 축산식품 이야기 / 11

제 4 장 소비윤리 / 219

제 1 장

축산식품 이야기

1. 축산의 역사

"세상에는 나쁜 식물이나 나쁜 사람들은 없다. 단지 나쁜 축산이 있을 뿐이다."

-빅터 휴고(Vitor Hugo)-

동물들이 인간과 함께 한 역사는 매우 오래 되었다. 약 10만 년 전 인간이 수렵채취인들로 진화되어 있었을 때 동물들은 먹잇감으로서 인간생활의 한 부분이었다. 따라서 인간 무리들은 먹잇감 동물들을 따라 이동하는 생활을 하고 있었다. 인간의 수렵채취 시대는 농업을 시작하면서 종지부를 찍게 된다. 초기 신석기 시대의 농업혁명은 대충 1만 2천 년에서 1만 4천 년 전에 식물들을 재배하면서 시작되었다. 이로 인해 인간은 수렵채취를 위한 이동 생활을 버리고 정주를 시작하면서 동물의 가축화를 시작하여 동물을 식량공급 뿐만 아니라 원료 공급의 수단으로 활용하게 되었다. 이러한 식량생산의 의도적 관리는 인구, 기술, 정치 및 군사적 변화를 야기했다.

가축이란 감금 상태에서 번식되고, 그들의 번식을 조절하고 포식자들로부터 보호해 주고, 거처를 마련해 주며, 먹이를 제공해 주는 인간들에게 유용하도록 자신들의 야생조상과 다르게 변형된 동물 종을 말한다. 가축화란 인간의 필요에 맞는 특성을 가진 품종을 만들어 내기 위해 개별 동물 종을 변경하는 과정이다. 가축화는 자유번식, 감금, 감금 상태에서의 번식, 선택적 번식, 그리고 품종 개량의 단계를 거친다. 따라서 가축이란 인간에게 유용하도록 인간 주거지 주변에 유지해 두고 번식시키는 동물을 말한다. 가축화로 인하여 많은 동물들이 조상 종과 전혀 구별이 안 될 정도로 엄청난 변화를 겪었다. 현재 농식품 생산에 공헌하고 있는 40여 종의 가축은 가축화의 오랜 역사에 의해 형성된 것이다. 가축화 과정은 동물들이 인간과 특별한 관계를 갖도록 변화시켰고, 그 결과 인간과 동물 모두에게 이익이 되는 공생관계가 되었다고 생각되어진다. 인간이 야생동물을 가축화하도록 자극한 상황이나 압박은 불분명하고, 지역별로 그리고 종별로 다양함을 보여준다.

가축화의 원천은 아마도 야생동물을 길들여 관리하려는 수렵채취인들의 공통적인 경향에 기인했을 것이다. 홍적세 말기에 기후가 변화하여 지구가 온화해지면서 인구가 지역적으로 팽창하였다. 이것은 작물농업을 더욱 확대하게 만들었고, 사냥해야 할 야생동물의 숫자와 분포에 부정적 영향을 미쳤다. 따라서 이러한 상황은 인간들이 좋아하는 식품을 위해서나, 작물농업에 역용으로 사용하거나, 운반이나 교통수단으로 사용하기 위해 야생동물의 가축화를 촉발했을 것이다.

세계 148종의 체중이 45kg 이상 되는 비육식 동물 중 단지 15종만 가축화되었다. 13종은 유럽과 아시아 지역에서, 2종은 남아메리카에서 가축화 되었다. 이 중에서 6종(소, 양, 염소, 돼지, 말 및 당나귀)만 모든 대륙에서 사육된다. 나머지 9종(단봉낙타, 쌍봉낙타, 라마, 알파카, 순록, 물소, 야크, 밴텡<banteng>, 가얄<gayal 혹은 mithun>)은 제한된 지역에서 사육된다. 조류는 10,000종에서 단지 10종(닭, 오리, 머스코비 오리, 거위, 뿔닭, 타조, 비둘기, 메추리, 칠면조)만 가축화되었다. 개별 동물들은 각기 다른 과정을 거쳐 현재의 형태로 가축화되었다. 일반적으로 개가 처음으로 가축화된 동물로 알려진다(표 1-1). 인간이 다른 육식 동물로부터 보호받고 사냥에 도움을 받고자 한 것이 개의 가축화의 이유로 추정된다. 개 이후에는 식물의 재배가 동물의 가축화에 큰 영향을 끼쳤다.

동물은 소와 양처럼 처음에는 고기와 가죽의 주공급원으로 가축화하였지만 나중에는 젖과 털이 2차 산물로 활용되었다. 말의 경우 원래는 고기를 위해 가축화되었지만 나중에는 사역과 운반용으로도 사용되었다. 어떤 경우에는 전쟁에서 사용하기 위한 목적으로 가축화하기도 했다. 어떤 동물들은 다른 동물보다 가축화에 더 적합한 것들이 있다. 표 1-2는 야생동물들의 가축화에 적합한 특성표이다. 고양이를 제외하고는 사회에서 위계질서를 가지고 생존할 수 있는 능력이 가축화된 동물들의 주된 특성이다. 이것은 인간이 사회의 가장 높은 위치를 차지하고 동물들이 순종하는 형태로 인간과 동물이 상호작용함을 고려할 때 매우 중요하다. 다른 특성들은 먹이대체의 용이함, 길들이기 용이함, 사육하기 용이함 등이 중요하다. 동물들은 초기에는 포획하여 교화나 번식을 위한 특별한 시도를 하지 않고 단순히 유지하여 인간에 익숙하게 만들었다. 시대가 지나면서 인간은 동물들의 번식과 행동을 조종하고 변경을 시작하여 다양한 품종이 형성되었다. 따라서 가축화된 동물의 현재 품종들과 그들의 조상 종들을 비교해 보면 엄청난 변화를 볼 수 있다.

표 1-1. 동물들의 가축화된 지역과 추정시대

동 물	가축화 지역	가축화 추정 시기
개	미확정	14,000 BC
고양이	미확정	8,500 BC
양	서 아시아	8,500 BC
염 소	서 아시아	8,000 BC
소	동 사하라	7,000 BC
돼 지	서 아시아	7,000 BC
닭	태국	6,000 BC
당나귀	북동 아프리카	4,000 BC
말	카자크스탄	3,600 BC
쌍봉낙타	남 러시아	3,000 BC
오 리	서 아시아	2,500 BC
순 록	시베리아	1,000 BC
칠면조	멕시코	100 BC~100 AD

축산(animal husbandry)은 개, 소, 말, 양, 염소, 돼지 등과 같은 동물들을 길들이고, 돌보고 그리고 육종을 하는 농업의 한 분야이다. 동물의 가축화(축산)는 최소 1만 년에 걸쳐 이루어졌다. 환경적 스트레스 요인들에 의한 선발 압박과 인간에 의해 수행된 통제된 육종과 축산은 다양한 유전적으로 독특한 품종들을 만들어 냈다. 이것은 인간의 생활과 문명의 발달에 거대한 영향을 미쳤고, 육체적으로나 정신적으로 동물의 특성에 놀랍도록 급속한 효과를 가져왔다. 지역과 가축화 이유, 그리고 시대적 필요에 따라 축산에서 다양한 전략이 사용됨으로써 많은 새로운 품종이 결과 되어졌고 지금도 지속되고 있는 과정이다. 수천 년에 걸쳐 발달된 이 다양성은 오늘날의 가축 관리자들에게 값진 자원이 되었다. 더욱이 유전적으로 다양한 가축군은 환경변화, 새로운 질병, 인간의 영양요구에 대한 새로운 지식, 불안정한 시장상황 혹은 변화하는 사회적 요구 등과 같은 미래도전에 대응할 수 있는 엄청난 융통성을 제공한다.

식량, 의복, 사역, 그리고 기타의 용도를 위해 동물을 가축화하는 것이 분명 유익하지만 지금까지 비교적 적은 수의 포유동물들이 성공적으로 가축화되었다. 상대적으로 순종적인 종이나, 혼자 다니는 동물보다 집단으로 다니는 동물이 가축화가 쉽다. 인간이 수 세대에 걸쳐 특정 성질을 위해 시도한 선택적 육종은 군거하지 않는 종도 가축화에 성공하기도 하였다. 더욱이 생존보다는 행동이나 육체적 특질을 겨냥한 선택

표 1-2. 야생동물의 가축화에 유리·불리한 진화/행동 특성

유 리		불 리
	집단구조	
강자 지배구조 대규모 군거집단 수컷사회 집단 지속적 집단유지		영역 위주 가족단위/단독 개별집단 내 수컷 개방집단
	선호먹이	
일반 초식성/잡식성		특정 먹이/육식
	사육번식	
일부다처/난교 수컷 우월 수컷 주도 짝짓기 행동 유도 조숙 새끼분리 용이 높은 고기 생산성		한 쌍 위주 암컷 우월 암컷 주도 색깔/형태 짝짓기 유도 만숙 새끼분리 곤란 낮은 고기 생산성
	종내/종간 공격성	
비공격적 길들이기 용이 관리 용이 관심을 끈다		공격적 길들이기 곤란 관리 곤란 독립적/관심을 피한다
	사육상태의 성질	
환경변화에 둔감 제한된 민첩성 좁은 거주공간 필요 환경에 관대 은신처 비추구 위험에 대한 집단적 반응 미약		환경변화에 민감 민첩/잡아두기 곤란 넓은 거주공간 필요 환경에 불관용 은신처 추구 위험에 대한 집단반응 격렬
	공생 주도력	
인간 환경 추구		인간환경 기피

적 육종은 의도하지 않은 결과를 초래하여 가축화된 종들이 그들의 야생 선조들과 전혀 다른 유전적 성질을 보유하게 만들고 인간과의 밀접과 관계 형성은 종종 인수공통 전염병의 위험을 야기하기도 한다.

1.1 가축화의 고려조건

(1) 대상동물이 실용가치가 있고, 가축화의 목적이 존재한다.
(2) 동물의 육종번식을 인간이 통제할 수 있어야 한다.
(3) 동물의 생존이 인간에 의존된다.
(4) 동물의 행동이 가축화에 의해 변화된다.
(5) 야생으로 존재하지 않는 구조적 특성을 갖게 된다.

1.2 가축화 경로

1) 공생 경로

인간이 의도적으로 야생동물을 포획하지 않고 주위 환경을 조작하여 야생동물들이 스스로 인간 주거지 환경 속으로 이끌려 들어오도록 만든다. 이러한 인간 주거환경의 자원에 유인되는 야생동물들은 일반적으로 순하고 덜 공격적이며, 짧은 방어거리(fight or flight distance)를 가진다. 이들은 인간 주거환경에 적응함으로써 유전적 성향이 인간과 공생할 수 있게 진화한다. 개, 고양이, 비둘기, 닭 등이 이러한 경로를 거쳐 가축화되었다.

2) 먹잇감 경로

이 경로는 인간의 의도적 행동으로 시작된다. 주된 동기는 가축화가 아니고 자원관리의 효율성을 증가시키기 위함이다. 대상 동물은 주로 식량으로 선택된 대형 초식동물들이며, 이들은 결코 인간 주거환경의 자원에 유인되지 않는다. 오히려 인간들이 사냥 전략을 극대화하여 이들을 먹잇감으로 확보하고자 한다. 특정 종이 가축화되기 전에 인간들은 과도한 사냥으로 해당 종이 사라지는 것을 방지하기 위한 차원에서 관리전략으로서 가축화를 시도한 것으로 보인다. 양, 염소, 소, 순록, 칠면조, 라마 등이 이러한 경로를 통해 가축화되었다.

3) 통제 경로

이 경로는 유일하게 의도적인 목적을 가지고 시작한 가축화이다. 특정 동물 종을 가축화의 목표로 정하기 전에 인간은 이미 가축화된 여러 가지의 식물과 동물을 보유하고 있었다. 비록 동물들이 먹잇감으로 사냥되더라도 의도적으로 특정 목적을 위해 인간 환경에 들여와 오랜 세대를 걸쳐 인간의 선발압박에 적응하여 가축화 된다. 당나귀, 단봉낙타, 쌍봉낙타, 말 등이 이 경로를 거쳐 가축화되었다.

참고문헌

1. Driscoll, C. A., Macdonald, D. W. and O' Brien, S. J. 2009. From wild animals to domestic pets, an evolutionary view of domestication PNAS. vol. 106 suppl. 1 : 9971-9978.
2. FAO 2007. The state of the world's animal genetic resources for food and agriculture.
3. Hirst, K. K. 2016. Animal Domestication-Tables of dates and places. (http://archaeology.about.com/od/dterms/a/domestication.htm)
4. Larson, G. and Fuller, D. Q. 2014. The Evolution of Animal Domestication. Annu. Rev. Ecol. Evol. Syst. 45:115-36.
5. Mannion, A. M. 1999. Domestication and the origins of agriculture: an appraisal. Prog. Physical Geography 23(1):37-56.
6. UNESCO. 2007. The role of food, agriculture, forestry and fisheries in human nutrition(Squires, V. R. ed.). vol. I.
7. Vaughan, T. A., Ryan, J. M. and Czaplewski, N. J. 2015. Mammalogy. 6th ed. Jones & Bartlett Learning.

2. 가축의 공헌

"나는 동물들, 인간들, 풀들, 물고기들, 나무들, 별들 그리고 달이 모두 연결되어 있다고 생각하기를 좋아한다."
- 글로리아 반더빌트(Gloria Vanderbilt) -

동물은 인간에게 자연이 주는 선물이다. 인간생활에서 동물들이 차지하는 위치는 상상을 초월한다. 현대에 와서 우리는 가축이 없는 인간생활을 상상하기 어렵다. 이들이 산업적으로나 사회적 혹은 개인적으로 갖게 되는 인간과의 상호작용은 시간이 갈수록 더욱 커져가고 있다. 축산은 전 세계적으로 국가경제, 토지활용 그리고 고용측면에서 매우 중요한 위치에 있다. 축산을 통해 생산되는 가축의 중요성은 각 지역별로 그 중요성의 정도가 다르다. 왜냐하면 가축이 인간생활에 공헌하는 종류와 강도가 지역별로 다양하기 때문이다. 더욱이 가축은 우리 인간에게 식량뿐만 아니라 식품이 아닌 섬유, 털(wool), 가죽(leather), 털가죽(fur)을 공급해 주고, 작물생산에도 여러 면에서 공헌을 하며, 교통운반 수단으로도 이용되고, 환경에도 지대한 영향을 미치며, 최근에는 사회문화적 역할에도 상당한 관심이 집중되기 시작하였다.

2.1 국가 경제

전 세계적으로 국가 경제에 대한 농업의 공헌은 선진국과 개도국 간에 차이가 있어 선진국에서는 국가 GDP에 대한 농업의 공헌도가 점차 축소되어 가고 있는 반면에 개도국에서는 여전히 높은 비율을 차지하고 있다(그림 2-1). 농업에서의 축산의 비중은 지역별로 다르고, 개도국과 선진국 간에도 차이가 있다. 전 세계적으로 선진국으로 갈수록 농업에서 축산의 비중은 높아진다. 이것은 개인소득 수준이 높아질수록 축산물 소비가 증가하기 때문일 것이다.

2.2 식 품

우리는 가축이 인간에게 가치 있는 것들을 공급하기 때문에 사육한다. 가축화를 시작했을 때에는 동물이 인간에게 생존에 필요한 식량인 고기를 제공하고 자신을 보호하며 쉴 수 있는 거처를 만들어 주고 추위를 견딜 수 있도록 해주는 의복을 마련하는데 도움을 주는 털가죽을 제공해 주었기 때문이었다.

고기, 알, 젖 같은 가축에서 획득할 수 있는 동물성 식품은 우리 인간이 생존, 성장 및 발달을 위해 필요로 하는 영양소들을 공급해 준다. 과거에는 동물성 단백질은 인간이 필수적으로 섭취해야 하는 식품으로 생각하였으나 현대 영양학은 식물성 식품을 통해서도 우리가 필요한 모든 영양소들을 공급받을 수 있다는 것을 보여준다. 따라서 대부분의 사람들이 고기, 알, 젖 등의 동물성 식품을 소비하는 것은 절대적 필요에 기인하는 것이 아니고 개인의 취향에 따른 선택임을 인정해야 한다.

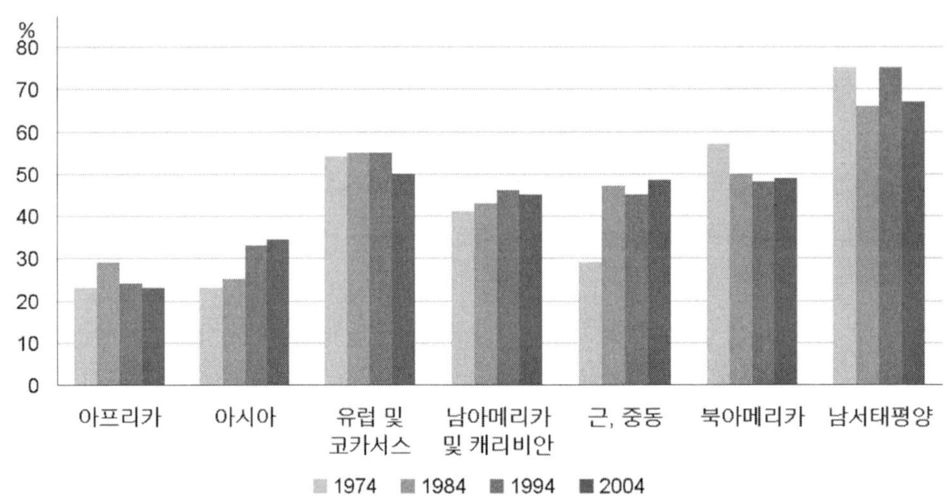

그림 2-1. 농업 GDP에 대한 축산의 공헌도(FAOSTAT)

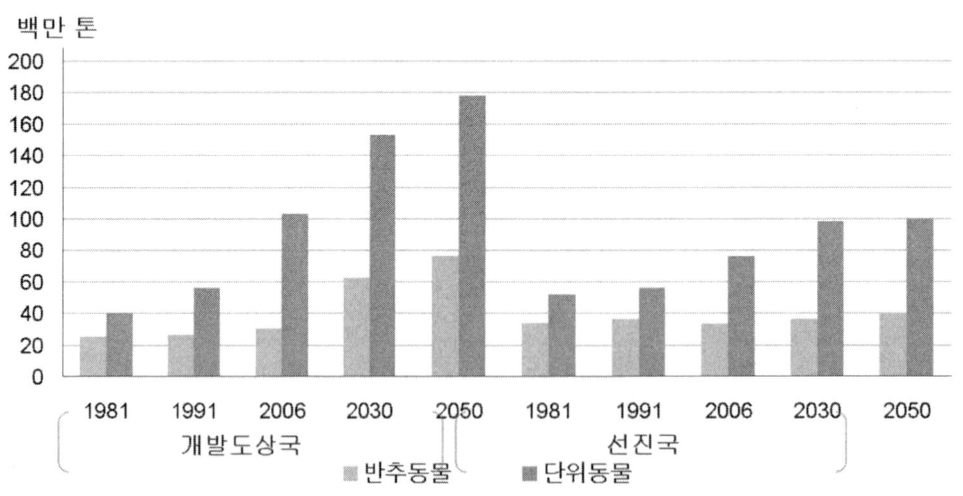

그림 2-2. 개도국과 선진국의 고기 생산 경향

동물성 식품의 소비는 개인 소득이 높아질수록 증가하는 추세이므로 현재 소비수준은 선진국이 개도국보다 높다(표 2-1). 생산량은 개도국이 많은 아프리카나 아시아 지역보다 축산물 수출국이 많은 아메리카 대륙과 호주 및 뉴질랜드에서 훨씬 많은 것이 현실이다. 그러나 전체적인 증가 추세는 인도와 중국에서의 닭고기 수요 증가로 단위동물의 생산량이 개도국에서 큰 폭으로 늘어날 것으로 예상된다(그림 2-2, 표 2-2).

1) 축산식품이란?

식품이란 우리 몸에 영양소를 공급하기 위해 소비하는 물질이다. 이것은 식물이나 동물, 미생물 혹은 광물에서 유래한다. 이들은 지방, 단백질, 탄수화물, 비타민 혹은

표 2-1. 동물성 식품의 일인당 연간 생산량(kg)

식 품	아프리카	아시아	유럽 및 코카서스 지역	라틴아메리카 및 카리브해 지역	근, 중동 지역	북아메리카	남서태평양
육류, 총계	13	28	67	69	21	131	230
소 및 버팔로 고기	5	4	15	28	5	38	107
양 및 염소 고기	2	2	2	1	4	0	42
돼지고기	1	16	31	11	0	34	18
가금류 고기	3	7	17	29	9	58	34
낙타고기	0	0	0	0	1	0	0
우유, 총계	23	49	279	114	75	258	974
젖소 우유	21	27	271	113	45	258	974
버팔로 우유	0	20	0	0	13	0	0
염소 우유	1	2	3	1	8	0	0
양 우유	1	0	5	0	7	0	0
낙타 우유	0	0	0	0	1	0	0
계 란	2	10	13	10	4	17	0

무기질을 함유하고 있다. 법적으로는 사람이 섭취하려는 혹은 섭취할 것으로 기대되는 가공했거나, 일부 가공했거나 혹은 가공하지 않은 물질 혹은 제품을 지칭한다. 따라서 식품에는 음료, 검, 혹은 식품을 제조, 준비, 혹은 처리하는 과정에서 의도적으로 첨가되는 모든 물질(물을 포함)들을 의미한다. 따라서 사료나 소비하기 위해 처리되기 전의 살아있는 동물, 수확 전 식물, 담배 혹은 마약류 등은 포함되지 않는다. 우리나라에서는 "농업, 농촌 및 식품산업 기본법"에서 '식품'이란 다음 각 목의 어느 하나에 해당하는 것을 말한다.

(1) 사람이 직접 먹거나 마실 수 있는 농수산물
(2) 농수산물을 원료로 하는 모든 음식물

따라서 농업과 수산업을 통해서 생산되지 않은 것은 식품으로 정의되지 않는다. 더욱이 식품은 문화적 특성상 나라마다 전통적으로 인정되어 오는 종류가 다르기 때문에 한쪽에서 식품으로 인정되는 것도 다른 한쪽에서는 인정을 받지 못할 수도 있다. 아무리 세계화 추세로 인하여 전 세계적으로 공유하는 것들이 많아졌지만 다른 것들과는 달리 식품 문화는 매우 보수적이기 때문에 특정 식품이 모든 나라에서 식품으

표 2-2. 인구당 가축 수요 예상 증가율 (2000~2030년)

지 역	소고기		우 유		양고기		돼지고기		가금류 고기		계 란	
	%	kg	%	kg	%	kg	%	kg	%	kg	%	kg
동아시아 및 태평양	60	3.8	55	7.6	39	0.2	61	6.3	91	7.7	48	2.8
중 국	103	4.3	113	10.1	37	0.8	35	11.5	94	9.1	17	2.8
동유럽 및 중앙아시아	25	10.7	20	26.2	15	0.5	28	2.0	116	11.4	36	3.8
라틴아메리카 및 카리브해 지역	16	17.2	27	24.7	8	0.1	34	2.5	73	13.7	45	2.6
중동 및 북아프리카	42	5.5	31	20.9	31	1.6	12	0.0	97	11.2	49	2.6
남아시아	24	4.2	32	20.7	45	1.0	78	0.2	271	4.1	134	1.9
인 도	8	0.2	57	37.6	33	0.2	86	0.5	577	6.0	173	2.6
사하라 사막 이남 아프리카	25	5.3	17	6.1	30	0.7	47	0.6	73	2.6	66	0.9
고소득 국가	-1	-21	3	6.1	-10	-0.7	11	2.0	36	9.3	9	0.9

로 인정받기가 어려운 경우가 발생한다. 특히 최근의 곤충의 식용화 시도로 인해 이런 문제는 더욱 확연하게 차이를 드러낼 수 있을 것이다. 과학적인 관점과 사회문화적 관점은 한 나라에서 어떤 외래 식품을 식품으로 받아들이는 과정을 복잡하게 만들 것이다.

동물성 식품은 동물의 신체에서 유래한 식품을 의미한다. 동물은 가축이거나 야생동물일 수 있고, 포유동물이나 조류를 포함한다. 나아가서는 해상 동물도 포함시킨다. 하지만 축산식품이라고 할 때에는 가축에서 유래한 동물성 식품만으로 국한된다. 따라서 넓은 의미로서는 앞 절에서 살펴본 바와 같이 가축화된 동물들을 모두 포함하는 것이지만, 국가별로는 해당 국가의 법에서 열거하는 가축으로 한정될 것이다. 예를 들면 살코기, 젖, 알 혹은 우무, 레넷 등을 포함한다. 도축 부산물 중에서 식용 내장, 지방, 혈액 등은 포함되지만 비식용 산업용 제품으로 가공된 것들, 예를 들면 화장품, 페인트, 접착제, 비누, 혹은 잉크용으로 생산된(rendering) 지방이나 단백질은 포함하지 않는다. 꿀도 벌을 키워서 생산하는 식품이므로 축산식품에 포함시킨다.

우리나라에서는 축산법에서 "「가축」이란 사육하는 소, 말, 양(염소 등 산양을 포함한다. 이하 같다), 돼지, 사슴, 닭, 오리, 거위, 칠면조, 메추리, 타조, 꿩 그리고 그밖에 농림축산식품부령으로 정하는 동물(動物) 등을 말한다."라고 기술하고 있다. 시행령에서는 "노새, 당나귀, 토끼 및 개, 꿀벌 그리고 그밖에 사육이 가능하며 농가의 소득증대에 기여할 수 있는 동물로서 농림축산식품부장관이 정하여 고시하는 동물"이라고 기술하고 있다. 따라서 우리나라에서의 축산식품과 다른 나라에서의 축산식품은 그 법적인 정의가 다를 수 있음을 학문을 하는 사람들은 명심해야 할 것이다.

2.3 비식품

가축이 우리 인간생활에 도움을 주는 것 중에서 식량 이외의 것들은 크게 물질적인 것과 비물질적인 것으로 크게 구분할 수 있다. 물질적인 것들은 우리 실생활에서 직접 사용되는 것들로서 원시시대부터 사용되었던 의복이나 주거용 혹은 도구로 쓰일 수 있는 재료들이다. 반면에 비물질적인 것들은 일이나 연구 혹은 인간의 정신적 차원에서의 도움 같은 것들을 의미한다.

1) 사 물

(1) 의 복

원시인들은 야생동물을 사냥하여 그 고기는 식량으로 이용하고 난 후에 부산물로 수확된 털가죽은 의복으로 사용하였다. 현대에 와서는 가축으로부터 고기나 젖을 수확한 후에 도살한 가축으로부터 털가죽이나 가죽을 생산하여 가죽 의류나 모피 의류를 생산한다. 양와 같은 털만을 수확하는 가축으로부터는 동물성 섬유로 직물을 생산하여 이용한다. 밍크 같은 동물을 사육하여 모피만을 생산하여 의류로 활용한다.

(2) 주 거

유목민들은 지금도 가축의 털가죽을 이용하여 주거용 텐트를 설치한다. 몽고를 포함한 사막지대에서는 털가죽 텐트가 일반적이다. 추운 지방에서는 순록의 가죽이 매우 유용한 텐트용 재료이다. 또한 추운 지방에서는 고기잡이용 작은 보트를 만드는데 사용하기도 한다.

(3) 산업용품

역사적으로 동물의 부산물인 뼈는 여러 가지 장신구나 집안에서 사용되는 부엌용품이나 도구들을 만드는 데에 이용되었다. 사막에서 먼 길을 갈 때 물을 담아가는 용

표 2-3. 섬유와 가죽 생산량 (1,000톤/년)

산 물	아프리카	아시아	유럽 및 코카서스 지역	라틴아메리카 및 카리브해 지역	근, 중동 지역	북아메리카	남서태평양
소 가죽, 신선한 것	515.5	2576.7	1377.8	1809.0	119.7	1157.7	304.1
염소 가죽, 신선한 것	112.2	727.9	30.6	23.2	64.9	0.01	5.4
양 가죽, 신선한 것	0.05	0.03	0.06	0.03	0.01	<0.01	<0.01
버팔로 가죽, 신선한 것		796.7	0.7		23.3		
양털, 매끄러운 것	137.5	663.7	325.8	151.9	118.6	18.6	726.5
거친 염소 털	0	21.6	2.7	0	0		
번지르한 염소 털	0	56.9	0.3	0	0		
털이 촘촘한 동물	5.3	25.0	1.6	3.7	0.1		
말털(馬毛)					0		0.1

기로서 가죽이나 동물 내장기관 등을 이용하기도 한다. 의복에 다는 단추나 땅을 파는 갈퀴 같은 도구 혹은 그릇 등은 동물의 뼈나 뿔을 이용하여 만들었다. 가구용 접착제는 가죽을 이용하여 만들었다. 전통적으로 고급 가구는 금속 못을 사용하지 않고 유기재료로만 조립하였다. 현대에는 가축의 뼈는 분쇄하여 미네랄 사료로 이용된다.

여성용 장신구나 기념품도 동물의 뼈나 뿔로 만들어진다. 현대 산업용으로는 비누나 페인트 혹은 크림이나 화장품에 부산물인 지방이 가공되어 활용되고 있다. 의약품으로는 검사용이나 치료의약품으로 부산물을 이용하고 있고, 최근에는 인공장기 생산에도 가축을 활용하고 있다. 동물은 의학 분야에서 유전검사나 의약품 검사용으로 활용된다.

(4) 연 료

아열대 및 열대의 개도국에서는 가축의 분을 연료로 이용하는 것이 일반적이다. 소나 양 혹은 염소 등의 초식 동물의 분은 섬유소가 많아 건조시킨 후에 연료로 사용되기에 충분하다.

2) 비 사물

(1) 사 역

원시시대부터 인간은 씨를 뿌리기 위해 경작지를 동물을 이용하여 갈았다. 우리나라도 농업이 기계화되기 전까지는 소를 이용하여 밭이나 논을 갈았다. 지금도 개도국에서는 여전히 소나 말 등을 이용하여 경작지를 고른다. 또한 수확 후에 곡물을 타작

그림 2-3. 연료용으로 소 배설물을 돌담에 붙여 말리는 광경

하는 과정에서 가축을 이용한다. 표 2-4에서 보는 바와 같이 이러한 농업에서의 가축의 이용은 기계화가 늦은 개도국에서 심하다.

과거부터 인간은 무거운 짐을 운반할 때 가축의 힘을 빌렸다. 지금도 많은 개도국에서는 소, 말, 당나귀, 낙타 등을 이용하여 무거운 짐을 나른다. 또한 먼 길을 갈 때 교통수단으로 말이나 당나귀, 낙타 등을 이용하고 있고, 단거리는 소를 타기도 한다. 가축을 방목하는 나라들에서는 종종 방목하는 가축을 관리하는 수단으로 개를 이용하기도 하고, 목동들이 말을 타고 다니며 가축몰이를 한다.

우리는 역사적으로 전쟁을 할 때 기마병들을 활용하는 것을 보았다. 기마병이란 글자 그대로 말을 타고 전쟁을 하는 병사들을 말한다. 몽고 칭기즈칸이 말이 없었으면 아시아와 유럽대륙 정복은 불가능했을 정도로 말은 전쟁에서의 기동성을 위해서 없어서는 안 될 정도였다. 또한 전쟁 시 험한 산악지대에서 보급품 운반을 위해서 말이나 당나귀의 역할은 필수적이었다. 이렇듯이 가축은 전쟁에서도 많이 이용되었다.

(2) 연 구

인간의 질병 치료를 위해 신약을 개발하려면 치료효과나 부작용 등에 대해 사전에 동물을 이용하여 연구를 한다. 미용을 위해 이용되는 각종 화장품 혹은 새로운 식품

표 2-4. 운반 목적을 위한 동물의 사용 경향

지 역	년 도	여러 동력원에 의한 경작 면적(%)		
		짐을 끄는 동물	손으로 직접	트랙터
모든 개발도상국	1997～99	30	35	35
	2030	20	25	55
사하라 사막 이남 아프리카	1997～99	25	65	10
	2030	30	45	25
근동/북 아프리카	1997～99	20	20	60
	2030	15	10	75
라틴아메리카 및 카리브해 지역	1997～99	25	25	50
	2030	15	15	70
남아시아	1997～99	35	30	35
	2030	15	15	70
동아시아	1997～99	40	40	20
	2030	25	25	50

그림 2-4. 가축을 이용하여 밭을 가는 모습

그림 2-5. 수확 후 가축을 이용하여 타작하는 광경

그림 2-6. 땔감을 운반하는 당나귀

을 개발하는 경우에도 이와 유사하다. 또한 동물행동학 연구를 위해 가축이 이용되고, 최근에는 인간의 장기를 대체하려는 인공장기 생산에도 가축을 이용하여 연구를 수행한다.

(3) 여 가

국가 경제가 발전하고 개인 소득이 향상될수록 사람들은 여가활용을 위해 다양한 방법을 추구한다. 동물원에 다양한 가축이나 동물들을 전시하여 방문자들을 즐겁게 해주고, 직접 참가하여 즐기는 승마나 경마는 말을 이용하는 여가활용 방법이다. 미국 같은 경우에는 로데오라는 가축을 이용한 묘기 경연대회를 즐긴다. 서양, 특히 선진국들에서는 가축 박람회를 통해서 산업 육성과 여가 활용을 추구한다.

(4) 반려자

현대에 와서는 가축의 반려자적인 역할이 점점 강조되고 있다. 개나 고양이 같은 가축은 애완동물로서 많은 사람들을 즐겁게 하거나 위로를 해준다. 최근에는 노인이나 환자를 가축을 이용하여 지원함으로써 위안을 제공하거나 치료효과를 상승시키는 효과를 보기도 한다. 또한 개를 이용하여 장애자를 안내하도록 하여 장애인들의 사회생활을 지원하는 데에 이용되기도 한다.

(5) 안 전

예전부터 집을 지키는 경비로서 개나 거위가 종종 이용되었다.

(6) 종 교

가축은 지역에 따라 숭배대상이 되기도 하였다. 지금도 인도에서는 소를 숭배한다.

참고문헌

1. FAO 2007. The state of the world's animal genetic resources for food and agriculture.
2. FAO. 2015. The second report of the state of the world's animal genetic resources for food and agriculture.

3. 우리는 왜 식품을 섭취하는가?

"동물은 먹이를 먹는다; 인간은 식사를 한다; 위트가 있는 사람만이 식사를 하는 방법을 안다." - Jean-Anthelme Brillat-Savarin- <맛의 생리학>

인간은 생존하기 위해 에너지와 영양소가 필요하다. 우리 몸을 움직이거나 신체조직의 유지, 보수 및 성장을 위해서나 에너지와 다양한 영양소가 필요하기 때문이다. 식량공급이 충분치 않고 예측불가 하던 과거시대의 진화적인 전략은 우리 몸이 에너지가 부족할 때는 민감하게 반응하여 열심히 저장을 하지만, 남을 때는 둔감하여 섭취한 에너지를 소모해 버리는 활동을 적극적으로 하지 않는다는 것이다.

진화론적 차원에서 보면 우리 인간에게는 생존을 위해 신체적 필요에 적응하여 우리 몸이 변화해 왔음이 아직도 증거로 남아 있다. 예를 들면, 남태평양에 사는 주민들은 장기적으로 배에서 노를 저어가면서 생활하기 때문에 몸에 에너지를 비축할 필요가 있고, 그에 따라 지방 축적이 많다. 그들의 신체를 보면 지방이 많은 체형을 유지하고 있음을 알 수 있다. 반면에 아프리카 주민들은 사냥을 위해 신속한 움직임이 필요함으로써 신체가 근육질로 구성되어 있음을 볼 수 있다. 그러나 선진국에 사는 현대인들은 생존을 위한 신체적 필요가 전혀 준비되어 있지 않다. 이것은 현대인의 생활환경이 인간 생존에 영향을 미칠 정도로 거칠지 않기 때문이다.

이러한 신체적 필요는 우리 몸에서 배고픔을 야기함으로써 음식물을 섭취하게 만들고, 충분한 섭취 후에는 포만감으로 절제를 하도록 반응하는 것이다. 따라서 신체적 필요는 인간으로 하여금 식물성이거나 동물성이거나 혹은 광물성일 수 있는 다양한 식품의 종류 중에서 자신의 식품을 선택하게 만든다. 인간은 무엇을 먹을지, 얼마나 먹을지, 언제 먹을지 그리고 어디에서 먹을지에 대해 스스로 묻는다. 인간이 음식물을 선택하는 과정을 살펴보면 다음 그림 3-1과 같다.

3.1 식품의 선택

근본적으로 신체적 필요에 의해 야기된 배고픔으로 인하여 선택하게 되는 식품에 대한 요구는 생리적인 현상이지만, 그 현상에 반응하여 인간이 특정 식품을 선택하는 과정은 매우 복잡하다. 음식을 선택할 때 고려되는 사항은 음식 자체의 품질적 요소, 문화적 영향, 심리적 요소, 사회적 요소, 학습 및 기억, 기대감, 구매 행동시의 주변 상황 변수 등 다양한 요소들이 우리의 결정에 영향을 미친다. 인간이 식품을 선택하는 데에 영향이 미치는 요인들로서는 생물적, 경제적, 물리적, 심리적, 사회적 그리고 기타 요인들이 있다.

1) 생물적 요인

우리의 생리적 필요가 식품 선택을 결정해 준다. 이것은 기아와 포만으로 반응하는 우리 몸의 생리적 현상으로 설명이 가능하다.

(1) 기아와 포만감

인간에게는 음식을 먹는 것이 에너지와 영양소 공급의 유일한 수단이기 때문에 우리 몸에서는 대사에너지 균형과 미량영양소 공급 균형이 무엇을 얼마나 먹을 것인가를 결정하는 중요한 과정이다. 결과적으로 우리 몸의 항상성 유지가 먹는 과정의 기본 개념이 된다. 섭취와 소화는 위에서 뇌로 이동하는 포식 신호를 발생시키는 생리적 변화를 야기한다(그림 3-2). 위가 비어 수축하게 되거나, 간의 글리코겐(glycogen) 수준이 저하되면 간이 시상하부에 신호를 발송하게 되고, 혈당이 저하되어 배고픔이 야기되면 위의 X세포가 그렐린(ghrelin)을 분비하여 이것이 뇌의 시상하부에 있는 GHS(Growth Hormone Secretagogue) 수용체를 활성화하여 식욕을 불러일으킨다. 그렐린은 펩타이드 호르몬으로서 중추신경계의 신경세포에서도 생산되는 것으로 알려진다.

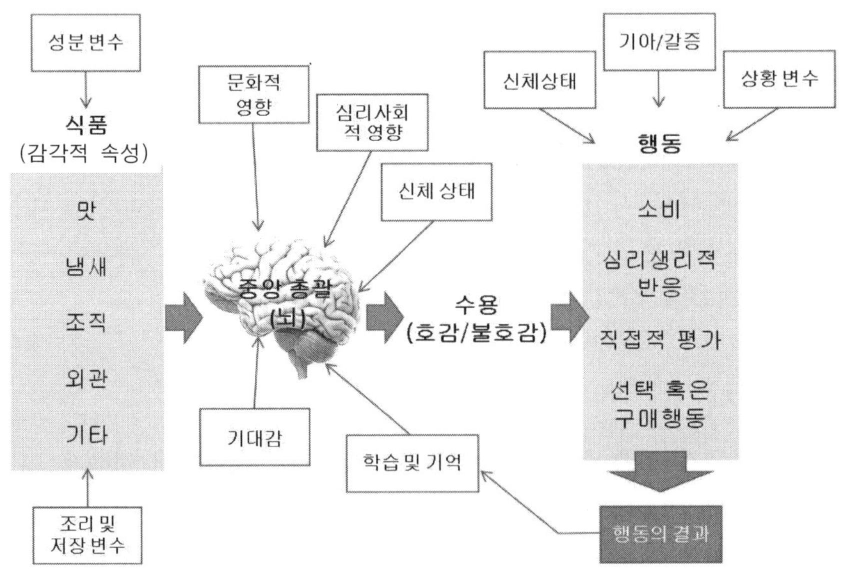

그림 3-1. 식품의 선택과정

음식물이 위에 들어가면 소장에서 십이지장과 공장의 I세포가 펩타이드 호르몬인 CCK(cholecystokinin)를 분비하여 위와 장 사이의 밸브를 차단하여 위에서 음식물이 이동하는 것을 중지시키며, 지방과 단백질 소화를 돕는다. 공장과 대장 부위 점막의 L세포는 음식물 섭취 후 GLP-1(glucagon-like peptide -1) 호르몬을 분비하여 인슐린 분비를 촉진하고, 지방과 탄수화물 소화를 돕는다. 단당류나 지방의 존재는 위산 분비를 억제하며 음식물이 위를 떠나 소장으로 이동하는 것을 억제하여 배고픔과 음식물 섭취를 멈추게 한다.

L세포에서 분비되는 또 다른 펩타이드 호르몬인 oxyntomodulin(OXM)도 위에 음식물이 투입된 후 음식물 섭취를 억제하는 것으로 보고된다. 음식물, 특히 지방과 단백질 섭취 후 회장과 대장 부위에서는 PYY(peptide YY)를 분비하여 위 활동을 늦추고 식욕을 억제한다. 췌장의 베타 세포에서 인슐린과 100:1의 비율로 함께 분비되는 amylin은 위를 비우는 운동을 늦추고 포만감을 높여 준다. 췌장에서 분비되는 폴리펩타이드(PP)는 36개의 아미노산으로 구성되어 있으며, 금식시기에는 수준이 낮고 음식물 섭취 후에는 높아져 식욕을 저하시키는 역할을 한다.

에너지 필요와 저장에 관련된 신호는 시상하부에서 주로 관여하고 위장관에서의 신호는 뇌간으로 전달된다. 우리가 음식물을 섭취하여 에너지가 증가하고, 지방세포

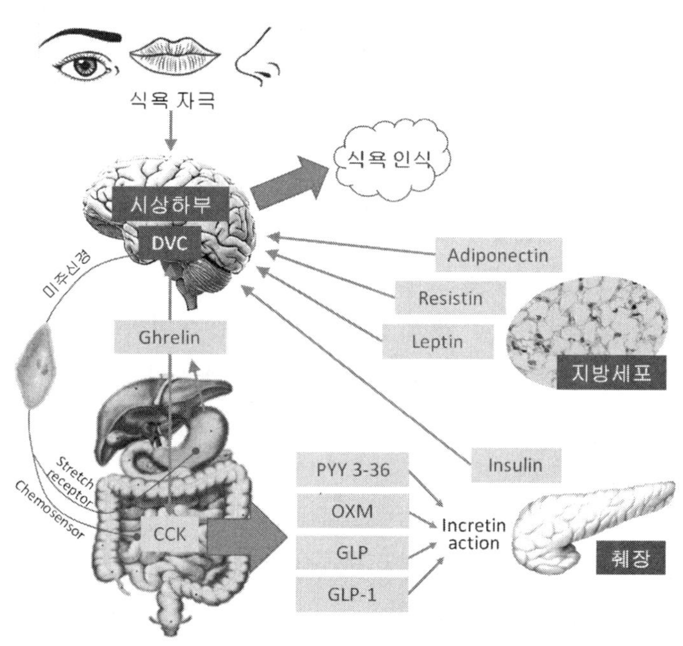

그림 3-2. 위장관, 내분비 및 지방세포 신호에 의한
식욕 상승 및 감퇴 기전

가 늘어나면 신체의 지방세포는 렙틴(leptin)이라는 호르몬을 더 많이 분비하여 시상하부가 인지하게 된다. 렙틴은 개인별로 한계치를 가지고 있어 그 한계치 이상을 인식하면 에너지가 충분하다고 간주하여 식욕을 줄여준다. 반면에 한계치 이하로 렙틴의 수준이 내려가면 시상하부가 신체가 에너지 부족 상태에 있다고 인식하게 되어 배고픔을 야기하고 음식물 섭취를 늘리도록 유도한다. 음식물 섭취 후에 췌장에서 분비되는 인슐린도 식욕을 감퇴시키는 것으로 알려진다.

전체적으로 보면 중추신경계가 배고픔이나 식욕자극 혹은 식품섭취를 조정한다. 다량 영양소(macro nutrients)는 다양한 강도의 포만감 신호를 생성한다. 지방은 최저 포만감, 탄수화물은 중간 정도 그리고 단백질은 최강의 포만감을 유발한다. 또한 식품의 에너지 밀도도 포만감에 영향하여 저에너지 밀도 식품은 고에너지 밀도 식품보다 강한 포만감을 유발한다. 따라서 고에너지 밀도의 고지방/고당분 식품은 '수동적 과식'을 유발하게 된다. 식품의 부피와 크기도 포만감 신호에 중요한 역할을 하는 것으로 보고된다.

2) 관능적 요인

진화론적 측면에서 인간은 신체의 생물학적 필요에 의해 음식을 섭취하였으나, 식량의 공급이 충분한 현대 사회에서는 더 이상 생물학적 필요에 의해 음식을 섭취하지 않는다. 오히려 음식의 섭취 과정에서 느끼는 즐거움이나 입맛을 당기는 풍미로 인해 더욱 먹게 되는 소위 '관능적 기아(hedonic hunger)'가 음식 섭취의 원인으로 제기되고 있다.

우리 뇌는 특정 음식이 가지고 있는 풍미의 종류와 강도를 구분한 후 특정 풍미를 선호와 비선호로 판단한다. 그렇게 되면 좋아하는 풍미를 선택하여 그 음식을 더 먹게 된다. 다시 말하면 입맛에 맞는 정도(palatability)가 증가하면 식품 섭취를 증가시킨다는 것이다. 또한 특정 풍미를 가진 음식을 충분히 섭취하여 포만감을 느끼게 되는 감각특이성(sensory-specific) 포만감은 동일한 식품의 섭취량에 부정적 영향을 미치기 때문에 음식 종류를 다양하게 하면 섭취가 증가하게 된다.

3) 심리적 요인

사람들은 종종 스트레스나 지루함 혹은 불안감을 해소하기 위해 먹는다. 소위 '위로 음식(comfort food)'은 아이스크림이나 초콜릿 같은 설탕이나 지방이 함유된 어린 시절에 즐겨 먹던 것들이다. 이런 식품들은 뇌에서 opioid라는 몰핀 같은 성분을 분비시켜 먹는 사람을 심리적으로 안정시키는 효과가 있는 것으로 알려진다. 다른 경우에는 자신을 보상하기 위해서나 혹은 벌을 주기 위해 먹기도 한다.

인간은 성공적으로 임무를 완수하거나 어떤 일을 끝냈을 때 자기 자신에게 상을 주기 위해 과거에 아주 좋아했던 음식을 즐긴다. 반면에 자신이 미워서 아무런 이유 없이 폭식을 하기도 한다. 여러 가지 감정적인 상태 : 슬픔, 절망, 분노, 외로움, 버려졌다는 느낌, 사랑결핍, 자존감 상실, 경시 당함, 원망, 좌절 등을 겪을 때 더 달고 기름진 음식을 추구하게 되는 것으로 알려진다. 이러한 심리적 요인은 우리의 신체의 생물학적 요구와는 전혀 상관없이 음식 섭취의 욕구를 유발한다.

4) 기 타

어렸을 적부터 어른들에게서 배운 식사원칙은 음식을 소비할 때의 식욕과는 별개로 음식 소비 여부를 결정 지어준다. “식량을 생산하는 농부를 생각해서 식탁에 있는 음식을 남기지 말라.”는 어른들의 가르침으로 인하여 남아있는 음식을 모두 먹어 치우는 경우는 소위 원칙이 음식 소비의 동인이 되는 경우이다.

식사 관습은 한 가정에서 아침, 점심, 저녁 식사시간을 정해 놓고 오랫동안 실행해 온 것을 생각할 수 있다. 이러한 관습은 한 나라 혹은 한 가정의 문화일 수 있다. 따라서 정해진 시간이 되면 싫던 좋던 식사를 하게 되는 경우가 일반적이다. 배고픔은 우리 몸의 반응이기 때문에 사람마다 다른 시간에 느끼게 된다. 자신의 기상시간, 몸의 대사상태, 운동정도, 일반적 식욕 등에 의해 영향을 받는다. 또한 일반적인 간식 섭취 습관은 우리의 배고픔에 영향을 주기 때문에 생물적 요인에 의한 정상적인 식사를 위해서는 식습관 관리에 주의를 기울일 필요가 있다.

식탐은 우리의 음식 소비에 나쁜 영향을 주는 배고픔과는 상관없이 음식을 섭취하게 하는 요인이다. 배고픔의 생리적 반응을 해소하기에 충분한 음식을 섭취한 후에도 음식의 모양, 냄새, 맛 등에 의해 유혹되어 무리를 하는 경우가 생긴다.

3.2 식품 선택 시 영향하는 요인

1) 경제 및 물리적 요인

경제적으로 볼 때 비용은 식품 선택의 주된 결정요인이다. 결국 식품의 구입능력은 수입과 사회경제적 지위에 좌우된다. 소비자의 수요공급의 경제법칙은 판매되는 식품의 종류와 가격에 영향을 미침으로써 중요한 요인이 된다. 농업은 식품의 가격과 입수가능성에 영향을 미침으로써, 환경은 주어진 지역에서 가장 잘 자라는 작물에 영향함으로써 식품 선택에 중요한 역할을 한다.

물리적 요인으로서는 식품에 대한 접근성, 즉 운송수단이나 지리적 여건 등에 의해 영향을 받게 된다. 특히 정부 정책은 식품 생산, 가공, 포장 및 운송 등에 영향을 미침으로써 선택하는 식품의 종류나 양에 지대한 영향을 미친다. 기술적 진보로 인하여 새로운 제품이 시장에 나타나면 소비자들의 선택이 영향을 받게 된다.

2) 사회 및 문화적 요인

인간이 섭취하는 음식은 사회적/문화적 환경에 좌우된다. 종족이라든지 종교 혹은 사회계층에 따라 섭취하는 식품/영양소에 차이가 있다. 사회 맥락에서는 가족이나 동료들과의 관계에서 선택하는 식품의 종류나 양이 영향을 받게 된다. 더욱이 매스컴의 영향이나 식품소비 경향이 개인이나 집단의 식품 선택에 점점 더 크게 영향을 미치고 있다.

개인적으로는 개개인의 태도와 습관은 타인과의 관계에서 형성되고, 직접적으로는 식품을 구입할 때 영향을 받게 되며, 간접적으로는 또래 행동을 모방함으로써 영향을 받게 되고, 의식적으로는 전달되는 이념에 의해, 무의식적으로는 흉내를 냄으로써 식품 선택이 영향을 받는다. 특정인이 속해 있는 식문화에 따라 소비음식의 종류, 조리방법, 기피식품 등이 차이를 유발하게 된다. 반면에 교육수준은 식품 구매 시 종류나 양에 영향을 미치지만 영양지식은 별로 영향을 주지 않는 것으로 보고된다. 요리 솜씨나 시간의 여유도 식품 선택에 영향을 미친다. 그러나 영양소 함량이나 건강에 대한 유익함, 안전성 등은 식품 선택에 점점 더 큰 영향을 미친다.

우리가 학교나 직장의 환경에서 식사를 제공받을 때의 음식 구성이 식품 선택에 영향을 미치게 되고, 식사의 종류가 간식인가, 외식인가에 따라서도 가정에서 하는 식사와는 또 다른 구성이 될 수 있다. 또한 음식의 섭취 시기가 평일이나 휴일, 휴가 기간인가에 따라서도 종류나 양의 선택에 영향을 받게 된다.

3) 기 분

기분이나 특정 식품에 대한 태도 혹은 죄책감 등은 식품선택에 영향을 미친다. 인간은 특정 식품에 대한 과거 경험이 즐거운 것이었는지 불쾌한 것이었는지에 따라 선택이 영향을 받게 된다.

4) 기 타

식품에 대한 태도 및 신념에 의해 선택하는 종류가 달라지는데, 이러한 신념은 시간에 따라 변화한다. 여성, 고령자 그리고 고학력자들은 건강에 관심이 많기 때문에 선택하는 식품에 차별이 있다. 남성은 주로 맛이나 습관에 근거해서 선택하는 경향이 있다. 은퇴자나 실업자는 식품 선택 시 그 어떤 이유보다도 가격에 의하여 영향을 가장 크게 받는다. 긍정적 편견이나 지식 등에 기인한 잘못된 낙관은 고지방 식품을 선택하게 한다. 사람의 생활 스타일이 차분히 앉아서 식사를 할 수 없이 바쁘거나, 반대로 게으른 사람들은 준비도 쉽고 빨리 먹을 수 있는 것들을 선택하는 경향이 높다. 따라서 영양적으로 균형 잡힌 음식보다는 달고 지방함량이 높은 고칼로리 식품으로 신속하게 해결하는 경향을 보인다.

결론적으로 식품은 인간이 신체적으로 성장하고 발달하도록 도와주고, 정신적으로 스트레스를 관리할 수 있게 해주며, 사회관계에서 자신감 있고 활력적으로 느끼게 만들어준다. 이렇게 인간의 복지를 위해 필수적인 음식을 우리가 섭취할 때 어떤 음식을 얼마나 그리고 언제 섭취하느냐는 음식의 감각적 특성, 배고픔의 정도, 과거의 경험 그리고 사교적 상황에 따라 영향을 받는다. 따라서 건강한 식생활은 적절한 식품을 적절한 시간 동안 적절한 동반자와 함께 영위할 때 이룩될 수 있는 것이다.

3.3 인간의 욕구 단계별 적절한 식품

첫 번째 단계인 생리적 욕구 단계는 개인이 식량 불안을 느끼는 단계이다(그림 3-3). 식품 없이는 살 수 없기 때문에 배를 채우고 생존을 유지시키는 식품을 선택하여 배고픔을 만족시키려고 한다. 따라서 비교적 고에너지 식품을 선택하게 된다.

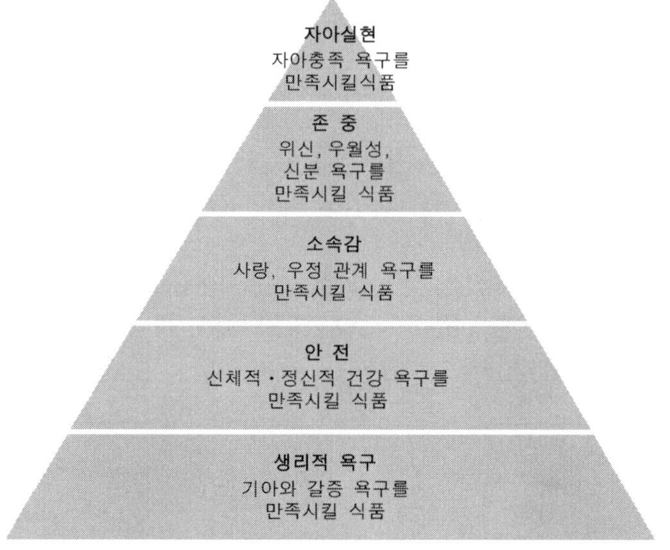

그림 3-3. 매슬로우 욕구단계와 그 단계별 만족시킬 식품

두 번째 단계인 안전욕구 단계에서는 식품을 입수할 수 있다는 것을 알고 있기에 다음에 먹을 것을 걱정하지 않아도 된다. 따라서 자신의 신체적 및 정신적 건강을 위해 건강하고 청정한 식품을 선택하게 된다. 세 번째 단계인 소속감 욕구 단계에서는 사랑이나 우정 혹은 소속감 등을 표현하기 위한 음식을 선택한다. 가족과 친구들을 위해 음식을 준비하고 그들과 함께 식사를 한다. 혹은 모임이나 운동경기에서 간단한 식사를 하거나 친구들과 외식을 한다. 다른 사람이 자신을 위해 음식을 준비하게 하기도 한다.

네 번째 단계인 존중 욕구 단계에서는 특권이나 우월감 혹은 신분을 과시하기 위한 식품을 선택한다. 다른 사람들이 자신에게 당신의 요리를 즐겼다고 이야기 해주길 바라며, 자신은 가족들에게 좋은 음식을 제공하고 있음에 우월감을 느끼고 자신도 좋은 음식을 즐기면서 자신의 신체에 대해 자신감을 가진다. 다섯 번째 단계인 자아실현 욕구 단계에서는 사람들이 바람직한 신체적, 인지적 혹은 영성적 결과를 달성하기 위해 식품을 선택하는 위치에 있다. 따라서 다양한 식품을 선택하는 나름대로의 기준을 가진다. 다른 사람들의 기본적인 영양조건을 충족시켜 주기 위해 봉사를 하거나(급식소, 적십자 구호활동 등) 건강한 식생활 교육을 하거나 혹은 건강식품(유기농, 식생활 프로그램 등)을 제공하는 활동을 한다.

참고문헌

1. B. Perry and Y. Wang. 2012. Appetite regulation and weight control: the role of gut hormones. Nutrition and Diabetes. 2 : 1-7.
2. Langhans W, Geary N(eds). 2010. Overview of the Physiological Control of Eating. In “Frontiers in Eating and Weight Regulation.” Forum Nutr. Basel, Karger, vol 63, p. 9-53.
3. Naslund, E. and Hellstrom, P. M. 2007. Appetite signaling: from gut peptides and enteric nerves to brain. Physiol. Behavior. 92 : 256-262.
4. Satter, E. 2007. Hierarchy of Food Needs. J. Nutr. Educ. Behav. 39, p. 187-188.

4. 인간의 식성

"모든 생물의 가장 극렬한 욕구는 성욕과 배고픔이다. 첫 번째 것은 자신의 종류를 번식시키라는 영원한 부름이고, 후자는 자신을 유지시키라는 부름이다."

-Joseph Addison-

4.1 서 론

우리가 먹는 것이 우리를 만든다. 그래서 우리는 놀랍지 않게도 식단 구성에 거의 집착하다시피 한다. 서양에서는 건강을 생각하여 육식을 포기하고 채식을 선택하는 사람들이 증가하고 있다. 어떤 사람들은 종교적인 이유로 육식을 포기한다. 또 어떤 사람들은 동물을 먹는 것은 몰인정하다고 느끼기 때문에 채식을 선택한다. 이러한 이유는 과학적인 관점에서 연구 대상이 아니다.

채식주의자들의 주장의 기초는 인간은 본성적으로 채식주의자라는 것이다. 채식주의자들의 주장에 의하면 진정한 인간의 성질은 현대 문명의 문화적 영향에 의해 왜곡되어져 왔고, 그 왜곡이 우리 식단에서 동물성 식품이 우세하게 만들었다는 것이다. 육식은 채식주의자들이 주장하는 것처럼 단지 우리의 건강을 파괴시키는 식사 유행인가? 아니면 미량 및 대량 영양소의 필수 공급원으로서 우리가 원래부터 추구해 오던 적절한 식생활인가? 인류의 역사 속에서 진화에 따른 인체의 생리나 해부학적, 영양생화학적인 필요를 분석한 결과를 보면 동물성 식품이 아니면 진화단계에서 인류는 생존하기 어려웠을 것이라는 판단이 선다.

4.2 비교 해부학 및 생리학적 통찰

채식주의를 옹호하는 사람들이 주장하는 가장 일반적인 내용 중 하나는 옆으로 씹는 운동을 가능하게 하는 평평한 어금니와 턱뼈 구조가 채식에 대한 확실한 적응 증거라는 것이다. 그러나 초기 원숭이들과 비교하여 인간의 어금니 에나멜은 더 얇고, 턱 이빨 크기는 더 작다. 인간의 치열은 식물성 식품과 동물성 식품으로 구성된 잡식에 적응되어져 있다.

오스트랄로피테쿠스의 이빨 에나멜의 탄소를 분석하여 동위원소 ^{13}C과 ^{12}C의 비율을 분석해 보면 ^{12}C의 비율이 높아, 채식성인 침판지의 ^{13}C 비율이 높은 것과 대조를 이루어 육식성임을 보여준다. 더욱이 초기 인간은 최소 2백만 년 동안 식품을 가공해 왔다는 것을 기억해야 한다. 따라서 이빨의 적응 형태는 식품 구성 성분으로부터 분리되어졌다. 또한, 사십만 년 전부터 불의 사용이 확산되면서 구운 음식은 훨씬 씹기가 쉬워졌다. 따라서 전형적인 초식동물의 이빨과 턱의 강건함으로부터 선발이 멀어졌다. 이것이 조리가 소화과정에 영향을 주게 된 이유이다. 이로 인하여 원시인은 에너지를 가장 많이 요구하는 소화과정에서 분쇄하고 화학적으로 분해하는 것과 같은 불의 에너지를 사용하게 되었다.

또한, 육식에 대한 채식주의자들의 논점은 전통적으로 인간 창자구조와 초식 영장류와 원숭이의 창자구조에 대한 비교 연구에 의존한다. 그들의 관점에서는 이러한 비교로 해석되는 일반적인 해부학적 유사성이 우리의 초식성의 증거이다. 다른 말로 해서 만약 우리가 초식성 원숭이들과 비슷하면 우리의 식사 또한 비슷해야 한다는 것이다. 그러나 우리는 식이적 범주의 명확한 구분은 풍습의 문제이지, 그것들이 인간을 포함한 많은 포유류에 전형적인 다양한 식이의 전체를 반영하지 않는다는 것을 염두해 두어야 한다. 그럼에도 불구하고 비교해부학자들은 포유동물의 소화기관의 개략적 형태와 구조의 차이는 다른 식이에 대한 적응을 반영한다는 사실을 인정한다.

육식동물의 전형적인 내장은 구형의 단일 위와 짧은 작은창자와 단순한 평탄 표면을 가진 결장으로 구성되어 있다. 이 구조는 생화학적으로 장시간의 소화를 필요로 하지 않는 식품을 분쇄하는 단순 작업을 반영한다. 반대로 초식성 포유동물의 식이의 주된 구성성분인 셀룰로오즈는 소화와 동화를 위해 미생물적 분해(발효)가 요구된다. 이러한 과정은 전창자와 후창자(맹장과 결장)와 같이 특별히 팽창되고 전담하는 소화관에서만 진행될 수 있다.

그러나 인간의 창자는 이러한 극단적인 양쪽 범주에 딱 들어맞지 않는다. 오히려 육식성 경향이 강한 잡식성 식습관을 반영한다. 이러한 결과는 최근의 구체적인 연구 결과가 뒷받침 해준다. 연구 결과는 고릴라와 같은 전형적인 영장류 초식동물의 창자보다는 인간의 창자가 비교적 작다는 것을 보여준다(그림 4-1). 원인(原人)은 육식에 대한 의존성이 증가함에 따라 해부학적, 대사적, 그리고 생화학적으로 여러 번 진화하여 적응했기 때문이다. 이러한 적응은 창자 크기의 축소를 가져왔고, 이것은 영양소가 풍부한 식품의 섭취가 늘어난 덕분이었다.

또한 고기의 소비가 줄어듦으로써 인간의 신장에 변화를 가져왔다. 초기의 평균 신장은 178cm이었으나 농경시대에는 160cm로 감소하였다. 고기 소비가 늘어난 중세 유럽인의 평균 신장은 175cm로 다시 상승하였으나, 현재 건강관리에 신경을 쓰며 고기 소비를 줄이는 미국 학자들의 평균 신장은 173cm로 나타난다. 또한 구석기 시대와 신석기 시대의 인류 조상의 신장과 평균 수명의 차이도 수렵채취에서 농경생활로의 식생활의 변화를 반영하는 증거라고 생각된다(표 4-1). 비영장류 포유동물은 뇌조직을 유지하기 위해 자신의 에너지 요구량의 평균 3∼4%를 소비한다. 반면에 영장류는 뇌를 위해 휴식대사율의 8%를 사용한다. 이것은 신체의 단지 3%인 인간 두뇌를 유지하는 데에 소비하는 휴식대사율의 25%보다 훨씬 낮은 것이다. 그러나 인간의 총 휴식대사율은 중량이 약 400g인 뇌를 가진 전형적인 영장류의 신체 크기와 상대적으로 조화를 이루고 있다.

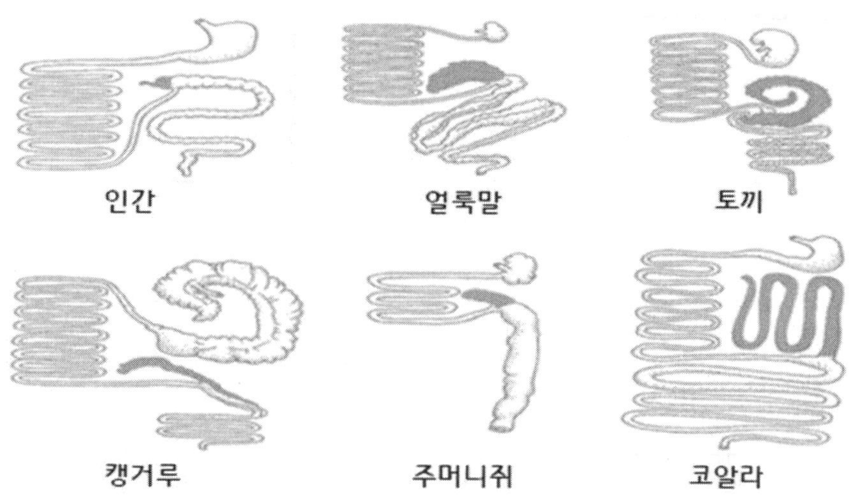

그림 4-1. 동물 종류별 창자의 길이 차이(진한 부분은 맹장)

표 4-1. 구석기, 신석기 및 청동기 인류 조상의 수명과 신장 변화

		상구석기 80,000 B.C.	중석기 9,000 B.C.	초기 신석기 6,500 B.C.	후기 신석기 6,000 B.C.	초기 청동기 8,000 B.C.	중기 청동기 2,000 B.C.		후기 청동기 1,600 B.C.
							평민	귀족	
성인 수명	남	66.6	62	66.6	66.9	66.7	66.8	65.9	69.4
	여	26.7	24.9	29.8	28.6	29.5	60.8	66.1	62.1
인구 밀도	/km^2	0.1	0.08	1.5	7	10	18		60
신장	남	177.2	164.6	169.5	166.5	166.8	166.2	171.6	166.0
	여	165.0	152.5	155.8	154.4	156.0	156.7	160.1	154.4

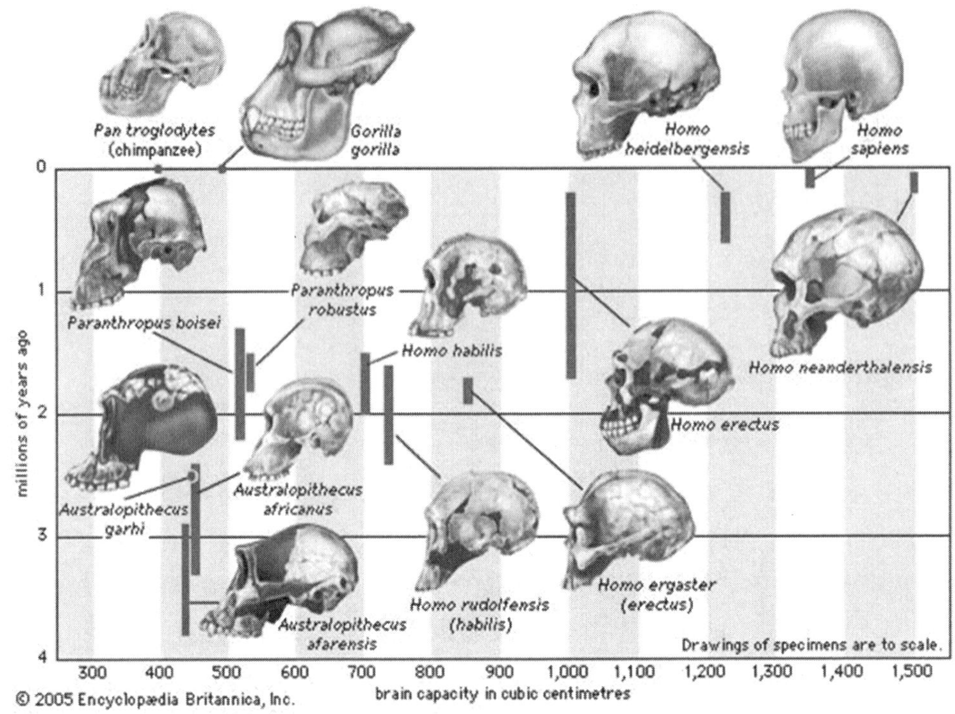

그림 4-2. 인류 조상의 시대적 뇌 크기 변화

그러면 의문이 생긴다. 더 큰 뇌를 유지하기 위한 추가적인 에너지는 어디에서 획득하였는가? 에너지가 풍부한 식사로 대폭적인 이동을 하지 않고는 인간 뇌의 믿을 수 없는 진화는 일어나지 않았을 것이다. 동물의 뇌 활동은 전체 대사 에너지량의 1/4을 담당한다. 인간의 뇌 크기가 구석기 시대 초기의 오스트랄로피테쿠스의 440cc에서 호모사피엔스의 1,350cc로 200만년 동안 약 3배로 커졌다. 따라서 열량이 낮은 식물성 식품으로는 하루에 필요한 열량을 충분히 공급할 수 없음이 자명한 일이다. 이 진화를 진행시킨 유일한 에너지 공급원은 고기를 포함한 동물성 식품이었다는 것이 분명해 보인다.

4.3 생화학적 고찰

고양이류(사자, 호랑이 등) 같은 절대적 육식동물은 필요한 모든 영양소를 먹이의 고기에서 획득한다. 고양이류의 동물성 식품에 대한 전적인 의존성은 여러 가지 필수적인 영양소를 생합성하는 데에 필요한 몇 가지 대사적이고 생화학적인 경로를 유지해야 할 필요성을 완화시킨다. 왜냐하면 필요한 영양소들은 동물성 식품에서 쉽게 얻을 수 있기 때문이다.

그러한 영양소 중의 하나가 초식동물과 육식동물 모두에게 필수적인 비타민 B_{12}이다. 이것은 고등식물에 의해 합성되지 못한다. 그러나 비타민 B_{12}는 초식 포유동물의 창자의 연장된 말단부위에서 사는 미생물군에 의해 생산되고, 그 창자에서 흡수됨으로써 그 동물은 살아간다. 그러나 고양이류 같은 육식동물의 미생물군은 너무나 빈약하여 비타민 B_{12} 요구를 충족시켜 주지 못하고, 결과적으로 고양이류는 이 필수영양소의 공급원으로 동물의 고기에 완전히 의존하게 되었다. 흥미롭게도 고양이류와 같이 인간도 비타민 B_{12}를 합성할 수 없다. 인간이 비타민 B_{12}를 생합성하는 능력이나 창자의 미생물군으로부터 이것을 흡수하는 능력의 결핍은 고양이류와 같이 우리도 비타민 B_{12}를 동물성 식품에서 섭취하였다는 것을 강하게 시사한다.

동물성 식품에 인간이 의존하였다는 오랜 역사의 또 다른 증거는 식물성 식품에서 발견되지 않는 또 다른 영양소, 아미노산 타우린(taurine)의 제한된 합성 능력이다. 고양이류는 타우린을 합성할 능력이 없지만 먹이의 고기에서 이 아미노산을 충분히 공급받는다. 고양이류와는 달리 인간은 간에서 전구물질로부터 타우린을 합성하는 능력을 유지하고 있다. 그러나 이 과정은 초식동물보다 훨씬 비효율적이다. 어떠한 동물성 식품도 거부하는 철저한 채식주의자들은 혈액과 뇨에 낮은 타우린 함량을 보이는 특징을 가진다. 이것은 인간 혈통에서 타우린이 풍부한 동물성 식품에 점진적으로 더욱 의존하였다는 증거이다.

오메가-6 장쇄 필수 지방산인 아라키돈산과 오메가-3 DHA는 신경조직의 가장 중요한 구조성분이다. 이 복잡한 신경계통의 성장을 지원해 줄 충분한 필수 지방산이 식물에는 없다. 그러나 필수지방산은 동물성 지방에 일반적으로 존재한다. 이것이 아마도 고양이류가 생체에 장쇄 지방산을 합성하는 효소가 극히 낮은 수준으로 존재하는 특징을 보이는 이유일 것이다.

인간은 비록 식물성 식사에 존재하는 전구체에서 장쇄지방산을 합성할 수 있지만 합성률은 낮다. 이것은 인간 생애에서 뇌 성장과 발달이 대부분이 완성되는 첫 5년 동안 특히 중대하다. 뇌는 2백만 년의 진화역사에서 3배로 증가하였다. 그러나 구석기 후반부(4만년 전)에 인간의 뇌는 약 10% 줄었다. 이 놀라운 현상은 농경시대의 시작으로 인하여 우리의 식사에서 동물성 식품이 감소함에 따라 장쇄 지방산 섭취가 감소한 것과 일치한다. 이러한 상관관계는 인간 두뇌의 진화가 고기 소비 없이는 불가능하였을 것이라는 사실을 암시한다.

고기에 기초한 식사에 적응한 사실은 인간 영양에서 고기의 중요성을 보여주는 강력한 증거이다. 그러나 식사에서 풍부한 특정 영양소의 합성능력의 결핍을 야기하는 동일한 이유가 비타민 C에도 적용된다는 것을 지적해야만 한다. 야생 잎이나 과일은 동물성 식품보다 비타민 C를 풍부하게 공급한다. 따라서 우리가 비타민 C를 합성하지 못하는 사실은 식물도 항상 우리 식사의 상당부분을 차지하였다는 것을 분명히 보여준다. 분명히 인간은 폭넓고 다양한 비율의 식물성 및 동물성 식사로 생존해 왔다. 그러나 수렵채취인의 생계유지 전략을 검토한 결과에 의하면 자연조건이 허락할 때마다 동물성 식품이 식물성 식품보다 우선시 되었다는 데에는 의심의 여지가 없다.

4.4 채식보다 육식을 더 좋아하는 이유

미국의 인류학자 Marvin Harris에 의하면 동물성 식품은 식물성 식품보다 인간의 영양과 생리에 중대한 역할을 하는 반면에 식물성 식품은 생명을 유지시켜 주지만 생존 이상의 건강과 복지는 동물성 식품에 의하여 성취된다고 한다. 그 이유는 동물성 식품은 식물성 식품보다 조리된 중량당 더 많은 단백질을 함유하고 있고 그 단백질의 품질도 필수 아미노산 구성과 소화율 측면에서 비교할 때 식물성 식품보다 우수하기 때문이다. 더욱이 동물성 식품은 이 밖의 필수 광물질 및 지방산, 비타민 등을 공급해 줌으로써 인간이 성장하고 활동하는데 영양적으로 결정적인 역할을 담당한다. 농경사회에서 동물성 식품은 비록 영양적으로 우수하지만 생산하기가 힘들었기 때문에 그 효용성과 희귀성으로 인하여 상징적인 힘을 얻게 되었다.

인간이 고기를 좋아하게 된 배경은 이러한 영양 생리적 이유뿐만 아니라 사회 문화적인 이유에서도 찾을 수 있다. 사냥 및 수집으로 살아가던 원시시대에는 다양한 문화권에서 공통적으로 동물성 식품에 대한 선호도를 보여주고 있다. 많은 인류학자들의 연구에 의하면 석기시대의 네안데르탈인들의 식사는 90%가 고기로 구성되어 있다고 한다. 인류학자들이 수집한 사례 중에서 공통적인 것은 집단이나 친척을 결속시켜주는 사회적 연대를 강화하기 위해 고기를 사용함으로써 부락사회는 특별히 고기를 숭상하게 되었다는 것이다.

이들은 식물성 식품과는 다르게 동물성 식품은 생산자(수확자)와 소비자(비수확자)들 사이에서 서로 나누어야 했기 때문에 고기 소비는 모든 집단에서 가장 중심적인 사회적 행사였고 항상 나누어 먹었다. 동물성 식품이 부족해지면 부락사회는 다툼에 들어가고 결국 갈라지게 된다. 부락이 커지면 사냥감이 줄어들어 고기 배고픔(meat hunger)이 증가하게 되고, 서로를 불신하고 원망하게 되어 상호 적대적인 집단으로 분할되었다. 이에 따라 사냥감이 많은 지역으로 새로운 부락을 형성하여 나가거나 사냥지역을 확장하기 위하여 이웃 마을을 공격하게 되었다.

더욱 발달한 원시 사회에서 추장이나 영웅들이 승리를 기념하기 위하여 연회를 열어 추종자들이나 손님들에게 고기를 제공하는 것도 이러한 나눔에서 유래한다고 해석된다. 나아가서는 가축화된 동물의 고기, 피, 젖을 조상들이나 신들과 함께 나누는 것은 사냥꾼들이 상호 의리를 지키는 조직을 구성하여 그날의 수확을 서로 나누어 시기와 다툼을 방지하고, 보이지 않는 세상의 신들과 그들의 창조물을 포용하는 공동체를 유지시켜야 했던 것과 비슷한 맥락에서 일 것이다.

동물을 희생시키는 도살을 신성화하고 고기를 신들에게 바치는 것은 고대 사람들이 고기나 동물성 식품에 대한 갈망을 표현하는 것이다. 아니면 동물의 고기는 인간이 소비하기에 너무 좋은 것이기에 신들이 인간들과 기꺼이 나눌 수 있도록 허락할 때에만 인간이 먹을 수 있게 되기 때문일 수도 있다. 결국 인간의 고기소비는 영양생리적으로 식물성 식품보다 우수하지만 확보하기에는 노력이 더 많이 요구되기 때문에 상징적으로 소중한 것이 되었으며, 원시 사회에서의 공동체 유지와 종교적인 필요와 연결되어 더욱 귀중한 식품으로의 특권을 확보하게 된 것으로 판단된다.

4.5 인류 발달과정에서의 축산식품의 역할

동물성 식품의 영양적 우수성으로 인하여 인간의 체격조건이 좋아진 것은 국내의 경우를 보아도 분명하다. 가장 신체적으로 활발한 고등학교 2학년생(17세)의 신장변화를 보면 과거 40여 년간 남자는 약 9cm, 여자는 약 4cm 성장하였다. 성인들도 지난 30년간에 4~5cm 정도의 성장이 있었다(표 4-2). 이것은 1960~70년대의 탄수화물 위주의 곡류식단에서 1990년대의 동물성 식품의 비중이 큰 식단으로 변화가 일어나, 동물성 단백질 섭취가 증가된 결과라고 학자들은 주장한다. 지난 30여 년간 동물성 단백질 섭취는 2배가 증가하였다(표 4-3 참조).

자연선발에 의하여 종들은 항상 변하는 그들의 환경에 적응한다. 이러한 적응은 수 세대에 걸쳐 일어난다. 왜냐하면 유전적 변화는 매우 느리기 때문이다. 인간 게놈은 인간 조상이 침팬지의 선조로부터 갈라져 나온 후 7백만 년 동안에 단지 2% 변했다. 그러나 우리는 인간과 침팬지 사이의 2% 차이는 평균치이며, 어떤 유전자는 실제로 동일하고 또 어떤 것은 상당히 다르다는 것을 인식해야 한다. 모든 DNA 염기의 변화가 등량이 아니라는 것을 이해해야 한다는 것이다.

예를 들면, 효소의 활성위치에 한 개의 아미노산이 대체되는 단일 염기 변화는 그 효소의 활력에서 엄청난 변화를 가져올 수도 있지만, DNA 암호화된 단백질의 생화학적으로 덜 활력적인 부분에서의 수많은 변화는 아주 미약한 변화만을 가져올 수도 있다. 진화시기에 강한 선발 압박을 받는 영장류의 유전자에서는 급속한 변화가 일어나는 많은 증거가 있다.

표 4-2. 연도별 청소년 및 성인의 신장 변화(단위: cm)

		1965	1989	1995	2001	2004	2007
중 1	남		154.7	157.1	158.2	157.2	158.1
	여		153.8	155.1	155.3	154.8	156.1
중 3	남		165.2	167.6	169.1	168.8	168.7
	여		157.7	158.2	159.8	159.5	159.5
고 2	남	163.7	169.9	172.3	172.2	172.2	173.0
	여	156.9	158.4	159.9	160.6	160.9	160.7

자료: 문화체육관광부, 2007 국민체력실태조사결과보고서

	1989	1995	1998	2001	2007	2015
남(19~24세)	169.9	172.8	173.4	173.7	175.0	174.9
여(19~24세)	157.9	160.0	160.7	161.4	161.7	162.0

자료: 문화체육관광부, 국민체력실태조사. 2015

표 4-3. 연도별 총 단백질 섭취량의 동물성 단백질 섭취비율(단위:%)

1976	1980	1985	1990	1995	2000	2004	2007	2010	2014
23.3	27.3	32.9	37.2	40.6	42.4	47.0	47.3	48.6	52.9

(자료: 농촌경제연구원 발간 "식품수급표"에서 발췌 계산)

예를 들면, 유당을 분해하는 능력을 가진 인구의 분포는 동물을 사육하기 시작한 초기 인간의 분포와 일치한다. 그러나 우유를 마시는 것에 대한 유전적 적응은 이미 존재하는 유전자의 표현에서 약간의 변화만이 필요하다. 그것은 우리의 유전적 구성에 크게 영향하지 않는다. 더욱이 돌연변이는 백만 년에 0.5% 정도 발생된다고 한다. 창자 형태에 관련되는 인간 게놈의 부분이 뚜렷하게 재배치되는 경우는 농업이 시작된 이후 단지 500세대가 변하는 인간 역사의 짧은 시기에 일어날 수 없다. 따라서 현대 인간의 게놈과 4만 년 전에 살았던 구석기 수렵 채취인의 게놈 사이의 유전적 차이는 아주 작다고 이야기하여도 안전하다.

동물성 식품이 인류의 조상들의 식단의 주된 것이었다면 왜 그 당시에는 긍정적으로 작용하던 동물성 식품이 현대에 와서 건강의 문제를 일으키는 것일까? 우리가 소

비하는 식품의 구성을 살펴보면 그 해답을 알 수 있다. 현대 곡류의 셀룰로오스 함량은 급격히 줄어들고 전분 함량은 증가하였으며, 축산물의 지방함량은 구석기 시대보다 5배 증가하였고, 불포화지방산/포화지방산 비율도 그 당시와 5배의 차이가 난다. 더욱이 현대인의 섭취 칼로리의 70%는 구석기 시대 사람들이 먹지 않았던 식품에서 공급받고 있다. 이 이야기는 우리의 소화생리가 아직도 현대 슈퍼마켓의 선반 위의 식품보다는 구석기 시대의 메뉴에 조화를 잘 이루고 있다는 것을 암시한다.

최근 영양 유전체학에서는 식품이 인간의 유전자 구성에 맞춰 소화되어 유전자 발현에 영향을 미치는 효과가 개개인에 따라 다름을 증명하고 있다. 따라서 개인 유전자 구성에 따른 맞춤형 식품이 미래 식품으로 각광을 받는다. 우리 인간은 구석기 시대에 주로 소비하였던 식품의 성분이 우리 유전자 구성에 더 적합할 것으로 추측할 수 있다. 그 당시의 식단이 주로 동물성 식품 위주로 구성되었음을 고려할 때 우리 유전자 구성에는 축산식품 소비가 더 유익할 것이다.

하지만 앞서 지적한대로 축산식품의 조성이 엄청나게 변한 결과를 생각한다면 무작정 축산식품의 소비를 적극 권장할 수만은 없을 것이다. 조사에 따르면 구석기 시대 사람들과 현대 미국인 성인 남자의 일일 섭취 열량은 동일하다고 한다. 차이는 구석기 시대 사람들은 동이 터서부터 해질 때까지 산과 들을 하루 종일 돌아다녔지만, 현대인들은 거의 하루 종일 앉아서 지낸다는 것이다.

참고문헌

1. Harris, M. 1989. Food And Evolution : Toward a Theory of Human Food Habits.
2. Konarzewski, M. 2001. Future of meat: a message from evolutionary history. 47th ICoMST, p. 2-5. Krakow, Poland.

5. 농식품 시스템

"우리는 진짜 식품을 생산하고 망가진 식품 시스템을 개혁하려는 의지를 가진 진짜 농부들이 필요하다. 우리는 그것을 위해 농부들을 찬양해줄 필요가 있을 뿐만 아니라 그들을 지지해야 한다.

-마크 비트만(Mark Bittman)-

5.1 농식품의 역사

농업은 약 1만 년 전부터 간헐적으로 실행되다가 널리 활용된 것은 단지 5천년 정도 되었다. 기후 변화로 야기된 야생 식량자원의 부족과 인구 증가로 인한 식량 수요의 증가(학자에 따라서는 농업으로 인하여 인구가 증가하였다고 주장함)는 구석기 시대의 수렵과 채취 생활에서 작물과 동물을 재배 사육하는 농업으로의 전환을 불가피하게 만들었다. 농업은 수렵채취 생활보다 더 많은 시간과 에너지를 요구하지만 단보 당 10~100배의 에너지를 수확할 수 있게 만들어 줌으로써 안정적이고 충분한 식량을 공급해주었다. 따라서 지구 인구는 BC 1만 년 전의 4백만에서 BC 1천 년의 5천만으로 증가하였다. 농업이 사람들을 토지에 정착시키는 결과를 가져옴으로써 농업 발달은 사람들이 몰려 사는 지역에서 발생한다. 따라서 농업의 발달은 자연스럽게 도시가 형성되게 만들어 중동 이라크에는 BC 3천 년경에 인구 5만 명의 세상에서 가장 큰 도시가 존재했었다.

농업의 발달은 도시의 주민들에게 필요 이상의 식량을 공급할 수 있게 만들어 사람들이 농사 이외의 일들에 관심을 갖게 하였다. 따라서 농업의 발달은 서서히 문명의 발달로 이어지게 되었다. 이렇게 농업은 문명의 발달을 가져오는 동인이었지만 역사적으로 농식품 시스템은 번영과 고난의 시간을 왕복하였다. 왜냐하면 인구 증가, 토양 비옥도 저하, 기상 변화, 가뭄, 홍수, 질병, 전쟁 등 많은 부정적 요인들이 식량 생산을 악화시켜 기근 상태로 몰아갔기 때문이다.

이러한 문제들은 가축 분뇨를 비료로 이용하고 윤작과 도포작물 재배 등 토양 비옥도 향상을 위한 여러 가지 방법들을 개발하여 생산성의 증대를 성취함으로써 해결되었다. 그러나 인구의 폭발적 증가는 18세기 말에 말서스가 자기 저서 『인구론』에서 매우 비관적인 식량 전망을 기술하게 만든다. 그러나 옥수수를 비롯한 많은 새로운 식량 자원들이 전 세계에 급속히 전파되고, 냉장 저장 및 수송 같은 기술과 철도망 및 해상 수송망의 발달로 인하여 증가된 생산과 원거리 수송이 이러한 비관적인 전망의 현실화를 막아 주었다. 더욱이 신기술의 발전으로, 특히 20세기 초에 개발된 화학비료로 인해 향상된 작물 생산성은 20세기 초의 60억 지구 인구를 먹여 살릴 수 있게 만들었다. 그러나 세계식량농업기구(FAO)의 조사에 의하면 세계 인구가 지속적으로 증가하여 식량 수요가 2030년에는 50% 증가하고, 2050년에는 지금보다 70%가 증가할 것으로 내다봤다. 이러한 증가하는 식량 수요를 만족시키기 위해서 지구는 또 다른 녹색혁명이 필요하게 될 것이다.

5.2 식품 시스템

식품 시스템이란 식품 및 식품 관련 품목의 생산(재배 및 사육, 수확), 가공, 포장, 운반, 유통, 소비 및 폐기에 관련된 모든 활동(과정 및 기반구조)을 의미한다. 식품 시스템은 각 단계에서 필요한 투입과 생산되는 결과물을 포함함으로써 사회적, 정치적, 경제적 그리고 환경적 맥락에 의해 영향을 받게 된다. 또한 전 과정에서 노동, 연구 및 교육을 제공하는 인적 자원이 필요해진다. 이러한 식품시스템이 추구하는 목표는 그림 5-1에서 보는 것과 같이 지구적으로나 특정 국가적으로나 인간의 생존을 위해 국가 시스템의 지속가능성을 유지하는 것이다.

개별 국가의 식품 시스템의 여러 가지 활동은 그림 5-2에서 보는 바와 같이 다양한 결과를 유발하고 이들은 다시 여러 가지 동인들의 변화에 의해 영향을 받게 된다. 따라서 식품 시스템의 개념을 전체적으로 이해하려면 생지구물리학적 및 인간적 환

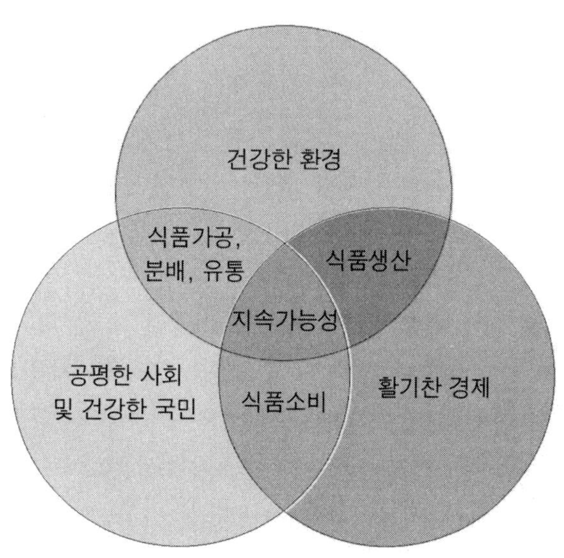

그림 5-1. 식품 시스템의 목표

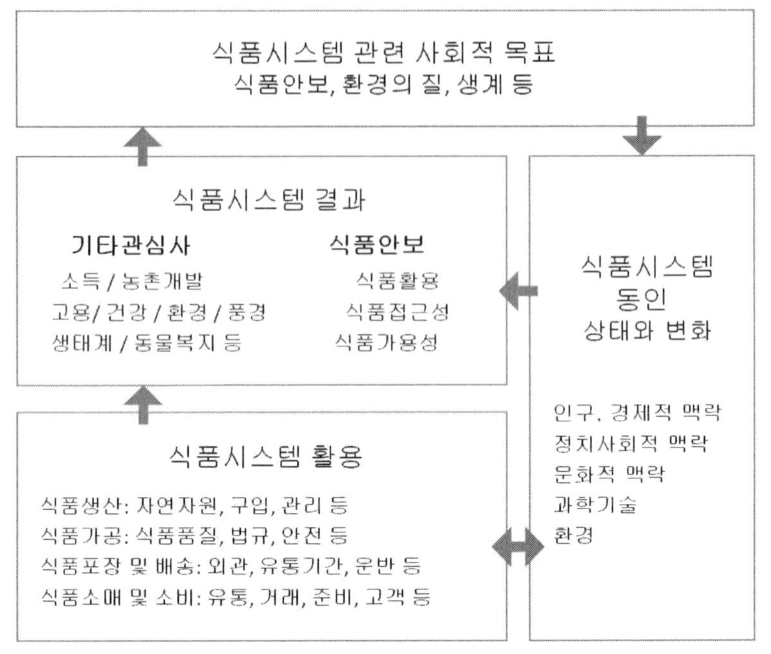

그림 5-2. 식품 시스템의 동인, 활동, 결과 및 피드백(ESF/COST, 2009)

경들의 상호 작용, 식품 시스템의 활동, 그 활동들의 결과, 그리고 관련 식품 안보의 결정 인자들에 대해 포괄적인 이해가 요구된다. 이러한 식품 시스템 동인들은 지역적 혹은 특정 국가 내에 국한된 것이 아니고 전 지구적 관점에서 파악되어야 한다. 예를 들면, 한 가지 식품의 경우 그것을 생산하는 데에 필요한 재료들은 전 세계 각지에서 생산되어 공급됨을 알 수 있다. 따라서 지구적 기후변화는 기온 상승과 강수량에 영향을 주어 식품 생산과 공급에 직·간접적으로 영향을 미친다. 또한 기후변화는 해충 번식과 수분작용 감소에 영향을 주거나 용수가 어려워지게 만든다. 결과적으로 기후와 환경 혼란은 식품 가공에 사용되는 각종 원재료들의 생산량과 가격에 영향을 미치게 된다.

한편, 전 세계적으로 식품안보, 지속가능성, 자주권, 식품의 공급, 분배 및 소비의 정의라는 정치사회적 차원과 기후변화, 농업 생산성 제고, 자원고갈(토양, 물, 인산염 등)이라는 자연과학적 차원의 상호작용 속에서 인구 증가에 따른 식량수요 증가 요인이 개입되어 식품 생산을 위한 지구환경의 지속가능성은 우리가 해결해야 할 더욱 더 중요하고 시급한 문제로 대두되고 있다. 따라서 한 나라의 수준에서, 또는 범지구적으로 지속가능한 식품 시스템을 유지하는 것은 모든 국민이 안전하고, 영양이 풍부하며, 문화적으로 적절한 식품을 손쉽게 구입할 수 있게 하고, 온실가스 발생을 저감시키며, 나아가서는 농업소득의 증대를 이룩함으로써 식품 안보, 생태 시스템, 사회복지가 향상되는 결과를 가져올 것이다.

식품시스템은 크게 5가지 범주로 나눌 수 있다(그림 5-3).

첫째, 식품 생산 : 식품 생산은 생식품 소재의 생산에 관련된 모든 활동들이다. 토지와 노동의 투입과정, 토지 준비, 가축육종, 작물 파종 혹은 농사과정(제초, 간벌, 비육, 예방접종 등)을 포함하는 다양한 투입과정과 이들의 수확과 도축을 포함한다. 이것들은 토지 임대, 투입재료 비용, 수확기술, 정부 보조금 등 여러 가지 사회적, 경제적, 물리적 그리고 생물적 요인들에 의해 영향을 받는다. 주요 역할자들은 농부, 사냥꾼, 어부, 노동자를 포함한 생산 투입재의 납품업자 및 토지 소유자들이다. 생산을 담당하는 역할자로서 학교 채소밭 및 온실, 텃밭 농사 등의 비상업적 공동체들도 포함된다.

둘째, 식품 가공 : 생식품 소재들(채소, 과일, 가축)은 판매를 위해 소매상에 보내지기 전에 다양한 변형이 이루어진다. 이러한 모든 가공 과정은 경제적 관점에서 생소재에 가치를 부여한다.

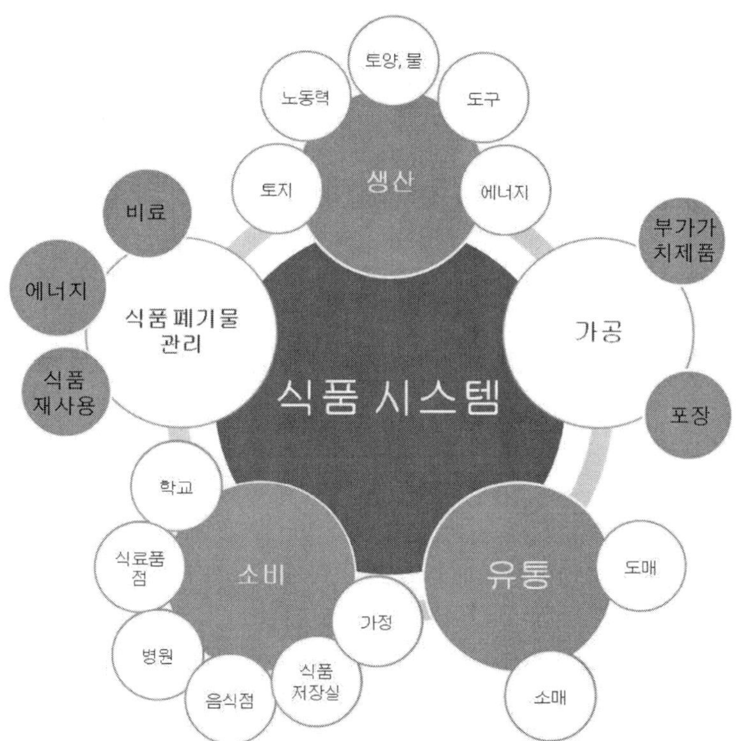

그림 5-3. 식품 시스템의 구성

그러나 이 과정은 외관이나 영양가, 성분이나 저장기간을 심하게 변경시킬 수도 있다. 밀에서 빵으로 변화되는 과정, 생유가 판매되기 위해 거치는 각종 과정 등이 좋은 예이다. 이러한 과정의 결정인자들은 원료 구입과 식품 생산과정에서 다양한 역할자와 동기가 관여한다. 대부분의 역할자들은 이익추구가 동기이지만 규제기관들만은 예외일 것이다.

셋째, 식품포장 및 유통 : 이 단계는 다양한 요인들에 의해 영향을 받는다. 예를 들면 최종 제품의 외관, 소매상의 요구들, 요구되는 저장기간, 운반 기반시설, 교역법규, 저장시설 등, 생산과 가공 지역에 연관된 시장의 위치가 매우 중요하며, 수요의 이동과 변화가 이 단계에 주된 영향을 미친다. 소비자 선호와 폐기물 저감의 필요도 또한 결정적 요인이 된다. 이 단계는 식품 생산과는 다른 요인들과 역할자들 및 그들의 동기가 작용한다.

넷째, 식품 소매 및 소비 : 이 단계는 시장이 어떻게 구성되어졌고, 어디에 위치하고, 어떤 종류의 틈새시장이나 프리미엄 시장이 적합한지 등에 의해 영향을 받는다. 홍보는 소매 단계에서 매우 중요한 활동이다. 이 단계는 무엇을 준비해서 먹고 영양은 어떠한지를 고려하여 무엇을 구매할지를 결정하는 활동도 포함한다. 식품 가격, 소득수준, 문화적 전통 혹은 선호도, 사회가치관, 교육 및 건강상태 등도 매우 큰 영향을 미친다. 식품과 식품 시스템이 글로벌화 하면서 홍보와 공급사슬 구조가 사람들의 식품 선택에 큰 영향을 끼치고 있다. 결정적 역할자들은 슈퍼마켓 소유자들, 유통업자 및 시장을 규제하는 정부 관료들, 가공업자 및 포장업자와 최종 시장 사이의 중개상인들 및 소비자 자신들이다.

소비는 식품이 생산되고 유통된 후 개인이 식품을 구득하여 활용하는 모든 활동과 과정을 포함한다. 소비는 식품 안보와 관련하여 검토된다. 식품 안보는 모든 사람들이 영양적으로 충분하고 안전한 식품의 입수가 가능한지와 이것들에 물리적으로나 경제적으로 접근이 가능한지 그리고 그 식품을 획득한 후 영양적으로 또는 사회적으로 활용할 수 있는가를 평가하는 것이다.

다섯 째, 식품 폐기물 관리 : 소비와 관련된 다른 사항들은 폐기물 관리와 재활용이다. 식품은 시스템의 모든 단계에서 손실이 발생한다. 손실의 양과 그것이 발생하는 지점이 식품 시스템의 효율성을 보여주는 지표들이다. 재활용이란 식품 폐기물을 수집하고 선별하여 유용한 물질로 전환시키는 과정을 의미한다. 현대 식품 시스템은 생존 농업에서부터 다국적 식품회사까지 모든 것들이 관련되어지는 다양하고 복잡한 것이다. 따라서 먹고 살아가는 모든 사람들은 지역적인 것이거나 글로벌한 것이거나 식품 시스템에 의존한다.

식품 시스템 속에서 식량이나 식품소재들의 이동은 동식물을 포함한 모든 종류의 영양성분들을 포함한다. 예를 들어 우리는 즉석식품 매장에서 판매하는 한 가지 가공식품 메뉴를 준비하기 위해 필요한 식품 재료들이 농장에서부터 가공공장을 통해 식당으로 이동하는 과정을 생각해 볼 수 있다. 햄버거를 준비하기 위해 필요한 빵, 소고기, 식초, 마늘, 토마토, 치즈, 각종 채소 등의 50여 가지의 식품소재들이 전 세계 각국에서 생산, 가공, 수송됨을 알 수 있다.

농산물을 생산하기 위해 필요한 농기계, 농자재, 사료, 비료, 백신, 치료제 또한 전 세계적으로 이동하고 있고, 가공기계류, 포장기계, 소독제, 세제 등의 식품 관련 재료들도 전 세계적으로 이동하고 있다. 아울러 정부의 규제 시스템과 민간단체들의 활동도 식품 시스템의 일환이며, 소비자 교육 및 활동도 마찬가지이다. 세계를 먹여 살리기 위해서 많은 시스템들이 필요하다. 개별 시스템은 역동적이지만 전체 식품 시스템들은 상호 의존적이다. 모든 필요를 만족시키는 최선의 시스템은 없다.

5.3 식품 시스템의 구성요소

식품 시스템은 기관, 활동 그리고 기업의 상호 의존적 구성으로 파악할 수 있다(표 5-1). 시스템 속에서 활동하는 다양한 기관들은 그것들이 국제적이거나 국가적으로 운영된다. 좁은 범위에서 해당 분야에만 특정되었거나 아니면 전반적으로 관여 할 것이다. 예를 들면 정부기관은 판매자와 구매자에 대한 다양한 분야의 법이나 규정을 강요한다. 활동으로는 식량 생산의 여러 단계에서 필요한 농기자재 공급 사슬, 식량 생산단계에서 일어나는 다양한 활동, 생산물의 부가가치 부여 활동, 유통 및 소매, 나아가서는 소비 및 폐기물 처리단계에서의 다양한 활동들을 포함한다.

부가가치 창출 단계에서는 다양한 기업들이 관여하게 된다. 따라서 관여하는 기업들은 농산물을 생산하는 농업에 기반을 둔 기업이나 도소매상, 농기자재 공급자, 가

표 5-1. 농식품 시스템의 구성요소(Caiazza, 2012)

기 관	활 동	기 업
글로벌 대 국가적 일반적 대 특정한	투입자재 공급 생 산 가 공 유통 및 소매 소비 및 폐기물 관리	농업기반 대 농업관련 다국적 대 중소기업

표 5-2. 농식품 시스템에 대한 국가별 요인 영향강도(Caiazza, 2012)

	선진국	개발도상국
기업형태	농업 관련	농업 기반
지구환경	저	고
기술혁신	고	저
정 책	고	저

공업자들을 포함하는 농업 관련 기업들로 구성될 수 있다. 이들의 소재지는 도시이거나 농촌지역일 수도 있고, 규모 면에서 크거나 작을 수 있고, 국적 상으로 자국이나 외국 기업일 수 있고, 기업 형태상으로는 공기업이거나 사기업 혹은 혼합 형태일 수도 있다.

기업 활동들은 지구환경 변화, 기술혁신 및 정책 등에 의해 영향을 받는다. 농업은 경작지, 토양, 기후조건 및 물 등 부여된 자연 자원에 심히 좌우된다. 따라서 어떤 나라는 식량 수출국이 되고 또 어떤 나라는 수입국이 된다. 또 어떤 나라들은 충분한 자연자원을 보유하고 있음에도 그것들을 활용하지 못하여 식량부족 국가로 남아 있는 경우도 있다. 기후 변화는 농업 생산에 관련된 환경을 변화시켜 질병이나 해충이 번성하고, 강수량이 부족하게 됨으로써 농업생산의 물리적 조건을 악화시키며, 다른 한편으로 식량부족과 영양결핍으로 야기되어 주민들의 건강과 질병 상황은 농업의 지속가능성을 저하시키는 결과를 가져오고, 농식품 시스템은 자연과 사회의 역동적 상호작용에 의하여 심하게 영향을 받게 된다.

기술혁신은 농업 생산성에 지대한 영향을 미친다. 생명공학의 적용, 농약 및 비료의 사용, 신품종의 적용, 지속가능한 농업의 육성 등을 포함한 새로운 기술 개발뿐만 아니라 관개수리, 농로 건설 등을 포함한 기반 시설의 확충, 나아가 경영 및 신기술 등의 교육을 통한 전반적인 기술 혁신을 위한 농업 R&D 투자는 개도국에 비해 선진국이 앞서 있다.

정책은 농식품 시스템 내에서 국가 간 및 기업 간의 재정, 기술 및 자원에 관련하여 영향을 미친다. 무역자유화로 인하여 주로 선진국으로 구성되어 있는 식량 수출국가들의 우월한 경쟁력은 개도국의 농업과 농민들에게 부정적인 영향을 주는 실정이다. 이러한 다양한 요인들로 인하여 농식품 시스템은 더욱 복잡해졌고, 가치 중심은 농업기반 활동에서 생명공학 연구, 농화학제품 생산, 고도 가공식품 생산 등 농업 관련 활동으로 변경되었다. 나아가서는 가치 창출도 과거와는 달리 유통이나 생명공학을 통한 신품종 개발 등 비농산물 생산 부문에서 주로 이루어진다.

농식품 시스템의 각 단계에는 다양한 역할자들과 그들의 연계가 주된 영향을 미치고 있다. 농자재 공급자, 농민과 기타 농업 생산자들, 서비스 제공자들, 가공업자들, 무역회사들, 소매상들 그리고 소비자들로 구성되어 있다. 시스템은 지역적, 지방적, 국가적, 지구적 수준에서 상호 연결되어 있거나 독자적으로 존재하게 됨으로써 내용이 더욱 복잡하게 된다. 과거 선진국들이 자국의 식민지나 개도국에 직접 투자를 하여 농업생산을 수행하던 관행이 식민지 국가들의 독립에 따른 자원의 국유화와 많은 개도국들이 산업화를 추진하는 과정에서 외국회사들의 직접 투자를 제한함으로써 둔화되었다. 따라서 선진국 회사들이 관여하는 개도국의 농업 관련 활동은 농자재를 공급하는 상류산업이나 교역, 가공 및 소매 등의 하류산업에 집중되어져 왔다.

이러한 추세로 인하여 농식품 시스템은 지역 생산자와 소비자들이 느슨하게 연결되어 있던 그물망에서 사회적 및 공간적으로 원거리에 존재하는 생산자들과 소비자들이 연결되어 공식적으로 규제되는 교역의 글로벌 시스템으로 전환되었다. 중소규모의 생산자들은 경쟁력을 가지기 위해 과거보다 더욱 수직적으로 통합되고 집중되는 결과를 가져옴으로써 농식품 시스템을 통한 의사결정이 소수의 기업에 의하여 행사되는 문제점을 야기한다. 결과적으로 농식품 시스템은 모래시계 같은 형태가 되어버렸다. 아래쪽에는 식량을 생산하는 수많은 농민들이 있고, 위쪽에는 수많은 소비자들이 존재하며, 중간에는 소수의 다국적 기업들이 모든 거래에서의 이익을 위하고 있는 형태이다.

5.4 농식품 시스템 변화의 동인에 대한 역사적 고찰

1) 도시국가

야생동물의 가축화를 비롯한 농업의 시작이 항구적인 정착지를 조성함으로써 인류 문명은 시작되었고, 이에 따라 식품시스템이 생겨났다. 지구상의 다양한 지역에 각기 다른 종류의 곡물들이 재배되었고 각자 나름대로의 문명이 탄생하였다. 인류의 조상은 한 곳에 정착하여 자기들이 소비하고도 남을 만큼의 곡물과 가축을 생산할 수 있게 됨에 따라 그들의 문화가 바뀌었다. 또한 나중의 소비를 위해 재배하고 수확한 농작물을 건조하고 저장하였다. 따라서 필요 이상의 충분한 식량 생산은 예술, 종교 및 정부가 발달하게 만들어 주었다.

이렇게 농업은 사람들이 모여 정착하게 만들었고 서서히 도시국가들의 형성을 유도하였다. 도시국가의 형성으로 인한 인구의 증가는 특정 지역에 충분한 양과 질의 식량을 공급하기 위해 식품 시스템의 변화가 요구되었다. 나아가 저장방법의 발달은 도시국가들 간의 다양한 생산물의 교역이 이루어지게 만들었고, 식품 시스템은 지역 수준에서 지구적 수준으로 확대되었다. 글로벌 식품시스템이 운영되기 위해 지상 및 수상 운송시스템이 발달하였고, 표준화된 측정수단과 결제수단이 확립되게 된다. 중세에는 상인계층과 은행수표가 나타나기 시작했다.

2) 과학기술

식량을 재배·사육하고 가공저장 및 수송하는 방법들은 과학기술의 발달과 함께 변화해 왔다. 육체노동과 가축을 이용하던 경제활동은 과학기술의 발달로 기계를 사용하는 형태로 전환되었다. 농업 생산성의 향상도 다양한 농기계들의 개발로 이룩되었다. 산업혁명은 개인 소득의 향상을 가져왔고 중산층의 식품 수요를 증가시킴으로써 농업의 발달을 야기했다. 증기기차나 선박 같은 운송수단과 운하 및 철도 등 교통망의 발달은 식량수송을 급격히 향상시켰다. 건조, 발효, 살균, 염장, 냉장, 냉동, 통조림 등의 식품 저장기술의 발달은 국제적 교역을 활성화시켰다. 20세기에는 농업의 기계화, 동식물 육종 기술, 영양과 질병관리 기술 등의 발전으로 생산성이 향상됨으로써 단위 생산비 절감과 식품 시스템에서 엄청난 특화가 조성되었다.

3) 식민지화 및 전쟁

식민주의는 국내에서 고용창출이나 식량 증산의 기회가 제한되어 있던 산업국가들에게 인구 증가를 허락하여 식품 시스템의 다양한 단계를 만들어 냈다. 식민지를 수출시장으로 활용하거나 식품이나 식품원료의 수입처로 활용함으로써 식품 시스템에 많은 변화를 가져왔다. 세계대전은 식량부족, 경제위기 및 질병확산을 야기하여 범세계적인 공공선에 대한 주제를 제기했다. 관세와 무역에 관한 일반협정(GATT)이 결성되어 세계적으로 식량을 포함한 무역거래를 원활하게 함으로써 식품 시스템에 변화를 가져왔다.

4) 공급주도에서 수요 주도형 경제

식량공급을 늘려 식품 가격을 낮추는 것은 정치적으로 인기 있는 국가 정책이다. 더욱이 식량자급은 식량부족 사태를 경험한 나라에게는 강력한 동기부여가 된다. 국내 수요를 충족시키고 남는 잉여분은 수출을 하거나 식량지원 프로그램에 사용된다. 20세기의 선진국에서 개인소득의 증가는 식품 수요와 국제 식품교역에 많은 변화를 가져왔다. 개별 국가의 선호하는 식품 종류에 따라 공급이 달라져야 하는 상황은 국제 식품 교역에서 선진국과 개도국에게 공히 기회를 가져다주었다.

식품 시스템은 역동적이어서 자연(예: 날씨), 인구(예: 거대도시 출현), 경제(예: 화폐가치), 가공기술 진보(예: 고압 살균), 기업가 정신(예: 신제품 개발 및 시장화), 소비자 선호(예: 국내 식품만 선호) 등에 끊임없이 반응하며 변한다. 세계 각국들은 국내에서 식품을 생산하고 있지만 외국과 식품의 교역도 하고 있다. 따라서 식품 시스템은 점차적으로 복잡해지고 식품 안전을 위협하고 있다.

현재의 글로벌 식품 시스템은 향후 지속적으로 변화할 것이다. 도시화, 생산 및 가공기술의 발달, 수송기술의 발달, 정치적 상황 등이 끊임없이 동인으로 작용하여 식품 시스템을 계속 변화하게 만들 것이다. 세계 인구 증가와 고령인구 비율의 변화는 식품 생산과 소비를 변화시킬 것이고, 기후 변화는 물 공급에 문제를 야기할 것이며, 에너지 문제와 통신기술 등도 중요한 역할을 할 것이다. 식품 시스템은 공급 주도형에서 수요 주도형으로 계속 변화할 것이다. 지금까지 식품 시스템에서 주도적인 역할을 해 오던 다국적 식당 체인들은 소비자 집단의 요구로 인해 친환경, 동물복지 관련 생산 방법을 채택하게 된다. 거대 가공업자들도 식량 생산자들에게 압력을 가하게 되어 1차 생산자들의 생산방법을 바꾸게 한다. 따라서 수요자들이 주도하는 식품 시스템으로의 전환은 더욱 강화될 것이다.

5.5 식품 시스템이 윤리적으로 적용되어야 하는 이유

식품 시스템은 더 폭넓은 경제적, 생물리적 그리고 사회정치적 맥락 안에서 작동하는 공급 사슬로서 서로 짜여있다. 식품 시스템에 관련되어진 건강, 환경, 사회 및 경제적 효과는 유익하거나 위해한 측면을 가진다. 예를 들면 건강 측면에서 식품 시스템은 국민들에게 다양한 식품을 저렴한 가격으로 충분히 공급하지만 유해한 식생활 형태는 국민 사망원인으로 지목되는 질병의 원인이 되기도 한다.

또 다른 식품 시스템의 영향은 기후, 토지, 물 자원에 대한 것이다. 식품 시스템의 활동에 의한 자연자원의 고갈과 환경에 유해한 성분의 생산(비료, 농약, 및 온실가스에서의 질소)은 생태계 질서를 심각하게 혼란시킨다. 식품 시스템은 국가정책에 의해 야기되는 사회적 및 경제적 영향을 가져온다. 소득, 재산, 공정한 분배 등에 의거한 작업자의 삶의 질, 건강 및 복지는 국가 정책이 가져오는 식품 시스템의 효과들이다.

1) 개선된 복지

오늘날 빈곤은 전 세계적으로 인간을 비참하게 만드는 가장 큰 원인이다. 따라서 농식품 시스템은 경제적 효율성과 효과성을 통해 빈곤을 줄이고, 종국에 종식시키도록 윤리적이고 공평하게 작동되어야 한다. 그러기 위해서 생산 효율성은 분배의 효율성과 조화를 이루어야 하며, 특정 경제 시스템 안에서 상대적 비용으로만 평가해서는 안 된다. 효과성은 단순히 특정 임무를 완수하는 능력으로만 평가해서는 안 되고, 목적 달성을 위해 사용된 수단이 공평과 정의 같은 윤리적 측면에서 적절한 것인지를 판단해야 할 것이다.

2) 환경보호

지구적 관점에서 보면 현재 식품은 자연 자원을 가장 잘 보존할 수 있는 방법이나 적절한 장소에서 생산되고 있지 않다. 이러한 상황은 점증하는 도시화와 시장 확대 및 국제교역 확장으로 급격히 악화되고 있다. 윤리적 농식품 시스템은 생물학적 효율성과 생물종 다양성을 위해 경제적 효율성을 조정해야 한다. 가난한 사람들이 구득할 수 있으면서 환경에 위해를 최소화하는 식품 생산을 유도해야 한다. 따라서 식품 안보와 환경보호 사이에서 절충이 이루어지도록 고심해야 할 것이다. 미래 세대에게 공평하고 윤리적인 농식품 시스템을 물려주려면 환경보호는 필수이다.

3) 개선된 보건

현재 지구상에는 기아, 영양실조, 빈약한 식사, 위해한 식품 및 물 부족이 야기한 허약증세로 많은 사람들이 고통을 겪고 있다. 이러한 건강악화는 지구적, 국가적 혹은 공동체적 수준에서의 일상생활을 영위하는 인간의 능력을 감소시킨다. 다른 한편으로는 농식품 분야의 대규모 산업화는 제대로 관리되고 통제되지 못할 경우에 작업자들에게 심각한 위해를 가져온다. 따라서 윤리적 농식품 시스템은 기아, 영양실조 및 식품 안전 차원에서 모든 사람들이 풍부하고, 영양적으로 충분하고 안전한 식품에 접근할 수 있도록 운영되어야 한다.

5.6 식품 시스템의 역할자들

식품 시스템은 다양한 개별 역할자들로 구성되어 있다. 인간 역할자들로는 농부, 작업자, 연구자, 소비자 등이 있고, 기관 역할자로서는 정부, 회사, 대학교, 협회 등이 있으며, 유기체로는 미생물 혹은 곤충 등이 있다. 이러한 역할자들의 개별적 행동이나 상호작용이 식품 시스템의 형태를 갖추거나 변경시킨다. 동시에 이 역할자들은 식품 시스템의 변화에 반응하거나 적응한다. 예를 들면 소비자 행태는 시장 요구의 형태를 갖춘다. 그러나 동시에 신제품이나 소비자 정보 혹은 사회적 흐름에 반응하여 변화한다. 다양한 역할자들에 반응하여 적응함을 고려하는 것은 시간이 흐름에 따라 식품 시스템이 변화함으로써 야기되는 효과를 이해하는 데에 매우 중요하다.

식품 시스템 안에서 작동하는 메커니즘은 복합적이다. 예를 들면 생물학적, 물리적, 사회적 환경 혹은 시장 맥락 등은 모두 식품 선호도와 식사행동에 관련되어 있다. 수준에 걸쳐 상호작용하는 복합 메커니즘은 역할자 및 분야 혹은 여러 요인들이 상호의존적이게 만든다. 또한 식품 시스템의 한 가지 구성요소의 변화가 다른 구성요소에 영향을 미치고, 그것이 나중에 다시 첫 번째 구성요소에 영향을 미치는 피드백 고리를 만들기도 한다. 예를 들면 살충제의 사용은 처음에는 해충을 방제하지만 시간이 지남에 따라 내성이 생겨 살충제 사용량을 높여야 하는 결과를 가져온다.

식품 시스템에 관여하는 역할자들과 과정들은 서로 다르기 때문에 식품 시스템의 변화에 다르게 반응하여 적응함으로써 독특한 국부적인 역학관계를 성립시킨다. 예를 들면 회사들은 개별 소비자들과는 다른 제약조건, 목표 혹은 정보를 가진다. 정부가 과일・채소의 소비촉진 정책을 채택한다면 농부, 노동자, 가공업자, 소비자 및 소매상들은 모두 다르게 영향을 받아 변화에 다르게 반응할 것이다.

공간적 구성은 역할자들이 경험하는 지역적 맥락에 직접적으로 영향을 미치고 시간과 공간상에서의 영향을 좌우하면서 식품 시스템 내에서의 역학구도를 결정한다. 농업생산에서 물, 야생동물 및 기타 자연 자원들에 대한 농업생산의 영향을 결정하는 주요인은 구성요소들의 공간적 구성이다. 예를 들면 농업 생산의 집중은 적절하게 관리하지 않으면 특정 지역의 환경에 대한 영향을 확대시킬 수 있다. 피드백, 상호의존성, 그리고 적응성의 존재는 식품 시스템이 비선형 역학을 가지게 만든다. 큰 효과를 가지는 작은 변화, 초기 사태로 인해 형성된 강한 역학, 시스템에 가해진 충격 후에 회복하는 능력 등은 비선형의 예이다. 초원 재구성의 결과로 토양 퇴적물의 재분포 감소, 초년 영양과 말년 질병의 의존성, 농부의 강우량 감소에 대비한 관개수리 제공 같은 위험 최소화 행동 등이다.

5.7 한국 식품시스템의 현실

1) 식품생산

유엔 보고서에 따르면 세계 인구는 2050년에 90억 명에 달할 것으로 예상되며, 이들을 먹여 살리기 위해서는 식량 생산이 현재보다 훨씬 증가해야 할 것이다. 더욱이 이러한 인구 증가는 주로 개발도상국에서 발생될 것이고(표 5-3), 이들 국가들의 경제적 상황이 식량 수급에 상당한 영향을 미칠 것이다. 더욱이 세계적인 도시화 추세(그림 5-4)는 상황을 더욱 악화시킨다. 도시화는 한 국가의 자연자원의 급속한 감소를 가져와 식량생산에 매우 부정적인 영향을 미친다. 더욱이 실업률 증가, 공기 오염, 질병 증가, 범죄 증가 및 생물종 다양성 감소로 인하여 증가하는 빈곤층을 국가가 지원해야 하는 어려움을 가중시킨다.

또한 중국이나 인도를 비롯한 개발도상국 내에서의 중산층의 비율이 지속적으로 증가하여(표 5-4) 동물성 식품의 수요가 급속히 증가할 것으로 예측된다. 이러한 동

표 5-3. 세계 인구변화(단위 : 백만)(자료 : UN)

지역/년도	1900	1950	1999	2010	2016	2050	2100
세 계	1,650	2,521	5,978	6,916	7,433	9,551	10,854
아시아	947	1,402	3,634	4,165	4,436(59.7%)	5,164	4,712(43.4%)
아프리카	133	221	767	1,031	1,216(16.4%)	2,393	4,185(38.6%)
유 럽	408	547	729	740	739(9.9%)	709	639(5.9%)
중남미	74	167	511	596	641(8.6%)	782	736(6.8%)
북 미	82	172	307	347	361(4.9%)	446	513(4.7%)
오세아니아	6	13	30	37	40(0.5%)	57	70(0.6%)

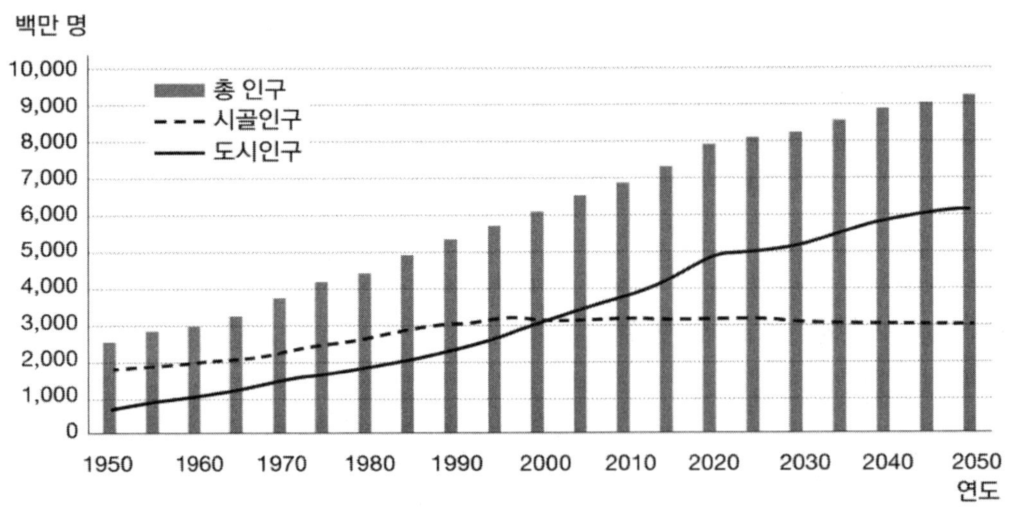

그림 5-4. 세계 도시화 비율 변화

물성 식품 수요의 증가를 만족시키기 위하여 생산을 증가시키려면 이에 따른 곡물의 수요증가는 전 세계적인 곡물 수급에 문제를 야기할 것으로 예상된다. 이러한 상황은 우리나라의 국가적 식품 수급에 상당한 전략이 필요함을 느끼게 만든다. 우리나라의 경우, 과거 국민 식생활이 쌀 위주로 구성되어 있을 때에는 자급이 가능할 정도로 생산량이 충분했으나 소득수준이 높아지면서 식생활 패턴이 축산물과 과채류 소비의 비중이 높아지고 곡물 자급도가 급격히 낮아지면서 국가적인 식품 수급도도 낮아졌다(표 5-5).

표 5-4. 세계 인구 중 중산층 수(백만 명) 및 비율의 변화

분 류	2015		2020		2025		2030	
	백만명	%	백만명	%	백만명	%	백만명	%
북 미	335	11	344	9	350	8	354	7
유 럽	724	24	736	20	738	16	733	14
중남미	285	9	303	8	321	7	335	6
아시아태평양	1,380	46	2,023	54	2,784	60	3,492	65
사하라 남부	114	4	132	4	166	4	212	4
중동 및 북아프리카	192	6	228	6	258	6	285	5
세 계	3,030	100	3,766	100	4,617	100	5,412	100

2) 가공 유통

농수산업, 식품제조업, 식품유통업 그리고 외식산업 등을 아우르는 국내 식품 시스템에서 창출되는 부가가치는 국내 총생산액(2013년)의 6.7%를 차지한다. 고용부문에서는 외식분야가 8.0%, 식품제조업이 1.6%, 식품유통업이 1.3% 그리고 1차 산업 부문에서는 6.8%를 담당하여 총 17.7%를 고용하고 있다(그림 5-5).

그러나 국내 가공유통업 분야는 국내생산 식품원료 활용도가 낮아 2013년 기준 31% 수준이어서 농업부문과의 연계성 미흡하다는 문제점을 안고 있다(그림 5-7). 하지만 가공부문에 원료를 공급하기 위한 생산기반 및 유통채널을 구축하려는 시도는 산업의 국제경쟁력 차원에서 장단점이 있을 것이다. 왜냐하면 국내 농업기반이 좁은 경작지로 인하여 다량의 동일 품종으로 선별된 원료를 필요로 하는 가공업체의 수요를 수용할 수 있는 공급자를 육성하기에는 역부족이기 때문이다. 오히려 스위스의 경

표 5-5. 국내 식품 자급표

	곡 류	서 류	두 류	채소류	과실류	육 류	계란류	우유류	어패류	유지류
한 국	23.0	95.7	15.5	89.8	78.7	79.5	99.7	58.6	76.8	1.3
일 본	21.2	74.9	5.1	86.6	44.1	50.8	100.1	80.1	54.6	63.3
미 국	118.0	97.3	155.3	96.8	77.7	114.3	105.5	102.5	69.1	97.5
영 국	103.6	88.5	86.6	43.3	5.4	68.6	91.3	82.7	50.2	53.7
캐나다	202.8	138.7	234.0	58.3	17.1	137.5	96.3	90.6	98.0	200.7
덴마크	108.3	124.3	78.6	46.7	15.2	488.3	80.6	215.4	248.7	88.0
프랑스	179.3	155.8	106.1	90.3	65.7	101.9	97.9	139.4	29.5	98.9
독 일	106.2	142.8	36.8	45.5	31.7	113.3	70.0	128.1	20.9	78.6
이탈리아	75.3	54.7	69.9	153.0	117.1	79.1	100.4	66.6	21.7	47.3
스페인	73.0	69.4	73.7	207.1	176.7	127.8	118.0	69.9	55.7	99.4
스웨덴	113.1	79.9	55.9	36.9	3.6	67.2	94.3	88.8	58.5	40.7
스위스	46.9	85.8	41.9	49.6	48.2	80.5	54.1	113.8	2.0	51.5

1) 한국은 2013년, 그외 국가는 2011년도 자료임.

2) 두류에는 종실류 및 견과류 포함.

3) 어패류에는 해조류 포함.

4) 유지류에는 동물성만 포함(단, 한국과 대만은 동물성 및 식물성이 포함되고 괄호안은 동물성임).

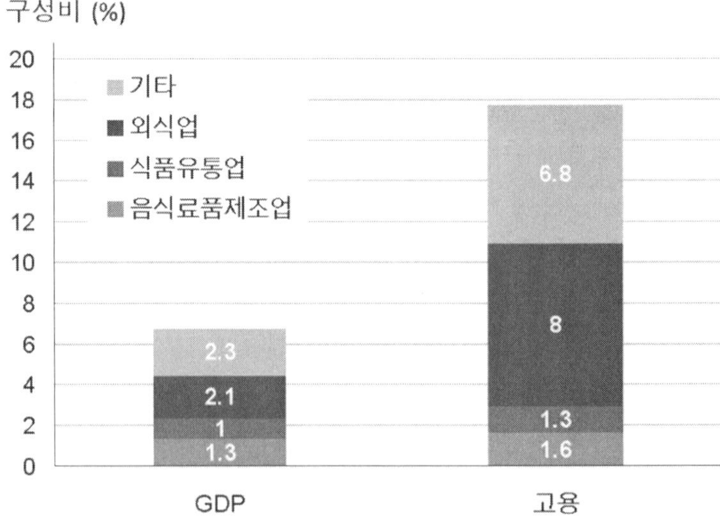

그림 5-5. 식품산업 GDP와 고용(2013)

우처럼 국내 생산 농산물 중에서 경쟁력 있는 것을 선택적으로 활용하면서 필요로 하는 다른 원료는 수입하여 식품산업을 활성화 하는 것도 고려해 볼 전략이다. 국내 식품제조업은 선진국에 비해 오히려 위축되어 가는 경향을 보인다. 외식산업이나 유통업은 지속적으로 성장하고 있으나 농업과 식품제조업은 정체상태를 면치 못하고 있다(그림 5-6).

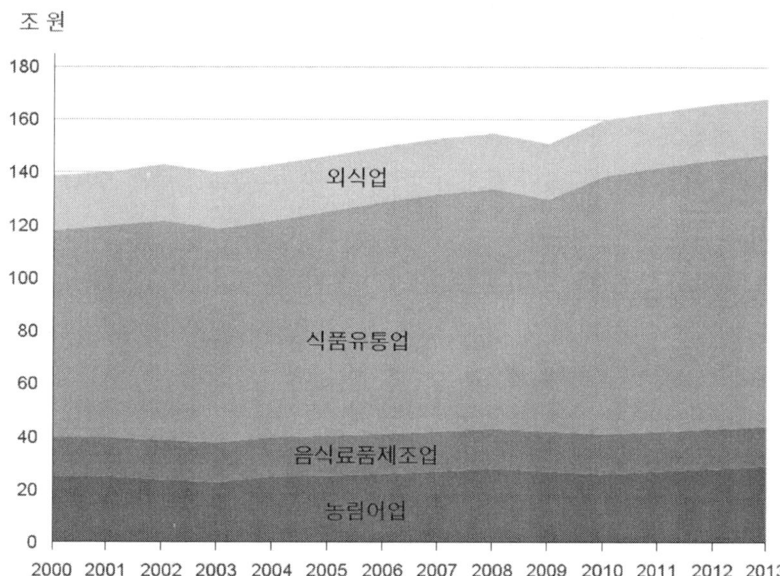

그림 5-6. 연도별 GDP 변동추이

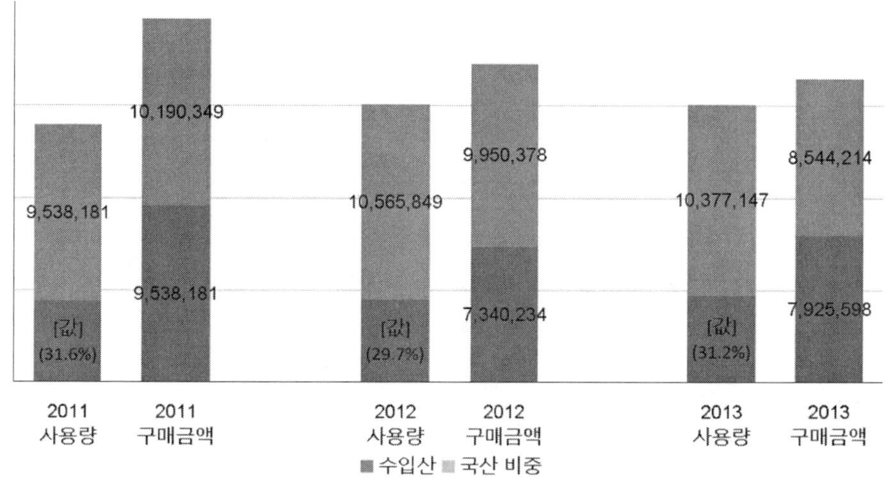

그림 5-7. 연도별 식품 원료 사용량 및 구매금액

3) 소비 및 폐기물

국내 식품 소비 상황은 소득의 향상과 자유무역으로 식품의 양적 확보와 다양한 식품에 대한 접근성은 개선되었으나 영양적으로 균형 있는 식생활을 영위하지 못하고 있다(그림 5-8). 이것은 풍요로운 식생활에 따른 열량 섭취 과다로 인한 비만과 서구형 식사패턴(그림 5-9)에 의한 고지방식으로 인한 대사성 질환 및 심혈관 질환의 급증으로 연계되어진다. 반면에 한쪽에서는 영양섭취가 부족한 국민들도 존재한다(표 5-6). 따라서 국민건강과 식량정책을 연계시킬 필요가 대두된다. 국민 건강증진 정책 수립시 영양정책 및 식량생산 정책과의 연계가 국가적으로 고려해 볼 시기가 되었다. 우리나라 사람들의 식생활은 급격히 서구형으로 변화하고 있다.

세계은행의 분석에 의하면 연간 7,500억 달러 어치의 음식물이 버려지고 있고(그림 5-11), 국내에서는 연간 버려지는 음식물은 2010년 기준 금액으로 20조원(환경부, 2013)으로 음식물 쓰레기 처리비용만 연간 8천억 원이 소요된다. 음식물 소비량의 약 1/7이 쓰레기로 버려지며 가정과 소형 음식점에서 가장 많이 버려진다. 따라서 친환경적인 소비생활을 영위하도록 소비자를 유도할 필요가 있다.

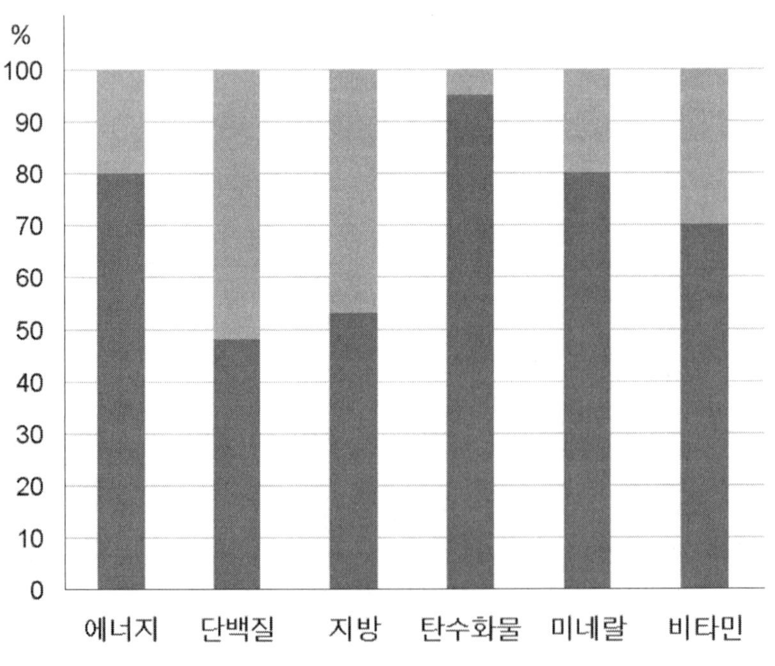

그림 5-8. 1인 1일 영양섭취 비율(국민건강영양조사, 2013)

표 5-6. 영양섭취 부족 대상자 비율(%, 2013 국민건강영양조사 자료)

전체	19세 이상	1~2	3~5	6~11	12~18	19~29	30~49	50~64	65세 이상
1.8	4.1	4.9	3.0	2.8	12.3	6.7	3.3	1.9	6.4

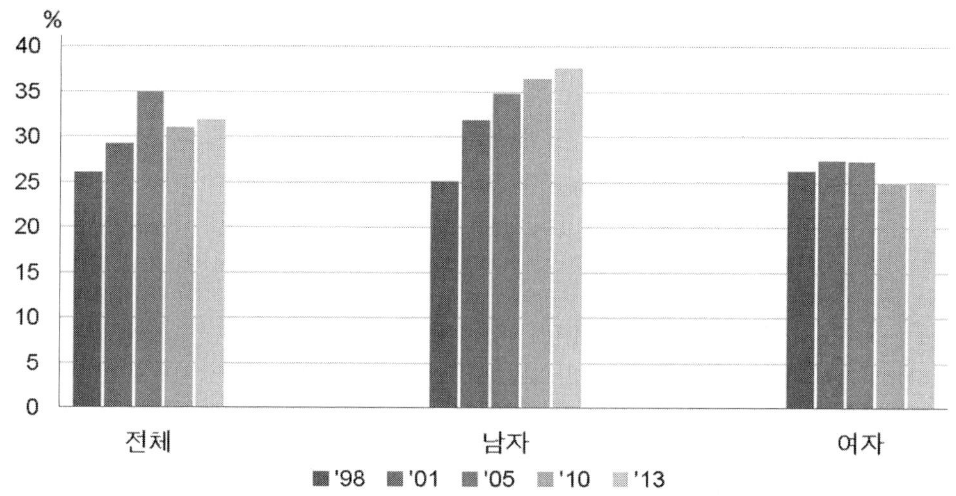

그림 5-9. 우리나라 성인 비만 유병률(%)

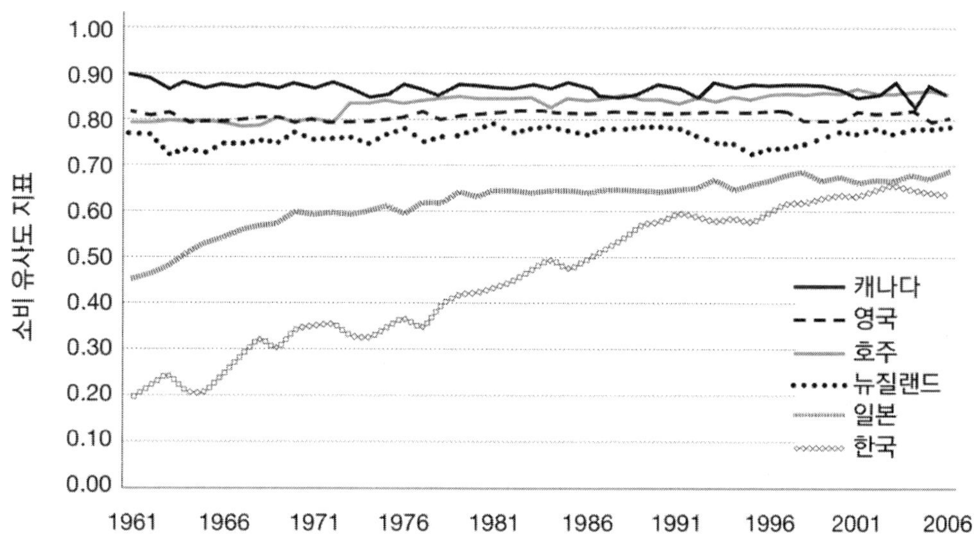

그림 5-10. OECD 국가들의 식품 소비 변화

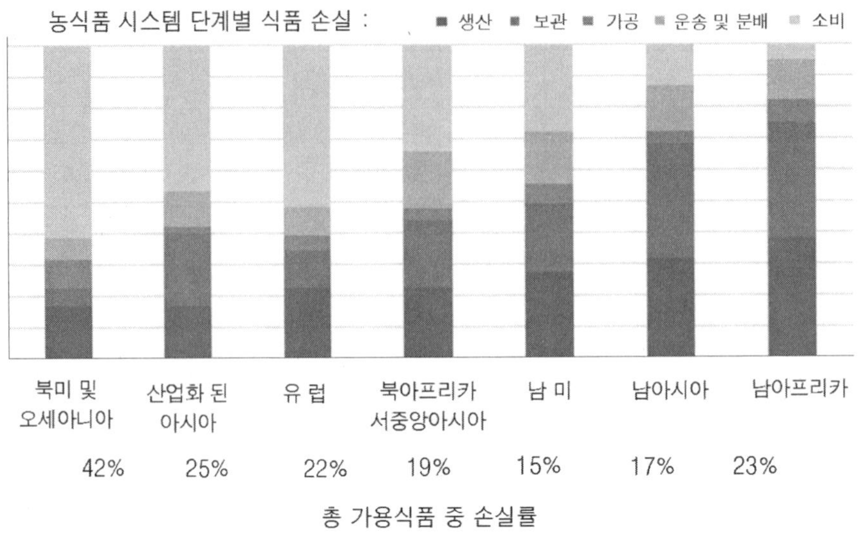

그림 5-11. 세계 각 지역의 농식품 시스템 단계별 식품 손실 2009(FAO, 2011)

5.8 식품 시스템의 종류

자신들의 식품을 생산하고, 가공하고, 분배하고 유통하는 사업과 소비자 사이의 관계는 매우 다양하다. 지역 식품 선호 경향은 많은 사람들이 지역 농민들에게서 자기들이 소비하는 식품을 구입하게 만든다. 따라서 소규모 지역 식품 생산과 국제적, 산업적 식품 생산의 익명성을 비교하는 지역 식품 시스템과 글로벌 식품 시스템을 흑과 백의 양분법으로 몰아가는 경향이 있다. 하지만 현실은 이렇게 단순하게 지역 대 글로벌, 장인적 생산 대 산업적 생산으로 양분할 수 있는 것이 아니다.

식품 시스템의 맨 아래에는 텃밭이나 공동밭에서 생산하거나 사냥이나 뒷마당에서 기른 가축을 잡아서 가공·저장하는 옛날 수렵채취 수준의 식품을 생산·소비하는 개인적 생산 소비의 형태이다. 두 번째 층은 농민들이 자신들이 생산한 식품을 직접 소비자들에게 판매하는 형태이다. 이 사업은 환경을 보호하고 공정한 거래와 가족농업을 중시하는 가치를 지닌다. 판매자들이 이러한 가치를 소비자들과 공유한다. 세 번째 층은 도매상과 소매상들이 지역이나 영역에서 생산된 식품을 농민에서 소비자들에게 이동시키는 공급 사슬의 전략적 동반자 형태이다.

공급 사슬은 상당한 위험과 이윤을 동시에 감당해야 하는 사업으로써의 대형 유통망과는 차별된다. 소비자들은 유통업자들이 제공하는 가치에 추가 비용을 지불할 의향이 있으며, 식품들이 생산되어진 농장의 추적이 가능하고 농장의 정체성과 가치를 다른 소비자들과 공유한다. 네 번째 층은 고도로 효율적이고 널리 알려진 브랜드를 지닌 회사들이 운영하는 형태이다. 이미 기술한 세 가지 형태에선 가치를 중시하였지만 이 형태는 효율적이고 저렴한 가격을 더 중요시한다. 이 형태에서는 농민들과의 관계는 사라지고 소비자들과의 긍정적인 관계가 촉진된다. 다섯 번째 층은 글로벌 수준의 무차별 수집 및 분배를 하는 형태이다. 식품들은 국제적 규모로 움직이고 소비자들과의 관계는 피상적이게 된다. 식품들은 지리적 정체성을 위해 원산지 표기가 요구된다. 현실에서 대부분의 식품사업은 어느 특정 층으로 구별되지 않고 농민들이 슈퍼마켓에 자신들의 생산물을 팔거나, 지방 식품 도매상이 전국으로 팔거나, 자가 소비 농장이 대형회사에서 식품을 구입하기도 하는 등 다양한 형태가 복합적으로 운용된다.

1) 전통적 식품 시스템

전통적 식품 시스템은 규모의 경제를 기반으로 작동된다. 소비자 가격을 낮추고 전체 생산량을 증대하고자 효율을 극대화하는 생산 모델을 추구한다. 수직적 통합, 경제적 특화 및 국제무역 같은 경제 모델을 활용한다. 전통적 식품 시스템의 역사는 농업의 역사와 맥락을 같이 한다. 농업 생산의 증대로 고대 문명이 발달했고, 남는 식량은 나라나 지역 간의 교역을 활성화시켰다. 따라서 식품 시스템은 지구적 수준에서 서로 뒤섞이기 시작했다. 2차 세계대전 이후 상업농의 발달과 탄탄한 국제교역 시스템의 발전으로 오늘날의 전통적 식품 시스템이 확립되었다.

생산비용 절감과 다양한 식품 종류는 전통적 식품 시스템의 산물이다. 상업농과 기반구조의 진보는 기하급수적 인구 증가에 따른 식량 위기를 극복하게 만들었다. 그러나 전통적 식품 시스템은 값싼 화석 연료 활용에 기반을 두고 있다. 기계농, 화학비료, 식품 가공 및 포장 등은 모두 화석 연료에 기초한다. 이와 같이 화석 연료에 의존하는 생산비 절감을 위한 규모의 경제에 기초한 산업화된 농업은 지역이나 국가의 생태계 환경규제와 타협함으로써 지구적 생태계 파괴를 가져올 뿐만 아니라 결국 값싼 고칼로리를 제공함으로써 국민 건강의 질적 저하를 가져 왔다. 더욱이 국제 시장에서의 생산비 절감 요구는 환경규제 완화와 값싼 노동력을 찾기 위한 생산지의 글로벌화로 인해 전통적 식품 시스템의 파괴와 개도국의 국민 건강, 생태계 및 문화에 부정적 영향을 가져온다.

2) 지속가능한 식품 시스템

지속가능한 식품 시스템이란 한 나라의 구성원, 나아가서는 지구 인류 모두가 식량

공급을 안전하게 보장받고, 이 시스템을 통하여 경제성장을 이룩하면서 자신들의 경제소득을 향상시킬 기회를 갖게 되며, 식량생산과 가공유통 및 소비생활이 환경을 건강하게 유지시켜 지구 환경을 지속가능하게 만드는 식품 시스템을 말한다. 이렇게 되면 식품 시스템이 경제적 활력을 갖고 환경이 건강해지며, 사회가 형평성을 유지하고 인류가 건강해진다. 지속가능한 식품 시스템을 유지하려면 기존의 식품 시스템의 개념이 변화되어야 한다.

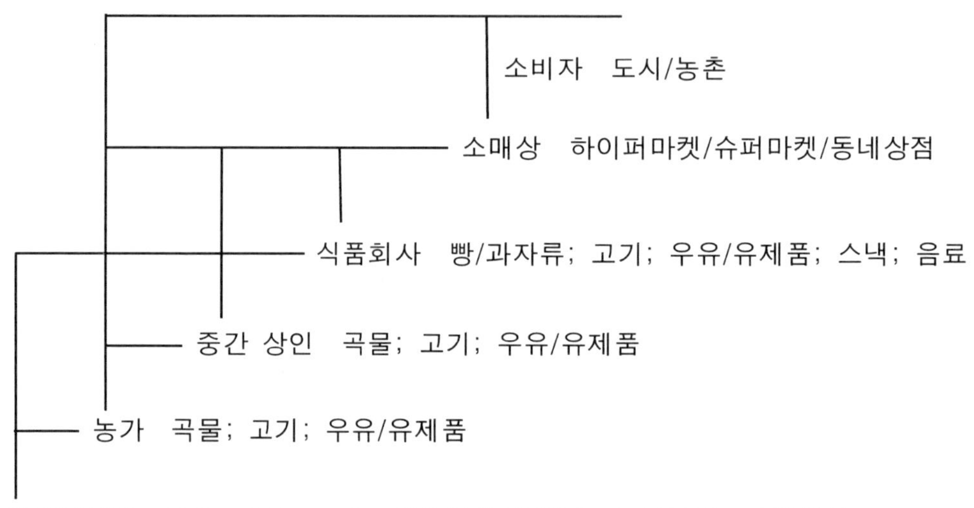

그림 5-12. 농식품 가치 사슬

표 5-7. 지속가능한 식품 시스템을 위한 변화

	현 재	미 래
대상 품목	곡물 중심	전체 식품
관심 주체	국가적 차원	개인 혹은 가계 위주
자원 관리	에너지 집약 농업	지속가능한 농업
시스템 구성요소	생산에서 소비까지의 단순요소	시스템 내부요인 및 외부 정치, 사회, 경제, 환경 등 다양한 요소들의 영향 고려
시스템의 이해/운영	공급 사슬 위주	가치 사슬 중심
식량 안보	자급을 위한 생산 확대	식품 안보(생산, 안전, 영양, 환경 등 포괄)

이제껏 국가차원에서 식량 자급을 위한 생산 확대 위주의, 그것도 곡물 위주의 식량정책이 아닌 생산, 가공 및 유통, 소비, 국민 영양, 음식물 폐기물 처리 및 환경관리 등을 포함한 포괄적인 식품 시스템 운영이 각 단계별 가치 사슬(그림 5-12)의 역할자들의 영향을 고려한 정책으로 운영되어야 한다. 이렇게 운영되어야 범지구적으로 지속가능한 농식품 시스템(표 5-7)으로서의 역할을 할 수 있을 것이다. 결국 지역사회를 중심으로 한 지속가능한 식품 시스템을 운영해야 이것이 국가적으로, 나아가서는 지구적으로 확산되어 우리가 자손들에게 아름다운 자연자원을 물려줄 수 있을 것이다.

3) 대안 식품 시스템

(1) 지역(현지) 식품시스템

지리적으로나 경제적으로 직접 접근이 가능한 생산과 소비를 연결하는 시스템이다. 이는 수송과정을 단축하고 직거래를 함으로써 생산자와 소비자 사이의 단계를 줄여서 산업화된 식품 시스템과 대비된다. 이 시스템은 대면 관계에서 형성되는 거래자 간의 관계에 더욱 강한 신뢰와 사회적 연결감을 가져온다. 장점으로는 공동체가 활성화 되고 수송거리가 단축됨으로써 환경보호에 일익을 담당한다는 것이다. 더욱이 가격 프리미엄이나 고유한 지역 식품문화가 형성될 수 있다는 것이다. 단점으로는 지역적 식품 배타주의가 배양될 수 있다는 것이다.

세계화된 식품 시스템에서는 수송거리가 1만 마일 이상 되는 부분이 15%, 1만에서 1천마일 사이가 45%, 1천 마일에서 1백마일 사이가 35% 그리고 1백마일 이하가 5%를 점한다. 더욱이 생산은 대부분이 먼 곳에서 반대로 소비는 가까운 곳에서 더 많이 이루어지는 것을 보여준다. 반면에 지역 식품 시스템은 수송거리별 점유비율이 5%, 25%, 45% 그리고 25%로, 생산과 소비 및 가공의 전 과정이 근거리 지역에서 주로 이루어짐을 알 수 있다. 지역 식품 시스템의 예로서는 농민장터, 100마일 식품운동, 저탄소 식품운동, 식품자주권 운동, 슬로우 식품운동 등이 있다.

(2) 유기식품 시스템

이 시스템은 화학물질 사용을 줄이고 투명성과 정보 제공에 대한 관심을 제고하는 것을 특징으로 한다. 화학비료나 농약을 사용하지 않고 농산물을 생산하고, 항생제나 성장촉진제를 사용하지 않고 가축을 사육한다. 따라서 생산 정보에 대한 투명성이 유기 식품 시스템에는 필수적이다. 소비자가 품질을 확인할 수 있는 증명 시스템이 제도화 되어야 한다. 장점으로는 생태계 보호와 화학물질 섭취량 저감, 프리미엄 가격

확보 등을 들 수 있다.

5.9 건강한 농식품 시스템이란?

농식품 시스템이 건강하게 작동하려면 다음과 같은 특징들을 보유해야 한다. 첫째, 재생가능(renewability)하여야 한다. 끊임없이 변화하는 지구와 지역적 요구에 대처하기 위해서는 건강한 지구와 미래 세대를 위한 기초가 되는 자연과 사회자원들을 통합하는 재생 가능성을 유지해야 한다. 둘째, 복원력(resilience)을 가져야 한다. 변화하는 지구환경에 대응하려면 시스템이 재생할 수 있고, 내구성 있고 경제적으로 적응할 수 있어야 한다. 셋째, 시스템은 공평(equity)해야 한다. 국민들을 위해 지속가능한 생계를 육성하고 영양을 공급하며, 정의로운 식품 시스템에 접근할 수 있게 되어야 한다. 넷째, 다양성(diversity)을 유지해야 한다. 풍부하고 다양한 농업, 생태계, 문화적 유산을 소중히 하는 시스템이 되어야 한다. 다섯째, 시스템이 건강함을 유지해 줘야 한다. 인간, 동물, 환경 및 사회의 건강과 복지를 발전시키는 구조이어야 한다. 여섯째, 상호 연관성(interconnectedness)을 중요 시 해야 한다. 더욱 지속가능한 농식품 시스템으로 발전함에 있어 인간, 식품 그리고 지구의 상호 연관성의 의미를 이해하고 구성원들에게 이해시켜야 한다.

이렇게 건강한 농식품 시스템을 달성하기 위해서는 세계 각국이 가난하든 부유하든 함께 노력해야 함에도 불구하고 모든 나라와 지역을 위한 단일한 해결방법은 없다는 것이 농식품 시스템의 특징이기도 하다. 그것은 농식품 시스템이 나라, 지역별로 다양하기 때문이며, 너무나 복잡한 시스템으로 구성되어 있고, 매우 역동적이기 때문이다. 따라서 나라별, 지역별로 각자 나름대로의 독특한 비전을 정립하고 농식품 시스템의 골격을 구성하여 그 안에서 관련된 다양한 역할자들이 건강한 시스템을 구현할 수 있도록 제도적으로 보완을 하고, 구성원들이 제 기능을 발휘하도록 유도하는 것이 최선일 것이다.

참고문헌

1. Caiazza, R. 2012. The Global Agro-food System From Past to Future. China -USA Business Review. 11(7). 919-929.
2. ESF/COST. 2009. Forward look on European food systems in a changing world.
3. ESRC. 2012. Global Food Systems and UK Food Imports : Resilience, Safety and Security. The Public Policy Seminar.
4. Hueston, W. & McLeod, A. 2012. Overview of the global food system: changes over time/space and lessons for future food safety. NAS Press.
5. KPMG International. 2013. The agricultural and food value chain: entering a new era of cooperation.
6. Richardson, R. 2016. The Plan: healthy, sustainable food system. EAT : Stockholm Food Forum 2016.
7. 김용택. 2016. 지속가능한 식품시스템. 과종 50주년 기념정책심포지엄 IV.

6. 왜 식품윤리인가?

"윤리적 행동이란 그것 자체가 옳은 것이기 때문이 아니고 우리처럼 다른 모든 이들이 고통을 당하지 않고 행복하기를 바라기 때문에 실행하는 행동이다."

-달라이 라마(Ethics for the new millenium)-

식품과 윤리는 우리가 일상생활에서 접하는 매우 광범위한 단어이다. 윤리란 사전적 의미로 "사람이 마땅히 행하거나 지켜야 할 도리"라고 하며, 학문적으로는 "인간 행위의 규범에 관하여 연구하는 학문"으로 설명되고 있다. 그리스 철학자 아리스토텔레스는 "윤리는 선을 추구하는 것이다."라고 말해 윤리의 목적이 실천임을 나타냈다. 따라서 윤리는 두 가지 측면을 가진다. 하나는 실행하는 행동을 포함하는 것이고 다른 하나는 목표하는 것이 선한 혹은 좋은 삶(good life)이라는 것이다.

행동이란 상황의 문맥이 혼자일 때가 아니고 항상 타인을 포함한다는 것이다. 따라서 선한 혹은 좋은 삶은 자기 자신뿐만 아니라 다른 사람들의 것도 포함하기 때문에 우리가 사는 사회에서 구성원 모두의 좋은 삶을 위하는 것이 윤리의 진정한 의미가 된다. 식품이란 인간에게 기아를 해결해 주고 생명을 유지시켜 줄 뿐만 아니라 사회적으로 다른 사람들과 소통하는 수단이 되어줌으로써 매우 중요한 사교의 한 부분이 되고 있다. 경제적으로 여유가 생기면 사람들은 식품을 즐거움을 제공하는 방법의 하나로 선택하기도 한다. 따라서 우리가 식품 윤리라고 말하면 이것은 식품과 관련하여 생산, 유통, 가공, 소비할 때 우리와 다른 사람들의 좋은 삶을 위해 우리가 실천해야 할 행동에 관한 분석과 지침을 제공하는 복합 학문분야를 의미한다.

표 6-1. 식품윤리에서 3 가지 원칙과 대상의 관계(Mepham, 1996)

	복 지	도덕적 독립	정 의
대상 유기체	동물복지 등	행동의 자유	목적의 존중
생산자	충분한 수입과 작업환경	채택 혹은 미채택의 자유	거래 및 법에서의 공평한 대우
소비자	안전한 식품의 제공 및 수용	선택의 존중	보편적 식품구입 능력
생물상	생물상의 보존	생물다양성 유지	생물상 총수 지속성

다시 말하면 식품을 생산, 가공, 유통하고 나아가서는 소비할 때 그 행위를 하는 사람들이 지켜야 할 도리를 이야기하는 것이 될 것이다. 지난 세기동안 식품의 생산, 유통, 가공, 소비는 획기적으로 변화해 왔다. 농업, 식품산업 및 유통산업에서의 기술 발전은 식품과 인간의 상호작용을 급격히 변화시켰다. 더욱이 무역, 공중보건 및 식품소비 경향에서의 세계화, 도시화 및 정치사회적인 변화는 우리 인간의 식품의 활용과 식품에 대한 생각을 변형시켰다. 2050년에는 지구의 인구가 90억 명에 육박할 것으로 예측한다. 이에 따라 식량생산은 현재의 거의 2배에 이르러야 이 많은 인구를 먹여 살릴 수 있을 것이라고 한다.

그러나 현재 상태를 보면 지구의 한쪽에서는 비만과의 전쟁을 선포하고, 식품 소비를 줄이려고 국가적으로 노력하고 있는 반면에 지구의 다른 한편에서는 굶어죽거나 영양부족으로 고통을 당하고 있는 사람들이 부지기수이다. 전 세계적으로 비만한 인구의 숫자가 기아에 허덕이는 인구보다 더 많다는 불균형한 사태를 우리가 강 건너 불 보듯 할 수 있는 것인지 아니면 좀 더 적극적으로 이 사태를 해결하려고 노력해야 하는 것인지는 우리의 태도에 달렸다. 전 지구적인 식량생산, 유통과 소비, 식품관련 기술 및 사회적 변화가 우리가 당면하고 있는 불균형을 점점 더 심화시키고 있기기 때문에 우리가 식품 윤리에 대한 관심을 가져야 한다는 당위성을 일깨워 주고 있다.

최근 소비자들의 식품 윤리적 차원에서의 관심은 첫째, 동물복지의 결핍 같은 식품 사슬에서의 윤리적으로 의심스러운 구조적 특성, 둘째, 믿을만한 정보의 부재 혹은 왜곡된 정보, 셋째, 식품 사슬에 참여할 수 없음 즉, 소비자가 식품 사슬에서 완전히 배제되는 문제이다.

첫 번째 관심사에 대한 구체적인 주제들은 식품의 안전성(예: 축산에서의 호르몬제나 항생제 사용), 식품 품질, 식품의 건강성, 동물 복지(예: 사육, 수송, 도축, 가축 및 축산물 수입 및 수출 등), 식품 생산의 자연경관 품질에 대한 영향, 식품 생산의 환경영향, 농부의 정당한 대우(예: 개도국 및 선진국 작업환경) 등이다. 두 번째 관심사에 대한 구체적 사항은 생산자와 감독기관이 제공하는 정보의 신뢰성이다. 나아가서는 식품을 윤리적으로 선택함에 있어 균형을 잡도록 도와주는 적절한 정보를 기대한다. 예를 들면 중립적인 정보가 아닌 유기생산 혹은 저지방 제품 등과 같은 선호나 가치의 다원성을 요구한다. 세 번째 관심사의 내용은 식품 사슬에서 소외되었다는 감정이 확산되어 있음으로써 많은 소비자들이 생산자와 소비자 사이의 교량역할을 하고자 하여 식품 정책에 참여하고자 한다.

이러한 소비자들의 여러 가지 윤리적 관심사를 대변할 때 고려해야 할 사항은 소비자들은 윤리적 경향, 태도 및 구매 행태가 각기 다르다는 것이다. 생산자의 입장도 마찬가지이다. 따라서 식품윤리 문제는 불공평한 분배와 영양적 불균형으로 인한 기아를 기본으로 하고 식품 선택과 관련된 사항은 다원성을 근간으로 고려하여야 한다.

현대 선진국 소비자들은 대부분이 더 이상 식품 생산에 관여하지 않는다. 그리고 생산과정에 대한 지식은 더욱 더 적어지고, 이에 따라 그에 대한 신뢰도 더욱 약화되고 있다. 반면에 식품은 소비자들에게는 본질적인 재화로서 금전적 가치뿐만 아니라 문화적, 사회적 그리고 윤리적 가치를 지닌 개인적 삶 속에서 질적 가치를 구성하는 본질적 역할을 하는 것으로 인식되고 있다. 지금 추세로 생산자가 추구하고 있는 것과 소비자가 좋아하는 것과의 간격이 커지면 소비자가 좋아하는 것이 어떻게 생산자들에게 전달될 수 있을지가 관건이 될 것이다.

80년대부터 서구사회에서는 식품의 생산과 소비가 정치적 주제가 되었다. 이전에는 식품은 분배의 문제로 인한 지구상의 다양한 지역에서의 식량부족 사태가 윤리적 문제로 대두되었을 뿐 정치적이었던 적이 없었다. 식품은 양적으로 많든 적든 소비하기에 안전하지 않던 간에 인간을 위한 근본적인 연료로서 인식되어 식품 안보가 문제로서 고려되어 왔다. 더욱이 식품은 정치적으로나 이념적으로 중립지대에 속하는 것으로 설정되었고 품질은 관심 대상이 아니었다.

따라서 산업계, 정부 그리고 소비자 단체 간의 책임 한계가 명확하게 구분되어 있었다. 산업계는 생산과 다양한 식품을 선택할 수 있도록 주선하고, 정부는 식품 안전을 보장하고, 소비자 단체들은 모든 사람들에게 식품을 공급하는 차원에서 식품 입수 가능성과 공평한 획득을 위해 노력한다. 그러나 80년대 이후 광우병, 다이옥신, 구제역 및 기타 식품 안전사고들로 인한 식품 대참사는 단순한 식품 안전의 문제를 넘어선 사회적 위기를 야기했다. 이러한 사태들은 소비자들이 장을 보고 음식을 준비하여 소비하는 지역과 최종 식품재료들이 생산되는 먼 곳과의 사이에서 벌어지는 간격을 보여주었다. 이러한 생산과 소비 사이의 벌어지는 간격은 윤리적으로 수용되지 못하는 다양한 종류의 생산 관행을 채택하게 만들었을 뿐만 아니라 소비자가 느끼는 소외감을 증가시키고 식품산업의 다양한 역할자들의 동기에 대한 신뢰의 상실을 가져왔다. 이에 따라 식품은 점점 더 정치적 주제로 대두되기 시작했다.

정책 수단과 마케팅 전략들은 식품 생산에 대한 윤리적 관심을 새롭게 불러일으키는 데에 일익을 하였다. 아울러 중산층 소비자들이 증가한 것과 비정부기구(NGO)들이 다국적 기업들의 특정 활동이나 식품 생산방법에 대한 항의 수단으로 혹은 특정 윤리적 기준이나 정치적 협의사항을 권장하는 기관들의 마케팅 수단으로 인해 식품윤리는 형성되었다. 물론 이러한 윤리적 지향이 추구된 방법은 소비자와 그들의 가치관이 언론이나 정보 및 마케팅 활동에 의해 구체화 되었다. 우리가 식품윤리를 이해하기 위해서는 식품관련 윤리의 역사적 고찰이 필요하다.

6.1 농식품 윤리의 역사

세상에는 식품과 먹는 행위를 윤리와 도덕에 연계시키는 오랜 전통들이 있다. 대부분의 문화에서 볼 수 있는 식생활 관련 금기, 의미, 가치 또는 무엇을 먹어야 하는지 혹은 어떻게 먹어야 하는지에 대한 사항들이 이에 속한다. 고대 그리스의 윤리학 관련 문헌 중에서 식이요법학(dietetics)은 의료 윤리나 성적 윤리와 대등하게 중요성을 지녔다. 중용의 생활이 강조되었고 따라서 자연의 법칙에 맞춰 생활하는 것이 기본이었다. 이것은 인간의 건강과 복지를 위하여 식품을 좀 더 적극적으로 선택하고 준비하는 것을 의미하였다.

건강한 신체와 건강한 영혼을 위해 너무 많지도 너무 적지도 않게 소비하여 건강한 삶을 영위할 때 식생활은 윤리적이라고 생각하였다. 그러나 히브리 성경을 보면 근본 도덕적 논리는 중용이 아니고 허용되거나 허용되지 않거나 이었다. 이러한 특정 식품의 허용과 금지의 논리적 배경은 건강, 위생, 기타의 실용적인 이유이기보다 임의적인 성격이 강하다. 도덕적 논리에서 보면 가장 중요한 이유는 단지 법이 소비를 금지한다는 것이다. 따라서 특정 식품이 건강에 나쁘다거나 맛이 없다거나 소화시키기 힘들다거나 하는 이유가 아닌 근본이 오염되었다는 종교의 원칙이 식품 윤리의 역사에 새로운 매우 중요한 기준을 제공하게 되었다.

그러나 현대 과학적인 논리로 해석을 해 보면 돼지고기 같은 경우 중동이나 아프리카의 더운 사막 기후에서는 쉽게 상해서 사람들에게 위험할 수 있고, 식량을 아껴 소비해야 하는 유목민과 사료를 경쟁하게 되는 단위동물인 돼지의 사육은 그들의 생존을 위협하는 위험한 행위일 것이므로 돼지고기의 소비를 종교로 금하는 것은 어찌 보면 당연한 윤리적 귀결로 보인다. 로마 시대와 초기 기독교 시대 저술가들도 마찬가지로 식품 소비의 도덕적 측면에 많은 관심을 보였다. 그러나 예수 시대의 기독교는 입으로 들어가는 것보다 나오는 것에 더 조심하라는 가르침이 강조되어 먹는 것 자체의 중요성은 상대적으로 약화되었다.

중세에서의 식품 소비는 도덕적 훈련의 대상이 되었다. 특히 수도원에서는 금식 훈련이 육신의 고행과 욕망의 제거 및 세속과의 단절을 목표로 이행되었다. 수도 생활뿐만 아니라 일반 신도들에게도 금육일이나 금식시기를 적용하기 시작하여 4세기에는 사순시기에 40일의 금식일이 확립되었다. 그러나 이것은 시기적으로 농작물의 부족과 풍요와 맞물려 있다. 16세기에 들어서면서 수도원적 식품윤리는 도덕적 비판에 직면한다. 르네상스 시대에는 고대 로마 시대의 식생활 전통이 복원되었다고 해도 과

언이 아닐 정도였다.

식품 소비의 문명화라고도 불리었듯이 미식이 강조되면서 고기 소비가 눈에 띄게 늘어났다. 17세기에 들어와 좀 더 체계적인 관찰과 정량화가 과학에 도입되면서 식품 소비와 체중과의 관계에 관심이 증가하였다. 18세기에는 자연식을 통한 삶의 연장이 강조되면서 식품소비에 도덕적 차원이 도입되었다. 식품 생산과 소비의 사회적 차원이 고려되어 식품 윤리는 더욱 큰 테두리 안에서 인식되기 시작했다. 인구는 기하급수적으로 증가하는 반면, 식량 생산은 이에 따라가지 못함으로써 식량 부족사태가 야기될 것을 주장한 말서스의 인구론(1798년)으로 인해 식품윤리가 식품 소비보다는 생산측면의 사회적 차원이 인식되기 시작한다.

역사적으로 볼 때 전근대 식품 윤리는 식품 소비와 관련된 주제에 집중되었지만 근대 윤리는 식품 생산과 관련된 분야로 전개되었다. 또한 고대 식이요법학은 기본적으로 주관적인 경험에 의존하였지만, 현대에는 과학적 측정에 기초하게 되었다. 따라서 식품 소비와 신체 변화가 수학적인 관계로 표현되게 되었다. 그러나 채식주의에서는 이분법적 구분이었던 "문제가 되고 안 되고, 혹은 오염이 되고 안 되고"가 도덕적 거부의 기준으로서 여전히 작동되고 있다.

이것은 동물성 식품이 오염되었거나 건강에 안 좋거나 맛이 없거나 소화가 잘 안 되거나 하는 이유에 기인하지 않고 원초적인 형태의 오염으로 규정해 놓아 그 소비에 윤리적 기준으로 적용한다. 더욱이 현대에 와서는 생산과 소비의 괴리가 심해져서 이분법적 식품 윤리는 포장 표기에 의존하게 되었다. 소비자는 식품공급자에 완전히 의존하고 있어 문제는 더욱 복잡해졌다. 식품 생산 시 사용되는 농약, 비료, 보존제, 유전자 변형, 기타 생명공학적 기술 등 많은 생산 시스템의 변화가 생산되는 식품에 대해 사회경제적 조건과 함께 도덕적 관심을 불러일으키고 있다. 특히 식품 생산에서 생명공학 기술의 활용은 단순히 안전성과 건강 차원의 실용적인 고려보다는 도덕윤리 차원에서의 문제 제기가 더 관심의 대상이 되고 있다.

19세기 이후에 대두되고 있는 식품 윤리의 사회적 차원은 현대에 와서 그 중요성이 더욱 강조되고 있다. 따라서 생명공학은 세계의 많은 농민들을 소수의 다국적 기업에 종속되게 함으로써 윤리적인 비판을 받고 있다. 생산 기술의 발달은 생산 공정을 좀 더 인간적이고 도덕적이도록 진보시키지만, 동식물에 대한 인간의 지배력을 높여 생물종 다양성 감소나 멸종 등의 지구적 윤리 문제를 야기하고, 가공기술의 활용으로 생산의 비윤리성이 감춰지는 부작용이 발생한다.

이러한 식품윤리의 문제들은 소비자의 힘을 활용하여 부도덕하고 비윤리적으로 생산된 식품의 소비를 거부한다면 상당 부분이 해결될 수 있을 것이라고 생각되어 왔다. 그러나 현실은 식품생산과 소비단계 사이의 간극이 너무 벌어져 소비자들은 특정 식품이 어떻게 생산되어지는지를 알 수 있는 방법이 별로 없기 때문에 소비자 힘이 근본적으로 발생되고 있는 문제들을 변화시킬 수 없다는 것이다. 결국 개별 소비자가 자유를 누릴 수 있는 범위 내에서 독립적으로 식품 윤리를 확립하여 식생활을 영위해 나가는 것과 타협점이 이루어지는 것이 최선일 것으로 판단된다.

결론적으로 '식품 윤리'란 지구적으로는 생산량을 늘리기 위해 사용하는 많은 기술들이 지구환경 파괴를 유발하는 것을 방지하고자 하는 측면, 동물성 식품의 대량 생산을 위해 야기되는 동물복지 차원, 식량 생산 및 가공과정에서의 노동력 착취 문제, 생산 가공된 식량의 유통과정에서의 공정한 거래 차원, 그리고 식품 소비와 인체 건강과 관련한 건강한 식생활 차원 등 식량의 생산, 유통 및 가공, 그리고 소비 차원의 전 과정에 관련하여 우리 인간이 행하고 지켜야 할 도리를 공부하는 학문 분야이다.

6.2 농식품산업이 당면하고 있는 문제들

1) 자연자원의 착취

자연을 변형시키는 인간의 힘과 증가하는 인구의 수는 우리가 의존하고 있는 자연자원을 위협하고 있다. 바다에서는 더 이상 자연산 어류가 잡히지 않을 정도로 수산자원이 고갈되었다. 산업 생산의 증가로 지역적 환경오염뿐만 아니라 지구 오존층 파괴와 지구 온난화를 가져오고 있다. 지구 온난화는 해수면 상승이라는 부작용을 가져와 해안 도시들이 물에 잠기게 되고, 농업 생산지역의 이동을 야기한다. 농업용수, 산업용수 및 가정용수의 사용증가로 지하수층의 지속적인 저하를 야기하고 물 부족 상황이 점점 심각해진다. 담수의 과다한 이용은 염수화를 야기하고 종국에는 농지를 포기하게 만든다.

생물종 다양성은 지구상에 생명을 유지하기 위해 필수사항이라고 간주되어 왔다. 그러나 농업 생산이 전문화되면서 산업 오염물질, 무분별한 산림벌채, 외래종 도입 등으로 다양성이 위협받고 있다(그림 6-1). 특히 상업화된 농업 생산은 생산성과 효율성의 미명아래 작물이나 가축의 종을 단일화하는 경향이 높다. 이러한 생물종 다양성의 약화는 특정 질병이 발생했을 때 대책이 별로 없다는 위험이 따른다.

2) 문화 정체성과 다양성 상실

문화 다양성의 유실은 생물종 다양성의 유실을 그대로 닮았다. 생물종 다양성이 불리한 생태계 변화에 보호막이 되듯이 문화 다양성은 인간 실수에 완충역할을 해준다.

어떤 문화들은 자신들의 중심 가치를 확실히 유지하면서 새로운 생각이나 새로운 기술들을 받아들이는 데 매우 능숙하다. 반면에 어떤 문화들은 변화를 당면하면 무너진다. 시장이 고립되었던 문화에 들어가 보면 전 언어, 전통과 관습, 종교, 식품 종류 및 조리법, 그리고 기타 사회적 조직들이 멸종의 위험에 처해 있다. 특히 주된 가치가 비물질인 문화에서 더욱 그렇다.

어떤 문화들은 우세한 국가문화에 부합시키려는 국가 정책에 의해 사라져 가고, 또 어떤 문화들은 새로운 기술들이 깊이 간직했던 신념을 손상시켜 사람들의 일상의 의미를 빼앗아감으로써 심각하게 손상을 입는다. 어떤 것들은 발전이라는 미명아래 밀려난다. 광고의 확산 그리고 글로벌 식품, 의복, 영화, 음악 등에 대한 글로벌 소비자들을 창조함으로써 세계적으로 균일화의 과정이 증가하고 문화적 정체성이 사라지고

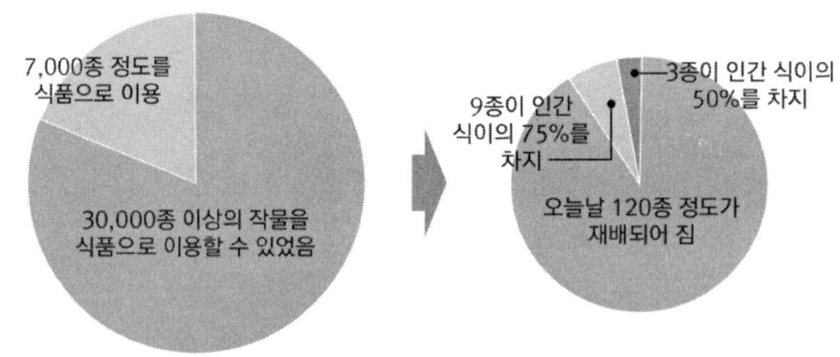

그림 6-1. 식량 생산을 위해 사용되는 생물종 다양성의 감소(FAO. 2001)

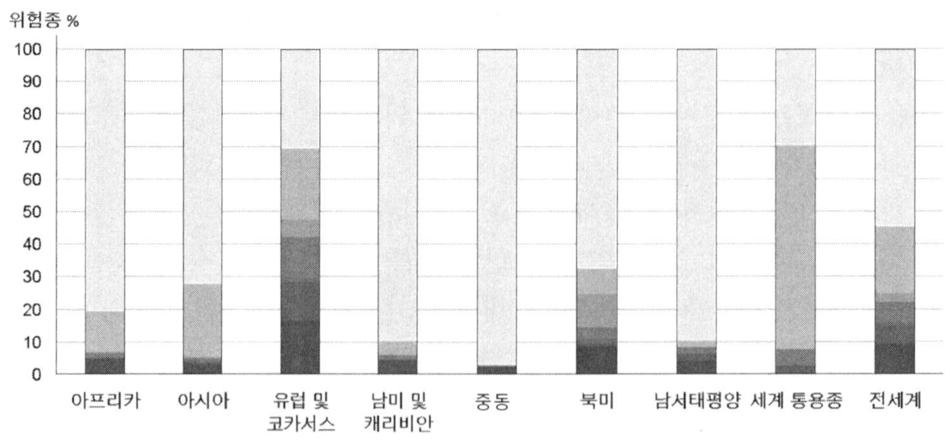

그림 6-2. 가축 품종의 다양성 상황(FAO. 2015)

있다. 특정 문화의 구성원들이 수동적으로 원하지 않는 변화를 받아들여야 한다는 이야기는 아니다. 우리는 증가한 문화 연대와 외부에서 유도하는 변화에 대한 저항을 통해 문화정체성의 몰락에 저항해서 싸우도록 노력해야 한다.

3) 인 권

생물종 다양성 및 문화 다양성의 동시적 상실은 개인과 전 국민들의 권리를 손상시킬 위험이 있다. 한편에서는 사람들에게 오래 세월을 거친 방법을 발전에 참여하기 위해 포기하라고 강요하고, 다른 한편에서는 식물 생식질(germ plasm) 같은 국제적 물질을 지킬 수 있도록 현대 생활의 간편함을 토착민들이 활용하지 못하도록 한다. 이 양극단은 자기들이 판단을 하고 미래를 자기들이 결정하려는 개인들과 국민들의 권리를 극도로 손상시키는 것이다. 모든 사회에서 충분한 식품을 소비할 권리를 보장하는 전통 메커니즘은 전통적인 가족 단위의 파괴와 가속화된 도시화와 시장, 정보 및 문화의 국제화로 야기된 사회적 그리고 문화적 연대의 약화로 퇴색되어진다. 따라서 유엔은 모든 사람이 안전하고 영양가 있는 식품을 획득할 권리를 재확인하고 있다.

6.3 농식품 윤리에서 중요시 하는 가치

1) 식품의 가치

식품은 인간의 생존을 위해 필수적이다. 따라서 배고픔은 인간의 보편적 식량권리의 태만에서 파생한다. 모든 사회에서 윤리적 관행은 식품을 구할 수 있는 능력을 가진 사람들에게는 수단을 제공하고, 그렇지 못한 사람들에게는 식품을 제공하는 것을 기정사실화 했다. 이런 행위를 하지 않음은 비윤리적이라고 간주했고, 기아나 영양실조를 해결해 주는 행위는 자선이라고 생각했다.

2) 향상된 복지의 가치

모든 나라들이 국민의 복지를 향상시키려고 한다. 이러한 복지향상은 인간 존엄과 자존감을 진전시키는 것이다. 자선은 장기적인 복지 개선의 방법이 될 수 없다. 특히 농업 분야에서의 복지는 사람들에게 기술을 가르치거나 고용을 증대시키거나 교육과 기회를 제공함으로써 달성이 가능하고 지속가능한 농업, 농촌개발 등이 함께 이루어지는 정책 환경이 조성되어야 한다.

가난은 현대 지구상에서 인간의 비참함의 가장 주요한 원인이다. 농식품 생산 효율성과 분배 효율성이 조화를 이루도록 하여 가난을 없애는 것이 윤리적 농식품 시스템의 궁극적인 역할이어야 한다. 효율성과 효과성은 단순히 경제적 측면의 상대적 비용 관점이 아니라 공평성, 정의, 경제적 상호 의존성, 개인의 자유, 인권 혹은 국가 주권 등을 희생시키지 않고 농식품 시스템이 시민들, 공동체들, 국가들 그리고 세계가 진정한 글로벌 사회로 진전되도록 도와야 한다. 이러한 글로벌 사회에서 개인들은 독립성과 존엄성을, 국가는 주권을 지키며 시장경제에 근거한 자유무역에서 규정을 정하고 적용하는 데에 함께 참여하는 윤리에 근거한 교역 시스템으로 이동해야 한다.

3) 인체건강의 가치

건강은 기아와 영양실조를 해소함으로써 향상된다. 건강한 사람은 여러 가지 활동에 참여할 수 있고, 생산적이고 의미있는 생활을 영위할 수 있다. 인체건강을 보호한다는 것은 충분한 영양을 공급하고 안전하지 않은 식품으로부터 보호받는다는 것을 의미한다.

지난 수십 년간 지구상의 많은 인류가 기아와 영양실조, 불균형한 식사, 안전치 못한 음식과 물로 인한 건강의 저하로 고통을 받아왔다. 이 건강 저하는 사람들이 공동체나 국가 혹은 지구상에서 진행되는 많은 활동에 참여할 수 있는 능력을 감소시켰다. 더욱 대규모의 산업화된 농업과 식품가공은 제대로 관리되고 감독되지 못할 때 새로운 건강 문제를 야기하게 된다. 공평하고 윤리적 농식품 시스템이 기아, 영양실조, 식품 안전성 등의 문제를 적극적으로 제기하면 모든 사람들이 다양하고, 영양적으로 충분한 안전 식품을 획득할 수 있게 될 것이다.

4) 자연자원의 가치

인간세상은 자연자원의 중요성을 인정한다. 왜냐하면 자연자원은 식량과 다른 유익한 물건들을 생산하는 데 이용되고, 인간의 생존과 번영을 위해 필요한 자연세계의 일부분이기 때문이다. 어떤 자연자원의 사용이 현재나 미래에 사용될 자연자원을 훼손시켜서는 안 된다. 훼손된 자연자원으로 인해 우리 자손들에게 끝없는 고난과 박탈을 안겨줘서는 안 된다.

현재 글로벌 수준에서 볼 때 식량생산은 자연자원을 가장 잘 보호하는 방법으로 이루어지지 않고 있다. 과거에는 지역 주민들의 식생활과 생활표준을 반영하여 식량생산이 이루어졌으나 이제는 도시화, 시장침투 및 국제 교역의 증가로 급속히 변하고 있다. 윤리적 농식품 시스템을 유지하기 위해서는 생물적 효율성과 농생물 다양성이 경제적 효율성과 조화를 이루어야 한다. 이것은 식량생산이 자연자원을 최소로 이용하여 환경에 대한 압박을 제한하고 가난한 사람들이 식량을 구득할 수 있도록 만든다는 것이다. 식품안보와 환경보호의 목적을 현명하게 조정할 필요가 있다.

5) 자연의 가치

자연 그 자체의 가치를 존중해야 한다. 인간이 자연을 변형시킬 수 있는 힘이 커질수록 자연의 통합적이고 복잡한 성질이나 아름다움의 중요성이 더욱 강조된다. 따라서 인간이 자연을 재구성하는 것을 제한해야 한다. 생물종 다양성 협약은 전 세계가 특정 생물의 가치뿐만 아니라 자연의 그 자체로서도 가치를 인정하는 매우 중요한 결과이다.

6.4 농식품 시스템 단계별 윤리 주제

1) 생산/가공/유통단계

이 단계에서의 주된 관심사는 환경을 고려한 지속가능성이다.「즉, 식량 생산 환경에서 환경의 질이 식량 생산에 미치는 영향을 고려하여 농식품 생산이 인간이 살고 있는 주변 환경에 줄 수 있는 부정적인 영향을 최소화하고, 자손들에게 건전한 환경을 물려줄 수 있도록 노력하는 것이다.」 최근 글로벌 다국적 기업의 농식품 생산 독점이 심해지면서 생산 농민에 대한 공정한 대우가 윤리문제로 대두되었고, 또한 세계적인 축산물 수요 증가로 인한 축산의 확대로 동물복지가 윤리문제로 부각되고 있다.

생산되는 식량의 안전성과 품질 그리고 건강성은 생산 단계뿐만 아니라 가공하여 유통하는 단계에서도 신경을 써야 하는 문제이다. 이것은 생산성 향상을 위해 사용되는 공장식 축산에서 유발되는 문제들을 해결하기 위해 사용되는 많은 화학물질들과 가공유통 중의 품질유지 및 개선을 위해 사용되는 많은 첨가물들로 인해 야기되는 문제이다. 또한 전 과정에서 에너지 소비를 최소화 하는 것이 환경보호에 도움이 되며, 유통과정에서 재활용이나 배송빈도의 최소화도 환경에 대한 부정적 영향을 최소화하는 방법일 것이다. 생산단계는 잘못 생산된 원료 축산물을 가공제품의 원료로 제공함으로써 소비자뿐만 아니라 가공업자들에게도 피해를 주는 윤리문제를 야기할 수 있다. 가공단계에서는 비용절감을 위해 의도적으로 저급 원료나 부정, 불량 원료를 가공제품 원료로 사용하여 인체에 해로운 물질이 최종 제품에 잔류하게 되는 결과를 가져오는 윤리문제도 고려해야 한다.

2) 소비단계

소비단계에서는 소비자들이 건강한 소비행태를 보이는 것이 매우 중요하다. 식품의 탄소 마일리지가 낮은 계절 식품이나 지역식품을 구입하고, 수입식품의 구매를 줄이는 건강한 소비를 관행화하는 것이 환경을 보호하는 윤리적 소비가 될 것이다. 생산함에 있어 다른 식품에 비해 에너지와 물이 더 많이 소요되는 축산물의 소비를 줄이고 멸종위기의 수산물 소비를 제한하는 지혜를 실천하거나 환경을 고려하여 포장지나 냉동저장에 신경을 쓰는 소비행태가 바람직할 것이다. 유기식품이나 자연 축산으로 생산된 축산물 소비를 늘리고, 식품 쓰레기를 최소화하는 소비생활을 실천하는 것도 매우 중요하다.

6.5 최근 경향과 미래를 위한 대안

현대 농식품 생산/유통 패러다임은 윤리문제를 악화시키고 있다. 생산성은 강조되고 생물학적 및 화학적 오염으로 국한된 식품안전 정책으로 인해 식생활 관련 질병은 간과되고 있다. 전 세계적으로 칼로리, 소금, 포화지방산, 설탕 및 음식 섭취량은 지속적으로 증가하여 건강은 점점 악화되고 있다. 여기에다 식품기업들의 무차별적인 식품홍보로 인한 환경비용 및 인권 손상은 증가 일로에 있다. 기술혁신으로 생산 및 가공 유통과정에 소비자가 관여할 수 있는 여지는 점점 축소되어 소비자들에게 충분한 정보가 제공되지 못하고 있다. 그로 인해 소비자들의 GMO 작물 및 식품에 대한 불안이 증가하고 있다.

식품가공 원료 수급의 국제적 아웃소싱(outsourcing)이 증가하여 생산과정의 관리가 미약할 수밖에 없고, 공급사슬 및 연결이 장거리화 및 다양화 되고 있다. 따라서 윤리적 대안이 필요해지고 있다. 생산을 조방적으로 유기농업을 통한 건강식품 및 비GMO 위주로 다양화 할 필요가 있다. 식생활 스타일도 인종별 특색을 유지하는 방향으로 가공식품보다는 슬로우 식품, 기능성 식품을 통한 대안식품 공동체를 활성화 하는 것도 바람직할 것이다. 생산 및 가공 유통 차원에서의 투명성은 원료를 포함한 생산 이력제를 위해 관리 차원이 아닌 윤리적 측면이 강조된 소비자가 참여하는 형태로 실행하면 달성이 가능할 것이다. 수입식품이나 국내 생산 식품들에 대한 조세는 윤리적이지 않은 제품/원료에 대한 조세 강화를 통해 생산가공의 윤리적 측면을 강조할 수 있을 것이다.

농식품의 윤리가 제대로 작동하려면 우리가 구입하는 농식품에 충분한 가격을 제공하여야 한다. 저가는 항상 비인간적 생산관리로 연결되어 비금전적 가치의 손상을 야기한다. 앞으로 농식품 분야에서의 다양화는 심화될 것이다. 지역이나 나라에 따라 다양한 윤리적 성향이나 태도, 혹은 구매행태를 보일 것이다. 우리는 한 지역의 소비가 다른 지역의 생산에 영향을 미친다는 것을 잘 알고 있다. 우리가 구입하는 값싼 수입식품은 다른 개도국의 어린이들의 노동을 착취하여 생산한 것일 수도 있다. 국내 생산물일 경우에도 우리가 싼 가격만 고집하면 생산자들은 생산비를 낮추기 위해 품질을 저하시키거나 저급의 원료를 사용하게 된다. 따라서 싼 값을 고집하는 것은 비윤리적 행동을 강화시켜 의도치 않은 행위를 가져오게 된다.

농식품 분야에서 식량생산 가공을 위하여 아웃소싱(outsourcing)을 하고, 신기술을 사용함에 있어 환경에 대한 이러한 방법들의 영향을 심각하게 고려해야 하며, 이러한 것들에 대한 우리 소비자들의 무관심은 빈부의 양극화를 증대시키고 정치적 갈등을 심화시키는 부작용을 가져올 것이다. 생산하는 사람의 입장에서는 생산에 대한 소비자의 신뢰를 회복할 필요가 있다. 신뢰성 있는 정보가 부족한 시대에는 생산자들이 소비자들과의 직거래를 통한 신뢰회복도 한 가지 대안이 될 수 있다. 더욱이 식품 선택은 개인적이지만 집단적 성격도 포함되어 있기 때문에 생산자와 소비자 간의 소통은 매우 중요한 윤리적 사안이 될 것이다.

식품 시스템이 좀 더 윤리적이 되도록 하기 위해서는 다음의 네 가지 방법을 고려해볼 수 있을 것이다.

첫째, 생산과 식품형태의 다양화 : 2차 대전 이전의 식품은 모든 나라와 문화권에서 자급이 가장 중요한 요인이었다. 그러나 이제는 식품 시스템의 다양화(집약적 혹은 조방적 생산, 유기생산, 유전자 변형 혹은 비유전자 변형 식품, 건강식품, 즐거움을 주는 식품 등)는 다양한 식품 문화를 존중한다는 차원에서 직접적으로 정당화된다. 식품의 정치화와 문화화 경향이 점점 증가하면서 식품은 윤리적, 사회적 그리고 문화적 상품으로 인식되고 있다. 현대에 가장 우세한 식품 형태 중의 하나인 즉석식품(fast food)의 윤리적 문제에 반하여 다양한 식품이나 생산 형태, 슬로우 푸드, 건강식품, 대체 식품 망(networks), 국제 식품 등이 점점 더 강조되어진다.

둘째, 투명성 : 서양의 많은 식품 회사들이 정부 보조금 수령에 대해 대중에 공개를 하지 않고 있으며, 위생불량이나 허가조건을 준수하지 않음으로 처벌을 받은 사항을 대중에게 공개하지 않고 있고, 정부는 점검 결과 보고서를 대중에게 공개하지 않고 있다. 따라서 투명성을 보장하기 위해 이력추적제의 적용이 가장 중요하며, 식품생산을 위해 사용되는 원료의 원산지에 관한 정보도 공개해야 하며, 위해관리에서 리콜 제도의 채택도 중요하다. 이력추적제는 윤리적 관점에서 정보제공이라는 차원뿐만 아니라 소비자 안전을 위해서 더욱 중요하다.

셋째, 과세 : 건강하지 않은 원료들(예: 다가포화 지방산, 소금, 설탕 등)에 세금을 매기는 것은 식품 시스템을 좀 더 윤리적으로 만들 수 있을 것이다. 암, 심혈관계 질환, 비만 등과 같은 식품 관련 질병들로 인한 증가하는 비용에 대해 식품 산업계는 책임을 느끼고 그것을 지불해야 한다. 건강한 식생활을 구성하는 것이 판매되는 식품만이 아니고 개인의 생활 형태나 부적절한 영양관리에도 기인하기 때문에 식품회사 자체만을 비난하는 것은 논쟁의 여지가 있지만 포화지방이나 특정 식품(칩, 버거 등)에 과세를 하는 것은 관련 질병으로 인한 사회적 비용과 식품 가격의 증가가 소비를 억제함을 고려하면 취약한 소비자들(청소년 및 무지한 소비자)에게 적절한 보호를 제공한다는 차원에서 윤리적으로 정당화될 것이다. 이와 비슷하게 건강한 식품(예: 채소, 신선 과일 등)에는 보조금을 지불하는 것도 정당화될 수 있다.

넷째, 충분한 가격 지불 : 식품 가격이 일정 수준 이하로 책정되면 동물 복지와 그 밖의 윤리적 가치가 훼손된다. 비록 모든 사람이 식품을 입수 가능하게 하는 것이 윤리적 필요조건이지만, 이 조건은 다른 것들과 조화를 이루어야 한다. 더욱 저렴해지는 식품 가격은 그것을 생산하기 위해 비인간적 관리, 동물복지의 훼손, 노동의 착취 등을 유발할 수 있다. 낮은 식품 가격은 생산농민들의 복지를 손상시키고, 고용인에게 살아가기 힘든 저임금을 받게 만들고 혹은 비금전적 가치, 자연경관의 파괴 등을 가져올 수 있게 한다.

참고문헌

1. Coff, Christian. 2006. The taste for ethics - An ethic of food consumption. Springer.
2. Coveney, John. 2000. Food, morals, and meaning: the pleasure and anxiety of eating.
3. FAO. 2001. Ethical issues in food and agriculture. FAO Ethics Series 1.
4. Korthals, M. 2013. Ethics of food production and consumption. Oxford Handbook of Food, Politics, and Society.
5. Mepham, T. B. 1996. Food Ethics.
6. Zwart, Hub. 2000. A short history of food ethics. J. Agric. Environmental Ethics. 12. p. 113-126.

제 2 장

생산윤리

1. 생물자원의 가치

세상의 자연자원들은 어떤 개인이나 기관, 집단 혹은 소위 말하는 국가에 속하지 않는다.

-브라이언트 맥길(Bryant McGill)-

오늘날 미래의 후손들이 원하는 것이 무엇인지에 대한 논란이 윤리적 문제의 핵심이 되고 있다. 이것은 지구상 모두에게 영향을 끼칠 현재 진행되고 있는 변화의 결과로 다음과 같은 경향이 나타나고 있다.

1.1 현 재

1) 인구 증가와 인구구조의 변화

인구의 증가는 상상을 초월하며 기하급수적으로 늘어나고 있고, 이에 따른 식품의 생산이나 분배가 상당한 어려움에 빠지게 될 것이다. 물론 대부분의 선진국에서는 임신율이 떨어지고 있지만 21세기에도 인구 증가는 계속 진행되어 2050년에 90억 명으로 예상하고 있다(그림 1-1). 선진국은 출산율 저하나 기대수명의 연장으로 인해 노인층의 인구 비율이 크게 늘어날 것으로 예상되는 반면 국가 전체 인구는 감소할 수도 있다. 이와 반대로 개발도상국들은 훨씬 젊은 연령층의 인구 구조를 갖게 될 것이다. 농촌에서 도시로의 이주 또한 계속 진행되어 전 세계적으로 도시인구가 농촌인구를 앞지르게 될 것이다. 이때 주로 젊은 층이 농촌에서 도시로 이동하는 바람에 농촌의 고령화는 훨씬 빠르게 일어날 것이고, 농촌의 노동력은 현저하게 감소할 수밖에 없다. 이러한 현상은 식품의 운송이나 가공 그리고 구매능력이 식품안보에 매우 중요한 인자가 될 수밖에 없는 결과를 초래하게 된다.

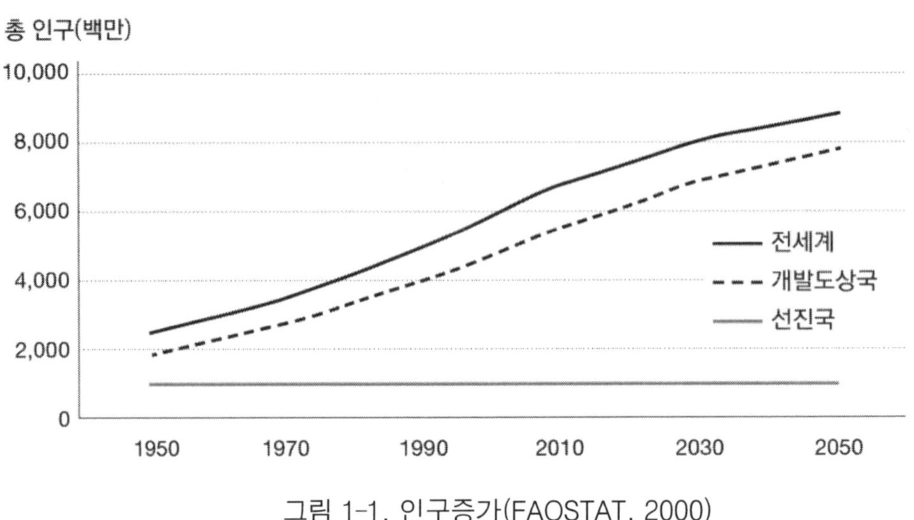

그림 1-1. 인구증가(FAOSTAT, 2000)

인구와 식품공급은 모두 질병에 영향을 받는다. 비록 지난 세기 동안 대부분의 주요 질병에서는 벗어났지만 새로운 또는 다시 창궐하는 질병들이 애를 먹이며 생산성을 줄이고 있다. 새롭게 태어나는 항생제 내성 결핵균이나 대장균이 인간의 건강을 위협하고 있다. AIDS는 주로 일할 나이의 사람들에게서 발견되어 농업 또는 산업에서 가용인력을 감소시키고 있다. 동시에 열대지역의 말라리아나 다른 질병들도 상존하여 죽음에까지 이를 수도 있다. 선진국이든 개도국이든 식중독으로 인한 질병과 사망도 계속되고 있다. 질병이 전체 식품공급에 영향을 미치지 않을 것 같지만 도시화가 가속되고 있는 세계에서 많은 사람들이 식품을 확보할 기회가 줄어드는 것을 예상할 수 있다.

2) 자연 자원의 압박

지구상의 많은 곳에서 식물이나 동물 등 유전자원, 땅, 공기, 물, 삼림, 그리고 습지 등(인간의 생활에 영향을 주는 재생 가능한 자연자원들)이 빠르게 파괴되고 있다. 어떤 나라에서는 이 이유로 절실한 가난에 내몰리고, 부유한 나라의 경우 생산자나 소비자가 자연보존 운동을 벌이는 데 있어서 의욕을 꺾어버리는 결과를 가져오고 있다.

어업이나 임업, 유전자원, 대지 등 공공의 자원을 관리하는 전통적인 방법은 인구증가와 시장 침입의 증가로 인해 크게 압박받고 있다. 농업용지를 찾아 엄청난 규모의 삼림을 파괴하면 토양 부식과 대홍수 등의 원인이 되곤 한다. 잉여 대지의 과용은 빠른 속도로 농토를 사막으로 만들고, 미래 후손들에게 필수적인 농작물이나 초지를 고갈시킨다. 동시에 농업용수의 부당한 사용은 지하수를 품고 있는 지층을 황폐화시키고 비옥한 땅을 염류화 시키게 된다.

3) 농업의 산업화

대개 소규모였던 농업은 현재 큰 규모의 산업으로 진행되고 있다. 농부들은 점점 종자, 비료, 농기계, 농약 등 공급업체에 의존하게 됨과 동시에 특수한 농업기술을 적용해서 운송 날짜와 상세한 품질까지 요구하는 거대한 식품유통업체에도 대응해야 한다. 소규모 농업인력 특히 여성의 경우 이러한 큰 산업적 변화에서 종종 퇴출되거나 무시된다.

대량 공급으로 가격을 낮추게 된 농업 생산물은 도시 빈민에게 값싼 식품을 공급할 수 있게 하는데, 이러한 현상이 소규모 농업인들을 이탈하게 하거나 또는 존재하기 어렵게 만든다. 농업의 산업화는 농작물이나 가축을 유전적으로 점점 더 동일하게 만들기 때문에 더 위험해질 수 있다. 예전에는 소규모 농업인들로 인해 작물이나 가축의 생물학적 다양성이 최소한으로 유지되어 왔었다. 오늘날 각국 정부나 국제 조약 등으로 지구의 생물학적 다양성 유지에 대한 요구가 거세지고 있다.

4) 경제력의 집중

세계적으로 생산이 높은 수준이 되면 경제력이 점점 집중될 수밖에 없다. 세계에서 가장 부자 200명의 소득은 세계 전체 인구의 소득 하위 41%의 합계보다 더 많다. 세계 200대 글로벌 기업의 경제활동이 전 세계 경제 활동의 1/4를 차지한다. 농식품 분야에서는 기업 간 인수, 합병 등으로 농식품 생산, 가공, 유통 전체를 포괄하는 몇 개의 큰 회사로 정리가 되고 있다. 어떤 나라는 토지의 소유권도 점점 집중되고 있다. 이런 현상들이 농식품 분야의 다양한 경제활동들을 사라지게 만든다.

예를 들어 농업관련 연구지도가 예전에는 국가사업의 핵심이었으나 지금은 대부분 기업 활동으로 전환되었다. 그렇기 때문에 이윤을 남기기 어렵다고 판단되는 작물이나 가축은 도태되고 있다. 그 결과 소규모 농업인이나 농부, 가난한 소비자와 같은 그룹은 연구정책 결정에 거의 의견을 내지도 못하는 위험에 노출되게 된다.

5) 세계화

고대로부터 먼 거리 무역이 알려져 있지만 통신과 교통의 발달과 함께 무역자유화의 바람은 생산자와 소비자를 세계 시장(global market)으로 내몰고 있다. 이런 상황에서 생겨난 상호의존성은 강한 세계적 연대를 낳게 되었다. 세계적인 경쟁은 가격을 낮추는 결과를 가져오지만 반면 문화적 가치나 고유의 정체성을 사라지게 한다. 이는 다음 세대들의 선택을 배제해 버리는 결과를 초래한다. 회계학 책에서는 무역 자유화가 더 높은 복지를 가져올 것이라고 했지만, 소수의 사람들은 돈의 힘으로 인해 자본이나 기업경영, 기술, 정책 결정자와의 접촉 기회 등이 높다는 이유로 세계 시장에서 훨씬 유리한 고지를 점령할 수도 있게 된다. 반대로 다수는 자신들의 잘못이 없는데도 불구하고 이윤이 적거나 또는 실패를 경험하게 된다.

6) 인간으로 인한 변화

현재 대부분의 재해(기아, 흉작, 홍수, 가뭄, 전쟁)들이 전적으로든 부분적으로든 인간에 의한 변화로 발생되는 것이다. 지구 환경을 수정해 나가는 인간의 능력과 인구의 급속한 증가는 사회나 국가, 자연을 의도치 않은 또는 예상치 못했던 방향으로 유도하게 된다. 이 중 가장 확실하게 보이는 것은 세계적 기후 변화이다(그림 1-2).

전기 발전, 산업, 교통 등의 행위를 위해 화석연료를 태워서 발생하는 가스로 인한 온실효과는 지구의 온도를 높인다. 삼림파괴, 댐 건설, 지하수 고갈, 심지어는 재난에

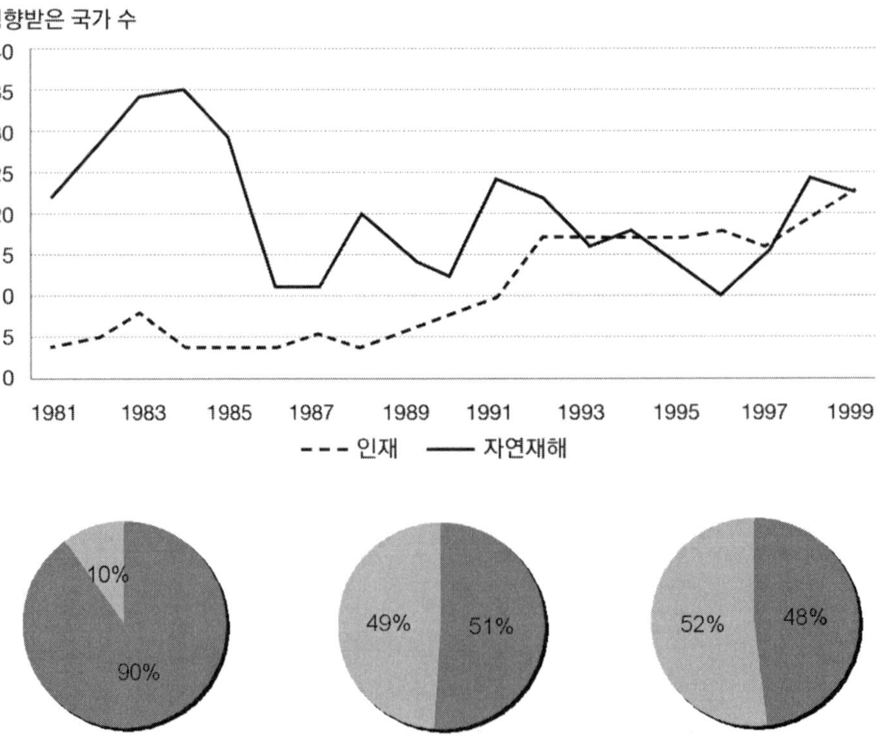

그림 1-2. 식량 위기의 원인별 증감세(FAO, 1981~1999)

대한 대응마저도 자연 재해의 원인이 될 수 있다. 이러한 위급상황을 가장 먼저 맞이하게 되는 것도 경제가 약한 나라, 농촌 빈민, 여성 그리고 아이들이다. 이들은 외부의 도움이 없이는 스스로 서기가 가장 어려운 그룹이다.

7) 생명공학

농식품 시스템은 빵, 치즈, 맥주 등과 같은 발효식품의 형태로 생명공학을 사용해 왔다. 그러나 새로운 형태의 생명공학은 약간의 위험을 내포하긴 하지만 전망이 매우 밝다. 생명공학은 식품의 공급량, 다양성 그리고 품질을 높이고, 생산과 가공비를 낮추고, 농약의 사용이나 환경의 파괴를 줄이는 데 일조한다. 새로운 동물 백신을 개발하고, 식품 안전성을 높이며, 저장기간을 연장하고 식품의 영양소 함량을 변경할 수도 있다. 생명공학은 여러 다양한 요소기술을 포함하고 있는데 가장 중요한 핵심은 정확한 방법으로 유전정보를 선택하고 조정하는 능력과 한 종의 특별한 형질을 다른 종에 옮겨서 발현시키는 능력이다. 생명공학은 돌리(Dolly, cloned sheep)처럼 클론된 생명체를 창조하거나 번식 기작을 수정하는 등의 결과로 나타난다.

정부의 농업관련 연구비를 줄이는 상황에서 가장 성공적으로 유전공학을 발전시킨 것은 사기업들이다. 제초제 저항성이나 해충 저항성 작물들이 그 예이다. 배타적인 지적재산권법과 더불어 이러한 생명공학의 응용 및 발전도 경제력 집중화에 한 몫을 할 것이다. 게다가, 아직은 경험적 증거가 많지 않지만 생명공학의 결과물들이 환경이나 인체 건강에 새로운 위험을 야기시킬 가능성도 배제할 수는 없다. 예를 들어 잡초에 제초제 저항성이 옮겨가 더 공격적이거나 경쟁력 있는 잡초가 된다거나, 식품에 알러지를 일으키는 물질이 원래는 알러지 물질이 없었던 식품에 들어가는 것, 그리고 천연의 다양한 종들이 더 단일화 되고 공격적인 유전적 변종으로 대체되는 등이 그것이다. 더 심하게는 이러한 생명공학이 생물테러(bioterrorism)로 사용될 수도 있다.

8) 정보학

오늘날 정보기술은 사람들이 서로 소통하는데 예전에 TV나 전보가 1세기 전에 그랬듯이 그 방식이나 속도가 엄청나게 진화하고 있다. 조그만 장비를 가지고 세계 어느 나라든지 원하는 시간에 통화를 할 수 있다. 농식품 분야에서는 전체 식품체인에서 지금의 정보와 통신 기술이 넓고 빠른 지식 공유에 큰 역할을 하게 될 것이다. 예를 들어 정보통신기술의 발달은 정밀농업을 가능하게 한다. 농업이 세밀한 환경 정보의 도움으로 물이나 화학비료, 노동력을 최소화할 수 있다. 나노기술과 결합하면 분자수준에서 조작하거나 생산이 가능해 정보학은 생산효율도 크게 증가시킬 것이다.

그러나 새로운 정보기술에 접근하는 것은 상당히 불공평하게 될 것이다. 산업화된 사회에서도 가난한 사람은 새로운 매체로의 접근이 어렵다. 개발도상국의 경우 소수의 사람만이 전화를 쓸 수 있고, 아주 작은 엘리트 집단만이 신기술을 쓸 여유가 있다. 정보기술은 건설적인 정치, 상업, 소통의 속도를 높여주는 것과 동시에 파괴적인 목적으로의 소통도 빠르게 할 것이다. 일반적으로 신기술은 예전에 경험하지 못했던 사생활 침해를 벌일 수도 있다.

9) 전 지구적 식량위기

2008년 기아에 시달리는 전 세계 인구의 숫자가 기록적으로 증가했는데, 세계은행의 보고에 의하면 2008년 이전의 3년간 세계 식량가격이 85% 상승했다고 한다. 주요 품목으로 2008년 3월 세계 밀 평균가격이 전년 대비 130% 상승했고, 콩은 87%, 쌀은 74%, 옥수수는 31%까지 치솟았다. 대부분의 소득을 먹거리 구매에 사용하는 전 세계 빈민, 특히 여성들이 큰 타격을 입었다. 이로 인해 아이티, 이집트, 예멘 등의 나라에서는 정치적인 문제와 폭동 등 사회 변화가 일어나기도 하였다. 그런데 이 상황에서도 전 세계 농작물의 수확량과 거대 농식품 기업들은 기록적인 순이익을 달성하고 있었다.

국제식량농업기구(FAO)에 따르면 2007년 기록적인 곡물 풍작으로 세계에는 모든 사람을 먹이기에 충분한 것보다 더 많은 식량이 있었다. 적어도 현 수요의 1.5배에 달했다고 한다. FAO가 계산 끝에 추정한 내용을 보게 되면 현재 전 세계 성인 남성과 여성, 아동에게 하루 약 2,700칼로리를 제공할 수 있는 양을 생산하고 있다. 실제로 지난 20년간 식량 생산은 연간 2% 넘게 꾸준히 증가했고 인구 증가율은 연간 1.14%까지 떨어졌다. 즉, 전 세계적으로 인구 증가가 식량공급을 앞지르지는 않았던 것이다. 이는 굶주림이 식량 부족 때문이 아니라 빈곤 때문이라는 것을 말해준다. 2006년 연료작물이 식량작물을 대체하는 극적인 일이 시작되고 나서야 식량농업기구는 식량부족 사태가 곧 닥칠 것이라 경고했다. 그리고 몇몇 나라의 정치, 경제, 사회 불안이 표면화되었다.

그렇다면 식량가격이 이렇게 급등한 이유가 무엇일까? 우선 누구나 볼 수 있는 표면적인 다섯 가지 요인들이 있다. 높은 유가, 바이오연료의 확산, 육류소비 증가, 기후변화 등이다. 석유가격은 배럴당 40～140달러를 오르내리면서 간헐적으로 높은 유가로 인한 압박을 받고 있다. 게다가 유가의 변동과 함께 식품 소비자 가격이 변동할 수 없기 때문에 식품의 가격은 높은 선에서 고착화되는 경향을 보인다. 화석연료는 식품을 운송하거나 무기질 비료나 농약의 생산, 농기계 가동 등에 사용된다.

중국과 인도의 육류소비 증가를 곡물가격 상승의 원인으로 말하고 있다. 그렇다면 개발도상국의 경제성장은 전 세계 식량공급에 압박을 가하는 것이 된다. 개발도상국의 육류 소비량이 선진국보다 훨씬 빠르게 증가하고 있는 것은 사실이나 선진국에서는 그 나라들에 비해 이미 3배 이상의 육류를 소비하고 있다. 게다가 육류의 생산도 소비만큼 빠르게 성장해서 현재 개발도상국이 전 세계 육류의 절반 이상을 공급하고 있다. 전 세계 육류생산 증가의 주원인은 엄청난 사회적, 환경적 비용을 발생시키는 산업화된 축산시설(현재 전체 육류 생산의 40% 차지)의 확대에 따른 것이다. 또한 세계 육류공급의 통제력은 적은 수의 대기업에 점점 더 집중되고 있다. 그래서 먹거리 체계에서 개발도상국의 육류 소비량이 늘어나는 것이 문제가 아니고 산업적 육류 생산 모델이 문제의 핵심이라고 지적되고 있다.

기상이변으로 인한 위험에 환경과 인구의 취약성은 증대되고 있다. 자연재해는 기후만큼 빈곤과도 직결되어 있다. 현재 기후모델은 기후변화로 인한 최악의 농업손실이 저위도 지역과 열대지역에서 일어날 것으로 예측하고 있다. 따라서 개발도상국의 소농이 선진국의 대농들보다 훨씬 더 큰 고통을 겪을 가능성이 높다. 오히려 선진국 대농들은 기후변화로 인해 뜻밖의 이익을 누리게 될 수도 있다고 한다. 역설적으로 지구 온난화를 늦추는 데 가장 큰 역할을 하는 것은 제3세계 소농들이다.

농업은 세계 온실가스 배출량 중 13.5% 이상을 차지하는데 그 대부분이 화학비료와 대규모 축산시설에서 비롯된다. 토양의 탄소 저장량 감소, 메탄, 이산화질소 같은 온실가스 배출은 모두 산업적 규모의 농업이 가져온 결과이다. 소규모 유기농을 하면 헥타르 당 4톤 정도의 비율로 탄소를 토양 속에 저장할 수 있다. 식품생산과 공급체계를 지역화 하는 유기적이고 지속가능한 농업을 통해 세계 온실가스 배출량의 1/3 가량을 경감시키고, 세계 에너지 사용량의 1/6을 절약할 수 있다.

세계은행은 식용작물 생산에서 바이오연료를 위한 작물 생산으로 전환한 것이 식량가격 상승에 상당한 기여를 했다고 보았다. 그런데 바이오연료가 식품공급 체계에 미치는 장기적 영향은 식량가격 급등을 벗어나 세계 식품공급 및 연료 체계의 핵심요소들을 단일한 거대산업으로 집중화하는 구도로 개편하고, 대기업 집중에 대한 우려도 불러일으키고 있다.

마지막으로 세계 식량을 상대로 한 투기이다. 가뭄, 바이오연료의 생산, 유가 상승 등의 복합적인 이유로 인해 식량가격이 폭등하자 가격 상승으로부터 오는 이익을 얻기 위해 투기꾼들이 농식품 시장으로 몰려들었다. 국제적인 투자자들은 쌀, 밀, 옥수수, 콩 선물시장이 상대적으로 안전하다고 판단하여 거대한 자본을 투자했고 이에 따라 농산물 가격은 더 상승했고, 여기에 또 추가적인 선물투자를 끌어들였다. 이들의 투자는 실제로 수요와 공급을 벗어난 범주에 속한다.

식량위기의 표면적인 원인들은 먹거리 관련 항의시위들의 직접적인 이유일 뿐이다. 비싼 식량가격은 문제의 하나에 불과하다. 식량위기의 근본 원인은 개발도상국들과 빈민들을 경제적, 환경적 충격에 매우 취약하게 만들어온 왜곡된 세계 식품공급 체계에 있다. 세계화되고 고도로 산업화, 집중화된 농식품 거대기업이 지배하는데서 오는 식품 공급체계의 위험, 불평등, 외부효과 등이 취약성을 높이게 된다. 거대 다국적 기업들은 지역시장을 지배하면서 점차 세계 식량생산 자원들인 토지, 노동, 물, 농자재, 유전자, 투자 등에 대한 통제력을 강화해 가고 있다.

예를 들어 ADM과 카길 두 회사가 세계 곡물무역의 3/4을 장악하고 있으며, 얼마 전 바이엘로 합병된 화학기업 몬산토의 경우 옥수수 종자의 41%, 콩 생산의 25%를 통제했다고 한다. 이러한 독점력은 식량 위기 속에서도 엄청난 수익을 창출하고 있다. 이러한 식품 공급체계에서의 독점적 지배 추세는 특히 미국 내에서 두드러진다. 거대한 다국적 기업들이 300만 명의 농장주와 3억 명의 소비자 사이에서 활동하면서 식품가격의 대부분을 집어삼키고 있다. 1950년대에는 50%의 식품가격이 농민에게 돌아갔으나 현재는 20%에 불과하다. 미국에서도 농민의 수는 지속적으로 감소하였으나 농지 면적은 거의 변화가 없었다. 농업생산의 집중도가 크게 늘었다는 얘기다. 선진 산업국가들의 시장 지배력과 수익의 집중은 개발도상국의 수입 의존성 증가, 식량부족, 식품 공급체계에 대한 통제력 상실을 초래하고 있다.

지속가능한 식량과 농업을 위한 사회적, 경제적, 그리고 환경적 균형을 위한 국제식량농업기구(FAO)의 5대 원칙은 다음과 같다.

① 자원 이용의 효율성 증대 : 자연자원, 외부로부터 에너지 투입, 노동력 등의 활용이 모두 포함된다. 현재 실행하고 있는 것에서 약간의 개선도 전반적인 식량 및 농업 생산 시스템에서의 생산성을 증대할 수 있다.

② 자연자원을 보전하고 개선하려는 직접적인 행동 : 식량과 농업 생산은 자연자원에 의존하므로 생산의 지속성은 자원의 지속성에 의존적일 수밖에 없다. 자연자원을 해하는 방식을 줄이고 자연 자원의 현 상황을 개선시키도록 해야 한다.

③ 농촌 생활 유지 및 형평성과 사회적 웰빙의 개선 : 생산자가 생산성 높은 자원을 적절하게 사용하고 조절할 수 있도록 하는 것은 지역 주민들의 가난을 줄이고 식품안보를 높이게 된다.

④ 기후변화나 시장의 요동에 대한 인간, 공동체, 그리고 생물환경 시스템(에코시스템)의 회복력 증대 : 극도의 기상이변이나 시장 유동성 그리고 사회적 갈등

은 농업의 안정성을 해친다. 이러한 변화에 대한 회복력을 기르는 정책과 기술, 그리고 실행은 지속성에 기여할 것이다.

⑤ 자연과 인간의 지속가능성을 위한 적절한 관리 : 지속가능한 생산으로의 변천은 공공기관과 사기업 간에 힘과 재력, 형평성, 투명성 및 법의 지배 모두에서 균형이 잡힐 때 가능하다.

1.2 지구의 자원

역사 속에서 보면 인간사회는 항상 자연자원에 의존하고 있었다. 그러나 사회가 발전하면서 완전히 다른 수준의 자연자원을 소비했다. 석기시대부터 지금까지 일인당 천연자원의 소비는 15에서 30배가량 증가했으며, 현재가 인간이 역사 중 가장 심하게 자연자원을 문명 발달에 쓰고 있다.

수렵채취인이나 농경사회에서는 재생 가능한 자원, 즉 나무나 태양 등에 주로 의존했다. 수렵채취 사회에서는 자연자원의 소비가 연간 1톤 정도였는데, 이것은 하루에 약 3kg을 의미한다. 자원은 주로 음식, 주거 그리고 사냥에 쓰이는 무기 등에 이용되었다. 농경사회에서는 하루 약 11kg을 썼는데 우유나 고기, 일 등에 쓰이는 가축을 먹이기 위한 자원의 필요가 증가량에 큰 역할을 했다. 게다가 더 큰 건물을 짓고 쟁기, 무기, 식기 등 금속의 사용도 많아지게 된다. 이때는 목재가 주요 에너지원이었다. 일정 범위 내의 숲이 매년 제공할 수 있는 에너지는 한정되어 있었기 때문에 유효에너지에 의존할 수밖에 없는 인구나 경제는 성장에 한계를 맞게 된다.

18세기 들어 산업혁명은 지금까지의 천연자원의 사용에 일대 변화를 시작하게 된다. 석탄에서 석유, 천연가스 등의 화석연료 사용은 인류에게 급작스럽게 많은 양의 에너지를 제공하게 된다. 화석연료의 사용은 수백 만 년 동안 생산하였던 에너지보다 더 많은 잉여 에너지를 인류에게 제공했다. 이 잉여가 지금까지 계속되는 경제 성장의 전제조건이 되었다. 싸고 더 집적된 형태의 에너지 활용은 상품과 서비스 생산을 가파르게 증가시켰다. 세계 인구는 산업혁명 이후 꾸준히 성장했다. 여기에는 기계와 비료, 개간된 땅 등이 큰 몫을 한 게 사실이다.

단위 면적당 생산량이 극대화되는 과정에서 자원의 소비가 급속히 늘어가면서 환경의 희생을 감수해야만 했다. 오늘날 산업국가에 사는 사람은 연간 15~35톤의 원자재 및 상품을 사용하는데 농경시대 살던 사람들에 비해 몇 배나 증가한 것이다. 현재에도 수렵채취 또는 농경사회와 유사한 생활을 하는 아마존 우림이나 파퓨아뉴기니 사람들도 존재한다. 그러나 이러한 형태의 사회는 이제 거의 사라졌다. 농업국가는 지구상의 남쪽 즉 아프리카, 아시아, 중남미 등의 많은 부분을 차지하고 있다. 그러나 더 많은 인구가 산업사회와 도시로 이동하고 있다.

전체 지구의 인구, 경제, 부의 성장과 함께 우리의 자연자원 소비도 계속 증가하고 있다. 지구의 생태계 또한 우리 성장과 함께 같이 성장한다면 가장 좋지만 우리는 지구의 크기를 변화시킬 수는 없다. 우리가 석기시대로 돌아가지 않는 상태에서 어떻게 하면 지속적으로 현대의 안락한 삶을 유지할 수 있을까? 세계가 물리적 한계를 맞아가는데 인류의 발전과 웰빙에 다가가기 위해 대체 방법을 찾아야 한다. 자원을 활용할 새로운 모델을 찾는 것이 새로운 발전의 시금석이 될 것이다. 이것만이 현재 70억 인구와 90 또는 100억이 될 21세기 중반에도 고품격의 삶을 유지할 수 있을 것이다.

1) 자원의 채취

상품이나 서비스를 생산하기 위해 채취하는 자연자원의 양은 꾸준히 늘고 있다. 매년 약 600억 톤을 채취해서 30년 전에 쓰던 양의 50%를 더 쓰고 있다. 지구 자원 채취의 반 이상이 아시아에서 진행되고, 다음으로 20% 정도가 북미, 13%가 유럽과 중남미에서 발생하고 있다. 인구 당 자연자원 채취에도 큰 차이가 존재한다. 호주에 사는 사람들은 아시아나 아프리카의 거주민보다 대략 10배 이상의 자원을 채취하고 있다. 자원 채취의 증가는 환경적, 사회적 문제를 더 키우게 되며 가난한 아프리카, 남미 및 아시아 지역 나라들을 더욱 가난하게 한다.

세계 경제가 성장하면서 더 많은 양의 자연자원을 생태계나 광물로부터 채취하여 수확하게 되는데, 현재 매년 600억 톤에 달한다. 이 자연자원은 재활용이 가능한 것과 그렇지 못한 것으로 나눌 수 있다. 재생 가능한 자원으로는 농산물이나 물고기와

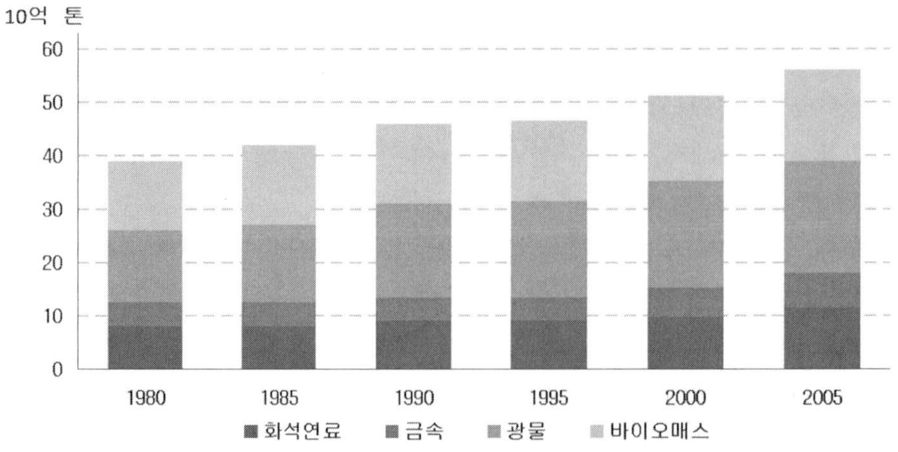

그림 1-3. 1985년부터 2005년까지의 자연자원 채취현황

같이 가축이나 인류의 식량자원과 함께 가구나 종이를 생산할 수 있는 목재가 있다. 재활용이 불가능한 자원에는 에너지를 생산할 때 쓰는 화석연료나 차와 컴퓨터 등을 만드는 데 필요한 금속재료들, 그리고 집과 도로 등을 건설하는데 필요한 광물 등이 있다.

부가적인 재료들이 더 가치 있는 자원을 캐기 위해 지표면으로부터 채취되거나 제거되는데, 이들은 생산에는 사용되지 않고 버려진다. 이 자원들도 매년 400억 톤이 부가적으로 채취되어 버린다. 연간 자연자원의 채취는 계속 늘어나고 있다. 매년 상품과 서비스가 더 많이 생산됨에 따라 더 많은 자연자원이 필요하다. 1980년에 세계 경제는 400억 톤의 채취가 2005년에 580억 톤으로 약 50% 증가했다.

자원의 채취는 바이오매스, 화석연료, 금속 및 광물 모든 주요 범주에서 증가하고 있다. 1980년에서 2005년 사이에 가스, 모래, 자갈 등의 채취는 거의 2배로 늘었고, 니켈 채취는 3배가 늘었다. 물고기와 같은 생물자원의 경우 과용의 흔적이 이미 발견되기 시작했다. 지난 10년간 수확량이 계속 줄어들고 있다(그림 1-3).

(1) 자원 채취로 인한 환경 및 사회적 문제

자연자원의 채취 및 가공은 재료, 에너지, 물 및 토지의 사용을 집적화 한다. 이러한 집적화 현상은 환경문제를 일으키는데, 비옥한 땅이 황폐화되거나 물 부족 또는 독성물질의 오염 등을 예로 들 수 있다. 사회문제도 채취행위와 연관이 되는데 인권 유린, 열악한 근무조건, 낮은 임금 등이 있다. 나이지리아에서 석유 시추, 페루의 구리 채취 및 가공, 인도네시아와 말레이시아의 팜유 생산 등의 연구를 통해 보면 이러한 환경, 사회적 문제들은 환경 및 사회적 기준이 상대적으로 낮은 가난한 개도국에서 훨씬 더 강하게 다가온다.

(2) 자원 채취의 지형

지구상의 각 사람은 평균 8톤의 자연자원을 매년 소비한다. 이는 매일 22kg이다. 만일 우리가 불가피하게 채취하지만 사용하지 않는 자원까지 합하면 매일 약 40kg에 이르게 된다. 자원 채취는 세계적으로 보면 불공평하게 분배된다. 한 대륙에서 자연자원의 채취량은 몇 가지 요인이 있는데 대륙의 크기, 자원의 이용성, 인구 규모, 그리고 부유함의 정도 등이다. 2005년 현재 세계 인구의 반 이상이 살고 있는 아시아에서 48%로 가장 많은 자원 채취가 이루어지고 있다. 북미가 19%로 다음이고, 그 다음 중남미와 유럽(13%), 아프리카 9%, 그리고 오세아니아 3% 순이다.

1인당 자연자원의 양이나 형태도 큰 차이를 가지고 있다. 오세아니아 대륙은 가장 작은 자원의 채취가 진행되지만 1인당 채취량은 가장 크다. 호주는 오세아니아 대륙에서 가장 큰 경제규모를 갖고 있는데, 최근 광산업이 크게 확장되고 있다. 북미의 경우 매년 1인당 24톤(약 매일 68kg)을 채취하고, 중남미는 매일 41kg을 쓰고 있다. 호주와 함께 가장 많은 자원을 채취하는 중남미인데 이 나라들은 광물, 목재, 콩과 같은 농산물 등을 다른 나라로 수출한다. 유럽의 자원 채취 평균량은 2000년도에 연간 13톤으로 매일 36kg에 해당하며, 가장 작은 1인당 채취량은 아프리카와 아시아로 매년 6톤(매일 15kg)에 불과하다.

(3) 자원의 무역

원자재와 생산물의 국제무역은 지난 몇 십 년간 크게 증가했다. 자연자원 무역은 경제발전을 지탱해 주고, 자원부국인 경우 수출을 통해 부를 쌓게 된다. 만일 환경 및 사회적 기준을 가지고 있다면 가난한 나라의 지속적인 발전에 기여할 수 있다. 그러나 세계 무역의 증가는 심한 환경 및 사회적 위험을 초래한다. 세계적인 수요로 인해 모든 지역 자원들과 연결되어 국제무역은 자원 채취를 더욱 가속화시키게 될 것이다. 더욱이 현 무역체계는 가난하고 자원을 조금밖에 사용하지 않는 나라에서 자원을 많이 사용하는 부자 나라로의 자원 이동을 더욱 불공정하게 가속화시킬 것이다.

이번에는 전 지구적인 불평등한 자연자원의 분배에 대해 생각해 보자. 국제무역은 전 지구상의 자원을 재분배하는데, 어떤 나라의 경우 자원 수출을 통해 수익을 높이고, 다른 나라는 원자재와 상품의 공급을 증가할 수 있다.

2) 세계 무역의 증가와 환경에의 영향

50여 년 간 원자재와 상품의 국제무역은 비약적으로 증가하였다. 1950년 이후 국제무역 총량은 매년 약 6%씩 증가했는데, 1950년과 비교하여 2006년에 완제품으로는 60배, 석유 10배, 광물은 7배 더 많은 농산물을 무역하고 있다(그림 1-4).

국제무역은 자원을 채취하고 제품을 생산하는 국가로부터 제품을 소비하는 국가로 운반될 필요가 있기 때문에 무역의 발전은 운송으로부터 오는 온실가스 배출을 증가시켰다. 세계 운송시스템에서 여전히 95%는 석유를 에너지로 쓰고 있기 때문이다. 에너지 관련 온실가스 배출량의 1/4은 운송과정(국제무역이 아닌 운송 포함)에서 배출된다. 무역은 또한 물류 기반시설 즉 도로, 항구, 공항 등을 필요로 하기 때문에 땅 사용 증가에도 일조한다.

(1) 세계 무역의 구조

국제무역의 패턴은 세계 여러 지역에서 자원의 가용성과 국가의 경제적 위치에 따라 대개 결정된다. 유럽이나 북미와 같은 산업화 국가나 아시아 지역에서도 주로 고

부가가치 제품을 수출한다. 반면 많은 개발도상국은 농산물, 광물 또는 화석연료와 같은 원료의 수출에 지속적으로 의존하고 있다. 완제품을 수출하는 것이 일반적으로 원료의 수출에 비해 높은 수익을 얻을 수 있다.

더욱이 자원의 채취 및 가공으로 인한 환경적 압력이 더 크다. 그러나 자원 수출국 중에는 상당한 수입을 얻는 곳도 있는데, 예로 2003년에서 2008년 사이에 여러 자원들의 가격이 가파르게 높아졌기 때문이다. 산유국 OPEC 국가들이나 베네수엘라 등 석유 수출국과 칠레나 호주 등 광석 수출국이 그 좋은 예이다. 만일 높은 환경 및 사회적 기준과 효율적인 지역 거버넌스 구조에서 관리되는 경우 자연자원의 수출도 가난한 나라들의 지역경제에 긍정적인 효과를 줄 수 있다는 것이 공정한 쌀 무역 수출에 대한 사례 연구에서 밝혀졌다. 그러나 20세기 후반의 세계 무역체계의 성장은 천연자원을 활용하는 방식에 큰 영향을 미쳤고, 이로 인한 일부 심각한 환경 및 사회적 위협이 제기되고 있다. 무역은 오히려 자원 소비의 불평등을 심화시킨다.

자연자원의 국제 무역은 높은 구매력을 가진 지역이나 국가가 자신들의 자연자원 용량을 초과하는 자원을 소비하도록 해 준다. 최근 점점 더 많은 국가들이 천연 자원과 제품의 순수입국이 되어가고 있기 때문에 지역 내에 쓸 수 있는 한계를 벗어나서 소비하고 있다. “생태 무역 적자”를 계속 실행하고 있는 것이다. 원래부터 자원 빈국이 자원을 순수입하는 것은 큰 문제가 되지 않을 것이다. 그러나 현재 국제 무역의패턴으로 자원 활용의 불평등이 심화되면 세계 각 지역의 지속가능하고 공평한 발전을 저해할 수 있다.

모든 사람들의 자원 복지를 보장하기 위해서 무역은 자원 채취가 낮은 국가에 자

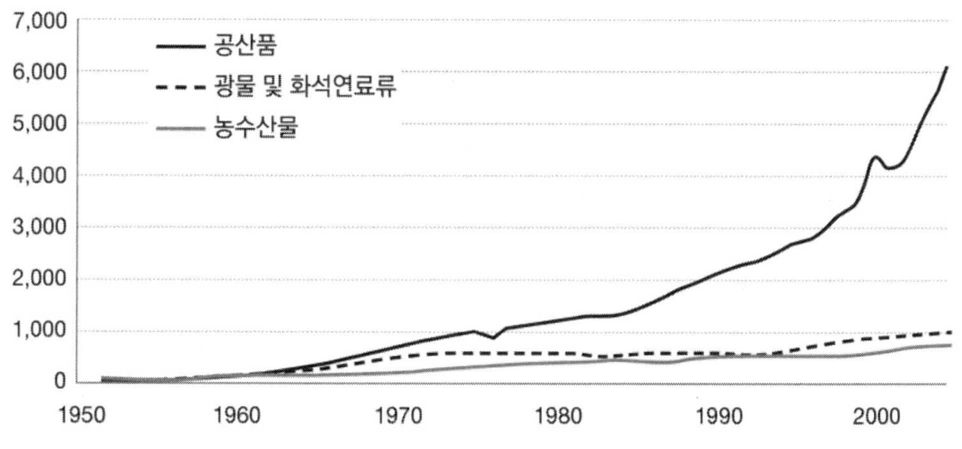

그림 1-4. 1950년부터 2006년까지 세계 무역의 변화

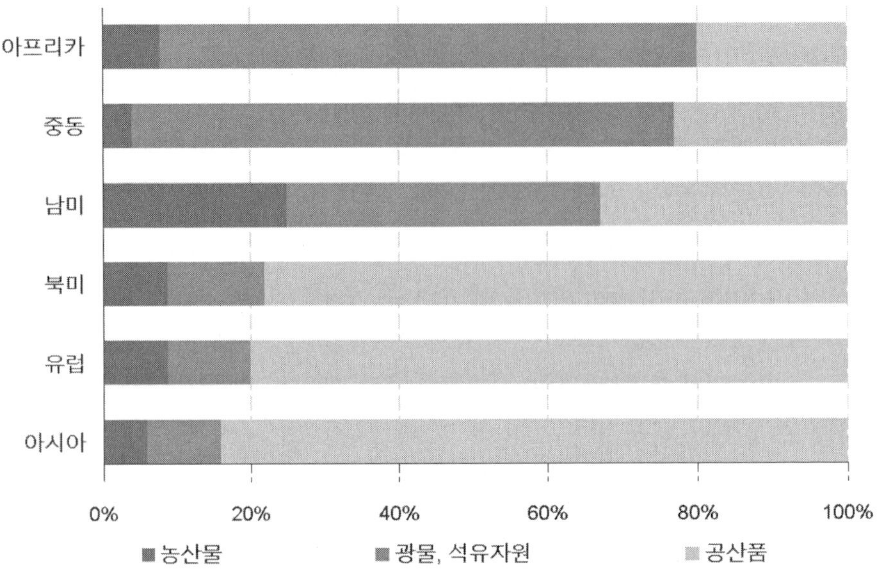

그림 1-5. 세계 지역별 수출물 종류

원 채취가 높은 국가의 자원을 재분배하는 데 도움을 주어야 한다. 그렇지만 일반적으로 반대의 조건으로 다른 OECD 국가들과 마찬가지로 유럽의 1인당 채취는 나머지 세계 다른 나라들에 비해 높다. 유럽은 연간 1인당 약 3톤의 천연 자원을 순수입하고 있는데, 세계적으로 가장 높은 경우이다. 개발도상국이나 신흥국의 경우 천연 자원의 순수출이다. 현재 국제 무역은 불균형하며 1인당 자원 활용의 불평등만 심화시키고 있다.

유럽은 화석연료나 광석 그리고 농산 및 임산물을 상당량 순수입하고 있다. 그림 1-5에서 보듯이 유럽은 사료와 곡물의 거대한 순수입국이다. 이들은 주로 동물사료로 쓰여 식육 및 낙농제품의 생산 수준을 유지하는 데 이용된다. 그런데 유럽은 유럽 전체 인구가 소비할 식육 및 낙농제품보다 더 많은 양을 생산하기 때문에 세계 다른 지역으로 수출해야 하는데, 특히 개발도상국이 그 목표이다. 2007년에 EU는 160만 톤의 식육과 200만 톤의 낙농제품의 무역 흑자를 기록했다. 이는 개발도상국 현지 시장에는 부정적인 결과를 초래했다.

(2) 사료 수입, 우유 및 고기 수출

유럽은 화석연료와 금속뿐만 아니라 농산물과 임산물을 순수입하고 있다. 그림 1-6에서 보듯이 유럽은 사료작물이나 곡물도 상당량을 다른 지역으로부터 순수입하고 있다. 이 자원들은 주로 동물의 사료로 사용되어 높은 수준의 고기나 낙농제품 생산

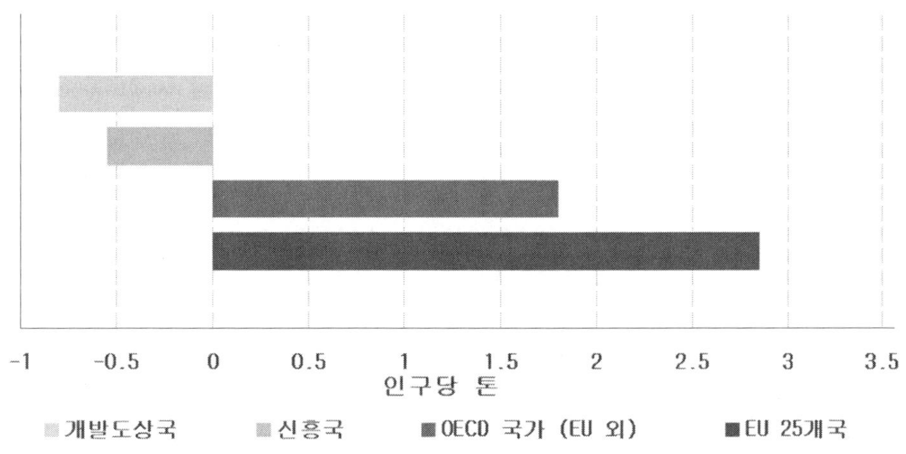

그림 1-6. 지역별 1인당 순수입 및 순수출 비교

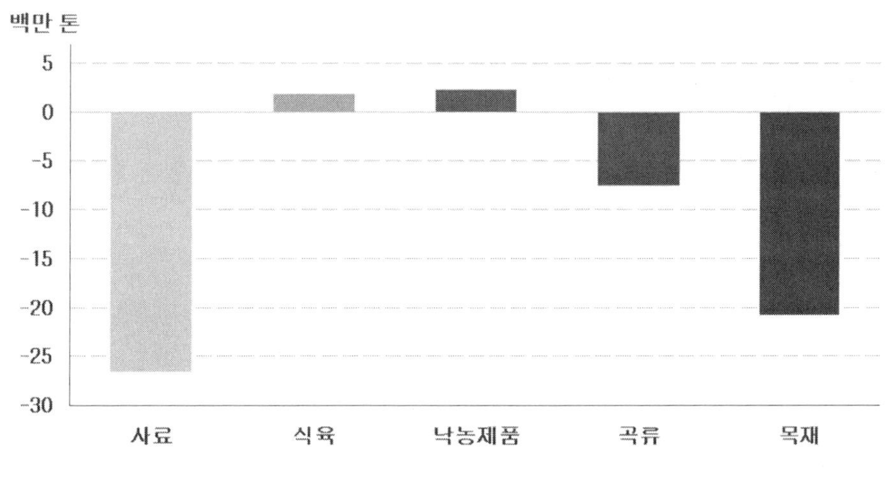

그림 1-7. EU의 주요 생물자원 무역수지

에 쓰인다. 그러나 유럽은 유럽인들이 소비하는 이상의 고기나 낙농제품을 생산하고 있다. 그러므로 잉여 제품은 개발도상국이 대부분인 다른 나라로 수출된다. 유럽연합은 2007년에만 1천 6백만 톤의 고기와 2백만 톤의 낙농제품에 대해 무역수지 흑자를 기록했다(그림 1-7).

(3) 해외 농업용 토지의 전용

또 다른 세계 경제 체계에서의 상대적으로 새롭지만 가속화되고 있는 현상은 개발도상국에 대한 부자 신흥국의 무역 및 투자 증가이다. 이 경향의 한 주류는 신흥 부국 정부(주로 중국 또는 걸프 지역 국가)나 정치적 영향력이 있는 회사들이 해외 농업용 토지(주로 아프리카나 동남아시아 지역)를 수백만 에이커씩 사거나 임대하는 대규모 토지거래이다. 이 땅들은 작물을 세계 시장에 내놓는 것 대신 식품이나 바이오연료를 기르는데 사용된다. 이로 인해 식품 가격이 증가하고 장기적으로 식품안보나 물 부족에 대한 우려를 초래하게 된다. 여기에는 그 나라들의 경제성장, 정부의 수익 및 경제발전의 기회 증가를 줄 수 있다고 주장하는 사람들도 있다. 그러나 그들은 식량 안보를 위협하고, 지역 인구를 재배치하며, 정치적인 불안을 야기하고 토지 가격도 높이게 된다.

3) 자원의 소비

지구 자원의 소비는 지구 자원의 채취와 동등하다. 즉 세계 경제는 약 600억 톤의 자원을 매년 사용하여 우리가 매일 소비하는 상품과 서비스재를 생산한다.

(1) 1인당 소비량의 큰 격차

유럽은 쓰지 않는 자원 채취를 제외하고도 1인당 약 36kg의 자원을 매일 채취하는 반면 약 43kg을 소비하고 있다. 유럽인은 소비 수준을 유지하기 위해서 세계 다른 지역으로부터 자원을 수입해 와야 한다. 다른 지역의 소비는 더욱 심하다. 북미지역 사람들은 하루 90kg을 소비하고, 오세아니아 사람들은 100kg을 소비한다. 평균적으로 북미 또는 오세아니아 지역 사람들은 유럽 사람들보다 더 큰 집에서 살고, 더 큰 차를 몰며 고기도 더 먹는다. 이러한 생활양식의 차이는 자원 소비를 증가시킨다.

세계 다른 지역에서 이에 비해 훨씬 적은 자원을 소비하고 있다. 즉 아시아는 약 14kg, 아프리카는 약 10kg을 소비하고 있는데, 아프리카의 경우 평균 채취량은 15kg이다. 이는 유럽 인구는 아시아 지역 인구보다는 3배, 아프리카 지역 인구보다는 거의 4배 더 자원을 소비하고 있는 것이다. 어떤 경우 선진국 부유층은 개발도상국 빈곤층에 비해 10배 이상의 자원을 소비하고 있다. 이러한 격차는 사용되지 않고 채취만 되는 자원을 합치면 더욱 커지게 된다.

(2) 유럽 소비 바구니

이제 일반적인 유럽인의 자원 소비 행태를 자세히 살펴보면 주거 및 인프라 건설, 음식, 그리고 이동 등 3가지 주요 범주에서 60% 이상을 소비하고 있다. 약 1/3은 주거 및 인프라 건설에 쓰이는데, 천연자원은 빌딩이나 인프라를 건설하는데 필요하다. 예를 들면 도로, 철도, 공항 등을 말한다. 게다가 전등이나 에어컨을 위한 전기나 보온이나 온수를 위한 석유, 가스, 목재 등의 에너지 자원이 필요하다. 식음료가 1/4을 차지했는데, 가게에서 파는 식품이나 음료와 호텔이나 레스토랑에서 쓰이는 것들 등이다. 식품이나 음료산업은 농업생산물, 기계, 에너지 등 상당한 양의 자원을 써야 상품을 생산할 수 있다. 더욱이 소매시장은 많은 양의 운송과 저온 저장 등의 비용이 들게 된다. 이러한 자원들은 모두 소비의 범주에 포함된다.

우리는 교통으로 약 7%의 자원을 소비한다. 차에 넣는 가솔린과 함께 비행기나 배를 위한 등유, 철도나 대중교통을 위한 전기 등이 포함된다. 모든 운송에는 또한 차, 배, 비행기 등을 만들기 위한 철강, 알루미늄, 구리, 플라스틱, 유리, 섬유 등 막대한 자원이 소비된다. 이러한 자원 요구량도 이 범주에 포함된다. 나머지 40%는 전기제품이나 책, 종이제품 등 다양한 것들이 차지한다.

(3) 제품의 생체배낭

어떤 한 제품의 생체배낭을 계산해 낼 수 있다. 생체배낭은 이 제품을 생산하기 위해 사용한 모든 자원과 공장에서 공장 또는 공장에서 소비자에게까지 가는데 필요한 운송에 쓰인 자원을 포함한다. 여기에 이 제품을 팔기 위한 자원 즉 가게를 건축하고 유지하고 보온/보냉하는 데 필요한 자원과 그 제품을 사용하는 데 필요한 에너지나 재료(전기, 석유 등), 그리고 마지막으로 안전하게 해체하거나 버리는 데 필요한 자원도 포함된다. 지구상의 모든 제품들로 인해 사용된 자원을 합하면 전 세계 자원 소비량이 되고, 이는 연간 약 600억 톤에 이른다(활용되지 않은 자원을 합하면 1000억 톤에 해당).

만일 7kg 무게가 나가는 제품을 샀다면 실제 이 제품의 "생태배낭"은 대략 60kg에 이를 것이다. 무게가 1.6톤이 나가는 자동차는 70톤, 한 장의 CD는 약 1.6kg이 된다. 심지어는 컴퓨터에서 다운로드를 사용했다면 이 또한 자원을 소비하는 것인데, 컴퓨터와 인터넷에 쓰인 막대한 재료와 에너지 소비가 있기 때문이다.

4) 자원 효율

상품이나 서비스재 생산의 효율성을 높이는 것은 경제발전과 성장의 핵심 중 하나이다. 전통적으로 기업은 인건비와 노동 생산성, 즉 노동자 당 경제 생산성에 집중해 왔다. EU의 경우 1980년에서 2005년까지 노동 생산성이 50% 이상 증가했다.

(1) 상대적 de-coupling, 절대적 증가

천연자원 단위 당 생산하는 경제 가치로 측정되는 자원 효율성은 개선되었다. 세계 자원 채취는 1980년에서 2005년까지 50% 가량 증가했다. 자원 채취의 증가는 세계 인구 성장과 밀접하게 연관된다. 세계 경제성장(GDP)은 동 시간 동안 110% 성장하

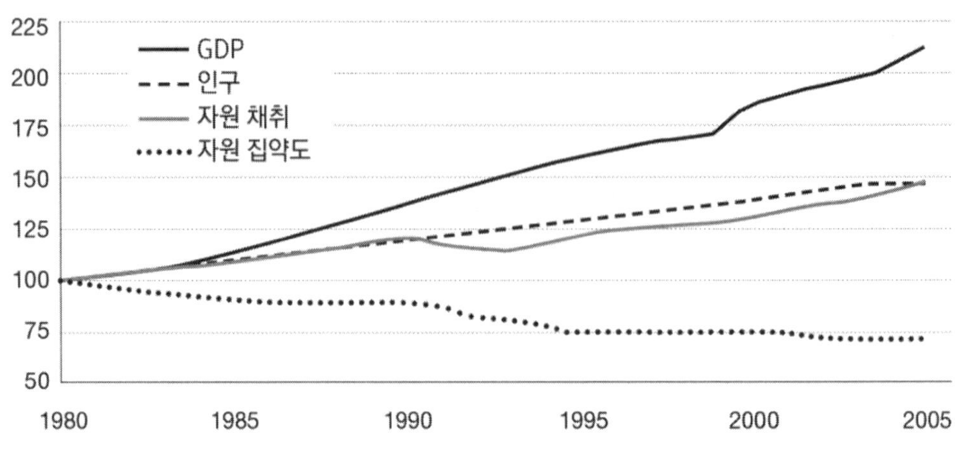

그림 1-8. 자원 활용으로부터 오는 경제성장의 상대적 de-coupling

였다. GDP의 성장은 자원 채취보다 더 높게 나타나는데, 경제성장으로부터 자원 채취의 소위 "de-coupling"이 달성되었다(그림 1-8). 그래서 현재 세계 경제는 30년 전보다 GDP의 유로 또는 달러당 약 30% 적은 천연자원을 쓰고 있다.

결과적으로 세계 경제의 자원 강도(resource intensity)는 줄어들고 있다. 이는 상대적으로 우리의 자원 효율성 개선을 말하며 긍정적인 방향이다. 다만 절대적인 자원 채취와 이용은 여전히 전 지구적 수준에서 증가하고 있다. 따라서 경제성장은 자원 효율성의 향상을 더 능가한다. 유사한 경향은 자원 생산성이 1990년에 비해 2004년에 30% 가까이 높아진 유럽에서도 관찰된다. 그러나 GDP 또한 같은 배수로 증가하고 자원 사용은 절대적 감소가 달성되었다.

(2) 자원 효율성의 지역편차

세계 각 지역에서 GDP를 생산하기 위한 자원의 사용량이 많이 다르다. 얼마나 많은 자원이 필요할 것인지에 대해서는 몇 가지 요인이 있는데, 각 지역에서 활용 가능한 자원의 양과 형태, 자원의 수입 및 수출, 기술과 경제구조 등이다. 그림 1-9는 각 대륙의 자원 집약도를 보여준다. 2000년에 평균 1.4kg의 천연자원(미활용 자원 불포함)이 GDP의 1달러를 생산하는 데 필요하다.

아프리카는 가장 자원 집약도가 높은 대륙으로 대개 GDP 1달러 생산을 위해 지역 내 자원 7kg이 필요하다. 광업이나 농업과 같이 자원 집약적 경제활동이 아프리카 나라들에서 사용하는 경제 및 기술의 대부분을 차지하기 때문에 아프리카가 다른 지역에 비해 덜 효율적으로 자원을 쓰고 있음을 의미한다. 반면, 아프리카는 자원의 순수

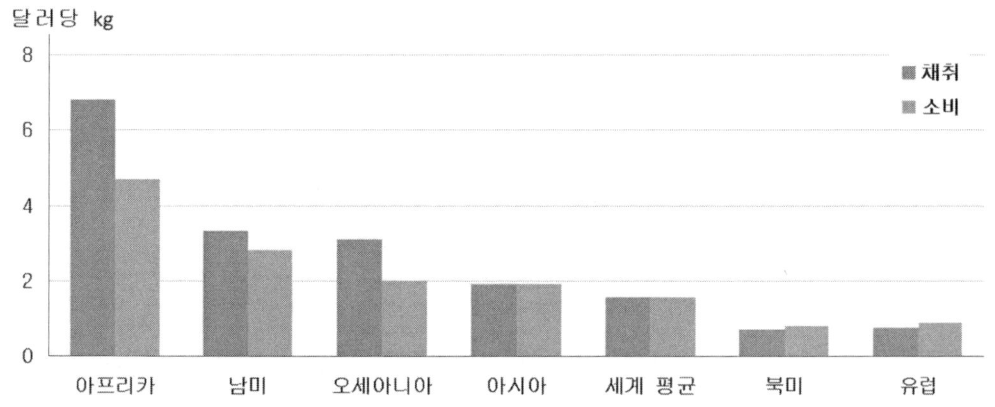

그림 1-9. GDP 1 달러 당 자원 채취(진한색)와 자원 소비(연한색)

출국으로 아프리카에서 채취된 자원은 다른 나라들에서 소비되고 있다. 따라서 아프리카의 자원 소비는 자원 채취(5kg) 보다 낮은 자원 집약성을 갖는다.

천연자원은 라틴아메리카나 오세아니아 경제에도 중요한 역할을 한다. 따라서 이들의 자원 집약도는 세계 평균을 상회한다. 이들 나라는 다른 지역으로 자원을 많이 수출하고, 자원 채취의 강도(약 3kg/dollar)도 자원 소비의 강도(약 2kg/dollar)보다 높다. 유럽이나 북미는 반대의 경향을 나타낸다. 달러당 1kg 자원 미만으로 이 경제 지역은 자원 효율성이 상대적으로 높고, 서비스 분야가 GDP의 큰 부분을 차지한다. 금융 또는 보건관련 서비스는 광업, 농업, 제조업에 비해 자원 집약도가 낮다. 그러나 유럽이나 북미 지역은 그들의 경제 시스템을 유지하기 위해 다른 지역의 자원을 가져와야 한다. 자원 소비에서 자원 집중도는 자원 채취보다 높다.

(3) 효율성 향상을 갉아먹는 반등효과

지난 수십 년간 엄청난 기술적 진보를 목격해 왔다. 이런 기술의 진보는 원재료와 에너지를 더 효율적으로 쓸 수 있게 했으나 자원 활용으로 생기는 환경문제를 해결하지는 못할 것이다. 가장 중요한 이유 중 하나는 반등효과(rebound effect)이다. 어떤 기업이 상품이나 서비스를 생산하는 데 더 적은 에너지와 원재료를 쓰게 되면 생산원가가 줄게 된다. 낮은 생산원가는 다시 상품이나 서비스의 가격을 낮춘다. 소비자에게 낮은 가격이란 예산이 같다면 더 싼 상품을 많이 사거나 또는 다른 상품이나 서비스를 살 수 있다는 말이 된다. 자원의 효율성이 높아진다는 것은 종종 천연자원을 더 필요로 하게 되는데, 이것으로 알 수 있는 것은 이러한 반등효과로 인해 전반적인 자원 소비가 줄지 않는다는 것이다.

5) 미래 자원 활용 시나리오

최근 시나리오 모델링 분야가 상당한 발전을 했는데, 이 기술을 이용하면 미래의 경제 성장, 국제 교역의 발전, 경제가 지구 생태계에 가하는 환경적 압박 등 서로 다른 시나리오들을 예측해 준다.

(1) 제한 없이 지금처럼 성장할까?

그림 1-10은 2030년까지의 전 세계적인 자원 채취 경향을 미래 시나리오를 통해 보여준다. 소위 그저 지금처럼 성장하는 시나리오를 보여 주는데, 지금과 같은 발전 방향으로 세계 경제가 나가면 얼마나 많은 자원이 채취될 것인지를 보여주고 있다. 자원 채취의 증가는 모든 종류의 자원들에서 함께 일어난다. 그 결과 2030년에 전 세계 천연자원의 채취는 천억 톤에 달할 것으로 예측되어 2005년에 채취한 자원 량의 거의 2배가 된다.

이 시나리오로부터 다양한 가정이 나올 수 있다. 산업화된 국가의 자원 소비는 지금과 비교해서 많이 줄어들지 않을 것이고, 세계 인구는 계속 상당히 증가할 것이며, 신흥 또는 개발도상국의 경우에는 현재 서구에서 누리는 것과 같은 자원의 복지를 누리고자 하기 때문에 국민 1인당 자원 소비량이 증가하게 될 것이다.

(2) 재생 불가능한 자원의 높은 가격과 채취의 한계

그림 1-10을 보면 미래에 얼마나 많은 자원이 요구될지 예측이 가능하다. 그러나 이렇게 강한 성장의 시나리오에서 정말로 지금과 같은 성장이 계속될 수 있을 것인지 또는 물리적으로 한계에 도달할 것인지 생각해봐야 한다. 최근의 급격한 자원 수요로 인해 자원의 가격이 특히 2003년 이후 예상치 못한 정도의 가파른 상승세를 보이고 있다. 비록 2008년의 세계 경제 위기가 이러한 가격상승을 꺾기는 했지만 일반적으로 값싼 자원의 시대는 끝났다고 보고 있다.

상당량의 원재료를 비축하고 있는 나라(또는 이런 재고를 가지고 있는 회사)는 이 상황에서 이익을 취할 것이고, 높은 가격으로 자원을 수출할 수 있을 것이다. 반면 상대적으로 자원이 부족한 나라나 지역은 부정적인 영향을 미칠 것이다. 이 나라들은 미래에 자원에 대한 치열한 경쟁을 해야 할 것이고, 자원을 사기 위해 높은 그리고 계속 증가하는 가격을 지불해야 할 것이다. 게다가 여러 자원들에서 채취의 정점에 도달하였거나 곧 도달하게 될 것이다. 이것은 이런 자원의 채취가 얼마 남지 않은 미래에는 줄어들고 활용이 제한될 것임을 의미한다.

석유의 경우 세계 매장량의 반 정도가 이미 사용되었고, 2015년에서 2030년 사이

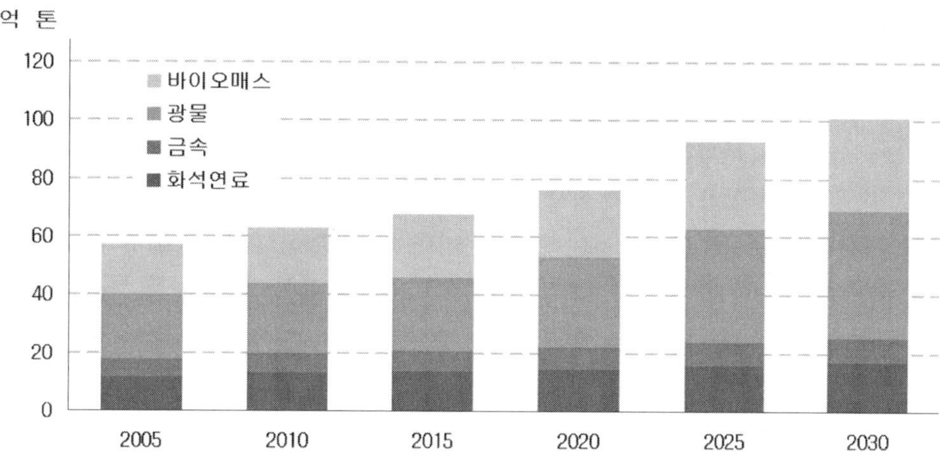

그림 1-10. 2005년부터 2030년까지 자원 채취 시나리오
(현 상태 그대로 소비할 경우)

에 정점을 이룰 것이다. 천연가스는 30년 이내에 정점을 찍을 것이고, 석탄의 경우 그 기간이 조금 연장될 것이나 석탄의 사용은 기후변화에 상당히 부정적인 영향을 준다. 그래서 기후정책에 따라 석탄의 매장량보다는 이용이 제한적으로 될 수 있다. 다른 자원들도 곧 정점에 도달할 것이다. 평면 스크린을 만드는 데 필요한 지구상에서 희귀한 인듐(indium)이나 탄탈륨(tantalum) 같은 금속은 2030년에는 더 이상 쓸 수 없을 것이다.

(3) 재생 불가능한 자원의 불공평한 분배

미래에 또 다른 중요한 요인 중 하나는 화석연료나 광물의 세계 매장량이 지역에 따라 차이가 나게 분포되어 있다는 것이다. 특히 EU나 미국 같은 선진국과 신흥국 중 중국과 같은 나라는 자국 내에 자원 재고가 많지 않다. 미래에 이 나라들은 세계 다른 나라로부터 자원을 수입해서 공유해야만 한다. 유럽은 지난 수십 년간 자원의 채취가 줄어들고 있다. 석탄이나 광물을 캐던 많은 광산들이 더 이상 자원이 없거나 수익성이 더 좋은 다른 지역 광산을 쓰게 되어 폐쇄되고 있다. 더욱이 현재 남아 있는 유럽의 화석연료나 광물과 같은 중요한 자원은 매우 적다. 이 자원들의 대부분이 중남미나 아프리카, 호주 등에 남아 있다. 유럽 내의 기계나 자동차 산업은 유럽 외부에서의 원자재 공급에 대한 의존성이 높아지게 될 것이다.

이러한 주요 원재료 공급의 확실성은 유럽, 북미 및 중국에서 상당히 중요한 이슈로 부각될 것이다. 유럽공동체는 2008년에 "원재료 발의"를 통해 EU가 다른 나라들로부터 원재료를 확실하게 도입할 수 있도록 할 필요성을 강조했다. 이러한 시도는 다른 한쪽으로부터는 상당한 비판을 받았는데 유럽이 자원을 더 효율적으로 쓰는 데 집중할 것을 요구하는 것이었다.

경제적 또는 정치적 문제는 정치적인 교역 결정(엠바고와 같은 장벽), 무역 조약, 제3자와의 갈등 등 복잡하게 얽혀 있다. 그리고 전 세계적으로 수요가 있는 자원들은 주로 정치적으로나 또는 경제적으로 불안정한 나라로부터 온다. 결과적으로 이러한 자원의 채취나 수출은 매우 불안정하며, 지역 내 갈등이나 공급 방해 등의 위험이 있을 확률이 높다. 세계적인 천연자원 경쟁의 증가는 자원 획득과 관련한 치명적인 갈등을 야기할 수 있을 것이다. 이 갈등은 지금은 자원 경쟁에 들어가 있지 않아서 전체적인 문제에 크게 기여하지 않는 사람들, 즉 개발도상국의 빈민들의 삶에 크게 영향을 줄 것이다.

(4) 지구 생태계의 용량 대비 과도한 사용

지속적인 경제성장과 자원소비 증가가 가능할 것이냐는 2번째 중요한 요인으로 결정된다. 그것은 곡류, 어류, 목재 등의 생물자원을 우리에게 제공해 주는 그리고 자원을 사용하는 과정에서 생산하는 폐기물과 가스들을 흡수할 수 있는 지구 생태계의 한계이다. 이 용량을 "생물용량(biocapacity)"이라고 한다.

생태 발자국을 사용해서 계산한 결과 세계는 이미 지구 생태계가 지속할 수 있는 생물용량에서 30%를 초과로 사용하고 있다. 다시 말하면 자본에서 이자를 가지고 지속적으로 살아가는 대신에 우리는 지구의 원금인 "천연 자본"에 빚을 지고 있는 셈이다. 천연 자본의 고갈은 여러 측면에서 관찰된다. 많은 어족이 멸종했고, 세계의 삼림이 줄어들고, 비옥한 땅이 부식으로 인해 쓸모없어지고, 탄소 방출로 인한 기후 변화 등 이 모든 것이 우리 경제나 사회에 재앙을 가져올 수도 있다.

6) 지속가능한 자원 활용

현재 지구의 발전은 자원의 활용 증가와 부자와 빈민의 불평등성 증가로 특징된다. 이러한 불평등은 화폐로 받는 수입과 자원 소비 모두에서 나타난다. 대부분의 인구가 가난하게 살고 있는 우리 세계는 지속가능하지 않다. 수십 억 명의 개발도상국 국민들이 미래에 경제성장과 자원 소비 증가를 요구하고 있다. 제한된 세계에서 개발도상국의 경제성장과 이에 따른 자원 활용의 증가는 현재 많이 쓰고 있는 선진국에서 1인당 소비량과 자원 활용의 몫을 현저히 줄여야만 가능하다.

자원 활용을 현저히 줄이기 위해서는 우리 경제가 천연자원이나 이들이 제공해 주는 서비스를 대하는 방법을 근본적으로 바꿀 필요가 있다. 즉 상품이나 서비스를 생산하는 방법을 심오하게 바꿀 필요가 있다. 물론 이러한 변화는 몇 년 안에 실현될 수 있는 성질이 아니다. EU이나 기타 서구 국가들이 현저한 자원 활용의 절대량 감소를 달성하기 위해서는 바로 지금 행동해야만 한다.

(1) 단기 계획

자원 활용을 측정하고 새로운 정책은 항상 자원 활용에 주는 영향을 평가한 후 시행한 몇몇 단체(SERI 또는 Friends of Earth Europe)는 유럽 내 천연자원의 사용을 측정하는 시스템을 제안했다. 생물 또는 무생물재료를 사용하는 것에 더해 물, 토지, 그리고 온실가스 방출을 계산해 보기를 권고한다. 이 각각의 표지들은 전체 자원 활용 배낭으로 모일 것이다. 예를 들어 유럽으로 수입되는 콩의 전체 토지 및 물 사용 배낭처럼 말이다.

① 원자재 사용 효율화를 위해 인상된 가격으로 쓴다. :

원자재의 가격 인상은 회사들에게는 자원 생산성을 높이게 하고 효율적으로 자원을 활용하는 기술을 개발하기 위해 투자하게 한다. 높은 가격은 소비자들이 자원소비에 대한 비용을 깨우치게 하고 자원절약형 상품을 선호하게 만든다. 높은 원료 가격은 항공이나 육상 운송 가격을 증가시킬 것이다. 국제 화물 운송은 더 비싸지고, 국제 교역은 더욱 주변 지역으로 재배치될 것이다. 다만, 자원의 가격 상승은 가난한 국가에는 부정적 영향을 줄 것이므로 이 방법을 사용할 때는 사회적 분배를 고려해야 한다.

② 자원 효율적 공공재 조달 :

공공기관은 상품과 서비스의 주요 고객이다. 조달에 있어서 자원 효율성 척도를 실행하면 환경적 영향을 감소시키고 자원 효율적 상품과 서비스의 요구를 더욱 가속화시킬 것이다.

③ 회사의 자원 효율성 제고 :

회사는 우리 사회를 지속가능한 자원 활용의 사회로 변형하는데 중요한 역할을 해야 한다. 많은 기업이 얼마나 많은 에너지나 자원을 사고 그 가격이 얼마인지 모르고 있다. 자원의 절약 잠재력은 종종 측정되지도, 활용되지도 않는다. 자원 효율성이 높게 생산하는 것은 국제 시장에서 회사의 경쟁력을 유지하는 중요한 요인이 된다. 원자재나 에너지 가격이 높아지면 생산원가를 줄이는 가장 중요한 전략이 천연자원을 적게 쓰는 것이다. 생산자들은 상품의 전 생산주기를 전망해야 한다. 재료나 공급자로부터 구매하는 중간산물 등에 대한 책임감을 높이는 것도 포함된다. 회사는 높은 환경적, 사회적 표준을 원재료나 에너지를 구매할 때 적용해야 하고 자원 효율적인 중간제품을 사용해야 한다.

④ 자원 재활용 증가 :

자원이용 효율성 증진을 위한 가장 직접적인 방법은 할 수 있는 한 자원을 최대한 재활용하는 것이다. 재활용률은 각국에 따라 그 편차가 매우 큰데 알루미늄과 같은 매우 가치 있는 재료들도 땅에 묻히거나 소각로에서 소각되어 버린다. 어떤 회사는 땅이나 소각로에 폐기물을 전혀 남기지 않는 것을 목표로 하고 있고 어떤 지역에서는 어떻게 하면 가정 폐기물의 재 사용률을 높일까 고민하고 있다.

⑤ 삶의 방식과 소비 패턴을 변경 :

우리 자원 활용에 지대한 변화를 얻기 위해서는 우리 현재 삶의 방식을 바꾸어야 한다. 예를 들면 채식 식단을 더 늘려야 하고 고기, 우유, 낙농제품 등을 줄여야 하며, 대중교통이나 자전거를 사용하고 비행기나 자가용으로 여행하는 것을 줄여야 한다.

(2) 중장기 계획

어떻게 하면 선진국에서 생산이나 소비를 증가시키지 않고 웰빙에 집중할 수 있을 것인지에 대한 개발 모델을 만들어 낼 수 있을까? 개발도상국은 어떻게 하면 우리 지구상의 자원 용량을 과도하게 사용하지 않고 국민 삶의 질을 향상시킬 수 있을까? 우리는 지속가능하고 재도약시킬 수 있는 새로운 경제를 설계해야 한다. 현 소비자들은 더 많은 임금과 더 많은 소유를 하고 있으면 더 행복할 것이라고 믿고 있다. 그러나 연구결과를 보면 행복이나 웰빙은 어느 한계에 도달하면 더 이상 물질적 부유가 삶의 만족감을 개선시키지 못한다. 행복은 그 수준 이상에서는 가족, 친구들과의 관계나 정신적인 질병 등 다른 요인에 크게 영향을 받게 된다.

이렇게 보면 삶의 질과 지속적인 자원 이용을 연결하는데 중요한 실천 강령이 있다. 첫째는 지속적으로 삶의 질을 높게 유지하기 위해서는 같이 살아가는 개인이나 사회 간에 또는 현재와 미래 세대 간에 공평한 자원의 나눔이 있어야 한다는 것이다. 두 번째는 같은 수준의 질적인 삶에 대한 만족도를 성취하기 위해 다른 전략이 필요하다는 것이다. 이러한 전략은 자원의 사용에 따라 달라질 것이고, 문화적인 가치에 크게 좌우될 것이다. 오늘날 많은 사회 또는 정부가 자원의 부를 극대화하는데 집중한다. 그러나 더욱 물질에 기반하지 않은 정신에 기초한 전략이 더 높은 삶에 대한 만족감을 줄 수 있다. 천연자원을 조금 사용하는 세계에서는 삶의 다른 면들이 더 중요해질 것이다. 여기에는 가족이나 친구와의 좋은 관계, 개인의 흥미를 추구하는 여유시간 그리고 높은 자기만족 등이 포함된다.

참고문헌

1. Holt-Gimenez, E. and Patel, R. 2009. Food Rebelions! -Crisis and the Hunger for Justice.
2. Sustainable Europe Research Institute(SERI). 2009. Over consumption? Our use of the world's natural resources.
3. 김철규 외. 2013. 먹거리와 농업의 사회학(원저자: Michael Carolan FAO. 2001. Ethical issues in food and agriculture)
4. 농업농민정책연구소. 2011. 모두를 위한 먹거리와 지속가능한 미래를 위한 혁명 - 먹거리 반란. 도서출판 따비.

2. 생산의 윤리

농업의 역사는 우리가 원하는 형질을 생산하는 작물 종자와 동물을 육종하는 인간의 역사이다.

-마이클 스펙터(Michael Specter)-

최근 축산식품(축산물) 생산에서 지난 50여 년간 경제성을 극대화하기 위해 진행된 가축의 밀집 사육은 2가지의 주요 변화가 있다. 하나는 생산 방식의 변화이다. 약 1950년까지는 산업화된 나라의 가축도 전통적으로 노동력에 의존해서 사료를 주고 배설물을 치우면서 바깥에서 방목하여 길러지는 형태였다. 제2차 세계대전 이후 "가두어 기르는" 사육 시스템이 시작되어, 특별히 설계된 내부 환경에 가축을 가두고 노동력 대신 자동화 시스템을 이용하여 축사를 유지하게 되었다. 이러한 밀집 사육 방식은 곡류나 농후사료를 주로 섭취하는 축종(돼지, 닭, 송아지, 계란)에서 축산 선진국 대부분이 활용하게 되었다. 풀사료(조사료)를 주로 섭취하는 반추동물의 경우는 이러한 사육 방식의 변화가 조금 더디게 진행되었다. 예를 들어 북미의 육우들은 비육후기 비육장에서 몇 개월간 곡류사료를 급여할 때를 제외하고는 대부분의 생애를 목초지에서 보내게 된다. 그리고 대부분의 양이나 염소들도 여전히 전통적인 방목형태를 가지게 된다.

이와 함께 계속적으로 발견되는 현상은 생산 농가의 지속적인 감소이다. 강하게 밀집사육 형태로 변화된 닭이나 돼지 사육 농가의 경우 농가의 수가 크게 줄어드는 것을 볼 수 있다. 반면 소 사육 농가 감소는 이보다는 더디게 진행되는 것을 볼 수 있다. 가축 생산이 자동화된 대량 밀집사육의 형태로 변화하는 것과 동시에 서양에서 동물에 대한 태도의 주요한 변화가 일어난다. 적어도 1700년대부터 시작되어 온 동물에 대한 동정과 관심은 과학적으로 다른 동물 종과 인간이 크게 다르지 않다는 것을 밝히게 된다. 20세기에 들어오면서 동물에 대한 인간의 태도가 크게 바뀌게 되는데, 여기에는 도시의 삶이 크게 발전하는 것도 기여하게 된다. 즉 도시의 사람들은 동물을 대할 때 반려동물(pet)로 대하지 농장동물(farm animal)로 대하지 않고, 평소에 접하지 못했던 야생동물의 삶을 TV 다큐멘터리나 다른 매체를 통해 접할 수 있게 되었기 때문이다. 이유가 어떻든 간에 20세기 후반에는 동물복지가 주요한 의제로 떠올랐고 따라서 과학, 오락, 야생동물 보존 등 어떠한 형태의 동물 활용이라도 조사의 대상이 되게 되었다.

2.1 주요 축산식품 자원의 종류

1) 돼지(豚, Pig)

돼지는 다른 가축과 달리 번식력이 뛰어나 일반적으로 한 번에 10마리 이상의 새끼를 낳고, 우수한 모돈의 경우 1년에 25마리 이상의 새끼를 낳기도 한다. 또한 발육이 빨라서 우수한 개체는 성장 기간 중 하루에 1kg 이상 자랄 수도 있다. 현재 우리가 기르는 집돼지는 모두 야생 멧돼지(Sus scrofa)의 일부가 순화되어 이루어진 것이다. 이들은 신석기 시대에 가축화된 것으로 알려져 있다. 현재 집돼지의 체형이 멧돼지와 다른 것은 인류가 멧돼지를 집돼지로 개량할 때 고기를 생산하는 능력이 우수하도록 육종하는 동시에 인류에게 보다 이용가치가 높은 몸 부위가 발달하도록 변화시켰기 때문이다.

집돼지는 체형이 클 뿐 아니라 한 번에 낳는 새끼의 수도 훨씬 많다. 한 배에서 낳는 새끼의 수가 많으면 돼지를 길러 보다 많은 수익을 올릴 수 있으므로 인간이 이렇게 개량한 것이다. 그 동안 지속적인 종돈개량 노력에 의해 유전적으로 우수한 종돈

그림 2-1. 양돈에 쓰이는 주요 돼지 품종

을 육종하고, 이런 종돈을 돼지 생산에 효과적으로 이용하였기 때문에 비교적 저렴한 가격으로 지방이 적고 살코기가 많은 맛있는 돼지고기를 먹을 수 있게 되었다. 종돈 육종회사는 하이브리드 돼지를 육종하려면 우선 원종돈 계통을 육성해야 한다.

원종돈 계통은 어미돼지를 생산하는데 이용하는 모돈 계통(dam line)과 아비돼지를 생산하는데 이용하는 부돈 계통(sire line)으로 구분할 수 있다. 모돈 계통으로는 랜드레이스종 계통과 대요크셔종 계통을 이용하는 경우가 많은데, 이들은 번식 능력이 우수하여 한 배에 낳는 새끼 수가 많고, 젖이 많이 나며, 새끼 돼지를 기르는 능력이 우수하다. 돼지는 사육목적이 단지 고기를 생산하기 위함이다. 따라서 역사적으로 지방형, 베이컨 형, 혹은 정육형으로 그 육종 방향이 변화되어 왔을지언정 고기를 생산하려는 사육 목적에는 변함이 없었다. 양돈에 쓰이는 주요 돼지의 품종은 그림 2-1과 같다.

2) 소(牛, Cattle)

2009년 게놈이 완전히 해독된 첫 번째 가축인 소는 우유, 버터, 치즈, 고기 등의 축산식품을 생산하는 매우 중요한 동물이다. 또한 과거 농경사회에서 소는 농사일을 하는 가축으로서도 중요한 위치를 차지하였다. 소는 도살하면 거의 버리는 부분이 없는 것으로 유명하다. 뿔, 뼈, 가죽 등은 중요한 산업자원이며, 분뇨는 작물 생산에 없어서는 안 될 거름으로 이용하고 인도에서는 중요한 연료나 건축 자재로 사용하기도 한다. 소는 인류 사회의 상징적인 가축으로서 부의 저축 수단으로 사회적 지위의 기준이 되기도 했다. 메소포타미아 사람들은 기원전 4000년경부터 우유를 먹었으며, 치즈와 같은 유제품을 만드는 기술을 가지고 있었던 것으로 전해진다.

소는 Bos taurus(유럽소 또는 taurin 소라고 불림), Bos indicus(Zebu라고 불리는 혹소), 그리고 멸종된 Bos primigenius(야생우, aurochs) 등 3개로 나뉜다. 동남아시아 지역의 소를 빼고는 오늘날 가축이 된 소는 이미 멸종된 야생우가 선조이다. 야생우는 북미지역 외에는 홍적세(Pleistocene) 말기부터 현세통(Holocene) 초기에 걸쳐 북반구 전역에 널리 분포하였으나 수렵 때문에 급격히 수가 감소하였고, 청동기 시대(기원전 1250년경)에 전멸하였다. 야생우는 인도를 제외한 북위 60도 이상과 30도 이남에서는 살지 않았던 것으로 알려진다. 인도의 야생우는 다른 종류로서 홍적세 화석으로 발견되며, 등에 혹이 있는 혹소의 조상으로서 아프리카와 아시아로 퍼져 나갔다.

야생우는 사람과 가까이 살면서 사람의 보호를 받으며 새끼를 쉽게 키워 왔다. 동시에 사람들은 농사일에 소를 이용하였으나 소를 기르는 것이 쉽지 않았다. 신석기 시대에 이르러 서아시아와 유럽에서 소의 가축화가 진행되면서 소는 작은 체격이었지만 철기 시대에 이르러 오늘날과 같은 체격을 가진 소가 탄생하였다. 등에 혹이 달린 혹소는 유럽소와 기원이 다르며, 오늘날 아프리카에서 발견되는 여러 품종의 혹소는 인도나 중동에서 유입된 것으로 여겨진다.

인류의 식품으로서 가장 큰 기여를 한 젖소는 한 마리당 우유 생산량이 증가하여 현재는 연간 평균 7,000kg에 달한다. 이는 젖소에 대한 사양관리 조건의 개선 같은 환경적 영향 때문이기도 하지만, 젖소가 유전적으로 개량된 것이 가장 큰 원인이다. 젖소를 유전적으로 개량하기 위해서는 여러 방법이 있으나, 그 중에서 가장 널리 이용하는 방법은 유전적으로 우수한 수소와 암소를 선발한 다음 이 수소와 암소를 번식에 이용하는 것이다.

최근에 와서 젖소의 번식에 인공수정을 이용함에 따라 우수한 씨수소의 정액을 많은 수의 암소에 인공 수정시킬 수 있게 되었다. 따라서 우수한 유전자를 가진 씨수소를 선발하고 인공 수정에 이용해서 젖소의 개량은 더욱 빠른 속도로 이루어졌다. 소의 정액은 냉동시켜 이용하면 오랜 기간 동안 보존할 수 있고, 먼 거리까지 쉽게 운반할 수 있으므로 인공 수정하기가 매우 편리해졌다.

한우

육우(앵거스)

젖소(홀스타인)

혹소(Zebu)

그림 2-2. 주요 소 품종

유전적으로 우수한 씨수소를 생산하는 과정은 우선 능력과 체형이 우수한 암소에게 우수한 수소의 정액을 인공 수정시켜 수송아지를 생산하는 것으로 시작된다. 이 수송아지가 자라면 각각 많은 암소에게 종부시켜 딸소를 생산하고 생산된 딸소의 능력에 근거하여 유전적으로 우수한 씨수소인 보증 종모우(proven sire)를 선발한다. 현재 세계 각국에서는 보증 종모우의 정액을 번식에 널리 이용하여 젖소의 유전적 개량에 힘쓰고 있다. 우리나라에서도 최근 후대검정 과정을 통해 한국형 젖소 보증 종모우를 선발하고 있다.

한우는 수천 년 전부터 우리나라에서 역용우로 사육되어 왔으나, 현재는 육용우로 개량하여 국내 쇠고기 공급에 중요한 역할을 하고 있다. 한우도 유전적 개량에 젖소의 경우처럼 우수한 씨수소를 선발하여 인공수정 하는 방법을 사용한다. 인공수정용 한우 수소를 선발하기 위해서는 능력 검정 방법과 후대 검정 방법을 주로 사용한다. 능력 검정은 수소의 일당 증체량, 사료 요구율, 체형 등을 측정한 다음, 조사 성적에 근거하여 우수한 개체를 선발하는 방법이다. 후대 검정은 수소가 생산하는 후대의 능력에 근거해 선발하는 방법이다. 최근에는 한우 고기의 맛을 보다 좋게 하기 위해 종모우를 선발할 때 성장률과 체형뿐 아니라 근내지방 함량도 고려한다.

3) 닭(鷄, Chicken)

가금류(家禽類, domestic birds)는 대부분 기러기목(Anseriformes, 기러기, 오리, 거위)과 닭목(Galliformes, 닭, 칠면조, 꿩 등)에 속한다. 야생 닭으로는 인도, 미얀마 등지의 적색 정글 닭(Red Jungle Fowl, *Gallus gallus*), 실론 정글 닭(Ceylon Jungle Fowl, *Gallus lafayetti*), 회색 정글 닭(Grey Jungle Fowl, *Gallus sonnerati*), 자바 정글 닭(Javan Jungle Fowl, *Gallus varius*) 등이 있다. 오늘날의 닭(*Gallus domesticus*)은 벼슬, 울음소리, 외모 등 모든 면에서 적색 정글 닭과 가장 닮았다. 닭은 난용종, 육용종, 난육겸용종, 애완용 등의 품종으로 발달하였다. 난용종으로는 레그혼(Leghorn)종이 제일 유명한데 체형이 작고 동작이 활발하며 알을 품지 않는다.

우리나라를 포함한 일부 국가에서는 산란계 및 육용계 경제 능력 검정을 실시한다. 이때 종계 육종회사에서 육종한 상업용 계종을 출품 받아 비교적 균일한 사양관리 조건에서 각 계종에 대한 능력과 수익성을 조사하여 발표한다. 이것을 보면 육계사육이나 채란 양계를 하기 위해 부화장에서 육용계나 산란계 병아리를 구입할 때 어느 계종이 능력과 수익성 면에서 우수한가를 판단하는데 도움을 주는 정보를 얻을 수 있다. 우리나라는 산란계 및 육용계 경제 능력 검정의 성적을 매년 발표한다(대한양계협회, www. poultry.or.kr). 현재 상업적으로 쓰이는 닭의 품종은 다음과 같다.

한국 재래닭(적갈색계) 육계(코니쉬) 산란계(레그혼)

겸용종(로드아일랜드 레드) 애완종(Long-tailed fowl) 애완종(Silky)

그림 2-3. 주요 닭 품종

4) 면양(緬羊, Sheep)과 산양(山羊, Goat)

지구상에서 많은 수의 면양 품종을 사육한다. 이들 품종 중 세모종(fine wool breed)에서 굵기가 가늘고 섬세한 고급 양모를 얻을 수 있다. 세모종 면양은 스페인 원산인 스패니쉬 메리노(Spanish Merino)종에서 유래했으며, 이 품종을 호주에서 도입하여 오스트레일리언 메리노(Australian Merino)종으로 개량하였고, 그 뒤 프랑스에서 도입하여 랑부예 메리노(Rambouillet Merino)종으로 개량하였다.

양모의 길이가 무려 30cm 정도가 되는 장모종 품종으로는 링컨(Lincoln)종, 레스터(Leicester)종, 코츠월드(Cotswold)종 등이 잘 알려져 있다. 중앙아시아 지방이 원산지인 카라쿨(Karakul)종은 고급 모피를 생산하는 면양 품종으로서 특히 조산되거나 사산된 새끼 양의 가죽은 품질이 매우 우수하다. 어미 양이 한배에 낳는 새끼 양의 수는 대부분 1~2마리에 불과하지만, 핀란드 원산인 랜드레이스종은 한배에 3~4마리의 새끼 양을 낳는다. 따라서 신품종을 만들 때 다산성을 도입하기 위해 랜드레이스종 면양을 이용하기도 한다. 면양을 많이 사육하는 나라는 호주, 뉴질랜드, 몽골 등이다.

산양은 자아넨(Saanen)종과 토겐부르크(Toggenburg)종처럼 주로 산양 젖을 생산하기 위하여 기르는 유용종 품종이 많다. 산양 젖은 우유에 비하여 유지방의 지방구 크기가 작고 소화, 흡수가 잘 된다. 또한 양털을 생산하기 위해 기르는 산양 품종, 즉 모용종도 있는데, 이 모용종 산양으로는 터키의 앙고라 지방에서 기원한 앙고라(Angora)종과 티베트의 캐시미어 지방 원산인 캐시미어(Cashmere)종이 대표적이다. 앙고라종이 생산하는 양털을 모헤어(Mohair)라고 하는데, 모헤어는 양모와 같은 인편(scale)이 없어 미끄러우나 탄력이 있으며, 염색이 잘 되어 좋은 직물이나 장갑의 원료가 된다.

5) 토끼(兎, Rabbit)

집토끼는 로마 사람이 지중해 연안 지방에서 서식하던 굴토끼를 사로잡아 순화한 것이 원조이다. 이것이 15~16세기경에 유럽 전역으로 퍼졌다. 영국에는 14세기 초에 집토끼가 도입되었는데, 그 당시는 토끼고기를 진미로 여겨 비싼 값에 거래하였다. 또한 토끼의 모피는 귀족 계급에서나 입을 수 있었던 점으로 미루어 토끼 기르기가 얼마나 인기 있었는가를 짐작할 수 있다. 중세시대 이후 벨기에와 프랑스에서는 육용토끼의 생산이 상당히 활발하였으나, 영국에서는 점차 애완용으로 기르게 되었다. 호주에서는 이민과 함께 집토끼가 도입되어 매우 빠른 속도로 증식됨에 따라 면양 사육에 큰 장애가 되기도 했다.

집토끼 중에는 토끼털을 생산하기 위해 기르는 앙고라종이 있다. 앙고라종이 생산하는 토끼털은 비교적 가볍고 촉감이 좋으며 보온력도 매우 우수하여 직물의 원료로 널리 쓰인다. 그러나 표면이 매끄러워서 털이 잘 빠지는 단점이 있다. 토끼고기는 영양소 함량 면에서 다른 육류에 비하여 손색이 없으며 지방 함량은 약간 낮은 편이다. 토끼고기를 생산하기 위해 기르는 육용종 집토끼로는 플레미시 자이언트(Flemish Giant)종, 캘리포니언(Californian)종 등이 있다. 플레미시 자이언트종은 1920년대 미국에서 개량한 대형종으로 표준 체중이 수컷 6.4kg, 암컷 6.8kg 정도이다. 이 품종은 산육 능력이 우수하지만 비만으로 인하여 번식능력이 떨어지며 한배에 낳는 새끼 수가 적다.

집토끼가 생산하는 토모피는 보온력이 좋아서 각종 피복의 원료로 쓰이며 장식용으로도 사용된다. 토모피를 생산하기 위해 기르는 집토끼 품종으로는 친칠라(Chinchilla)종, 렉스(Rex)종 등이 있다. 친칠라종은 1916년에 프랑스에서 육성한 품종으로 피모가 1.2cm 정도밖에 되지 않으며, 촉감이 부드러워서 우단 같은 느낌을 준다. 따라서 이 품종이 생산하는 모피는 다른 품종의 모피에 비해 비싸다. 렉스종은 벨지안종에서 발견한 돌연변이를 이용하여 개발한 품종인데, 과거에는 체질이 약하고 질병에 잘 걸리는 경향이 있었으나, 최근에 와서 체질이 비교적 강건한 계통을 육성하는데 성공하였다. 렉스종은 모색에 따라 달마티언(Dalmatian), 하바나(Havana), 블랙(Black), 블루(Blue) 등의 종으로 나뉜다. 애완용으로 사육하는 집토끼 품종으로는 롭스(Lops)종, 히말라얀(Himalayan)종 등이 있다. 롭스종은 영국에서 개량한 품종으로 커다란 귀가 아래로 늘어져 있다. 거동이 둔하고 번식력이 약한 단점이 있으나 귀가 커서 실험용으로 가치가 있다.

6) 말(馬, Horse)

말은 가축 중 맨 마지막에 가축화된 것으로 가축화되기 전까지는 인위적인 선택의 영향을 가장 적게 받은 동물이다. 이는 말이 다른 가축보다 유전적인 변이가 적기도 하지만, 주로 말의 힘을 이용하기 위해 사육하였기 때문이다. 그러나 말을 가축화하기 시작한 신석기 시대 말엽의 동굴에서 발견된 말뼈를 보면 고기를 얻기 위해서도 사육한 듯하다.

말과의 모든 동물은 초식이며, 수분이 많은 초지의 온화한 지역에 적응했으므로 이러한 지역을 벗어나서 생존하기란 어려웠을 것이다. 처음에는 말을 식용으로만 기르다가 차츰 일을 시켰으며 곧 소를 대신하였을 것이다.

7) 그 외 특수동물

(1) 알파카와 라마

알파카와 라마는 질병이나 건강 문제에 민감하여 관리가 필요한데, 예를 들어 ryegrass staggers의 경우 신경 독소를 가지고 있는 종이 있어 섭취하지 않도록 주의해야 한다. 만약 초기에 이로 인한 증상을 발견했을 때에는 섭취한 작물을 체내에서 제거해 주면 회복될 수 있다. 그러나 장기적으로 이러한 독소에 노출된 경우에는 영구적인 장애를 가지게 될 수 있다. Facial eczema는 알파카와 라마에게 나타나는 주된 질환인데 작물에서 발견되는 곰팡이 및 진균류의 포자에 의해 발생한다. 이 질병은 간 손상을 일으키고 피부가 빛에 민감하도록 만든다.

알파카와 라마의 경우 방목 형태로 길러져 감염의 기회가 많기 때문에 유독한 식물의 섭취로 인한 중독이 문제가 되는 경우가 많다. 가지 속 식물, 디기탈리스, 독미나리, 투투 열매, 머위, 아욱, 미나리아재비, 느릅나무 등과 같은 식물은 특히 치명적이므로 주의가 필요하다. Cria라고 알려진 어린 알파카의 경우 태어난 후 몇 달간 충분한 양의 햇볕을 쬐지 않으면 구루병에 걸리기 쉽다. 이런 경우 비타민 D를 주사하면 치료할 수 있다. 알파카와 라마는 소와 사슴에게서 자주 발생되는 결핵에 취약한 편이다. 알파카와 라마는 1~2년에 한 번은 반드시 털을 깎아야 하는데, 한 번에 보통 3~5kg 정도의 섬유가 생산된다.

알파카와 라마에서 나온 털은 부드럽고 매끄러우며 매우 따뜻하다. 이를 이용하여 만든 옷의 경우 형태를 유지하는 능력이 뛰어나며 보풀이 잘 생기지 않는다. 알파카 털은 Merino 양모보다 부드럽고 인장 강도가 뛰어나기 때문에 좀 더 내구성이 좋은 의복 생산이 가능하다. 하얀 섬유는 쉽게 염색이 가능하나 고유의 색이 소비자에게 가장 인기가 좋은 편이다. 칠레의 고원에서 자란 알파카에는 굉장히 곱고 좋은 품질의 섬유가 생산되는 반면, 뉴질랜드의 무성한 초원에서 자란 알파카의 경우 생산되는 섬유가 좀 더 조악하고 거칠어 상품 가치가 떨어진다. 라마에서 생산되는 섬유는 일반적으로 알파카에서 생산되는 섬유보다 약간 더 거친 편이며, 다양한 형태와 색을 가지고 있다. 어린 알파카의 첫 털을 깎을 때 나오는 섬유가 가장 질이 좋기 때문에 가장 높은 값으로 매겨진다. 이렇게 생산된 모든 섬유는 거의 대부분 자국의 공예 시장에 판매된다.

(2) 물 소

늪에 사는 물소의 경우 필리핀부터 인도까지의 동아시아 지역에 서식하고 있으며 짐을 끄는 용도나 식육 생산 목적으로 사용된다. 이들은 주변에서 찾을 수 있는 물가나 진흙에서 뒹구는 독특한 습성을 가지고 있다. 강에 사는 물소의 경우 인도부터 이집트에 이르는 지역과 일부 남부 유럽 국가에 서식하고 있다. 이들은 늪에 사는 물소와 다르게 유제품 생산의 목적으로 종을 개량시켰다. 이 물소에게서 생산된 우유에서 정제한 지방, 버터는 일부 아시아 국가에서는 요리에 사용되는 기름으로 주로 사용되고 모차렐라 치즈를 생산하는 데도 일부 이용된다.

물소는 대체로 다양한 기후에 적응이 가능한 편이고, 저질의 사료를 급여하더라도 일반적으로 사육하는 소만큼 잘 자라는 강건한 특성을 가지고 있다. 더불어 습한 환경을 좋아하는 특성에도 불구하고 피부염인 부제증이나 발굽 화농증(답창) 등이 발생하지 않고, 오히려 진흙이나 물가에서 뒹구는 습성이 진드기의 기생을 어렵게 하여 진드기에 예민하지 않는 편이다. 일반적으로 25년까지는 축산에서의 생산성을 유지할 수 있는데 물소 고기는 저지방, 저콜레스테롤 식품이며, 물소로부터 생산되는 가죽의 품질은 좋은 축에 속한다.

일반적으로 물소는 물가에서만 사는 것으로 알려져 왔으나 실제는 그렇지 않다. 물소가 진흙이나 작은 내천에서 뒹구는 것을 좋아하기는 하지만 이러한 행동을 할 수 없게 되더라도 생활이 어렵거나 불편하지는 않는다. 물론 이러한 환경적인 조건과는 별개로 마실 물은 충분히 공급되어야 하고 뜨거운 기온에서 체온을 유지할 수 있도록 그늘 같은 휴식 공간을 필요로 한다. 물소는 더운 기후에 취약한 편이라 반드시 그늘 같은 휴식 공간을 필요로 한다. 만약 계속적으로 뜨거운 태양 아래 노출될 경우, 일사병에 걸릴 수 있고, 심한 경우에는 치사에 이를 수 있다. 또한 물소는 극도로 추운 환경에서는 일반적으로 사육되는 소에 비해 잘 견디지 못하는 편이고, 소가 걸리는 질병에 대해 비슷한 민감성을 나타낸다.

지방이 적은 물소 고기는 부드럽고 그 가치가 높아 몇몇 식당에서만 한정적으로 판매되어 왔다. 물소는 저질의 사료를 공급하더라도 기존에 길러지는 소와 비슷하거나 더 많은 성장이 가능하다. 더불어 습한 환경이 주어질 때 더 많은 먹이를 먹는 경향을 보인다. 물론 좋은 품질의 사료가 공급되는 조건에서는 일반적인 소와 성장률에 있어서 견주기는 힘든 편이다. 강 물소는 하루에 5～7L의 우유를 생산하는데, 기존의 젖소에서 생산된 우유에 비해 유지방 함량이 2배에 달하며, 유단백질 함량 또한 3배 정도 높다.

(3) 타조와 이뮤(Emu)

타조와 이뮤 사육 산업이 다시 부흥기를 맞이하게 된 이유는 바로 고기 때문이다. 타조와 이뮤 고기는 저지방, 저콜레스테롤 고기로서 호텔이나 고급 식당에서 주로 판매된다. 암컷 타조의 경우 산란기에 약 40마리의 새끼를 낳는데 이렇게 태어난 새끼는 10～14개월 후면 도축이 가능하며, 마리당 약 30kg의 고기가 생산된다. 이뮤의 경우 약 20마리의 새끼를 낳고 도축까지 12～14개월이 소요되며, 마리당 10～13kg의 고기가 생산 가능하다.

타조는 좋은 품질의 가죽과 깃털 그리고 소량의 기름을 생산할 수 있고, 타조알 또한 시장에서 유통되는 품목이다. 이뮤의 경우 5～7L의 기름을 생산할 수 있는데, 이는 보통 화장품 원료로 사용된다(그림 2-4). 이뮤와 타조 기름은 지방을 정제하여 생산되며, 이 기름은 피부를 치료하고 재생시키는 데 도움을 준다고 알려져 있다. 그 반증으로 고대 이집트의 여왕이었던 Nefertiti는 타조 기름으로 만든 화장품을 이용해 피부를 건강하고 생기 있게 유지하였다고 한다.

타조와 이뮤는 풀이나 다양한 종류의 채소를 섭취하지만 비타민이나 미네랄이 포함된 모이를 사료로 급여할 수도 있다. 번식을 지속시키기 위해서는 암수 쌍을 맞춰 기르거나 10마리 정도의 수컷과 20마리 정도의 암컷으로 규모를 늘려 사육할 수 있다. 타조의 번식기는 3월부터 8월까지이며 20～24개의 알을 이틀에 한 번 낳을 수 있다. 이렇게 산란 후 알을 부화기로 옮겨 기르게 되는 경우 36℃ 수준의 온도를 유지한 채로 약 42일간 두면 부화하게 된다. 이때 가끔 부화기에서 태어난 새끼를 어미 타조가 공격하는 경우가 있으므로 주의해야 한다. 태어난 새끼는 1kg 정도의 체중을

타 조

이 뮤

그림 2-4. 타조와 이뮤

가지고 있다. 태어난 새끼들은 사육장에서 12주간 길러지며, 체중이 매일 0.5kg씩 증가한다. 1년 정도 충분히 성장한 개체의 체중은 100kg 정도에 달한다.

암컷 이뮤는 2~3년 정도가 되면 알을 낳기 시작하는데, 겨울에서 이른 봄 사이에 보통 25~30개의 알을 낳는다. 부화까지는 56일 정도의 시간이 소요되고, 부화기를 이용하는 것도 가능하다. 하지만 생태계에서는 수컷 이뮤가 알이 부화할 때까지 식음을 전폐하고 알을 품는 것이 일반적이며, 알이 부화한 이후에는 수컷 이뮤는 새끼를 18개월 가량 기른다. 반면 암컷 이뮤는 자신이 낳은 알을 수컷에게 맡기고 떠난 후 다른 수컷과 1~2번 정도 더 짝짓기를 하기 때문에 매 번식기마다 최대 3개의 둥지를 가질 수 있다. 사육장에서 가두어 기르게 되면 타조는 30~70년 정도 기를 수 있고, 이뮤는 30년까지 키울 수 있다.

(4) 낙 타

낙타(駱駝)는 서아시아와 북아프리카의 사막지대에 사는 포유동물이다. 낙타는 사막을 이동하는 수단으로 쓰이는 가축이다. 거기에 많은 나라에서 국가경제에 중요한 역할을 하는데 이동수단에 더해 고기와 낙타유 등 식품을 제공하기 때문이다. 단봉낙타는 야생에서는 전멸하고 가축화되었으나 일부 쌍봉낙타는 중아시아 지역 특히 몽골 고비사막에서 많이 볼 수 있다(그림 2-5).

낙타는 빽빽하게 난 양털 같은 털 때문에 실제 크기보다 더 크게 보인다. 털은 흰빛에서 검은빛을 띠는 것까지 다양하나 모두 갈색 계통이다. 봄에 털갈이를 하고 가을이면 털이 다시 자라 두툼하게 몸을 덮는다. 하지만 가슴과 무릎에는 털이 없는 부분이 있다. 목과 발은 길며 각 발에 발가락이 두 개씩 있고, 발가락의 앞부분에는 발톱 같은 발굽이 자란다. 두 개의 긴 발가락을 연결하는 넓적한 판으로 땅을 딛는다. 낙타가 땅에 발을 대면 이 방석 같은 판이 넓게 펴져 마치 사람이 눈신발을 신고 눈 위를 걷듯이 모래땅을 잘 걸을 수 있다. 나뭇잎이나 가지를 먹으며 가시가 있는 가지도 먹는다. 수일 간 먹지 않고 일할 수 있는데, 이때 혹은 점점 작아져 나중에는 거의 없어진다. 즉 필요한 양분을 등에 있는 혹의 지방을 분해해서 보급하는 것이다.

낙타는 물 없이도 며칠 심지어는 몇 달까지 살 수 있다. 사막민들은 낙타에게 대추야자 열매와 풀 또는 보리나 밀 같은 곡류를 먹인다. 낙타로 사막을 여행하는 도중에는 먹을 것을 구하기 어렵기 때문에 눈에 띄는 대로 먹이를 먹여 두어야 한다. 선인장 같은 사막식물도 먹는데, 입 안에 상처를 입지 않고도 가시가 있는 나뭇가지를 먹을 수 있다. 입 안의 표피는 매우 질겨서 날카로운 가시도 뚫을 수 없기 때문이다. 먹을 것이 없으면 동물의 뼈, 물고기, 고기, 가죽, 심지어는 가죽 텐트까지 닥치는 대로 먹어 치운다. 낙타는 먹이를 충분히 씹지 않고 삼켰다가 나중에 입으로 되가져와 씹은 후, 위로 보내 완전히 소화시킨다. 일반적으로 포유류는 더울 때 땀을 통해 수분을 증발시켜 몸을 식히지만, 낙타는 몸속의 수분이 보존되도록 땀을 많이 흘리지 않는다. 대신 체온이 낮에는 6℃ 정도 올라가고 밤에는 내려간다. 더운 날씨에 낙타끼리 서로 몸을 비비는 것을 볼 수 있는데, 이는 사막의 공기보다 다른 낙타의 몸이 더 시원하기 때문이다.

낙타유는 사막 유목민에게는 주식과 다름없고 낙타유가 있으면 1개월 이상을 생존할 수 있다. 낙타유는 우유에 비해 비타민과 무기질, 단백질 그리고 immunoglobulin은 더 풍부하고 지방과 젖산의 양은 작다. 낙타유를 이용하여 마시는 요거트나 버터,

단봉낙타

쌍봉낙타

그림 2-5. 단봉낙타와 쌍봉낙타

치즈 등을 바로 제조할 수 있는데, 치즈의 수율은 우유에 비해 조금 낮다고 보고된다. 낙타고기도 오랫동안 섭취해 온 음식으로 고대 페르시아의 연회에서 낙타고기 요리가 있었다는 기록이 있다. 낙타의 도체중은 고기용으로 가장 좋다고 여겨지는 Dromedary 종 수컷의 경우 약 300～400kg에 이르고, Bactrian 종 수컷의 경우 651 kg에 이른다. 앞다리, 갈비, 등심 등이 선호부위이고 낙타의 혹은 희고 풍부한 지방을 함유해서 별미로 여겨진다. 케냐 북부에서는 낙타의 혈액을 우유와 함께 섭취하여 철분이나 vitamin D, 소금, 무기질 등의 급원으로 이용하기도 한다.

2.2 동물복지

동물복지에 대한 관심은 새로운 현상이 아니다. 고대 사회로부터 동물을 도축하여 코셔 미트(Kosher meat)를 만드는 방법은 원래 동물을 고통 없이 죽이기 위한 것이었다. 그리고 오늘날 많은 소비자들이 동물복지가 높은 수준에서 사육하여 판매하는 축산물을 선호한다. 소비자는 상품이 어떤 과정에 의해 생산되었는지, 그 생산방식이 얼마나 수용할 만한 방법인지에 관심을 가진다. 환경 친화적인 농산물 시장이 발달하고 있으며, 생산 환경이 법으로 정한 기준을 충족하지 못할 때 불매운동이 일어나는 현상들은 소비자들이 구매하는 상품의 가공과정은 물론이고, 생산방식에 큰 관심을 갖고 있음을 증명한다. 따라서 축산물의 질을 평가하는 기준은 식품의 안전성, 심미적 속성뿐만 아니라 그 축산물이 만들어진 과정과 생산기술이 환경과 노동 그리고 동물복지에 미치는 영향 등을 모두 포함한다고 할 수 있다.

1) 동물복지에 대한 소비자 요구

산업화된 국가의 소비자들은 동물복지 수준이 높은 상태에서 생산된 축산물에 기꺼이 돈을 지불할 것이라는 조사가 있다. 영국의 한 조사에 의하면 자유롭게 선택할 수 있는 경우에도 전체 소비자의 67％가 방목하여 기른 닭으로부터 나온 달걀이나 닭고기를 구매하였다. 또한 미국의 한 조사에 의하면 방목한 닭에서 얻은 달걀에 대해서 18％ 더 추가 지출을 하려는 경향이 있었으며, 양계산업의 환경을 개선하는 데 이용하도록 기꺼이 국민 1인당 8달러의 세금을 더 낼 것이라는 보고가 있다.

그러나 소비자는 가공식품만으로 그게 어떻게 생산되었는지 구별할 수 없기 때문에 상품의 구매를 결정하는 데 필요한 충분한 정보를 얻기 힘들다. 소비자는 구매대상에 대한 여러 가지 정보를 얻지 못할 경우 소비를 포기하는 경향이 있다. 따라서 생산자가 상품에 대한 정보를 제공함으로써 소비자의 구매를 자극할 수 있다. 즉, 생산자 측에서 높은 수준의 동물복지에 따라 동물이 다뤄졌음을 상표로 표시하거나, 광고를 통해 소비자에게 알리게 된다면 정부의 개입 없이도 가능한 일이 된다.

그러나 문제점이 있다. 높은 동물복지 기준으로 생산한 축산물에 높은 가격이 매겨질 것이라는 점을 이용해 기업이 소비자를 기만할 우려가 있다. 즉, 기업이 동물복지 기준에 맞추어 생산한다며 소비자들을 믿게 만들고, 제대로 하지 않으면서 높은 가격을 책정할 수 있는 것이다. 고의적으로 모호한 수단을 사용하는 기업도 있다. 소매업체가 닭고기 상표에 '방목'이라고 썼을 때 '방목'이란 어느 정도의 범위를 말하는지, 10m 반경인지 1m 닭장 안인지를 알기란 힘들다. 기업은 소비자에게 만족할 만한 품질의 생산물을 팔고 있다고 적극적으로 홍보하지만 합리적인 수준의 기준이 무엇인지를 보여주는 데에는 적극적이지 못한 실정이다.

2) 동물복지의 지표

(1) 동물의 건강상태

건강은 동물복지의 중요한 구성요소이다. 동물복지의 관점에서 질병에 걸린 동물이 얼마나 고통스럽고 불편한지는 중요한 문제이다. 예를 들어, 브로일러가 두 종류의 비슷한 병이 걸렸을 경우를 보자. 복부에 물이 차는 복수(ascitis) 증상이 몇 일간 지속되면 폐부전증(pulmonary insufficiency)을 일으킬 수 있는데, 이 경우 대부분 죽게 된다. 반면, 급사증(sudden death syndrome ; SDS)은 일반적으로 비슷한 원인으로 일어나지만 근본적으로는 심장마비로 죽는 것이다. 두 가지 상황에서 복지란 전혀 다른 의미를 갖는데, 전자의 경우 닭이 병을 앓는 것이지만, 후자의 경우 거의 고통을 받지 않는다.

(2) 생산량

흔히 생산량 또는 생산성은 전체적인 복지의 지표로 사용되곤 한다. 그러나 생산지표를 해석할 때 주의해야 할 것이 있다. 지난 수십 년간 브로일러의 생산성은 극적으로 증가하였으나, 이것이 닭의 전체적인 복지가 올라갔다는 것을 의미하지 않는다. 실제 같은 기간 동안 브로일러에 대한 복지의 수준은 오히려 저하되었다. 인간의 입장에서 보면 동물은 상대적으로 나쁜 복지 환경에서 생산성이 좋다.

(3) 생리기능

스트레스 호르몬의 존재와 그 수치는 복지의 지표로 사용할 수 있으나, 상황에 맞게 주의해서 해석해야 한다. 스트레스에는 단기 스트레스와 장기 스트레스가 있는데, 이것은 농장에 따라서도 차이를 보이며 동물복지의 관점에서도 다른 결과를 가져온다. 스트레스에 대한 지표는 면역 시스템의 비정상적인 작동과 배란의 실패 등에서 알아챌 수 있다. 그러나 스트레스 수준이 높다는 것이 꼭 나쁜 복지 상태를 의미하는 것은 아니다. 예를 들어 동물이 흥분하면 스트레스 호르몬의 수치가 높아질 수 있다.

(4) 동물행동

동물행동의 차이는 전체적인 복지의 지표가 될 수 있다. 행동학에서는 농장 환경과 야생 환경에서 동물의 행동 차이를 비교함으로써 분석을 한다. 또한 실험적인 행동을 통해서도 결정할 수 있다. 일반적으로 반복적으로 하는 어떤 행위는 복지상의 문제를 나타낸다.

3) 동물복지와 관련된 생리적 현상

(1) 스트레스

근육의 이상인 근영양실조(muscular dystrophy), 흉부근질환(deep pectoral myopathy), 영양실조(dietary deficiency myopathy) 및 치명적인 근질환(toxic myopathy)은 오랫동안 가금연구에서 다뤄진 문제이다. 상품으로써의 브로일러에서 PSE (pale, soft, exudative)육과 근육의 손상은 고온 스트레스와 브로일러 수송과 연관이 있으며, 이것은 생육속도를 빠르게 하고 스트레스에 의해 야기된 근질환과 가금육의 품질이 연관 있을 것이라는 의견이 모아졌다.

(2) 성장률과 근육 손상

브로일러에서 혈중 크레아틴키네이즈(CK) 함량은 체중이 증가함에 따라 상승하며, 그 양은 성장 관련 근이상의 지표로 사용하기도 한다. 근육의 이상이 발생하는 이유는 세포조직이 자라는 속도가 지나치게 증가하여 대사, 생리 및 해부학적 한계를 초과해 버리기 때문일 것이라는 이론이 제안되었으나 아직 관련된 구체적인 메커니즘은 밝혀지지 않았다. 성장률이 좋은 종에 대한 선발은 브로일러의 근섬유를 일일이 분류하지 않고도 튼튼하고 빨리 자라는 근육을 가진 브로일러가 되도록 만들 수 있었다. 이를 위해서는 근육, 골격, 지방, 피부, 깃털뿐만 아니라 심장혈관, 심폐기관, 장과 간 등이 모두 브로일러의 성장을 지원해 줄 수 있어야 하는 것이 명확하다.

이러한 지원 기관이 빠른 성장속도를 따라가지 못하게 되면 상업적 브로일러 생산에서 생리 및 복지문제에 부딪히게 된다. 닭고기의 품질은 가슴과 다리의 근육에 달려 있다. 한 연구에서는 브로일러와 산란계를 비교하였는데, 골격근에서의 구조적·대사적·기능적 요소들이 눈에 띄게 변하였다. 특징적으로 산재성 근섬유 퇴행

(disseminated muscle fiber degeneration)과 과수축(hypercontraction) 현상이 가슴 근육에서 나타났다.

결과적으로 현대 브로일러종에서 스트레스 감수성이 증가하는 현상은 성장률에 걸맞는 항상성 및 조절 메커니즘이 없는데도 착취하듯 유전적 성장능력을 이용하기 때문으로 볼 수 있다. 이러한 현상은 급격히 골격근이 성장하는 기간 동안 발생하며 조직의 성질을 변질시킨다. 현재 가장 성장률이 높은 닭에서 white striping(가슴살 등에 흰 줄무늬)이나 woody breast(나뭇결과 같은 비정상적 조직) 등의 명칭으로 이상육이 종종 발견되고 있으며, 소비자들의 기피의 대상이 되고 있어 심각한 문제가 되고 있다(그림 2-6).

(3) 스트레스, 병리생리학, 근병증 그리고 육질

성장률에만 근거한 선발과 근육병리의 존재는 근육세포의 구조와 기능상의 변화를 가져와 육질을 규정하는 데 중요한 요소인 조직학적 성질의 변성을 가져온다. 여기에 추가적으로 몇 가지 상업적인 처리과정 및 환경적 공격이 가금육 손상이나 근병증을 유발하는 것으로 알려져 있으며 육질의 변형과 연관되어 있다. 메추리알을 이용한 연구에서 도살 전 스트레스 감수성은 아마도 유전적으로 결정되는 것 같고, 심하게 케이지를 찌그러뜨린 후에 공포의 차이에 따라서 부신피질의 반응(플라스마 부신피질 스테로이드 호르몬, plasma corticosterone), 근육 손상, 드립 감량, 가슴육의 최종 pH가 차이를 보였다.

유전적으로 결정되어 근육의 기능이 변하게 되면 조직은 스트레스로부터 손상을 입기 쉽고 향후 육질에 영향을 미치게 된다. 그러므로 도살 전 스트레스로 인해 브로일러의 근육은 수축되고 색과 연도가 저하된다. 도계 전 심한 고온스트레스는 칠면조

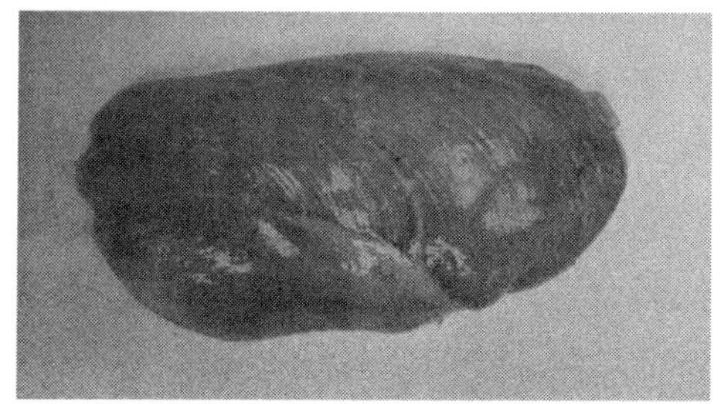

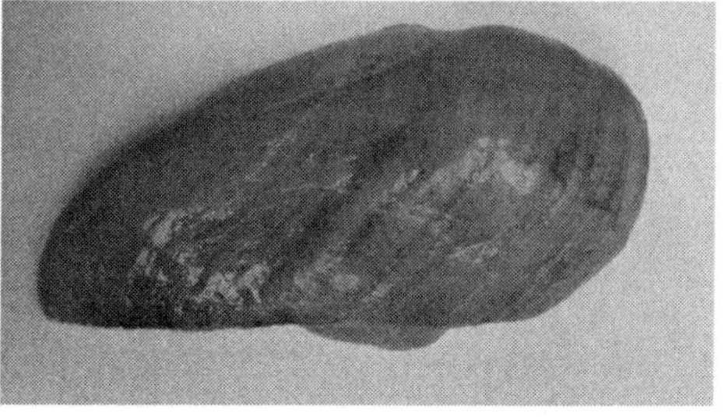

그림 2-6. 닭 가슴육의 white striping(좌) 및 woody breast(우)
(Prof. Dong Uk Ahn, Iowa State University, USA)

육의 pH를 떨어뜨리고 PSE 육 생산 가능성이 높아진다. 브로일러 수송이 길어지면 육질이 떨어지고 PSE와 비슷하게 되는 경향도 연관이 있다.

2.3 집약적 축산

집약적인 농업 생산방식은 식량의 가용성이나 농촌 인구, 자원 이용, 생물학적 다양성 등 다양한 문제에 영향을 미치는 중요한 주제로 항상 논쟁의 대상이 되어 왔다. 그러나 집약적 가축 생산방식(공장식 축산)은 생산과정의 중심에 가축이 있다는 독특한 측면이 있다. 대부분의 문화권에서 가축은 지각이 있는 존재로 여겨져 왔다. 또한 가축은 인간과 자연의 관계에서나 다른 종들과 비교하여 적절한 인간적 행동을 말할 때 오랜 도덕적 신념의 중심에 있어 왔다. 따라서 집약적 공장식 축산에 대한 윤리적 문제를 다루기 위해서는 공장식 축산이 그 가축과 가축의 복지에 어떤 영향을 미치는지 또 가축의 관리와 이용에 대한 윤리적 신념과는 어떻게 관련되는지 먼저 이해하고 시작해야만 한다.

지난 반세기 동안 집약적 축산은 두 가지 주요한 요소를 통해 이루어졌다. 하나는 생산 방식의 변화이다. 1950년까지 산업화된 국가의 가축은 먹이주기나 배설물 치우기 등과 같이 틀에 박힌 일상적인 노동에 의존하는 전통적인 방법으로 키워졌다. 이때는 가축을 주로 또는 적어도 일정 시간 이상 바깥에서 키우게 된다. 그런데 제2차 세계대전 이후 "밀폐(confinement) 사육"의 새로운 시대가 열렸다. 이 방식은 가축을 특별하게 고안된 실내 환경에 가두고 인간이 하던 일상적인 노동을 자동화된 설비를 이용하여 기르는 것을 말한다.

집약적 축산은 첫째, 밀폐사육으로의 변화와 둘째, 생산 농가의 수가 감소하고 집중화 되는 것을 말한다. 따라서 이런 관점에서 집약적 축산이란 생산능력이 크게 향상됨을 의미한다. 1961~2001년에 세계 가금육 및 돼지고기 생산량은 급격하게 증가하였다. 반면, 소고기, 양고기, 염소고기 및 이들 가공품의 생산량은 집약적 축산과 크게 관련이 없어 생산량이 보다 천천히 증가했다. 후자의 생산량 증가는 동일 기간(1961~2001년) 세계 인구가 두 배로 늘어났기 때문에 인구증가에 비례하여 생산량이 증가한 것으로 해석할 수 있다.

1) 집약적 축산과 윤리적 갈등

어쩌면 이것은 단순한 우연일 수도 있지만, 지난 50년간 산업화된 국가에서 거대한 집약적(공장식) 축산으로 진행되는 동시에 서양 국가들에서 동물에 대한 태도에 중대한 변화가 일어났다. 이는 인간이 자신과 다른 동물 종들 간의 차이가 크지 않다는 과학적 사실을 인지하게 됨으로써 이루어졌다고 할 수 있다(Fraser, 2001b). 20세기의 주요한 발전도 이러한 동물에 대한 태도의 변화를 가속시켰다. 도시화가 진행되면서 인간들은 농장 가축보다는 애완동물에 노출되고 익숙해져 갔으며, 이는 인간의 동물에 대한 본질적인 태도의 변화를 보게 되었다. 또 야생 동물의 삶을 TV 등으로 인간이 알 수 있게 만들었다. 깊은 원인이 무엇이든 간에 지난 20세기 후반에는 동물 문제에 관심을 갖고 동물 복지에 대한 인식이 증가하는 것을 관찰할 수 있었다. 그래서 동물을 이용하는 모든 산업적 형태 즉 과학, 오락, 야생동물 관리 등은 철저한 조사의 대상이 되었다.

그러나 서양에서 가축 이용은 크게 두 가지의 도덕적 관념으로 인해 이와 같은 조사로부터 보호되어 왔다. 하나는 성경에서 전해진 가축에 대한 근면한 관리 태도이다. 성경을 만들어낸 유목문화에서 가축의 무리를 키우는 것은 중요한 경제활동이었다. 따라서 이러한 유목 문화권에서 가축의 소유와 이용을 정당한 활동으로 여기던 것은 놀라운 일이 아니다. 게다가 유목민이 번성하기 위해 가축이 적절한 관리를 받아야만 했다. 가축들은 초지에서 쉴 수 있었고, 물이 있는 곳으로 안내 받았으며, 위험으로부터 보호받았고 또한 상처를 입었을 때는 치료받을 수 있었다.

이러한 실용적 요건들은 가축에 대한 성실한 관리에 큰 가치를 두는 유목민의 삶과 문화에 의해 강조되었다. 위대한 왕이 될 것으로 하느님께 선택 받았던 다윗은 처음에는 양들을 보호하는데 뛰어난 용감한 목동이었다. 레베카가 이삭의 아내로 국가의 조상으로서 선택 받은 징조는 낯선 이의 낙타에 마실 물을 제공한 것이었다. 확실히 양떼를 지키는 목동은 신성한 선[divine goodness, 하느님의 인애(仁愛)]을 은유한다는 데서 긍정적인 이미지를 가지고 있다. 따라서 성경적 문화는 동물에 대한 성실한 관리를 큰 가치로 여기고 있으며, 가축의 생산은 동물에 대한 적절한 관리가 이루어지는 한 정당한(심지어 고결한) 활동으로 여겨진다.

두 번째의 도덕적 관념은 땅과 조화로운 관계를 맺고 살아가는 농부와 그 가족들에 대한 존경이다. 서양에서 농업적 삶은 인류에게서 나올 수 있는 가장 좋은 것이라는 오래된 믿음이 있으며 기원전 4세기 초반 아리스토텔레스는 “가장 보통 사람은 농부들이며, 농업이나 목축을 하는 이들의 삶에 민주주의를 비롯한 다양한 형태의 제도를 도입하는 것이 가능하다.”고 말했다.

농업사회에서는 유목사회보다는 가축이 차지하는 역할이 작지만 여전히 농장의 생태와 경제에 중요한 요소였다. 가축은 도덕 교육에서도 중요한 역할을 차지했는데, 어린이들이 가축을 돌봄으로써 책임감을 배웠기 때문이다. 전통적인 농장에서의 가축은 마치 가족과 마찬가지로 자연스럽고 유익한 생명으로 인식되어 왔다. 따라서 가축의 생산은 이것이 농업적 맥락 안에서 일어나는 한 정당하고 때로는 고결한 활동으로 여겨졌다.

집약적 축산은 이러한 오래된 도덕적 관념과 충돌한다. 집약적 축산은 규모가 큰 전문화된 시설을 필요로 하기 때문에 가족 단위 농장의 수가 감소하는 주요 이유로 손꼽힌다. 또한 가족단위 농장에서 현대화된 시설을 소유하고 사용할지라도 사업의 크기나 기계화된 시설이나 장비들을 이용하는 것은 전통적인 농업인의 이미지와 충돌한다. 또한 집약적 축산은 적어도 외부 사람들이 보기에는 동물 보호와는 상충하는 것처럼 보인다. 일반인들은 축산업자들을 길 잃은 양을 성실히 찾아다니는 선한 목동으로 여기지 않고, 가축을 더 빨리 키워 더 많은 돈을 벌기 위해 다수의 동물을 부적절한 케이지와 우리에 쑤셔 넣고 학대하는 존재라고 생각한다.

집약적 축산은 동물이나 동물 복지에 대한 대중의 관심이 커지는 상황에서도 이루어지고 있다. 이는 축산의 두 가지의 고매한 가치의 이미지, 즉 가축을 기르고 도살하는 것이 도덕적으로 정당하다는 서양의 인식과 충돌한다. 이러한 이유로 집약적 농업에서 축산의 경우 식량 생산에 있어 단지 논란이 되거나 경솔한 또는 지속가능하지도 않은 변화일 뿐만 아니라 오래 전부터 소중히 간직해온 도덕적 이상을 향한 모욕으로까지 보인다. 그 결과 이러한 문제는 세심한 논의보다는 매우 과격한 비난을 유발하였다.

집약적 축산을 향한 비판은 책, 방송, 웹사이트 등의 매체들을 통해 꾸준히 반복되고 있으며, 우리는 이것을 집약적 축산과 그것이 동물 복지에 미치는 영향에 대한 일반적 비판이라고 부를 수 있다. 일반적 비판을 이루는 주장 중 첫 번째는 대규모 기업이 가족단위 농장을 해체하고 있다는 것이다. 예를 들어 Erik Marcus(1998)는 Vegan : the new ethics of eating에서 1980년대에는 기업이 양돈산업을 인수하고 가금류에 적용했던 대규모 농장시스템을 돼지에 적용했다고 했으며 또한 "가족 농장이 감소하면서 동물복지에 관심을 가지고 보살핌 받던 동물들이 이제는 비양심적인 부당한 상태에서 키워지고 죽음을 맞는다."고 말한다. Animal Place는 "지난 50년간 축산업은 소규모의 가족 농장에서 대규모의 기업농장 형태로 발전했으며, 이러한 시스템은 동물복지를 파괴하는 결과를 초래하는 오로지 더 많은 이윤을 얻기 위한 잔인한 목적 아래 구축되었다."고 말했다.

두 번째 주장은 전통적인 동물복지의 가치가 기업의 탐욕에 의해 대체되고 있다는 것이다. John Robbins(1987)는 Diet for a new America에서 "현대의 기업형 축산은 동물보호를 위한 어떠한 윤리적 관심도 없이 오로지 이윤만을 추구한다."고 말했다. Coats(1989)는 Old MacDonald's factory farm에서 "이제(가축에 대한) 인도적인 태도는 불필요하고 부적절하며, 이윤 극대화와 충돌하는 것으로 여겨진다."고 언급했다.

세 번째 주장은 가족단위 농장에서 기업으로 가축 생산의 주체가 넘어가면서 동물에게 적합하던 전통적 사육방법은 밀폐사육 방법으로 대체되고, 이로 인해 동물복지에 끔찍한 영향을 가져왔다는 것이다. 예를 들어 작가 Danny Penma(1996)은 The price of meat에서 "케이지에 갇힌 닭이던 스톨에 갇힌 돼지이던 상관없이 모두 사람의 경우 자살로 이르게 하는 수준의 정신적 고통을 경험한다."고 말했다. Edward Dolan(1986)은 Animal rights에서 "동물의 본성, 복지, 안락함은 최소한의 관리비용으로 이윤 극대화를 달성하려는 생산방식으로 인해 철저히 무시된다."고 했다. 그리고 Humane Farming Association은 "공장식 축산은 극심한 박탈, 스트레스 그리고 질병으로 특징지을 수 있다."고 말했다.

따라서 일반적 비판은 가축 생산성 증대를 기업이 가족단위 농장을 해체하고 동물복지의 가치를 오로지 이윤을 추구하는 것으로 대체하는 과정으로 묘사하고 있으며, 전통적인 가축사육 방법을 대체하고 있는 기업의 밀폐사육 방식은 동물복지에 끔찍한 결과를 초래할 것이라고 말하고 있다.

2) 일반적 비판의 문제점

집약적 축산에 대한 일반적 비판이 매우 중요한 문제들을 제기하고 있다는 점과 학문 분야를 비롯한 여러 분야의 연구들에서 이러한 문제들이 사실로 여겨져 반복되고 있다는 점을 고려할 때 이 문제들 중 대부분이 실질적인 조사나 분석에 기초하지 않고 있다는 것은 매우 놀랄만한 사실이다. 실제로 집약적 축산에 대한 이해를 위해 필요한 연구들의 대부분이 아직 시작도 하지 않았다. 그럼에도 불구하고 이런 상황에서라도 일반적 비판이 몇 가지 중요한 사실들과 부합하지 않는다는 것을 알 수 있다.

문제가 되는 주장 중 하나는 집약적 축산이 개인 또는 가족이 소유한 농장들을 대체하고 있는 기업들과 밀접한 관계가 있다는 것이다. 이 주장을 평가하기 위해서는 연구가 필요하지만 집약적 축산이 비록 선진국 전반에 걸쳐 일어났다고 할지라도 겉으로 보기에는 기업 소유권은 특정 국가 내의 특정 상품에 대해서만 일반적인 것으로 보인다. 미국에서는 현재 알 및 가금류 생산의 대부분이 소수의 기업에 의해 통제되고 있다. 그러나 캐나다에서는 알 및 가금류 생산이 비록 더 적은 수의 규모가 큰 밀폐사육 농장으로 옮겨갔을지라도 여전히 개인 생산자들이 산업에서 주요한 역할을 하며 남아 있다. 이 이유는 캐나다는 공급-관리 시스템을 통해 가금류 1마리당 이윤을 미국보다 더 높은 수준으로 유지해 주고 있기 때문이다.

이와 유사하게 미국에서는 지난 20년간 대규모의 기업 소유 양돈장이 나타나고 있다. 그러나 이러한 현상은 돼지의 생산이 크게 강화되지 않은 다른 여러 국가들이 보기에는 일반적이지 않다. 실제로 가족 소유 농장이 대규모 기업 소유 농장에 의해 대체되는 현상은 전 세계 중 주로 두 곳 -미국과 구소련의 일부 지역- 에서만 나타났다. 그 밖의 지역에서는 가축 생산의 집약화가 개인과 가족 경영에서 일어나는 것처럼 보이며, 선진국에서 생산량 및 농장 규모가 증가하는 원인의 대부분은 꾸준히 규모가 커지고 있는 자영농장 때문이다. 따라서 집약적 축산이 꼭 기업 소유권과 밀접하게 연관되어 있다는 관점은 특정 국가 내 특정 지역에 한해서만 사실이다.

밀폐사육 시스템과 기업 소유권을 연결시키는 것은 확실히 옳지 않다. 첫 번째 이유로, 시간적으로 맞지 않다는 것이다. 오늘날 사용되는 밀폐사육 방식은 대규모 기업 소유 농장이 보편화되기 이전인 1960～1970년대의 표준 기술이었다. 게다가 밀폐사육 방법은 개인 또는 가족 소유 농장이 가축 생산의 근간으로 남아 있는 여러 산업화 국가 -소규모 농장과 전통적 가축 생산 방법을 살리기 위해 보조금을 지원하는 노르웨이 같은 특별한 경우를 제외하고- 에서 지배적인 기술로 남아 있다. 실제로 밀폐사육 방식은 개인 또는 가족 소유 사업을 운영하는 생산자들에 의해 확고하게 옹호를 받고 있다.

현대 축산업자들은 전통적인 가축 관리의 가치와 완전히 다르게 가고 있는가? 이 또한 실질적인 조사, 분석이 요구되는 질문이지만 지금까지는 분석보다는 수사적으로 대답되어 왔다. Diet for a new America(Robbins, 1987)와 Animal liberation - 동물해방운동(Singer, 1990)과 같은 비판적인 작품들은 현대 축산업자들을 가축들에 대한 극도의 무감각으로 묘사하고 있다. 이러한 작품들은 반대편 의견에 대해서는 인용하지 않기 때문에 이러한 무감각이 모든 생산자들에게 일반적이라는 인상을 남기게 된다. 한편, Kolkman(1987)은 가축에 대한 책임과 관리에 전통적 가치를 두고 있는 현대 축산업자들에 대해 언급하고 있다.

가축 관리의 가치에 대한 다양한 인식은 분명히 존재한다. 그렇다면 전통적 가축 관리의 가치로부터 멀어지는 변화가 나타날 것인가? 이것은 확실히 가능하다. 축산업 규모가 점점 커지고, 농장수가 감소되고 있는 상태에서 산업에 남아 있는 생산자들은 산업을 떠난 사람들과 비교했을 때 가축 관리의 가치에 대한 태도가 다를 것이다. 250마리 젖소를 소유하고 있는 것과 25마리 젖소를 소유하고 있는 것과는 가축들을 대하는 태도가 다르다. 그럼에도 불구하고 몇 안 되는 연구에 의하면, 상업적인 가축 생산에 종사하는 사람들의 가축에 대해 태도가 상당히 다양하며, 긍정적인 태도들이 실제 가축 생산성에 긍정적으로 영향을 주었다.

더 충분한 연구가 있어야겠지만 지금까지의 연구결과 생산자들의 가축에 대한 태도는 무감각에서 각별한 관심까지 매우 다양하다. 그리고 오늘날 많은 생산자들은 그들의 능력이 현재 그러한 가치에 따라 행동하기에는 어려운 많은 제약이 있다는 것을 알고 있지만 그럼에도 여전히 가축을 관심을 가지고 관리하는 가치를 계속적으로 지지하는 것으로 보인다. 기업 단위 규모로 가축 생산을 하는 것이 개인적인 규모보다 꼭 동물 복지에 나쁠까? 이것에 대해서는 경험에 의한 증거가 부족하여 잠정적 대답들만 할 수 있다.

큰 규모에서 가축 생산에 관여할 시 동물 관리의 질이 감소될 가능성은 높다. 예를 들어, 종사자가 회사와 관련이 없는 일용직들이거나 평소 가축들과 소통하지 않는 이사진들에 의해 중요한 사항이 결정되는 경우에는 동물 관리의 질이 낮을 것이다. 반면 개인적인 규모에서는 기업단위 규모에서 제공할 수 있는 전문 서비스, 자본, 특정 지식 등이 부족할 수도 있다.

인간이 유제품 생산에서 동물과 어떻게 관련이 있는지에 대한 연구에서는 소떼의 크기와 인간과의 관계에 상관관계가 있음을 발견하였지만, 그보다는 가축 매매업자의 인성과 태도가 더 중요한 결정 요소였다. 그러므로 만약 우리가 농장 규모에 대한 '평균' 동물복지 수준을 그래프로 그리면 언덕모양의 형태가 된다. 즉 처음에는 전문가들이 일반적인 기술 수준의 개인을 대체하면서 오르게 되고 농장의 크기가 너무 커지면 동물을 관리해보지 않았거나 소통해 보지 않은 사람들에 의해 주요 결정이 이루어지게 되어 곡선은 감소하는 쪽으로 그려지게 된다. 그러나 동물복지에 영향을 주는 다수의 요인들로 볼 때 곡선이 매우 가파르지 않을 것이라 예상할 수 있다.

마지막으로, 밀폐사육 방법은 필연적으로 동물복지의 악화를 가져올 것인가? 이는 매우 난해한 질문으로써 이에 답변하기 위해서는 가축에 대한 실증적(경험적) 연구 및 우리가 일컫는 동물복지가 정확히 어떤 의미인지에 대한 분석이 필요하다. 어떤 사람들은 동물복지란 동물들이 자유를 누리며 자연환경 속에서 살아가는지에 달려 있다고 본다. 이러한 관점에 따르면 밀폐사육 시스템은 이 단어가 의미하는 바를 볼 때 높은 수준의 동물복지와 양립할 수 없다. 그러나 동물복지는 종종 더 넓은 의미로 정의되곤 하는데, 예를 들어 굶주림, 갈증, 불안, 공포 그리고 질병으로부터의 해방을 포함하기도 한다. 그렇다면 넓은 의미에서 볼 때 밀폐사육 시스템은 장단점이 모두 존재하는 것처럼 보인다.

밀폐사육 시스템은 대규모의 가축들이 모여 있기 때문에 때로는 질병 전파가 쉽게 일어나기도 하지만 동시에 외부로부터 병원균의 유입을 차단함으로써 농장 내 가축들을 질병으로부터 보호해주기도 한다. 그리고 실내 환경은 종종 부적절한 환기 상태로 인한 덥고 습한 환경을 만들어 스트레스를 증가시키기도 하지만 동시에 외부의 춥고 궂은 날씨로부터 가축을 보호하여 스트레스를 감소시키기도 한다. 또한 실내 축사에 갇힌 가축들은 공격적인 다른 가축으로부터 도망치기는 어렵지만 포식자의 위협으로부터 보호받을 수 있다. 이러한 점에 있어서 밀폐사육 시스템으로의 변화는 어떤 부분에서는 동물복지 문제를 만들거나 악화시켰지만 동시에 다른 부분에서는 문제를 해결해 주기도 한 것이다.

더욱이 방목사육 방법을 비판적인 시각을 가지고 바라볼 때 심각한 동물복지 문제가 종종 분명하게 드러난다. 돼지 생산을 예로 들면, 스코틀랜드의 야외 분만 시스템의 경우 까마귀들이 새끼 돼지를 쪼아 먹는 문제가 발생하고 있다는 점에 주목했다. 밀폐사육 방법과 방목사육 방법을 비교해 보았을 때 방목하며 키운 어미 돼지 중 다리를 절거나 수명이 짧은 경우가 많았다고 보고했다. 축사사육과 크로아티아에서 사용하는 방목사육을 비교해 볼 때에 암퇘지를 외부에서 기르게 되면 절뚝거림과 심하고 수명이 짧았다. 돼지 복지 극대화 시스템을 알아보기 위해 시험한 결과 돼지를 복합적인 semi-outdoor(반 외부형) 시스템에서 길렀을 때 밀폐사육 시스템을 쓰는 것보다 자돈의 사망(기아와 부상과 같은 기본적인 문제 반영)이 높았다.

그렇다면 밀폐사육 또는 방목(non-confinement) 사육 시스템 중 어느 하나가 동물복지에 유리하다고 할 수 있는가? 적어도 부분적으로라도 대답해 보면 동물복지의 가장 중요한 결정 요인은 특별한 축사나 생산 시스템이 아니라는 것이다. 젖소가 우사 내에서와 방목 사육 중 어느 것이 더 동물복지에 맞는 것인지는 논쟁거리지만, 질병을 감지할 수 있고 치료 할 수 있는 직원(전문가)에 의해 동물복지가 향상되는 것은 논쟁의 여지가 없다. 또한 암퇘지를 스톨에서 키우거나 그룹으로 키우는 시스템 중 어느 것이 더 나은지에 대한 논쟁이 있지만, 그것보다도 장비의 유지 및 보수가 동물복지에 더 중요하다. 실제로 동물복지가 직원의 시간과 기술, 기질, 온도, 사료 품질 및 질병 예방 조치와 같은 핵심 요소에 의해 영향을 받는다고 생각한다면 동물복지의 문제는 밀폐사육, 반밀폐 또는 방목과 같은 사육 시스템이 아니라 이런 시스템을 어떻게 잘 운영하는지가 더 중요하다.

3) 집약적 축산에 대한 대안적 해석

집약적 축산을 완전히 이해하기 위해 필요한 조사나 분석할 양은 방대하다. 그러한 연구가 많이 없기 때문에 집약적 축산으로 이행된 원인에 대해 다음의 가설을 제시한다. 이 가설은 일반적 비판보다는 더 가용한 사실에 근거하며, 집약적 축산과 관련된 동물복지 문제를 다루기 위한 차별화된 행동을 제안한다.

19세기에 동물을 먼 거리로 옮기는 주요 방법은 철도와 수로 시스템이었다. 어떤 지역의 농장들은 이 방법으로만 접근이 가능했기 때문에 가축들을 생산지에서 집중화된 도축시설로 보내기가 어려웠다. 그래서 많은 가축들이 그 농장이나 지역 시설에서 도축되었다. 훈연 햄이나 염지육제품과 같이 특정 제품들은 다른 곳으로 판매하기 위해 저장할 수 있었지만, 부패가 심한 대부분의 식육제품은 생산지에서 가까운 곳에 있는 소규모 정육점, 유제품 및 식료품점을 통해서 판매 되었으며, 이는 20세기까지 선진 공업국에서도 일반적이었다. 따라서 이때의 축산업자들은 기후, 사료 이용가능성, 인건비 등의 조건이 유사한 같은 지역의 동종 업계 종사자들과 경쟁하였다.

그러나 20세기에 들어 가축과 축산식품 마케팅에 크게 영향을 준 두 가지 기술이 개발되었다. 하나는 부패하기 쉬운 축산식품을 훨씬 더 오래 보존해서 먼 시장까지 운송할 수 있는 방법(냉장, 냉동, 급속 건조)이었다. 다른 하나는 도로 운송의 급속한 발전이었다. 이로써 한 농장에서 먼 도축장으로 살아 있는 동물을 운송할 수 있었고, 최종 축산물이 다른 지역, 다른 나라, 심지어 다른 대륙으로 운송하기 쉽게 된 것이다.

이 두 가지의 발전은 도축 및 육가공 산업이 소수의 기업에 집중되게 하였다. 단일 공장에서 매우 넓은 지역에 제품을 판매할 수 있게 되었기 때문이다. 수많은 생산자가 소수의 대형 가공업자에게 판매하기 때문에 생산자들 간의 경쟁은 매우 심해졌다. 이러한 상황에서 경쟁을 줄이는 획기적인 사건이 일어나기 전 까지는 생산자의 가축당 이익은 심한 경쟁으로 인해 매우 낮았을 것이다. 예를 들어 공급 관리 시스템이나 협동조합을 통한 마케팅 또는 많은 생산자가 사업을 중단해서 수요에 비해 공급을 감소하거나, 서로 경쟁하는 업체 수가 적어질 때까지 서로 통합하거나 한다면 이러한 경쟁이 줄어들 수 있었을 것이다. 이러한 낮은 수익성의 기간이 집약적 축산으로 이행에 중요한 역할을 하였고 따라서 동물복지에도 중요한 영향을 주었다. 우선은 축산물의 이동 증가와 낮은 수익성 이 두 가지의 가설이 사실인지부터 확인해 보자.

축산물의 이동 증가와 집약적 축산이 함께 일어났는가? 이 가정은 운송이 국경 내에 있고 데이터 수집 대상이 아니기 때문에 직접적으로 확인하기가 어렵다. 그러나 이용 가능한 자료인 수출 통계를 고려해 보면(국제 운송은 국내 운송 시스템의 발전 후에 일어나므로) 축산물의 교역이 급속히 증가한 반세기 동안 집약적 축산 방식이 빠르게 전개되었다. 표 2-1에서 볼 수 있듯이 1961~2001년 기간 동안의 식육수출 증가율은 여러 품목의 생산 증가율에 비해 훨씬 높다. 가금육의 경우 수출 비율은 1961년 3.4%에서 2001년 13.1%로 증가했다. 돼지고기와 쇠고기의 경우, 이 기간 동안 수출된 비율은 대략 2배가 되었다. 이와 대조적으로 양고기와 염소고기의 경우는 수출 비율이 거의 변하지 않았다.

시장 규모가 증가하면 이익이 낮아지는가? 많은 제품에 대해 그리고 많은 국가로부터 데이터를 조사할 필요가 있지만, 미국의 가용 통계에만 따르자면 적어도 일부 경우에는 일어난다고 밝혀진다. 1974~1979년 미국에서 육성 비육기 돼지 생산에서 얻은 이익은 마리당 평균 21달러(대략 kg당 0.20~0.25달러)였는데, 1980년대에 마리당 약 7달러, 1990년도에는 4달러로 감소했다. 인플레이션을 고려해 보면 이익의 감소는 보이는 수치보다 훨씬 컸을 것이다. 돼지고기 산업보다 먼저 대규모 통합을

표 2-1. 육종별 세계 생산량, 수출량 및 수입 비율, 1961~2001

육 종	1961	1971	1981	1991	2001
세계 총 생산 (1,000 톤/년)					
가금육	8,911	15,657	27,386	42,939	71,414
돼지고기	24,702	39,345	52,903	71,784	92,071
소고기	28,737	39,386	47,581	56,278	59,149
양/염소고기	6,026	6,934	7,585	9,811	11,449
세계 총 수출 (1,000 톤/년)					
가금육	303	594	1,900	2,923	9,359
돼지고기	1,092	2,025	2,788	4,618	7,752
소고기	10,638	2,886	4,692	6,940	7,431
양/염소고기	487	715	940	848	874
수출 비율					
가금육	3.4	3.8	6.9	6.8	13.1
돼지고기	4.4	5.1	5.3	6.4	8.4
소고기	5.8	7.3	9.9	12.3	12.6
양/염소고기	8.1	10.3	12.4	8.6	7.6

한 미국의 닭고기 산업도 거의 이익이 없는 시기를 일찍 경험하였다. 1970~79년에 미국의 양계산업은 10년 중 5년만 이익을 창출했으며, 10년간 평균 이익은 kg당 0.02달러에 불과했다. 그 후 1980년에 전체 산업의 50%를 10개의 기업이 관장하였고, 1990년대 중반이 되면서 5개 기업으로 줄었다. 그 후 이익이 높아지고 지속성을 갖게 되었다. 미국의 계란 생산도 유사한 과정을 겪었다.

수익이 낮고 변동이 큰 기간을 통해 집약적 가축의 특성을 설명할 수 있다. 첫째, 저수익은 대규모 농장으로 변화시키는 강력한 요소였음에 틀림없다. 가축 한 마리당 상당한 이윤을 보장받던 시기에는 가족이 상대적으로 적은 농장 규모로도 살아갈 수 있었지만, 가축 한 마리당 이윤이 감소한 시기에는 소규모 농장으로는 가족을 부양할 수 있는 충분한 소득을 창출하지 못했다. 따라서 다른 일자리를 찾아야만 했다. 미국의 자료에서 보면 1970년대 연간 120마리의 모돈으로 2,000마리의 돼지를 생산하는 가족경영 농장은 평균 약 42,000달러의 연간 이익을 창출했을 것이며, 이는 그 시절에 꽤 높은 소득이었다. 1990년대에는 같은 규모의 농장에서 나오는 소득은 8,000달러에 불과하며, 가족의 생계용 소득보다 취미생활로 생각할 수밖에 없었으며 매우 어려울 때에는 이조차 여력이 없었다. 실제로 인플레이션을 감안할 때 1970년대 120마리의 모돈을 가지고 있는 가족 경영 농장이 비슷한 이윤을 창출하기 위해서 1990년대에는 약 10배의 모돈 수가 필요하게 된다.

생산자는 수익이 낮고 변동이 큰 상황에서 생산시스템을 변경시켜 손실이나 기타 비용을 줄여야만 했다. 비록 큰 자본투자가 필요하더라도 밀폐사육으로 전환시키는 것이 운영비용을 절감할 수 있는 방법이었다. 밀폐사육은 일상적인 작업을 자동화하여 인건비를 줄이고, 추운 날씨에 가축을 따뜻하게 유지시킴으로써 특히 사료 비용을 줄일 수 있다. 또한 밀폐사육은 사육 시 질병으로 인한 손실 및 피해를 줄이는데 도움이 된다. 예로 케이지에 있는 암탉은 토양이나 배설물에 존재하는 병원균으로부터 분리되어 부분적으로 질병을 막을 수 있다. 밀폐사육은 또한 포식자와 혹독한 날씨로 인한 폐사(특히 어린 동물)를 예방할 수 있다. 밀폐사육의 장점을 고려할 때 적어도 인건비가 높고, 시설을 설치할 자본이 있는 산업화 국가들은 저수익 기간에 밀폐사육 시스템을 받아들이는 것이 수익유지 차원에서 큰 원동력이 되었을 것이다.

수익이 낮고 변동이 클 때 어떤 경우에는 협동조합의 형태로 농장들을 통합하도록 장려하였다. 많은 농장을 사료나 육가공 회사와 연결하는 것이 규모의 경제를 달성하는 데 도움이 됐을 것이다. 이러한 통합 및 계열화는 농장 단계에서 이익이 거의 없을 때라도 다른 생산 단계의 이익으로 보전할 수 있다. 그러나 가족단위 농장이 생계를 유지하기 위해 확장하는 것은 필수적이었지만 기업화는 특별한 경우에 있었던 선택적이었다.

밀폐사육과 대규모 농장으로의 거시적 변화 외에도 저수익 구조는 동물복지 측면에서 부인할 수 없는 영향을 주는 미시적 변화를 가져왔다. 만일 마리당 적절한 이익이 있다면 생산자는 비용이 비효율적이라도 가축에게 편안함을 주는 공간과 깔짚 등을 제공할 수 있다. 그러나 저수익에서는 이러한 편의가 제한될 수밖에 없다. 적절한 이윤이 있어야지만 생산자는 가축을 개체별로 관리하고, 출산할 때 함께 있어 주고, 병을 치료하는 등에 시간을 쓸 수 있다. 저수익일 경우 가축 당 직원의 관리시간을 줄여서 비용효율적으로 해야만 한다. 따라서 농장의 대규모화와 밀폐사육은 동물복지에 중요한 비용을 절감해야 할 때 따라온 것이다.

요약하면 이 가설은 20세기의 운송 및 식품 보존방법의 발전은 축산물의 교역을 크게 증가시켰고, 식품가공 산업을 합병시켰다. 결과적으로 생산자는 치열해진 경쟁으로 인해 수익이 크게 감소하게 되었고, 이러한 저수익 기간은 농장의 대규모화와 밀폐사육으로의 전환에 주요 요인이 되었다. 이로 인해 가축의 공간, 직원의 시간 및 기타 편의에 관한 비용을 절감시켰다. 따라서 대규모화, 밀폐사육 또는 기업화가 동물복지에 중대한 영향을 주었는지의 여부와 관계없이 기본적 편의에 대한 비용 절감은 확실히 일어난 것으로 볼 수 있다.

위에서 설명한 가설은 물론 현상을 매우 단순화시킨 것이다. 집약적 축산에 관련하는 다른 요인들도 있을 것이다. 그 중 하나로 노동력의 부족이 한 요인이었을 가능성이 있다. 기계화가 발전됨에 따라 노동자들이 다른 분야로 빠져 나가게 되고, 자동화만이 농장의 필요한 노동력을 감당할 수 있었을 것이다. 문화적인 측면에서 볼 때, 반복적인 수작업을 자동화하기 위해 하드웨어를 사용하는 것은 1950년대와 1960년대에는 현대적이고 진보적인 것이었다. 제한된 사료 급여 시스템에서 항생제의 사용은 가축의 수용 밀도를 한계 수준까지 끌어 올렸다. 일부 정부는 정치적으로 저가의 식품을 생산하고, 저소득 농민의 경제력을 향상시키기 위한 방법으로 생산 규모를 늘리고 기계화하는 것을 권장했다. 따라서 인구, 문화, 기술 및 정부적 요인이 모두 조합되어 집약적 축산으로 함께 이끌었다.

상당히 간단하고 일차함수적인 가정임에도 불구하고 이 가설이 앞에서 설명한 일반적인 비판보다 가용 정보에 더 잘 들어맞는 것으로 보인다. 또한 집약적 축산과 동물복지 간의 관계에 대한 사뭇 다른 이해를 하게 된다. 생산 방법 측면에서 볼 때, 농장 규모 증가와 동물복지의 관계에 대한 논란이 있지만, 밀폐사육 같은 거시적 차원의 특징을 강조하지 않는다 하더라도 미시적으로 봤을 때 집약적 축산이 이루어지는 것과 동시에 생산자들은 비용절감이 필수적으로 요구될 때였다. 경제적 측면에서 볼 때, 문제는 대기업의 과도한 이익 실현이 아닌 예측 불가능하거나 낮은 수익과 생산자를 짓누르는 제약이었다. 가치와 윤리 측면에서 생산자들이 소비자들보다 동물에 대한 애정과 가치가 사라졌다기 보다 동물복지의 차별적 가치를 상품에 적용할 방법이 거의 없다는 것이 더 중요한 문제가 된다.

4) 동물복지를 개선하는 방법

가축들의 복지를 개선할 방법에 대한 제안 중에 일반 비평론자들은 대체로 2가지를 제안한다 : 집약적인 축산으로 생산된 제품을 전체적으로 피하는 방법으로 채식위주의 식단을 선택하거나 또는 이전의 농업 환경으로 돌아가는 것이다. 이 제안들은 1970년대와 1980년대에 주로 주장되어 왔다.

25년 후, 이 제안이 농장동물의 복지 문제를 해결하리라는 희망을 더 가지기 어렵게 되었다. 선진국에서 채식주의 운동은 효과적이지 못했다 : 1인당 소비량은 예전의 증가보다는 더디게 나타났지만, 높은 1인당 소비량은 계속 유지했다. 또한 선진국에서 채식주의로 인한 육류 소비 감소보다 개발도상국의 경제발전으로 인해 야기되는 육류 소비 증가가 더 커서 상쇄하고도 남았다. 따라서 전 세계 순 육류 소비량은 꾸준히 크게 높아지고 있다(표 2-2). 더욱이 유기농이나 자연방사와 같은 대안적인 생산 체계가 성장함에도 불구하고 대규모로 증가된 밀폐사육 시스템이 전체적인 가축생산 증가의 원인임을 부인할 수 없다. 따라서 세계적으로 채식주의와 소규모 농업으로의 전환은 개인을 만족시키는 선택일 수 있지만, 동물 복지를 증진시키는 데 실용적이고 사회 정책적 해결책으로는 부족하다. 대신에 여전히 축산물을 계속 섭취하고 집약적 생산체계로 축산을 하는 이 세계의 동물 복지를 증진시키기 위한 사회정치적 해결책이 필요하다. 위에서의 가설에서 동물복지 문제를 다룰 몇 가지 방법이 제안될 수 있다.

첫째, 가축을 관리함에 있어서 전통적인 윤리적 가치가 여전히 사라지지 않았고 심한 경제적 제약이 농부의 이러한 가치를 실행하는데 제한을 준다는 생각을 따라 생산자들의 윤리적 가치를 비난하기보다 가축 관리의 가치가 권장되고 유지될 수 있는 방법을 찾아야 한다. 가축을 보호하는 가치를 강하게 고수하고 있는 생산자를 먼저 찾아내고, 그들에게 가축 복지를 적절히 고려하면서 가축을 사육하기 위한 어떠한 조치가 필요한지 자문해야 한다.

둘째, 욕심 사나운 기업이 과도한 이익을 내는 것이 문제라기보다는 동물복지 증진을 위한 지원도 부당하게 이익으로 취하는 것이 문제라면 이것을 해결하는 것은 주로 경제적 방법이다. 구체적으로 생산자는 공간, 깔짚, 환기, 직원의 시간, 급여 수준 및 또 다른 동물 복지에 핵심적인 역할을 하는 요소를 줄이려는 시장의 압력으로부터 보호받아야 한다. 그러한 구제 조치의 예는 다음과 같다. ① 특별한 표준에 따라 생산된 제품에 대한 프리미엄 가격을 제공하는 차별화 프로그램, ② 생산자가 동물복지 기준에 맞출 수 있도록 돕기 위한 정부 프로그램 ; 유기농 방법으로의 전환을 장려하기 위한 금전적 인센티브 수여, ③ 고객이 동물복지를 보증하는 대가로 더 높은 가격을 지불하는 것에 체인레스토랑이나 할인점 등과 동의하는 계약, ④ 동물복지 기준에 맞추어 생산하는 축산물의 가격을 생산자에게 보전해 주는 공급관리 프로그램 등. 한 가지 어려운 점은 국가 간 프로그램을 조화시키고 생산자가 최저 비용을 추구하도록 하는 국제 무역의 경향에 대응하는 것이다.

셋째, 밀폐사육이 비용 절감의 주요 인자가 아니라면 생산 방식을 변화시켜 다른 쪽으로 초점을 맞출 필요가 있다. 동물복지 개혁은 단순히 실내 사육 시스템을 제거하는데 집중해서는 안 되며, 동물복지에 영향을 미치는 모든 시스템의 주요 관리 요소를 확인하고 수정해야 한다. 이것은 단순히 밀폐사육을 없애는 것보다 훨씬 복잡하지만 동물 애호가와 축산업자가 공동의 목표를 추구할 수 있는 기회를 만들 수 있다. 이와 관련하여 몇 가지 진행된 사례가 있는데, 캐나다 알버타주(州)에서는 동물보호

표 2-2. 가금육, 돈육, 우육, 양고기 육종별 공급량, 1961~2001

육 종	1961	1971	1981	1991	2001
	(kg/person/year)				
가금육					
개발도상국	1	1.5	2.7	4.2	7.8
선진국	6.7	10.5	15.3	20.1	24.3
전 세계	2.9	4.1	6	8	11.3
돼지고기					
개발도상국	2.1	4	5.6	8.4	11.4
선진국	20.5	25.3	28.8	29.1	28
전 세계	8	10.2	11.6	13.3	15
소고기					
개발도상국	4.3	4	4.7	5.1	6.1
선진국	19.9	26.1	26.6	27	21.4
전 세계	9.3	10.4	10.4	10.3	9.4
양/염소고기					
개발도상국	1.2	1.2	1.3	1.5	1.7
선진국	3.5	3.4	2.7	2.8	2
전 세계	1.9	1.8	1.6	1.8	1.8
총 계					
개발도상국	8.6	10.7	14.3	19.2	27
선진국	50.6	65.2	74.4	79	75.7
전 세계	22.1	26.5	29.6	33.4	37.5

운동과 가축 생산자 간의 협력 프로그램으로 양측을 모두 지원하는 훈련, 검사, 집행, 연구 등을 수행하였다.

넷째, 대규모 밀폐사육의 발전이 궁극적으로 시장 경제 및 세계 무역의 성장과 같은 강력한 힘의 결과라면 이에 대항하기 보다는 많은 수의 동물을 수용할 수 있도록 설계된 실내 사육환경에서의 동물복지 프로그램을 추구하는 것이 더 효과적이다. 그러한 프로그램의 예로는 회원국 전역의 밀폐사육에 대한 최소 기준을 설정한 유럽연

합지침서(European Union Directives)와 세계 동물 보건기구(WHO)가 주도한 국제적으로 합의된 기준의 가축 운송과 도축, 그리고 다국적 기업이 시작한 공급체계에서 특정 기준을 따르기를 요구하는 프로그램 등이 있다.

다섯째, 무역 자유화를 통해 축산물의 장거리 무역이 더욱 증가함에 따라 또 다시 수익이 줄어드는 사태가 일어나지 않도록 하고, 동물복지를 실천하는 생산자에게 제약을 만들지 않아야 한다.

마지막으로, 좋은 축산업자가 되기 위한 비전을 바꿀 필요가 있다. 일반적 비판론자들의 이상적 목표는 공장식 사육 시스템을 밀폐사육을 하지 않는 소규모 농민으로 전환시키는 것이다. 이를 받아들일 전통적인 농민의 정신을 지닌 생산자들도 당연히 있겠지만 다수는 그렇게 하지 않을 것이다. 그러나 이전에 설명해 온 가설에서 보면 높은 수준의 동물관리 기술, 과학적 지식, 직원관리 능력, 동물관리에서의 직업윤리, 그리고 기준을 준수할 필요성을 존중하는 축산인을 위한 이상적인 모델을 제시할 수 있다. 이 모델은 농경주의 보다는 전문성을 강조하며 많은 농업 생산자에게 더 매력적이고 달성 가능성이 높은 비전으로 다가올 것이다.

2.4 항생제 남용

성장촉진용 항생제(antibiotic growth promoter)는 세균을 박멸하거나 성장을 억제하면서도 치료목적 이하의 적은 양을 쓰는 것을 의미한다. 성장촉진용 항생제의 사용은 축산의 밀집화가 진행되면서 증가했다. 전염성 물질들은 축산식품의 생산량을 줄이고 이를 조절하기 위해 치료 양 이하의 항생제나 항균제를 첨가하는 것은 효과적으로 보인다. 성장촉진제의 사용은 밀집사육 방식에서 오는 문제이고, 이런 문제는 주로 개발도상국보다는 선진국에서 더 크다.

성장촉진용 항생제는 자라는 가축의 소화를 더 효율적으로 도와주어 영양소를 잘 이용하게 하고 가축을 강하고 튼튼하게 한다. 그 정확한 메커니즘은 밝혀지지 않았지만 항생제는 소장 내 민감한 세균을 억제하는 것으로 생각된다. 돼지사료에서 약 6%의 순 에너지가 소장 내 미생물 발효 때문에 쓰이는데, 만일 미생물 수를 적당히 조절할 수 있다면 그 에너지를 성장으로 돌릴 수 있다는 얘기다.

면역반응에서 분비된 사이토카인(cytokines)은 고기 질량이나 무게를 감소시키는 호르몬 분비를 동시에 자극한다. 메커니즘이 어떻든 간에 성장촉진제를 사용한 결과는 1~10% 정도의 일당증체율 증가와 지방함량이 낮고 단백질 함량이 높은 고품질의 고기를 생산할 수 있게 하였다. 이 결과는 분명했고, 특히 아픈 동물이나 비위생적인 환경에서 더 확실하게 나타났다.

최근 식육 생산성 증대를 위한 동물 성장촉진제의 사용에 대해 논쟁이 일고 있는데 이는 장기간의 항생제 오남용은 특정 세균에 대해 항생제 내성을 갖게 할 수 있기 때문이다. 물론 이것이 불변의 법칙은 아니다. 약 60년 이상 페니실린을 임상에서 활용했는데도 *Streptococcus pyogenes*는 여전히 페니실린에 대한 감수성이 높다. 그러나 이런 경우는 많이 드물다. 화학적 항균처치, 특히 인간의 감염에 대한 치료에서 예전에 감수성이 높았던 세균들이 항생제에 내성을 갖는 유전형질을 획득하여 현재 항생제 선택에 대한 압력을 받는 것은 의심할 여지가 없다.

이러한 현상은 우리가 잘 다니는 병원에서 자주 일어나는데, 환자나 세균의 저항성을 증가시키는 데 적합한 환경을 제공하기 때문이다. 가장 좋은 예는 메치실린 저항성 *Staphyllococcus aureus*(MRSA)이다. 대부분의 *S. aureus* 균주는 penicilinase를 생산하는데, 이 효소에 안정한 β-lactam계, 즉 methicillin, cloxacillin, 또는 flucloxacillin 등이 *Staphylococcus*로 인한 감염을 치료하는 데 사용되어 왔다. 이 분자들의 잔기들은 항생제가 β-lactamase가 결합된 것처럼 보이게 하여 항생제가 안정되게 된다. 그런데 이와 같은 항생제를 광범위하게 사용하다 보니 다른 메커니즘에 의해 *S. aureus* 중 β-lactamase에 저항성이 있는 균주들이 출현하게 되었다.

MRSA는 여러 다른 항생제에 대해서도 내성을 갖는다. 분리된 MRSA는 erythromycin, clindamycin, tetracycline, aminoglycosides 등 우리가 자주 쓰는 항생제들에 내성을 갖고 있다. 이처럼 치명적인 MRSA를 처치하기 위해서 쓸 수 있는 항생제는 현재 glycopeptide군의 vanomycin 밖에 없다. 그런데 더 걱정스러운 것은 *vanA* 유전자가 vancomycin 저항성 enterococci로부터 전이되었을 때 MRSA가 glycopeptide에 높은 저항성을 보였다는 것이다. 조금 더 심각하게 생각한다면 세균 감염에 대해 항생제를 이용한 치료가 더 이상 불가능한 시대가 올 수 있다는 얘기다.

항생제를 쓰지 못하는 시대가 오는 것을 막기 위해 세계 각국에서는 항생제 오남용에 대해 조사했다. 물론 예방의 차원에서도 쓰이기는 하지만 대부분 감염에 대한 치료 목적으로 60%에 이르는 항생제가 쓰이고 있다. 나머지 40%가 동물의 치료 목적도 물론 있지만 성장촉진을 위해 사용되고 있었다. 항생제 내성균의 위험을 줄이기 위해서는 항생제 사용을 줄여야 한다. 그래서 좋은 방법 중 하나가 식용 가축에게 성장촉진의 목적으로 쓰는 항생제를 줄이는 것이다.

1) 현재 성장촉진용 항생제 사용 현황

세계적으로 가축의 성장촉진용 항생제 사용은 각기 다르다. 스웨덴의 경우 성장촉진 목적의 항생제를 더 이상 사용하지 않기로 했고, 반대로 미국의 경우 의료용으로 중요한 항생제를 포함하여 상당한 범위의 항생제를 여전히 사용할 수 있게 하고 있다. 특히 돼지 사육에 성장촉진용 항생제를 가장 많이 사용하고 있는데, 미국의 경우 β-lactam계 항생제 즉 penicillin, lincosamide, macrolide, erythromycin, tetracyclin 등 사람에게도 감염 치료 목적으로 쓰이는 항생제를 쓰고 있다. 그 외 미국에서 돼지 성장촉진을 위해 쓰이는 항생제로 bacitracin, falvophospholipol, pleuromutilins, quinoxalines, virginiamycin, 비소계 화합물 등이 있다.

소에 쓰이는 항생제로는 flavophopholipol과 virginiamycin이 있고, 이 두 항생제는 가금류의 성장촉진에도 사용되고 있다. 소는 또한 ionophores계열 monensin을 성장촉진용으로 사용하며, 가금류는 비소계 화합물이 투여된다. 미국가축보건원에서는 성장촉진용 항생제의 사용 없이는 4억5천2백만 마리의 닭, 2천3백만 마리의 소, 그리고 천2백만 마리의 돼지에 해당하는 생산량이 줄어들 것이라고 전망했다. 호주도 미국과 유사한 차원에서 성장촉진용 항생제를 사용해 왔다.

유럽의 경우는 사용이 다소 제한적이다. 다당체 avilamycin이 돼지와 가금류 사육에 쓰이고, monensin과 salinomycin이 소와 돼지에서 사용된다. 그리고 flavophospholipol이 소, 돼지, 가금류 및 토끼 사육에 사용되고 있다. 돼지 사육에 있어서 보이는 성적은 성장촉진용 항생제를 쓰지 않는 스웨덴과 비교하여 사료효율이 개선되고 일당증체량이 약 2.5% 증가하며, 폐사율이 10~15% 감소하는 것으로 보인다. 가금류 사육에서 성장촉진용 항생제로 bacitracin, virginiamycin, avoparcin 등이 사용되는데, 이들은 치명적인 *Clostridium perfringens*의 감염을 막아주고 사료효율을 높여준다. 합하면 대략 1.5%의 경제적 이익을 더 얻을 수 있다.

미국의 소 산업이 성장촉진용 항생제에 가장 의존적인데, 이는 항생제를 사용하지 않고 높은 에너지 요구량을 맞추기가 쉽지 않기 때문이다. 높은 에너지 비율은 근육 성장과 지방 축적을 높이고 우유 생산량도 개선시킨다. 그러나 사료 내 고에너지 비율은 고창증이나 유산증 등의 부작용을 유발시켜 상당히 위험할 수 있다. 이런 문제는 유럽에서는 보기 어려운데 그 이유는 유럽의 소 사료에는 조사료 비율이 높기 때문이다. 이를 막기 위해 monensin이 사용되고 위에서 언급한 문제들 외에도 암모니아나 메탄 발생도 상당히 줄이게 된다.

Monensin은 의료용으로 중요한 항생제는 아닌데 monensin을 96일에서 146일까지 처리해도 반추위 미생물이 monensin 처리를 중단한 한두 시간 후에 예전과 같은 상태로 돌아가기 때문에 monensin에 의한 반추위 미생물의 변화는 거의 없다고 한다. 이렇게 보면 monensin은 사람이나 가축 모두에 가장 안전하고 효과적인 성장촉진용 항생제의 하나가 될 것이며, 항생제 내성에 대해서도 큰 문제가 없어 보인다. Virginiamycin은 소나 가금류의 젖산 산증을 예방하는 유사한 목적으로 쓰이는데 내성을 보이는 세균이 존재하는 것으로 보인다. 이는 pristinamicin이나 quinupristin과 연결이 되는데, 둘 모두 사람의 치료에 쓰이는 항생제로 만일 계속적으로 가축 성장 촉진용으로 쓰인다면 나중에 사람을 치료할 수 없을 수도 있어서 유럽에서는 사용이 금지되었다.

2) 인간의 건강과 성장촉진용 항생제 사용의 결과

인간의 건강은 직접적으로는 식육 내 잔류 항생제로 인한 부작용과 간접적으로는 인간 식중독 원인균의 항생제 내성 획득이 관련된다. 이 두 가지가 모두 문제인 항생제로는 chloramphenicol이 있다. 식육 내에 chloramphenicol 대사물질이 남아 있으면 재생 불량성 빈혈을 제거하지 못한다. 그래서 성장촉진용 항생제로 사용이 미국이나 유럽에서 일찍 금지되었으며, 여전히 chlroamphenicol은 장티푸스 치료에 쓰이고 있다. 가축용 항생제 오남용은 *Salmonella* 속의 저항성을 증가시킨다고 알려져 있다. 성장촉진용 항생제와 병원균의 항생제 저항성과의 관계는 사실 정확하게 밝혀지지 않았다. 왜냐하면 chloramphenicol을 금지한 1994년 이후에도 장티푸스 감염률이나 치료율이 크게 달라지지 않았기 때문이다.

3) 성장촉진용 항생제의 대체물

성장촉진용 항생제의 사용은 점점 줄이거나 금지될 것이므로 이의 대체 제품이 필요하다. 가축에 항생제 사용을 줄일 수 있는 방법에는 크게 2가지가 있는데, 첫 번째는 사료효율을 개선하면서 성장을 촉진시키는 비슷한 메커니즘을 갖는 항생제 대체재를 찾는 것이다. 더 어려운 방법으로는 가축의 건강을 증진시키는 것이다. 성장촉진제는 가축이 비위생적인 상태와 건강이 좋지 않은 최악의 상황에서 가장 효과가 크다. 그래서 만약 단위 면적당 가축의 사육 수가 감소하거나 감염에 대응하는 기술이 개발되는 등 가축 사육 환경이 개선되면 실질적으로 성장촉진용 항생제의 필요성이 없어질 것이다.

(1) 효소제

사료내 효소제는 돼지나 닭의 사료에 일반적으로 첨가되어 사료의 β-glucan이나 단백질, 피틴산 등 소화에 문제를 일으킬 수 있는 특정 성분을 분해시켜 주는 작용을 한다. 사료내 효소제는 곰팡이나 세균의 발효부산물로 생산되고, 가축에게는 긍정적인 효과만 기대되고 있다. 그러나 동물윤리 운동가 중에는 효소제를 가축에게 급여하는 것은 가축을 그저 공장용 짐승으로 생각하게 한다고 말한다. 이러한 윤리적인 반대 외에도 효소제 처리는 사료효율을 극대화시키는 데 효과적이고 단점도 거의 없다. 그래서 현존하는 효소들의 품질을 높이고, 이 효소제를 쓸 수 있는 사료의 범위를 넓히는 데 연구의 초점을 맞추고 있다. 지금까지 쓰이는 효소제는 소비자, 사용자, 그리고 가축에 문제가 없었다고 평가된다.

(2) 경쟁적 배제 제품(Competitive exclusion products)

경쟁적 배제 제품은 사료 내에 가축에 우호적인 세균들을 다양하게 구성하도록 만든 제품이다. 이 세균들이 가축의 장관 내에 미리 접종되어 병원성 세균이 장내에 접종되어 감염을 일으키는 것을 억제하는 것이 기본적인 원리이다. 이 제품들은 갓 태어난 가축, 특히 가금류에 주사되어 장관 내에 접종되면 *Salmonella*나 *Campylobacter* 감염을 방지한다. 아직 이 방법이 얼마나 효과적인지는 모르나 설사를 줄이고 폐사율을 감소시키는 것으로 믿고 있다. 이 제품은 가축이 치료용 항생제를 투여 받았을 때도 쓰이는데 항생제로 인해 접종되어 있던 미생물들의 수가 줄었을 것이기 때문에 다시 재접종하기 위해서이다.

(3) 프로바이오틱(Probiotics)

프로바이오틱은 경쟁적 배제제품과 유사한 개념으로 장내 미생물 균총의 균형을 맞추어 주어 가축의 전반적인 건강을 개선한다고 알려져 있다. 어떻게 효과가 나타나는지는 아직 완전히 알려지지 않았다. 다만 현재까지 3가지의 가설로 설명되고 있다. 첫 번째는 경쟁적 배제의 반복이다. 즉 장관 내에 많은 수의 유익균이 접종되어 있으면 유해균이 감염을 일으키는 것을 예방해 주는 것이다. 두 번째 가설은 프로바이오틱들이 면역시스템을 자극하는 것이다. 프로바이오틱 세균들의 노출로 인해 면역시스템이 자극되면 유해균이 감지될 때 백혈구의 감시가 증가하고, 따라서 잠재적 병원균이 제거된다. 세 번째 가설은 프로바이오틱이 장관 내 대사 작용을 강하고 긍정적인 방향으로 영향을 주는 것으로, 예를 들어 비타민 B_{12}, 박테리오신(bacteriocin), 프로피온산 등의 생성을 증가시키는 것이다. 또 다른 기전들도 제안되었으나 아직 확실한 증거가 없다.

프로바이오틱의 문제점은 그 효과의 메커니즘과 숙주동물에 대한 영향이 여전히 밝혀지지 않았다는 것이다. 실험적으로 유도된 종양의 성장이 발효된 초유를 쥐에 먹임으로 억제되었다고 보고했는데, 이 효과는 오직 종양의 성장이 시작하기 이전에 프로바이오틱을 먹였을 때에만 나타났다. 이 실험 결과는 복강 내로 *Lactobacillus casei*를 주입했을 때에도 같은 효과가 있다는 것이 밝혀짐으로 증명되었다. 그 이후 *L. casei*가 BCG와 마찬가지로 면역증강 효과를 갖는 것으로 종양에 대한 백신의 역할과 면역체계의 자극제로 작용한다고 밝혀졌다. 그러나 이 결과가 실제 농장에서 반복 실험되지는 않았다. 대부분 프로바이오틱은 실제 농장에서 복강을 통해 주사되지 않을 것이다. 또한 어떤 균주는 오히려 가축의 건강에 해롭다. *L. casei*의 아종인 *rahmnosus*는 숙주 동물에 심내막염이나 농양을 일으킨다고 한다.

면역증강제로 프로바이오틱을 쓰기 위해서는 무엇이 가장 효과적인 균주이고 이들이 혹시라도 병원성을 가질 수는 없는지? 얼마가 최대 허용량인지? 언제 또 어떻게 이 프로바이오틱을 전달할 것인지 등에 대해 답을 알아야 한다. 프로바이오틱을 전달하는 가장 쉬운 방법은 사료 내에 넣어 가축에 급여하는 방법이다.

프로바이오틱은 갓 난 새끼들이나 치료를 위한 항생제 처리를 받은 가축들에게 상당히 효과적이다. 이때는 경쟁적 배제와 같은 개념으로 이해하면 된다. 프로바이오틱은 또한 체중이나 사료효율을 높인다. 성장촉진용 항생제는 현장에서 이미 실증되어 그 효과가 널리 알려져 있으나 프로바이오틱은 아직 실증되지 못했다. 물론 학자들 중에는 프로바이오틱에 대한 강한 지지자들이 있다. 반면 그 만큼 반대론자들도 존재한다. 프로바이오틱의 이로운 점은 실험 환경이 잘 짜여진 상태에서 나타나는 현상들이 대부분이었다. 프로바이오틱의 건강증진 효과를 확신하기 위해서는 좀 더 연구가 필요하다. 부가적으로 살아있는 유산균을 사용하는 것에 대한 문제는 항생제에 대한 저항성과 독성 요소들에 대한 잠재적 위험성도 존재한다.

성장촉진용 항생제의 사용은 사육하는 가축의 감염을 방지해 주는 역할을 한다. 마찬가지로 많은 항생제 대체제도 감염 방지에 목적을 두고 있으며, 주로 간접적으로 작동한다. 그럼, 직접적인 방법은 없을까? 호주 양돈업계가 사용한 "all-in-all-out" 방법은 농장내 돼지가 연령층이 다르게 하지 않고 일주일 이내에 이유하고 나서는 하나의 돈군으로 지속적으로 관리되며 절대로 다른 돈군과 섞이지 않는다. 그러므로 돈군간의 감염은 원천적으로 차단된다. 분리해서 조기 이유하는 것은 모돈이 병원성 세균의 주요 원인이라는 것을 밝히고 나서 시행되었다. 돼지가 조기 이유를 하면 모돈으로부터의 병원성 세균 감염의 기회가 적어서 위험도가 낮아진다. 다만 동물복지 차원에서 너무 빨리 이유시키는 것은 문제가 될 소지가 있다.

SPF(specific pathogen-free) 시스템의 경우 돼지가 항생제를 처치해야만 하는 여러 질병을, 특히 호흡기 계통을 얻게 되는 것을 차단해 준다. 그래서 이 상태를 얻기 위해서는 인공분만을 해야 하고, 이러한 비용 덕분에 매우 가치 있는 종축에만 이 방법을 쓴다.

마지막으로 백신 주사는 특정 병원성 세균에 대해 가축을 보호하는 데 널리 쓰인다. 그러나 이 방법의 가장 큰 단점은 비용이 너무 많이 든다는 것이다.

2.5 동물복제(Animal Cloning)

복제는 교배에 의해 부모의 유전자가 자손에게 무작위로 분포되는 유전적 선발을 조절해 주는 방법으로 검증된 부모의 유전체 사용을 가능하게 해준다. 복제는 육종에서 바람직한 우수 형질을 빠르게 도입하는 데 사용될 수 있다. 복제 양 돌리(Dolly)를 만든 체세포 핵이식(SCNT) 방법은 어렵고 상대적으로 가격이 많이 비쌌지만, 현재 소와 돼지 같은 경제동물의 유전적 선발을 향상시키는 데 사용할 수 있을 정도로 충분히 기술이 향상되었다. 그리고 복제는 암수 모두에 유사하게 적용될 수 있기 때문에 전통적인 육종방식에 비해 특별히 우수한 표현형을 지닌 암컷 유전형질을 잘 활용할 수 있다.

복제기술은 체세포의 유전형질을 재프로그래밍으로 전능한 배아세포로 전환되게 하는 것이다. 이 과정은 복잡하고 때로는 완전히 끝나지 않을 수도 있다. 재프로그래밍이 불완전하고 제대로 기능하지 않을 경우 임신 중이나 출산 직후 복제동물이 질병이나 사망에 이르게 된다. 청소년기(6~12개월령) 후에 복제된 소는 자손에게 전달하지 못하는 몇 가지 후생 유전적 변형이 있기는 해도 정상 소와 다름이 없었다. 이러한 복제기술은 멸종위기에 처한 종을 보전하고, 개체수가 줄어든 종 또는 생식능력이 없거나 거세된 동물 집단을 재건하는 데도 사용될 수 있다.

복제동물은 우선적으로 식품으로의 사용이 아니라 육종을 위한 목적으로 사용되는 우수한 자손이다. 반대로 그 복제동물의 자손은 식품체인으로 도입될 수 있는 가치 있는 식품이 될 수 있다. 현재 상태의 복제기술은 육종업자와 소비자에게 가져올 이익이 균형을 맞춘 동물이라면 그 복제동물의 건강과 복지는 다른 동물에 비해 상당히 낮은 수준이 되게 된다. 복제된 소와 돼지, 그리고 그 새끼들이 인류의 식품으로 쓰일 첫 동물 종이 될 것이다.

1) 동물 복제방법

모든 복제 방법이 기본적으로는 난자의 원래 핵을 복제하고자 하는 동물의 체세포의 핵으로 치환시키는 것이다(그림 2-7). 크게 3가지 프로토콜로 구별될 수 있는데 핵을 제거하고 새 모델의 배아를 만드는 과정에서 난자를 둘러싸고 있는 투명대가 있느냐, 없느냐에 따라 구분된다.

① 전통적인 투명대가 있는 SCNT
② 투명대가 없는 SCNT
③ 투명대가 없고 손으로 하는 클로닝법

①번의 경우 오랜 기간 사용했고 여전히 많이 활용하고 있다. 이 방법은 복잡하고 정교한 작업으로 노동력과 기술이 소요되는 기술집약적 방법이다. ②번의 방법은 투명대가 없는 난자를 사용해서 더 단순한데, 이 방법에서는 복제 배아와 자손을 전체적으로 증산할 수 있으며 생산 환경의 설치가 쉽다. ③의 방법은 미세 칼날을 이용하여 투명대가 없는 난자를 분할한 후 크로마틴(chromatin)이 없는 부위와 다른 세포질이 융합되어 SCNT 전의 부피로 채워지게 한다. 작업자의 기술이나 난자의 질, 공여세포 등에 따라 원천적으로 차이가 있기 때문에 SCNT의 절차를 표준화하는 것은 실질적으로 불가능하며, 여전히 효율이 매우 낮은 상태이다.

SCNT 과정을 개선할 핵심적인 요소에는 공여세포 선택, 받는 세포질, 재프로그래밍 보완재 등이다. 공여세포 배양방법을 확실히 하고 그 세포의 배양 수가 낮은 것을 사용하는 것이 세포 배양하는 과정에서 축적될 수 있는 후생 유전학적 변이나 유전적 변형, 또는 돌연변이를 줄이는 데 도움을 줄 것이다.

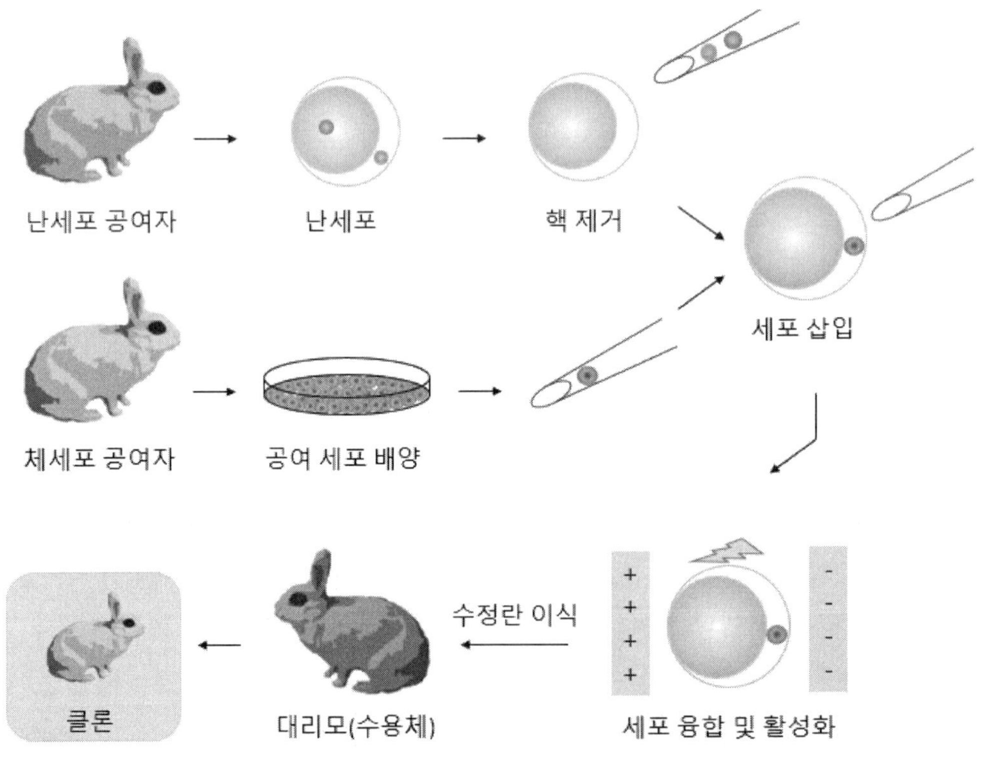

그림 2-7. 동물 복제방법

2) 복제동물(클론)의 건강과 복지

동물의 건강이란 동물이 생물학적 기능을 자신이 통합적으로 유지할 수 있는 상황을 의미하며, 물리적으로나 행동적인 욕구 즉 고통, 스트레스 등을 포함하는 동물의 복지도 건강한 동물에 포함되는 말이다. 건강이나 복지가 나쁘다는 증거는 동물의 생애 여러 단계에서 많이 달라질 수가 있다. 현재까지 클론에 관한 데이터는 주로 클론이 아닌 동물들과 비교를 통한 연구로부터 축적되었다. 복제기술과 관련한 위험은 직접적으로 복제하는 기술 자체와 관련되는 위험과 기술이 발전하는 단계에서나 사용되는 공정들의 조절 수준에서 오는 위험으로 구분할 수 있다. 동물복지의 수준을 측정하기 위한 질적 그리고 더 선호하게는 양적 데이터가 요구된다. 동물 복제기술은 상대적으로 최신의 기술이기 때문에 데이터 자체가 여전히 부족하고 제한된 행동학적 연구로부터 동물복지와 관련한 결론을 끌어내기란 아직 어렵다.

EU에서 대리모, 클론, 그리고 그 새끼들의 건강과 관련한 부분들에 대한 고려가 등장하기 시작하고 있다. 대리모의 경우 소나 돼지에서 임신 실패의 가능성이 높아지는 것을 발견했고, 특히 소의 경우 낭포성 수종이나 난산이 많이 관찰되었다. 이것과 일반적인 임신에서보다 클론을 배고 있을 때 새끼의 크기가 크기 때문에 자주 제왕절개 수술을 해야만 한다. 이 현상은 SCNT가 아닌 보조번식기술을 사용할 때도 대리모에서 나타나는 현상이지만 그 정도나 빈도가 크게 낮다.

클론의 폐사율이나 질병 감염률은 일반적으로 번식하여 낳은 동물에 비해 높다. 그러나 대부분의 출산에 성공한 클론 돼지들이나 6개월까지 자란 소의 경우 건강하고 생리적으로나 행동학적, 의학적 소견에서도 대부분 정상이다. 그러므로 교배로 인해 생산된 소나 돼지의 새끼와 클론이 다르다는 증거는 없다. 그러나 또한 클론이나 클론의 새끼들이 전 생애에 걸쳐 지속적으로 관찰되고 연구되지는 못했다는 것이다. 그래서 클론 새끼들의 동물복지에 관한 연구결과는 발표된 적이 아직 없다.

동물복제 기술의 절차는 일반적으로 체세포 핵이나 난자를 얻은 동물의 복지에는 크게 영향을 주지 않는다. 복제동물의 복지가 낮아지는 원인은 건강에 문제가 발생하는 것이 주원인이다. 클론 송아지를 임신하고 있는 대리모는 임신 후기의 유산, 난산, 또는 새끼의 크기가 커지는 현상 등에 의해 동물복지가 손상 받아 SCNT로 생산된 클론들이 시험관이나 인공 수정한 동물에 비해 건강적 측면에서 더 나쁜 수준이다. 그리고 SCNT의 효율이 매우 낮기 때문에 대리모의 수가 많이 필요하고 이 또한 대리모 집단의 복지에 영향을 줄 수 있다. 그러나 우수 동물관리(Good Animal Management)와 기술 발전으로 인해 이러한 부정적인 부분들이 점차 줄어들 수 있을 것이다.

일부의 연구에서 마우스 클론들의 수명이 10% 가량 짧다는 결과가 있고, 또 다른 연구는 그렇지 않다고 하는데 짧은 수명의 이유에는 질병에 약하기 때문이라고 보고 된다. 식품용 가축들은 일반적으로 자연적인 수명에 비해 훨씬 어릴 때 도축이 되기 때문에 농장가축의 클론들이 어린 상황에서 수명이 짧아지는 것이 큰 영향이 있을지는 의문이다.

EU에서는 대리모나 가축 클론들이 어느 정도 수준의 고통과 건강문제가 있는 것을 고려해서 윤리적으로 가축 클론들을 식품 공급원으로 사용하는 것에 대해서는 아직 회의적이다. 또한 아직 클론이나 클론의 새끼들에 대한 동물복지나 건강문제의 장기적인 연구가 진행된 바가 없기 때문에 추가 연구가 필요하다.

3) 복제동물 클론이나 클론의 자손들로부터 얻은 고기나 우유의 안전성

(1) 우유나 고기의 성분

클론이나 클론의 자손들로부터 얻은 식품의 안전성은 소와 돼지를 이용해서 몇 나라에서 조사되었다. 일반적인 도체 특성, 유생산량, 수분, 지방, 단백질, 탄수화물, 아미노산, 지방산, 비타민, 미네랄 등의 함량 등을 분석하였다. 한 연구에서 3마리의 클론들로부터 나온 37마리의 암소와 38마리의 대조군(클론이 아닌)을 이용하여 150가지의 변수를 3년의 시간에 걸쳐 측정하였다. 10,000건의 측정 결과 중에 클론과 대조군의 차이가 아주 경미하게 나타난 것이 몇 개 있었는데, 우유나 근육의 지방산 조성 또는 약간 증가한 stearoyl-CoA desaturase라는 우유와 근육 내 효소가 그것이다. 그러나 이 정도의 변이는 대조구의 정상적인 범위 내에 들어서 식품 안전성에 어떤 영향을 미치지는 않는다.

5두의 돼지 클론과 15두의 대조군을 이용한 고기의 조성에 대한 검사를 보면 지방산, 아미노산, 콜레스테롤, 무기물, 비타민 등의 함량이 다르지 않았다. 클론의 자손인 242두의 돼지를 이용한 실험에서 58가지의 변수를 가지고 24,000건의 측정을 하였는데 오직 3건에서 대조군에 비교할 때 클론의 자손이 다른 범위를 나타내었다. 여기서 3건 중 2건은 USDA 국가 영양소 데이터베이스 상 돼지의 정상범위 내의 변이라고 밝혔다.

(2) 클론의 독성, 알러지원성, 유전독성

전통적인 방식으로 키운 식품용 가축과 클론은 독소를 생산하는 생화학적 경로나 유전자를 가지고 있지 않다. 가축의 독성은 단백질의 glycosylation이나 독성 잔류물질의 축적과 같은 변화들에 의해 간접적으로 발생하는 결과이다. 고기나 우유의 독성을 평가하는 것은 한 가지 성분을 평가하는 것보다 더 어려운데, 그것은 클론으로부터 생산된 식품을 실험동물에 급여할 때 그 실험동물들이 먹을 수 있는 양이 한계가 있기 때문이다. 그래서 클론이나 클론의 자손들로부터 생산된 식품의 독성을 평가하는 것은 생화학적 변수나 영양소들을 대조군과 동등하다고 생각하고 비교하는 개념으로 진행된다.

클론으로부터 생산된 우유와 고기를 포함한 사료를 14주간 먹인 쥐에서 별다른 특이한 점이 없었다. 클론으로부터 생산된 우유와 고기를 급여한 쥐와 대조군 쥐는 둘 모두 약한 면역반응을 나타내었다. 두 시료 모두 IgG, IgA, IgM 항체는 있었고, IgE는 없었는데, 이로 인해 소로부터 나온 우유와 고기를 섭취하면 전형적인 면역반응이 일어난다는 것을 알 수 있다. 그러나 이것은 알러지 반응은 아니었다. 복강 내로 고기 추출물이나 우유를 주사했을 때 대조구와 비교할 때 차이가 없었다. 결론적으로 지금까지 나온 대부분의 실험결과나 위험도 평가에서 클론이나 클론의 자손으로부터 얻은 식품이 지금 현재의 식품에 비해 부가적으로 안전성에 대한 위험이 더 있으리라는 증거는 없다.

(3) 환경이나 유전적 다양성에 대한 효과

소나 돼지 클론 또는 새끼들이 전통적 방식으로 가축을 기를 때와 비교해서 어떠한 새로운 또는 부가적인 환경적 위험을 가질 것이라고 예상하지는 않는다. 그리고 그런 위험이 있을 것이라는 어떤 정보도 없다. 그러나 클론의 환경적 영향에 대한 출판된 연구 자료는 아직 없다. 동물복제는 유전적 다양성에 직접적인 효과를 가지지는 않을 것이다. 그러나 육종 프로그램에서 제한된 수의 종축들을 과다하게 사용하는 간접적인 효과는 있을 수 있다. 한 가축 집단 내에서 유전형의 동질화가 증가하면 전염성 질병이나 다른 위험에 더 약해질 수 있다. 동물복제는 멸종 위기종이나 가축 품종을 유지하는 데 도움이 될 것이고, 생식능력을 상실했거나 거세된 동물 집단을 복원하는 데 도움이 될 것이다. 이는 위험에 처한 집단의 육종 프로그램에 사용될 수 있는 자손을 생산하기 위해 동물로부터 세포를 확보하여 보전해야 됨을 의미한다.

2.6 배양육(Cultured meat, *In vitro* meat)

동물을 기르거나 도축할 필요 없이 실험실에서 고기를 배양한다는 것은 흥미롭고도 현실적인 방법이다. 배양육은 잠재적으로 식육의 가격을 낮출 수 있다는 점뿐만 아니라 전통적인 식육생산 방법이 안고 있는 윤리나 환경에 관한 문제들을 피할 수 있다는 것 때문에 관심을 받고 있다. 그러나 여느 새로운 기술들이 그렇듯이 배양육이 활용되기 위해서는 반대를 극복해야 한다. 현재 대표적인 반대론으로는 (1) 배양육은 자연이나 동물처럼 존엄성을 갖고 있지 않다. (2) 배양육은 "행복한" 동물의 수를 줄일 것이다. (3) 배양육은 인육 섭취를 조장할 것이다 등이 있다. 이러한 반대론들이 이목을 끌기는 하지만 아마 모두 극복될 것으로 예상된다. 요지는 배양육의 생산은 허용할만하며, 특히 윤리적 이유로 채식을 하는 사람에게는 추천할 만하다는 것이다. 2013년 8월 5일 저녁, 런던에서 많은 기자와 저널리스트들이 모인 앞에 햄버거 하나가 준비되어졌다. 정상급의 요리사의 작품이 아니었음에도 이 햄버거는 도축된 소나 돼지, 또는 다른 동물로부터 만들어진 것이 아닌 마크 포스트 교수팀(Professor Mark Post)의 실험실에서 생산되었기 때문에 역사의 한 획을 그은 것으로 평가받는다.

전통적인 식육 생산의 모델은 사람 외의 동물을 특정 연령까지 먹이고 기른 후 최종적으로 도축하여 스테이크, 커틀릿, 소시지 등으로 가공하여 소비하는 것이었다. 하지만, Post 박사의 정의는 중간 단계를 없앨 수 있다는 - 즉 실제 동물을 거치지 않고 고기를 얻을 수 있다는-것이다. 새로운 기술적 의문들이 생기긴 하겠지만 식육은 농장이 아닌 실험실 환경에서 만들어질 수 있다.

최근 들어 콩이나 두부, 버섯 등과 같은 고기 대체제가 아닌 시장가치가 있는 배양육, 즉 세포 수준에서 일반 고기와 비슷한 고기를 만드는 것에 대한 관심이 급격히 높아졌으며, Post 교수는 배양육에 관해 연구하고 있는 많은 과학자들 중 한 사람이다. 2005년 Edelman과 그의 동료들은 배양육을 만드는 데 사용될 수 있는 다양한 방법에 대해 구상했으며, 5년 뒤 많은 연구자들이 근육세포 및 다른 동물 세포들을 합성하는 주요한 첫 걸음들을 성공시켰다. 지금도 Post 박사의 성공을 따라잡기 위해 많은 연구자들이 다양한 기술들을 시도하고 있다.

현재 Post 박사의 햄버거 가격은 일반적이지 않은 높은 가격이지만, 게놈 분석 비용이 빠르게 떨어졌던 것을 생각하면 이 가격 역시 곧 급격히 떨어지게 될 것이다. 배양육은 또 앞으로 좀 더 맛있게 만들어져야 할 것이다. Post 박사의 건조하고 덤덤한 햄버거는 다양하게 맛있는 음식들을 향유하고 있는 대중들을 만족시키지 못할 것이다. 또한 시장에 나오기 위해서는 안전성 또한 철저히 검증되어져야 할 것이다. 하지만 이러한 문제들이 해결되고 나면 농장체계를 대신하는 식량 생산의 한 방안으로서 자리매김 할 수 있을 것으로 예상되는데 여기에는 몇 가지 이유가 있다.

배양육의 주요 장점은 윤리와 환경적 측면이다. 최근 '윤리적 소비자'를 목표로 계속 증가하고 있는 채식주의, 유기농 및 지역 농산품 소비운동들을 많이 볼 수 있다. 물론 이들이 배양육을 반대하지 않을까 하는 우려도 있기는 하다. 이 '윤리적 채식주의자'들은 동물들에게 가해지는 환경, 즉 억압하거나 잔인한 취급, 고통스러운 도살,

동물적 가치 훼손 등을 이유로 고기를 포함한 동물성 식품들을 섭취하지 않는다고 한다.

가장 신랄한 예를 들자면 산란계들은 대부분 마취 없이 부리를 부분적으로 절단당하는데, 이는 당연히 단기적으로나 장기적으로 고통스러운 일이다. 또한 아주 좁은 돈사에서 돼지를 기르는 것은 외상, 다리와 족의 이상은 물론 정신적인 고통까지도 일으킨다. 하지만 배양육은 오늘날 일반적인 것으로 되어 있는 잔인한 공장식 축산을 통해 만들어지지 않는다. 만일 공장 시스템이 배양육으로 대체된다면 '윤리적 채식주의자'들의 열렬한 지지를 받게 될 것이다.

실제로 동물 복지를 주창하는 「동물들의 윤리적 대우를 위한 사람들」이라는 단체는 최초로 시장성 있는 배양육을 만드는 그룹에 1백만 달러를 수여하기도 했다. 뿐만 아니라 공장식 사육을 줄이겠다는 그들의 목적을 이루기 위해 계속해서 지원을 이어갈 것이다. 게다가 배양육은 윤리적인 측면은 공감하지만, 고기의 맛을 너무나 사랑해서 채식주의자가 되지 못하고 있는 사람들을 위한 좋은 대안으로서 제공될 수 있을 것이다. 이러한 '윤리적' 고기를 위한 시장은 충분히 있다는 생각을 할 만한 이유가 있다. 최근 들어 대체육제품 뿐만 아니라 cage-free, free-range와 같은 라벨들을 쉽게 접할 수 있는 것을 보면 틈새시장이 있다는 것을 알 수 있을 것이다.

배양육은 아마도 환경운동가들로부터도 환영받을 것이다. 지금의 축산 시스템은 동물을 기르고 도축하는 과정에서 많은 양의 오염원을 배출한다. 뿐만 아니라 식물을 재배하기 위한 농장 시스템 역시도 직접적으로는 경작 또는 수확을 통해 간접적으로는 농약을 통해 환경에 유해한 영향을 준다. 그러나 배양육을 만들 때에는 훨씬 적은 토지와 물이 요구되며, 온실가스 등의 환경오염물질 배출이 많이 줄어들 것이다. 즉, 기업형 농장보다 환경 부담이 적다. 또한 배양육을 만들기 위한 통제된 환경에서는 광우병이나 대장균 등 감염되기 쉬운 질병 발생이 적을 것이다. 옥수수 등 사료작물의 수요도 줄어서 인간의 기아를 해결하는 데에도 긍정적인 영향을 미칠 것이다.

이러한 것들로 미루어 본다면 배양육이 가까운 미래에 전통적인 고기와 경쟁할 수 있을 것으로 여겨질 수 있지만, 여전히 아직 발견되지 않은 문제점들이 있을 수 있다. 새로운 기술의 발전에는 항상 반대론이 함께 존재한다. 배양육은 이미 많은 논리를 가지고 있는 반대론자들을 상대하기에는 어려운 너무 신생 기술이다. 설문조사에 의하면, 사람들은 잠재적인 안전성 문제, 고기의 진위성, 윤리적인 문제, 당위성의 모호함 등을 이유로 배양육에 반대하였다. 그런데, 이런 문제들이 재미있기는 하지만 그리 대단하지는 않아 보인다. 왜냐하면 이들 중 어느 것도 배양육 생산의 확대를 막기에는 충분한 이유가 되지 못하기 때문이다. 여기에서는 윤리적 문제에 대해 다루어 보도록 한다.

1) 존엄성 문제

배양육이 문제가 될 수 있다는 관점 중 하나는 자연이나 동물에 대하여 선천적으로 존엄성이 부정된다는 것이다.

(1) 자연에 대한 존엄성

무언가가 자연에 대해 불경스럽다거나 인위적이라는 개념은 막연하며 광범위한 우려를 만들어 낼 수 있다. 이에 관련된 우려들을 명확히 하기 위해 Helena Siipi의 '자연스럽다는 것'에 대한 정의를 생각해 볼 수 있다. Siipi는 자연스러움을 3개의 큰 범주로 구분하였다: 역사적 자연스러움(어디로부터 와서 존재하는지), 특성적 자연스러움(어떻게 구성되어 있는지), 관계적 자연스러움(사람 또는 어떠한 존재와의 관계).

배양육이 실제 고기와 세포적으로 흡사하게 공급될 수 있는 한 특성적 자연스러움은 논점이 되지 않을 것이다. 역사적 자연스러움에 대한 논쟁은 구실이 맞지 않는다. 왜냐하면, 자연으로부터 기인하지 않은 수많은 무생물적 도구들을 생각해 보면 배양육이라 해서 이러한 논리를 적용하기는 어려워 보인다. 그러나 배양육이 자연과 관계가 없다는 사실 때문에 관계적 자연스러움 면에서 반대가 있을 수 있다.

이러한 맥락에서 Roger Scruton은 육식을 옹호하는 입장에서 우리와 자연과의 관계 자체에 가치가 있다고 주장한다. 이러한 가치는 일종의 세속적 경건으로 우리의 '근본적인 불완전성과 의존성, 세상과 그 안에 사는 피조물에 대한 존경'에 대한 인식으로 특징지을 수 있다. 유교, 힌두교, 인디언 문화와 같은 종교적 전통에서도 이러한 점을 강조한다. 인간이 고기를 먹는 행위는 큰 관점에서 자연과 인간이 상호 의존성과 상호 연관성을 인식하는 한(기술적인 조작과 훼손할 수 없는 자연스러움 간의 적당한 균형을 포함하여) 허용 가능 것이다. 공장식 농장은 자연과의 상호 의존성을 인식하지 않는 한 이 가치를 위반한 것이긴 하지만, 자연의 지배원리 안에 있으며, 이를 인간에까지 전해주는 역할을 하기는 한다.

반대로 이 논리로 인한 비판이 배양육에 적용될 수 있다. 배양육은 자연과 우리의 관계를 뒤엎는 것이기 때문이다. 배양육을 통해 자연과 상호 의존적이던 관계를 대체하여 자연에 의존할 필요 없이 필요한 영양을 독립적으로 합성해 낼 수 있게 되는 것이다. 이와 비슷한 논리가 합성생물학에 대한 반대에도 주장되어 왔다. 배양육은 자연을 일종의 파트너 관계로서 여기는 것이 아닌 단순히 우리의 필요를 위해 사용하는 도구로 대하게 되어 자연을 경시하는 것으로 생각된다. 배양육은 인간을 자연과 거리가 있게 만들며, 인간의 근원을 다른 피조물들로부터 멀어지도록 하는 것 같다.

그러나 의존적이라는 것을 계속 유지해야 하는지에 대해서는 의문스럽기도 하다.

배양육이 인간과 동물, 그리고 자연과의 관계를 바꾸어 놓을 것임은 분명하지만 그 변화가 꼭 나쁜 것이라고만은 할 수 없다. 농업 혁명은 변덕스러운 지역 생태계에 의존적인 관계에서 환경을 통제하여 동식물을 길러내는 방식으로 바뀌었다. 의약품 또한 과거에는 천연물에서만 약효가 있는 물질을 얻을 수 있었지만, 근대에 와서는 대량으로 합성하는 방법을 사용한다. 위와 같이 자연에의 의존성으로부터 벗어난 선례들에서는 반대할 만한 것이 없었다. 식품도 약과 같이 우리에게 반드시 필요한 것이다. 따라서 뚜렷한 윤리적 이유와 필요성을 가지고 있다면 인공적이라 할지라도 생산되어야 한다.

(2) 동물에 대한 존엄성

많은 이들이 고기를 생산하려면 동물을 해쳐야 한다는 것 때문에 고기 소비를 반대한다. 반대로 배양육을 생산하는 것은 기존의 고기 생산과는 달리 사양이나 도축 과정 중에 동물을 해하지는 않지만 동물을 모욕하는 것이라고 지적한다. 그들은 아마도 이것이 동물에 대한 경시라고 생각하는 것 같다. 이는 자연에 대한 경시 대신 동물 자체를 경시한다는 것으로 볼 수 있다. 이 맥락에서 중요한 개념은 동물의 종 특이적인 능력을 경시한다는 것이다.

보벤커크(Bovenkerk) 등은 계란 생산을 위해 유전적으로 뇌가 없게 하여 고통을 느낄 수 없는 닭을 만드는 것에 반대하여 동물의 고결성을 침범하는 것이라며 다음과 같이 말했다. "사람이 개입함으로 인해 종 특이성이 바뀌거나 그들에게 적절한 환경이 주어졌더라도 그들 스스로를 유지할 수 없게 된다면 동물의 고결성은 더 이상 온전하지 않다. 그러나 어떠한 개입이 그 동물에게 이로운 것이라면 우리는 고결성의 침해라고 부르지 않는다." 감각을 느끼지 못하는 닭은 온전하지 못하고, 닭으로서의 균형을 잃은 한 고결성을 침해당한 것이다. 이는 닭 본성의 총체적인 절단이자 타락이다. 배양육은 동물세포로부터 배양되어지는 특성 때문에 동물이 가진 전형적인 능력들이 결여되어 있으며, 동물의 어느 특정한 부위도 아니고 그 스스로 삶을 영위할 수도 없기 때문에 이러한 비판에 노출되어 있다.

배양육이 보벤커크의 논리에서는 비판의 대상일지 모르지만 실제로는 동물에 이로울 수 있다. 배양육을 통해 동물들의 고통이 감소되며 자의식이 있는 동물이 도살될 필요도 없다. 인간의 개입으로 원치 않게 희생되는 동물을 줄일 수 있다는 윤리적인 타당성이 있는 것이다. 더군다나 그들의 주장 자체도 애초부터 잘못된 것이다. 그들의 주장은 고통 없는 닭을 만드는 것과 같은 기술에 대한 혐오감으로부터 시작된다. 그러나 이러한 혐오감은 윤리의 위반이 아니라 외관적으로 역겨운 현상에 대한 반응으로 보는 것이 더 적절할 것 같다. 배양육은 어떤 동물을 절단하거나 불구로 만들지 않으므로 이러한 비판이 적합하지 않다. 이는 배양된 세포와 조직으로, 동물의 기관이라기보다는 의식이 없는 식물과 같다.

한편, 배양육을 얻기 위한 기술 중에는 배양의 기초가 되는 소량의 줄기세포를 필요로 하는데 이는 거의 고통이 없고 동물의 생명에 지장이 없는 방식으로 획득된다. 그런데 이것이 동물은 사람과 같이 침해당해서는 안 될 권리를 가졌다는 리건(Regan) 등의 주장과 충돌하게 된다. 이러한 침해할 수 없는 동물의 권리는 다양한 것이 있겠지만 우리가 생명을 우리의 목적을 위해 사용해서는 안 된다는 신-칸트주의적인 관점으로 요약할 수 있다. 특히 교감성이 없는 실험에도 동물을 사용해서는 안 된다는 것을 포함한다.

그러나 침해할 수 없는 권리가 있다는 관점은 배양육 생산을 위한 줄기세포 획득을 단정적으로 배제하지 않는다. Donaldson과 Kymlicka는 “양쪽 집단의 관계가 상하관계가 아닌 동등한 구성원으로서의 자격으로 인정되며, 그들의 기능을 존중한다면 상대를 이용하는 것이 정당하다”라고 말한다. 이는 다양한 방법으로 이루어질 수 있다. 첫째로, 줄기세포를 취하는 과정이 안전하고, 고통이 없으며, 최소한의 상처만을 남겨야 한다. 둘째로, 아마도 줄기세포를 죽은 동물로부터 취하는 방법도 가능할 것이다. 셋째로, 줄기세포를 제공하는 동물들이 억압적이고 잔인한 공장식 농장이 아닌 자유롭고 개방된 환경에서 존중받으며 살아가도록 하는 것이다. 마지막으로 줄기세포를 제공하는 동물에게 식품이나 장난감 혹은 그 좋아하는 무언가로 보상으로 주어야 한다는 것이다. 기억해야 할 점은 동물들은 동의를 표할 수 없다는 것이므로 줄기세포 체취나 연구활동이 정중하고 조심스럽게, 또한 합리적으로 진행되어야 할 것이다.

기술이 발전하고 배양육이 일반적인 것이 된다면 많은 동물들이 도축될 필요가 없어질 것이다. 또한 이러한 상황에서는 동물들을 더욱 윤리적으로 대할 수 있는 방법을 요구하는 것이 가능할 것이다. 결국에는 줄기세포를 위한 동물이 필요가 없어지고, 온전히 합성만을 통해 배양육을 만드는 것이 가능해질 것이다.

2) 행복한 동물들의 감소

윤리적 채식주의 또는 채식주의에 대하여 가끔씩 제기되는 개념으로 동물들이 공장식 축산을 통해 고통 받고는 있지만 그들의 생명 그 자체가 가치 있다는 것이다. Roger Scruton은 이러한 개념을 이야기 한다. “희생물은 희생을 위해서만 존재한다. 엄청나게 많은 동물들이 그들을 먹고자 하는 우리들의 의도에 목숨을 빚지고 있다.” 또한 F. Bailey Norwood와 Jason L. Lusk는 “동물의 자유란 있을 수 없다 왜냐하면 동물의 자유란 곧 멸종을 의미하기 때문이다. 과연 돼지나 닭, 소들이 인간들에 의해 소비되는 것을 위해 사는 것 대신 아예 존재하지 않는 것을 원할까?”라고 했다. 이는 아예 생명이 없는 것 보다는 사육되는 것이 동물에게 이익이 된다는 생각이다. 이러한 관점으로 보았을 때, 배양육은 일반적인 사육을 대체하게 되므로 생명 자체로 의미가 있는 동물들의 수를 줄이는 것이기 때문에 논쟁이 일만한 부정적인 결과를 나타낸다.

이에 대해 다양한 반대들이 가능한데, 공장식 축산에서 길러지는 동물들이 살만한 가치가 있는 삶을 살고 있는가라는 것이다. 지속적인 고문을 받는 것 까지는 아니지만, 어느 정도의 학대를 받고 있고, 차라리 죽는 게 낫지 않을까 하는 생각이 들 만하다. 고통을 받기 위해 사는 동물은 없을 것이다. 따라서 공장식 축산 시스템에서 그들을 생산하고 기르는 것이 좋은 것이라고 주장할 수는 없다. 또한 최소한의 가치만을 가진 생명을 가능한 많이 존재하게 하는 것이 항상 좋은 것일까 하는 의문도 있다. 그러나 윤리적으로 길러지는 동물들의 경우를 생각하면 행복한 동물들을 위해 배양육을 반대하는 것이 좀 더 그럴듯하게 들릴 수 있다. Singer는 동물을 행복하게 기른 후에 식용을 위해 도축하는 것이 더 많은 행복한 동물들을 존재하게 하는데 도움이 된다고 생각했다. 적어도 이 경우 동물이 존재하는 것이 멸종되는 것보다 더 낫다는 것에 동의할 수 있을 것이다.

과연 배양육이 이러한 윤리적 축산마저도 완전히 대체할 것인가? 우리가 아는 한 대답은 "아니오"다. 배양육이 혹시라도 시장에 많아지더라도 틈새시장이 있을 것이다. 즉, 진짜 고기를 선호하는 소비자들도 있을 것이며, 수요가 감소하였을지라도 방목을 하는 등 윤리적으로 동물들을 기르는 농장들도 있을 것이다. 행복하고, 매우 만족스러운 삶을 누리는 동물들이 가득한 세상을 상상하는 것이 좋아 보이기는 할지라도 여러 물리적 한계 때문에 행복한 동물 수에는 제한이 있을 수밖에 없는 것이 현실이다.

경제적인 측면에서 고기에 대한 수요가 없다면 그들을 기를 수 없을 것이며, 환경적으로 보았을 때 동물들의 수를 제한해야 할 필요도 있다. 가축을 유지하는 데에는 농장이나 공장을 위한 토지 뿐 아니라 사료나 작물을 생산하기 위한 토지까지 필요하며, 사양과 고기 생산 간에 발생하는 많은 환경오염 물질 및 온실가스들이 배출되는데, 이는 배양육 생산으로 확연히 줄어들게 된다. 때문에 농장 가축의 수는 적당한 정도를 유지할 것이 요구되는데, 이러한 고기 생산과 비용 및 환경문제 간의 균형을 유지하는 데에 배양육이 크게 기여할 것으로 기대된다.

만일 생산 비용이 저렴한 배양육이 개발되면 우리는 더욱 윤리적으로 고기를 소비할 수 있을 것이다. 배양육을 소비하고 이로 인해 절감된 비용을 환경보호와 동물들이 더 오래 행복하게 살 수 있도록 하는 데에 사용할 수 있을 것이다. 환경을 유지하는 것은 윤리적인 고기를 만드는 것 보다 저렴할 것이 분명하다. 또한 동물들이 자연적인 보호조건에서 그들의 본성대로 자유롭고 오래 살아가는 한 윤리적 고기 생산 프로그램에서보다 더 행복할 것이다. 어떤 소비자는 자신이 지불한 돈이 이렇게 쓰이는 것에 대해 원치 않을 수 있으나 오히려 이로 인해 소비욕구를 자극받는 소비자들도 있을 것이다. 배양육과 윤리적 고기 생산이 공존하며, 비윤리적 고기 생산에 저항하면서 최대의 사회적 영향력을 발휘할 수 있다는 것이다.

3) 인육 배양문제

고기를 합성할 수 있게 된다는 것은 고기 생산 방법을 바꿀 뿐 아니라 만들 수 있는 고기의 종류 또한 확장할 수 있다는 말이다. 이는 멸종 위기에 처한 종, 길들이기 어려운 동물을 포함하며, 불경스럽지만 사람까지도 포함할 수 있을 것이다. 인육을 섭취하는 것은 현대 사회에서 범세계적으로 공통적인 금기사항인데, 배양육은 이 새롭고 손쉽게 생산되는 인육을 소수일지라도 원하는 사람들이나 이와 관련된 실험을 하고자 하는 사람들을 위한 길을 제공하게 된다. 인육을 섭취하는 것이 만연한 광기는 아닐지라도 최소한 기이한 취향을 가졌거나, 보편적이지 않은 규범 속에 살거나, 인육의 맛에 대한 호기심이 있는 사람들이 있을 것이다. 이는 타락한 관습을 용이하게 만드는 것이 되기 때문에 배양육의 위험성으로 비칠 수 있다.

이러한 가능성에 대해 가장 확실한 대응은 인육 배양을 금지하는 것이다. 인간복제가 윤리적인 목적으로 EU 등에서 금지된 것과 같이, 우리는 먹기 위해 인육을 합성하는 것에 강력한 규제를 만들 수 있다. 인육 섭취에 대해 사람들이 느끼는 극도의 불쾌함을 고려하면 충분히 있을 만한 반응이다. 그러나 성급한 결정을 내리기 보다는 우선 왜 배양된 인간 세포와 조직을 섭취하는 것이 잘못된 것인지에 대한 질문을 해야만 한다. 이는 우리가 잠재적인 인육 섭취의 가능성으로 배양육을 반대할 이유인지 아닌지, 또한 근본적으로 인육을 섭취하는 것이 잘못된 것인가에 대해 이해하도록 도울 것이다.

실제의 인육 섭취는 인육을 먹는다는 것 자체 뿐 아니라 사람을 죽이고, 사체를 훼손해야 한다는 점 때문에 도덕적인 비난을 받는다. 우리는 누군가가 특정한 '음식'을 얻기 위해 사람을 죽였다고 하면 당연히 매우 소름끼치게 반응한다. 누군가의 목숨을 빼앗는다는 것은 가장 중대한 범죄에 해당한다. 여기에 사체를 훼손한다는 것은 하나의 신성모독으로 여겨진다. 이런 면에서 인육 섭취에 대한 문화적인 금기는 무엇보다도 그 행위의 파급력 때문이라고 할 수 있다.

하지만 배양육은 살인이나 사체 훼손이라는 과정을 포함하지 않는다. 그렇다면 본질적으로 인육을 먹는다는 것이 잘못된 것인가? 인육을 먹는다는 것 자체가 법적으로 언급된 사례는 거의 없다. 미국에서는 아이다호 주만이 이를 명시적으로 금하고 있을 뿐인데, 이는 살인을 금지하는 법에 인육섭취 금지의 의미 또한 포함되어 있기 때문일 것이다. 인육을 먹는다는 것에 대해 살펴보자.

(1) 인간의 존엄성

Frderick Ferre는 인육섭취가 인간의 존엄성에 대한 경시이기 때문에 잘못되었다고 주장한다. 그는 인육섭취가 사람의 생명을 위협한다는 것에서 더 나아가 인간의 존엄성을 해치는 것이라고 말했다. 이는 인간은 우주에서 가장 창조적이고 자유로운 정신적 행위를 할 수 있는 특수한 존재인데, 인육을 섭취하는 것은 이를 부정하고 단순히 섭취의 대상으로만 보는 것이라는 해석이다.

많은 사람들이 본능적으로 식육섭취가 잘못된 것이라고 인식하고 있다는 것을 보여주는 예시가 있다. 2001년 독일 B. J. Brandes는 A. Meiwes와 합의 하에 그에게 살해당하고 먹혔다. 이 사건은 전 세계적인 격분을 일으켰고, Meiwes는 살인과 시신 훼손으로 유죄를 선고받았다. 이는 피해자로부터 동의를 받았더라도 이것이 법적으로 허용되지 말아야 한다는 인식을 보여준다. 이러한 인식은 우리의 근본적인 인간성을 존중하는데 실패하였다는 사실에 기인한다. 같은 이유로 J. S. Mill은 노예를 매매하는 것을 반대했다.

그러나 배양육은 생산 과정에서 존엄성을 침해받아야만 하는 사람이 없다. 누구도 인간으로서의 존엄성이나 인간으로서의 특수성을 잃지 않으므로 Ferre의 주장으로부터 자유롭다. 아마도 인간을 배양육을 위한 종으로 사용하는 것에 대한 경멸이 있을 것이다. 그러나 이러한 경멸을 명확히 정의하는 것은 아직까지 불분명하다. 배양인육은 아마도 인육인지 아닌지 알 수 없는 상태로 사용될 것이다. 그러나 이것은 우리의 내재적인 가치를 손상시키거나 뒤엎는 방식으로 사용되지는 않을 것이다. 마치 의약품이나 치료 목적으로 사용되는 조직이나 세포와 같을 것이다. 대안적으로, 필요한 배양인육을 만들기 위해 '기부자'로부터 유전자 샘플을 받을 때 적절한 설명과 기부자의 동의가 있다면 기부자의 존엄성이 침해당하는 것을 막을 수는 있을 것이다.

배양육 생산 시 발생할 수 있는 우려들, 즉 존엄성에의 위협, 행복한 동물의 감소, 인육 배양의 가능성에 대하여 살펴보았다. 이러한 걱정들이 이해는 되지만, 이들 중 어느 것도 배양육의 개발에 대한 반대를 확고히 할 정도는 아니다. 물론 이론적으로 더 좋은 반대론들이 나올 수 있으며, 학계에 발표가 될 것이다. 그러나 배양육의 개발을 촉진시켜 줄 장점, 즉 고통 받는 동물들이나 도축의 감소, 적은 환경오염, 잠재적인 가격 하락의 가능성 등은 충분히 강력하다. 최소한 배양육은 공장식 축산이나 기타 비윤리적 식육 생산을 최소화하고, 윤리적인 식육 생산과 공존할 만한 대안이다. 아마도 궁극적으로는 동물을 고기를 위한 목적으로 기르는 것이 배양육 생산으로 대체될 수도 있어 보인다.

2.7 생산 윤리의 갈등

이제 우리는 현대 소비자들의 지구 환경에 대한 염려와 동물 복지에 대한 관심이 현대 축산을 윤리적으로 고려하게 만드는 이론적 배경이 됨을 알았다. 결국 축산 식품윤리의 이론적 배경은 소비자와 동물을 당사자로 하여 이들의 입장에서 최선의 선택을 하는 것이다. 유엔 식량농업기구(FAO)는 농산물 우수관리(Good Agricultural Practices)에서 식품안전, 식품안보, 지속가능성, 환경보호, 그리고 동물복지를 강조한다. 이것은 소비자의 입장으로 해석이 가능하다.

인간을 다루는 의학계에서의 윤리규정은 환자의 자유로운 선택을 강조하며, 환자에게 해가 되지 않고, 환자에게 가장 유리하도록 하며, 정당한 대우를 하는 것을 기본으로 한다. 이것은 동물의 입장으로 고려할 수 있을 것이다. 여기에서의 문제는 인간이 동물과 동물이 생산하는 것을 이용하기 때문에 동물에게 유리하고 해가 되지 않는 대우를 할 수 없다는 것이다. 이것은 가축보다는 오히려 환경이나 야생동물에게는 적용될 수 있을 것이다. 전 세계적으로 굶주리는 사람들에게는 가능한 다양한 자원을 활용하여 식량을 공급하는 것이 최선이다. 따라서 이제껏 살펴 본 것 중에서 문제가 될 소지가 있는 것은 가축 사료로서 또 다른 동물 조직을 사용하는 것이 있다.

우리는 이미 경험한 바와 같이 소에게 양 부산물을 급여함으로써 지구적인 광우병 사태를 경험하였다. 다른 하나는 야생동물을 식육자원으로 이용하는 문제이다. 다양한 야생동물들이 반 가축화되어 식육자원으로 공급되고 있다. 부족한 식량을 공급한다는 측면과 이국적 입맛을 만족시킨다는 측면이 있다. 이러한 야생동물의 식육자원화는 사육을 위해 자연을 훼손하는 문제와 야생종의 훼손이라는 윤리적 차원이 대두된다. 집약 축산의 문제 해결 방안의 하나로 유기축산이 거론되지만, 유기축산을 강조하다 보면 가축의 구충이나 질병치료를 위한 약제사용이 제한되는 부작용이 발생한다.

동물복지라는 차원에서 치료를 기피하는 것이 과연 윤리적으로 올바른 선택인지는 해석이 어려운 문제이다. 더욱이 현대 소비자들은 식육의 품질에 대한 관심이 고조되어 생산자들은 생산하는 식육의 품질을 향상시키기 위하여 새로운 기술을 축산에 도입한다. 따라서 신기술 도입은 윤리적 차원에서 소비자들의 품질에 대한 관심과 동물복지에 대한 관심 간의 모순이 유발될 여지도 있지만 넓게 보아 동물복지도 품질의 범주 안에 포함시키면 해결된다고 생각할 수도 있다. 다만 이것이 소비자, 인간의 관점이냐 동물, 가축의 입장에서의 해석이냐 만이 논점이 될 수 있을 것이다.

참고문헌

1. Bovenkerk, B., Brom, F. W. A., and van den Bergh, B. J. 2002. Brave new bird: The use of "animal integrity" in animal ethics. The Hasting Center Report, 32, p. 1-16.
2. Clutton-Brock, J. 1996. A Natural History of Domesticated Mammals. Cambridge University Press. 2.(김준민 역. 포유동물의 가축화 역사. 민음사, 1999).
3. Cole, H. H. and Ronning, M.(eds). Animal Agriculture. San Francisco, CA, USA; W. H. Freeman and Co.
4. Edelman, P. D., McFarland, D. C., Mironov, V. A., Matheny, J. G. 2005. Commentary: In vitro-cultured meat production. Tissue Engineering, 11, p. 5-6.
5. Houdebine, L., Dinnyes, A., Banati, D., Kleiner, J., and Carlander, D. 2008. Animal cloning for food: epigenetics, health, welfare and food safety aspects. Trends in Food Science and Technology, 19, p. 88-95.
6. Hughes, P. and Heritage, J. 2005. Antibiotic grwoth-promoters in food animals. Animal Production and Health. FAO. p. 129-152.
7. Schaefer, G. O. and Savulescu, J. 2014. The ethics of producing in vitro meat. Journal of Applied Philosophy, 31, p. 188-202.
8. 김동암 외. 1994. 축산학개론. 향문사.
9. 김유용 외. 2011. 양돈과 영양. 서울대학교출판문화원.
10. 박영일 외. 2002. 가축사양학 I(양계, 양돈). 한국방송통신대학교출판부.
11. 이용빈, 박영일. 1965. 중소가축학. 선진문화사.
12. 정천용, 이효원. 2002. 가축사양학 II. 한국방송통신대학교출판부.
13. 정현규 외. 2015. 양돈. 농민신문사.
14. 하종규 외. 2007. 동물과 인간. 현암사.

3. 축산식품 생산 이력제(Traceability)

식품 이력추적제는 소비자들이 투명성을 요구함에 따라 점점 관심이 높아지고 있다.

- 버트란드 차론(Bertrand Charron) -

대부분의 사람들은 최근 수십 년 동안 농업과 식품 생산 방식에 커다란 변화가 일어나고 있는 것을 느끼고 있다. 이 변화는 슈퍼마켓의 상품 진열 형태나 방법과 같이 눈에 보이는 변화뿐만 아니라 대중매체의 헤드라인에서도 감지된다. 식품 생산 방식에 대한 대중 매체의 보도는 주로 식품과 관련한 추문, 환경문제, 동물복지 문제 등 부정적인 측면을 강조하는 면이 다분하다.

현대 사회의 특징은 생산과 소비가 물리적으로나 사회적으로 또는 정신적으로 분리되어 있다는 것이다. 즉 대부분의 생산자와 소비자는 서로 모르는 사이이고, 소비자는 생산 과정 중에 어떤 일이 일어나는지 전혀 알 수 없다는 것을 의미한다. 이렇게 대척된 두 지점에 존재하고, 식품 시스템의 불확실성이 있음에도 불구하고 사람들은 농업이나 식품 생산에 어떤 형태로든 참여하고 있다고 느끼기를 원하는 것 같다. 비록 생산이 소비와 확연히 분리되어 있는데도 어떻게 식품생산 체계가 소비자에게 의미가 있을까?

"식품을 섭취했다는 것은 농업에 일정부분 관계한 것이다"라는 말이 있다. 쇼핑하고 준비해서 먹는 과정을 이해하는 것이 소비자가 농식품 분야에 관계하는 핵심이다. 이 세 가지 행위는 다시 두 방향으로 사고하게 한다. 즉 우리 사고가 시간에 따라 앞과 뒤로 나뉘게 되는 것이다. 쇼핑, 음식 준비, 그리고 섭취는 다시 말해서 연속적인 사건의 특별한 지점이고, 그 시간 지점에서 전 또는 후로 생각할 수 있다.

"무엇을" 구매할지, 어떻게 준비해서 먹을지에 대해 고민할 때를 생각하면 사건의 전으로 가게 된다. 만일 고기나 채소를 생각해 보면 우리가 가지고 있는 지식 내에서 어떤 것이 고기고, 어떤 것이 채소인지 감각기관을 통해 감지하지 못한다면 어떤 것이 먹을 수 있는 것인지 확신할 수 없다. 우리는 무엇이 고기이고, 무엇이 채소인지 구별할 수 있는 능력이 있고, 또 먹을 수 있을 것인지도 구별해 낼 수 있다. 이러한 경험은 여러 가지 다른 이야기로 나타날 수 있다. 아주 간단한 예로 고기는 살아있는 동물에서 온다. 어떤 사람들에게는 이 지식이 매우 중요하다(예를 들면 채식주의자). 이 단순한 가정이 먹는 행위를 할 때 우리 생각을 의식적이든 무의식적이든 과거로

향하게 할 수 있음을 의미한다.

또한 식품을 섭취하는 사건의 미래로는 이 식품으로 인해 미래에 우리 몸에 어떻게 영향을 끼칠지에 대한 생각을 하게 된다. 식품이 섭취되면 우리 몸에 흡수가 되어 하나가 된다. 여기에 또 식품이 주는 기쁨(맛, 소화율, 정신적 만족감 등), 식품의 건강성, 쇼핑의 사회적 및 문화적 구성, 요리 및 섭취 등도 고려되어야 한다. 우리가 선택하는 식품으로 인해 우리의 실체를 말할 수 있고, 같은 음식을 선택하는 다른 사람들과 우리 자신을 서로 연결한다. 채식주의나 어떤 특별한 식단을 선택하던 간에 먹는 것에서 특정 그룹에 속하게 됨을 말한다. 이 사실이 농식품의 생산과정이 생산과 소비가 완전히 분리되어 있음에도 불구하고 여전이 많은 사람들에게 중요한 이유이다.

식품 이력추적제가 생산과 소비가 서로 볼 수 있도록 연결하는 것을 가능하게 한다. 이력추적제는 이미 모든 유럽 식품업체들의 경우 실행해야만 한다. 이력추적제가 소비자에게 식품의 생산 역사에 대한 윤리적 정보를 제공해 주어 소비자는 윤리적인 문제에 대한 정보를 가지고 식품을 선택할 수 있게 할 수 있을까?

주요 문제는 식품 이력추적제와 식품 윤리를 어떻게 연결시키느냐 하는 것이다. 그

표 3-1. 식품 윤리학의 연구 영역

1. '식품안보'는 정의롭고 공평한 식품의 분배를 말한다. 8억이 넘는 굶주리거나 영양결핍 인구를 생각해 볼 때 이것이 가장 시급한 윤리적 문제이다.
2. '식품안전'은 식품이 식품에 존재하는 식중독균이나 오염물질로 인해 소비자의 건강에 위해를 가하면 안 된다는 것이다. 어떤 수준이 충분히 안전한가 또는 안전에 대해 누구의 정의를 따라야 할 것인지에 관해서 토론되고 있다.
3. 개인별 영양, 기능성 식품, 건강식품 등 새로운 영양연구 및 기술의 개발은 현재 존재하고 있는 식품의 규격과 가치에 도전한다. 여기에는 식품관련 질병 즉 비만, 심혈관계 질환, 암 등과 식품 문화와의 연관성이 포함된다. 건강하지 못한 생활스타일과 생산방법에 대한 책임과 경의에 관한 문제를 끌어올리기 때문이다.
4. 식품 사슬 내에서 특별한 식품생산 공정과 환경으로부터 오는 윤리적 문제 : 여기에는 동물복지, 환경, 지속가능성, 근무환경, 신기술(바이오, 나노) 사용, 연구윤리 등이 포함된다. 이러한 윤리적인 문제는 무엇을 가지고 어떤 방법으로 어떤 환경에서 생산되었는지에 대한 식품 생산의 역사와 관련이 있다.

래서 "윤리적 이력추적제 (ethical traceability)"라는 용어가 도입되었다. 식품 윤리는 식품에 대한 여러 윤리적이나 철학적 연구를 포함하는 학문영역이다. 그러나 꼭 학문적인 영역만이 아니고 실질적으로 일반인들이 식품을 생각하거나 식품 생산에서의 가치, 부조리, 선과 악에 대해서도 묘사한다. 식품 윤리는 크게 4가지 주요 연구 분야가 있다(표 3-1).

이력추적이란 식품의 역사를 지속적으로 추적하는 것이다. 윤리적 이력추적이란 식품 생산 과정의 윤리적 측면과 식품이 생산되는 환경을 추적한다. 이는 식품 생산 사슬에서 가치와 과정을 확보해서 연결해 주는 방법이다. 또한 소비자의 윤리적 우려에 대응하는 식품 생산 방식에 대한 검증과정이 될 수 있다.

3.1 소비자들의 윤리적 관점

철학자 Michisl Korthals의 초기 연구에서 식품 생산의 10개 주요 윤리적 문제를 확인하였다(표 3-2). 이 10가지 문제는 두 개의 범주로 나눌 수 있는데, 첫째로 소비자는 음식을 살 때 1번에서 7번까지의 윤리적 문제에 대해 실질적인 고민을 한다. 이 일곱 가지는 식품 생산이나 소비에 따른 영향, 즉 인간의 건강과 식품의 품질에 직접적으로 연결된다. 이것은 식품 생산 절차적 문제보다 본질적 문제이다. 이 본질적인 문제는 다시 두 번째 분류로 넘어가 절차적 고민들이 마지막 세 가지 윤리적 문제를 포함한다. 여기에는 소비자들의 정보에 대한 접근성, 정보의 신뢰성, 소비자의 본질적인 염려에 대한 목소리를 낼 수 있을 가능성 등이다.

표 3-2. 식품 생산과 관련된 열 가지 윤리적 소비자의 고민

1. 동물 복지
2. 인간의 건강
3. 생산방법과 가공방법 그리고 이들의 환경 또는 자연 경관에 대한 영향
4. 교역 조건 (공정한 가격 등)
5. 근무 조건
6. 질(맛, 성분 등과 같은 내재적 성질)
7. 원산지 및 장소
8. 신 뢰
9. 목소리(참여도)
10. 투명성

위 두 개의 범주는 다른 현상으로부터 생겨나며, 다른 문제들을 야기하고 그래서 다른 해결책을 요구한다. 더욱이 각각의 염려는 식품 윤리 이상의 것들을 포함하며, 각각의 고민들은 서로 내적으로 다른 문제들과 연결되어 있을 것이다. 예를 들어, '원산지와 장소'는 '교역조건'과 다르게 작용되고 있는 개념인가? '원산지와 장소'는 윤리적인 문제가 아닐지도 모르지만 사람들은 윤리적인 정의에 원산지와 장소를 꼭 포함시킨다. 마찬가지로 '원산지와 장소'는 개발도상국으로부터 유래된 식품과 같이 '작업환경'과 연결할 수 있다. 또한 신뢰란 투명성, 목소리나 참여와 같이 절차적 고민들이 내적으로 연결된 복잡한 문제이다.

1) 친숙한 식품의 선택

윤리적 소비는 소비자의 역할과 시민의 역할이 섞여 있다. '소비 시민'이라는 용어는 이 이중성을 언급한다. 소비자들의 대부분은 위에서 언급된 10개의 윤리적 고민들 중 적어도 하나 이상을 고민한다. 최근 사고방식에 관한 조사연구에 따르면 유럽 인구의 60%가 식품 선택에 있어서 동물 복지에 대하여 고민한다고 한다.

경험적 사회학과 심리학을 통하여 사람들의 사고방식과 실제 행동 간에 차이가 존재한다는 것을 알았다. 소비자들의 고민이 항상 식품의 실제 소비를 대변하지는 않는다. 이것은 소비자들이 동물복지에 대한 관심을 표현('태도')한다 하더라도 구매 시 이를 꼭 선별하여 구매하지 않는다('행동')는 것을 의미한다. 이 차이에는 많은 요소들이 영향을 미친다. 예를 들어, 믿을 수 있는 정보의 부족과 식품 체계에 대한 신뢰 부족으로 인해 개인적 가치에 따른 구매를 하기가 어렵고, 경제적 제약 및 윤리적 태도를 요구하는 식품에 대한 접근성의 제한이 장벽으로 작용하기도 한다. 식품을 선택하는 것은 단순한 문제가 아니라 굉장히 다양하고 상반되는 관점들을 서로 비교해 보아야 하는 것이다. 이 때 우선순위는 시간에 따라서 달라질 수 있는데 환경, 구매 시 소비자의 기분, 사회적 분위기 등이 영향을 미친다.

2) 우리나라의 가축 및 축산물 이력제

이력제는 영어로 traceability라고 불리는데, 추적을 뜻하는 trace와 가능성을 의미하는 ability가 조합된 용어로 생산 이력과 유통과정을 실시간으로 파악할 수 있는 시스템을 의미한다. 국제표준인 ISO 9000(2000)에서는 traceability를 「이력제 관리 기구가 생산물의 고유성을 기록 통제하기 위한 표준으로, 처리과정의 이전 단계와 후속 과정을 추적할 수 있게 함으로써 그 제품의 원산지, 생산과정과 현재 상태를 소비자가 파악할 수 있도록 하는 제도」로 정의하고 있다. 또한 우리나라 가축 및 축산물 이력관리에 관한 법률에 의하면 '이력관리'란 가축의 출생, 수입 등 사육과 축산물의 생산, 수입부터 판매에 이르기까지 각 단계별로 정보를 기록, 관리함으로써 가축과 축산물의 이동경로를 관리하는 것이다.

표 3-3. 이력추적제의 핵심 기능

1. 위해 관리 및 식품 안전
  - 위해관리 : 식품 안전(위생)과 관련된 식품, 사료, 식품성분 및 가공기술의 상호 연관성 확인
  - 식품 잔류물질 검사 : 살충제와 같은 잔류물질 검사 시 적절한 샘플링 방법
  - 공중보건 회수 체계 : 식품 공급체인에 따른 식품 안전 파괴 요소의 확인 및 공중보건 확보를 위한 오염제품의 회수
2. 관리 및 검증
  - 생산자, 소매업자 활동의 조사 및 감사
  - 사기 및 절도 방비 : 화학 및 분자표지 방법으로 제품 관리
  - 책임소재의 확인
  - 성분의 정의
  - 부정적 클레임의 해결(예, GMO가 함유될 수 있음)
3. 공급체인 관리 및 효율성 제고
  - 공급체인의 비용 효율적인 관리
  - 판매 시점에서 컴퓨터화 된 재고 및 주문 시스템
  - 적시 배달 시스템
  - 원료의 효율적 사용(비용 최소화)
4. 제품의 기원 및 품질 보증
  - 건강, 윤리 및 다른 것들에 대한 마케팅
  - 진위성 : 제품과 생산자의 확인(식품 진위성)
  - 서로 다른 생산 공정이나 가공공정, 그리고 최종 제품에서의 표준과 비교한 품질 보증
5. 소비자와의 정보 및 소통
  - 식품 생산 과정에 대한 투명성
  - 투명성과 다른 제품과의 비교할 수 있도록 하여 식품 선택에서의 정보 이용
  - 특별한 소비자 염려에 대한 인지와 정보 요구
  - 공공의 참여 : 소비자 서비스 및 피드백

반면 「농산물 품질관리법」에서는 '이력추적관리'를 농수산물의 안전성 등에 문제가 발생할 경우 해당 농수산물을 추적하여 원인을 규명하고 필요한 조치를 할 수 있도록 농수산물의 생산단계부터 판매단계까지 각 단계별로 정보를 기록, 관리하는 것으로 정의하고 있다.

가축의 전염성 질병 또는 위생사고 발생 시 48시간 내에 문제 발생의 근원을 추적 · 차단하여 소비자 피해 및 생산자 손실을 최소화하고 식품안전성을 확보하는 것이 매우 중요하기 때문에 방역은 가축 및 축산물 이력제에서는 최우선의 목표이다. 예를 들면, 1996년 영국의 광우병 사태 이후 EU국가 간 가축 및 축산물의 이동정보를 파악하고, 발생 원점을 추적하기 위하여 2000년대 초부터 유럽 각국에서 이력제가 본격적으로 시행되기 시작하였다.

우리나라의 경우 2008년 수입쇠고기에 대한 광우병 우려와 2010년 전국적인 구제역 발생으로 인해 소 이력제와 돼지 이력제가 전격적으로 전면 시행되게 되었다. 이렇게 이력제가 시행되었기에 2010년 구제역 사태 발생 시 소 이력정보 시스템으로 실시간 지역별 폐사 및 이동정보 파악이 가능하였고, 이후 농가 손실을 보상할 때도 이전 이력정보를 활용하여 보상 두수 및 액수를 산정할 수 있었다. 이력제를 실시할 경우 가축사육 현황 및 도축정보의 실시간 파악으로 농정 당국의 축산물 수급관리 등 정책 판단 자료를 제공하는 부수적 효과도 있다.

소비자 신뢰를 높이는 방법은 브랜드, 인증제, 정보제공 등이 있다. '브랜드'는 제품 생산자(기업명, 상표명) 등의 공신력을 바탕으로 시장의 평판과 소비자의 경험으로 제품 사용 전 이미 확보된 신뢰를 활용하며, 품질에 대한 상세정보와는 관계가 적다.

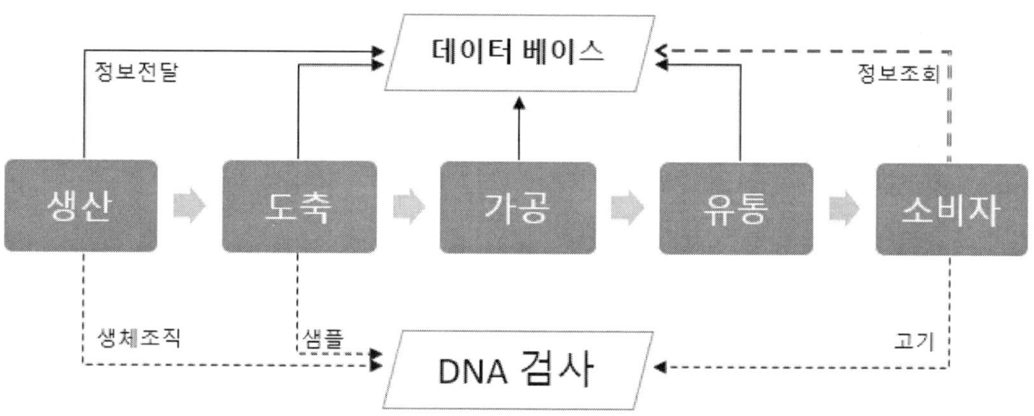

그림 3-1. 축산물 이력제의 흐름도 예시(Lee, 2016)

'인증제'는 국가나 공신력 있는 단체가 소비자를 대신하여 제품의 특정 품질을 평가하여 일정기간 품질을 보증하는 제도로써 역시 소비자는 수동적으로 인증기관의 신뢰도(인증마크)에 의지한다. 예를 들어 KS, 친환경농산물, 우수농산물(GSP) 등이 이에 속한다. '정보제공'은 소비자가 능동적으로 제품의 정보를 획득한 후 제품의 품질을 판단하는 것으로 생산 이력추적제가 대표적이며, 이를 유지하기 위해서는 상시적으로 생산·유통정보를 축적·관리·제공하는 시스템을 구축하여야 한다. 따라서 가축 및 축산물 이력제는 소비자의 안전한 식품선택을 위한 알권리와 신뢰도를 확보하고 선택의 폭을 넓힐 수 있다.

현재 이력제에 의해 소비자 신뢰가 확보되고 만족도 향상으로 농가 차별화 및 매출증대 효과가 있다고 하며, 질병 발생 시 폐기손실 비용을 최소화 하고, 공급량 최적화로 운영효율을 높일 수 있다. 또한 가축 및 축산물 이력제에서 생성되는 생산 및 도축, 판매 정보는 빅데이터로 활용하여 가축개량 연구 및 축산물 수급조절 정책에 반영하면 결과적으로 농가에도 이로운 효과를 줄 수 있다.

이력제가 제대로 작동하기 위한 관련 법, 제도 및 담당기관은 명확히 정해져 있다. 「가축 및 축산물 이력관리에 관한 법률」(2014.10.15.개정)을 기본 법령으로 하여 농림축산식품부가 총괄하고, 축산물품질평가원이 시행하며 시·도 및 국립농산물품질관리원 등이 위임 업무를 수행하고 있다. 제도뿐만 아니라 이력제를 위해 필요한 것은 가축을 개체 또는 그룹별로 구분할 수 있는 물리적인 기술인 가축 식별기술이다. 식별번호를 표시할 수 있는 문신 또는 귀표를 쓸 수 있다. 생산과 유통의 각 단계에서 생성되는 정보를 처리하는 시스템인 데이터베이스와 정보를 검증하고, 오류를 수정하는 생물학적 도구인 DNA검사방법도 꼭 필요하다.

3) 가축 개체식별 기술(Identification technology)

가축 개체식별의 초기에는 가축관리를 위해 가축마다 이름을 지어주고, 축사에 표시하는 형태로 진행되었다. 그러나 이 방법은 작은 규모의 농장에 적합하고, 주인 이외엔 구별이 힘들다는 단점이 있다. 이 때 잉크나 페인트로 몸통에 표시를 하기도 하였으나 영구적이지 않았다. 18세기 이후 상업적 대량 방목이 신대륙에서 행해질 때 낙인(branding) 등의 방법으로 생산농장을 알파벳 등으로 표시하여 도난을 방지하였는데, 현재는 동물복지 차원에서 거의 사용되지 않고 있다.

이후 가축 개량을 위해 가축의 등록제도가 도입되고, 방역을 위한 이력제가 시작됨에 따라 가축 개체별 고유번호 표시가 필요하게 되었다. 개체 식별장치는 (1) 개체별로 고유번호가 안정적으로 표시가 가능해야 하고(Individuality), (2) 복제나 재사용이 불가능해야 하며(Uniqueness), (3) 동물복지에 적합해야 한다(Safe).

표 3-4. 각종 식별장치의 장단점 비교

표시방법	사 진 스케치	문 신	낙 인	이 각	일반형 귀표	RFID 귀표	반도체 귀표
구 분	영구적	영구적	영구적	영구적	비 영구적	비 영구적	비 영구적
표시내용	외형/특징 문서기록	숫자코드 문자	숫자코드 문자	숫자 코드	로고, 숫자코드	로고, 숫자, 문자, 바코드	숫자코드 (로고, 숫자, 문자)
정보저장	불가능	불가능	불가능	불가능	불가능	불가능	가 능
환경영향	-	○	○	○	○	○	×
정 보 유일성	△	△	△	△	△	○	◎
인식 편리성	×	△	△	○	◎	◎	◎
인식률	-	△	△	△	○	○	◎
실시간 전산화	×	×	×	×	×	○	○
사용단계	생 산	생 산	생 산	생 산	생 산	생 산	생산/도축/ 가공
비 용	저	저	저	저	중	중	고
동물복지	고	저	저	저	중	중	중

출처 : 농촌진흥청, 2016

현재 시행되는 우리나라 쇠고기 이력제에서는 도축되는 전 두수에서 소의 고기조직을 채취하여 개체 식별번호와 함께 2년간 보관하며, 소비자 민원이나 무작위 단속 시 채취된 판매장에서 수거한 고기조직과 DNA 검사를 수행하여 일치 여부를 판단한다. 사육단계 DNA검사는 소의 출생 또는 사육 시 모근이나 혈액에서 DNA를 추출하고, 그 소의 개체 식별번호가 제대로 전달되는지를 도축 시 샘플과 유통단계 고기의 DNA정보를 비교한다.

이력제에서 DNA 동일성 검사를 전 두수에서 적용하는 나라는 우리나라가 유일하며, 이력제의 신뢰성에 크게 기여하고 있다. 반면 돼지의 경우 전 두수가 아닌 임의로 선택된 표본 집단에 대해 분석한다. 즉 식별번호가 그룹번호이며, 한배 새끼가 10두 이상이기 때문에 개체의 동일성 검사는 매우 어렵다.

4) 기타 축산식품 이력제

우유의 경우 전반적인 이력제의 실시는 없으며, 브랜드별로 일부 시행하는 것으로 알려져 있다. 예를 들어 일본의 경우에는 낙농업계나 지자체를 중심으로 도입이 시도되거나 시행되고 있는데 벳카이쵸 낙농, 유제품 이력추적 시스템은 낙농가 단계에서 착유한 소, 착유시간, 담당자의 기록, 착유시점부터 우유의 온도관리 기록, 벌크 쿨러의 세척기록 등이 정보로 저장된다. 벌크 쿨러에서 탱크로리, 베츠카이 유업의 저장탱크까지 생유의 이력이 통합, 저장된다. 그리고 제조, 가공단계에서의 원유검사 결과, 살균온도, 제품검사 결과(풍미, 지방율, 무지고형분 함량, 비중, 산도, 일반 세균, 대장균군, 항생물질 등)가 모두 제공된다.

계란의 경우 2003년부터 축산물품질평가원에서 등급을 받는 계란의 경우 계란 이력표시를 통해 소비자가 이력을 조회될 수 있다. 일본에서도 계란은 양계장에서 채란되어 GP(Gradiing and Packing)센터에서 계란을 수세하고, 검사 후 선별, 포장하여 판매된다. 이 때 산란계 식별단위는 1개 닭장에서 수용하는 5만 마리로 닭장과 GP센터는 컨베이어벨트로 연결되어 시간대별로 벨트를 구분하여 작동해서 다른 알이 혼합되지 않도록 한다. GP센터에 도착한 계란은 일차 선별 후 팔레트에 보관되는데, 약 1개의 팔레트(약 6,500개의 계란)가 식별 단위가 된다.

한 개의 팔레트에는 원료알 ID표가 첨부되는데 여기에는 농장, 원란 종류, 농장 채란 연월일, 개수 등을 기입하고, 원란 종류에 브랜드 식별기호, 닭장 번호 등을 기입한다. 따라서 혹시 유통 중에 어떤 문제가 발생할 경우 인쇄된 일자와 시각, 라인번호를 통해 원료알 ID표를 찾을 수 있고, 닭장의 호실과 채란일을 좁혀 문제의 원인을 파악할 수 있다. 액란 제조라인이 있는 경우도 원료알 ID표가 있는 채로 이동되어 입하일, 구입처, 상품명, 중량 등 팔레트의 원료알 ID표에 기재된 정보가 모두 데이터베이스에 입력되고, 액란 제조라인에 투입할 경우 바코드를 통해 어느 ID의 원료알이 언제, 어떤 제조라인에 투입되었는지 기록된다. 소비자가 액란제품의 팩에 표시된 채란일과 로트 번호를 입력하면 농장, GP센터명과 농장 고유의 정보(검사, 사료 등)와 산란계의 상세 정보를 알 수 있다.

5) 세계의 식품 이력제 시장

이력제는 식품의 생산, 수송, 가공, 소비의 전 과정에 걸친 흐름의 정보를 파악할 수 있게 하므로 매우 넓은 범위를 아우르고 있다. 2013년 현재 1조 4천억 원의 시장으로 북미와 유럽에 주도하고 있으며, 소고기 등의 육류를 포함하여 유제품 및 신선 농산물, 어류뿐만 아니라 음료도 포함되고 있다. 식품 오염과 가축 전염병의 원인을 찾고자 하는 수요가 꾸준하며, 인도와 중국 등의 시장 성장이 예상되고 있다. 이 시장의 성장을 주도하는 기술은 RFID/RTLS, 바코드, 생체인식(Biometrics), GPS, 적외선 식별 등이 될 것이다.

축산물 이력제를 국가별로 살펴보면 다음과 같다. EU에서 수출입 되는 생축과 축산물의 이력을 관리하기 위한 웹 기반 수의검역 시스템(EUROPA)이 2015년에 완성되었다. 이 제도는 EU 축산물 안전성 관리의 핵심으로 자리하여 관세부과나 동물, 축산물의 검역시스템이 함께 이루어지는 것을 특징으로 하고 있다. 미국의 경우 축산물 위생관리를 위해 미국 농무부(USDA) 산하 동식물검역소(APHIS)가 운영하는 이력시스템이 있다.

이력제의 대상은 소, 돼지뿐만 아니라 가금류와 양식어류까지 모두 포괄한다. 시스템은 지역 식별번호(premises Identification), 가축 식별(Animal Identification), 가축 추적(tracking)의 3가지 요소로 구성된다. 가축 식별은 마리당으로 관리하며, 15자리 숫자를 사용하고, 그룹으로 관리할 경우 13자리를 사용한다. 비용문제로 인해 수직적 통합이 잘된 대농은 비용을 절약할 수 있는 반면 소농은 관련 비용이 많이 소모되어 대농만 이력제에 참여하게 된다면 향후 축산물 안전문제가 발생할 경우 소농에게 책임이 전가될 여지가 있다는 문제가 있다. 또한 종교적인 문제로 가축에게 마이크로칩 같은 태그를 하는 것을 불경스럽게 인식하여 이력제에 참여하지 못하는 경우도 있다.

호주는 세계 최초로 가축의 식별과 추적기능을 도입하여 가축의 탄생부터 도축까지 전 과정을 관리한다. 특히 수출시장의 공략을 위해 축산과 관련한 차단방역과 안전뿐만 아니라 상품의 시장성을 높이기 위해 도입한 제도이다. 가축 식별코드가 부여되고, 이에 기반하여 판매, 유통되고 주와 지방정부의 법률에 의해 시스템이 유지되고 있다.

일본은 소고기와 쌀의 이력제를 의무화하여 시행하고 있다. 특히 소고기의 경우 광우병의 확산을 방지하기 위한 조치로 모든 소에 대한 개체 식별번호를 중앙에서 관리하고, 모든 단계에서 정보를 제공하고 있다. 쌀의 경우 2010년부터 의무화되었다. 또한 일본은 (사)식품수급연구센터에서 우유나 계란 등의 축산물에 대한 이력추적 시행의 가이드라인을 제공하고 있다.

참고문헌

1. Gottwald, F. 2010. Ethical traceability for improved transparency in the food chain, Chapter 3. In Food Ethics. Springer.
2. 이계임, 환윤재, 우병준, 조소현, 정세미, 정진형, 위태석, 주문배. 2011. 농식품 이력관리체계 확대 및 활성화 방안 연구. 한국농촌경제연구원.
3. 이승수. 2016. 가축 및 축산물 이력제에 활용될 신기술. 월간농업기술. 3월호 p. 18-19.

제 3 장

가공윤리

1. 가공의 윤리

"남에게 부정하게 대하지 말 것이며, 남이 나에게 부정하게 못하게 하라."

- 마호메트(Mahomet) -

식품은 어떠한 형태로든 가공되어 소비자에게 전달된다. 가공을 통해 식품의 보존기간이 연장되고, 소비자의 생활환경과 방식에 맞도록 간편성과 다양성이 강조되며, 식품의 영양과 기호가 개선되고, 기업적 관점에서 부가가치를 높인 제품 판매를 통해 생산자는 이윤을 증대한다. 축산식품은 고기, 알, 우유를 생산하기 위한 산업동물자원으로부터 시작한다. 고기를 얻기 위한 식육가공은 가축을 도축, 발골, 절단하여 신선육을 생산하고, 이화학적・미생물학적 처리를 하여 저장성과 기호성이 향상된 햄, 베이컨, 소시지, 통조림, 육포 등의 다양한 육가공품을 제조하는 것이다.

구체적으로 가축의 도축가공으로부터 출발하여 구이나 요리를 위한 신선육 형태로 생산하는 것을 1차 식육가공이라 하고, 고기를 주원료로 하여 첨가물을 넣어 햄, 소시지 등의 육가공품을 제조하는 것을 2차 식육가공으로 구분할 수 있다. 축산식품의 품질은 소비자가 구입을 결정할 때 영향을 미치는 많은 요인들의 복합적인 특성으로, 가축의 생산, 도축, 가공, 저장 과정에서 여러 가지 윤리적 문제가 대두될 수 있다.

1.1 도축 가공

1) 도축공정

식육은 가축을 도살, 해체하는 가공과정에 의해 생산되며, 도축과정을 흔히 살아있던 생명체의 근육이 식육으로 전환되는 과정이라 말하며, 생리학적・생화학적 변화에 따라 최종 식육의 품질에 많은 영향을 초래하므로 중요한 초기 가공단계이다. 도축가공은 농장으로부터 도축장으로 가축을 운송하는 단계부터 시작되며, 동물에게 스트레스를 주지 않도록 주의를 기울이고 있다. 이는 도축과정에서 스트레스나 고통이 최종 식육의 품질에 나쁜 영향을 미치는 경제적 이유도 있으나 동물의 복지 측면을 고려한 윤리적 문제도 중요하기 때문이다.

2) 계류 및 생체검사

축종에 따라 차이가 있겠으나 일반적으로 도축시설에는 계류사, 생체검사실, 작업실, 소독실, 격리사 및 오물처리시설, 냉장실 등 다양한 설비를 갖추고 있다. 도축과정에서 최종 식육의 품질과 미생물학적 안전성 문제가 발생될 수 있으므로 전문적 작업이 요구되는 가공단계이다.

(1) 계 류

가축은 농장이나 가축시장으로부터 수집되어 도축장으로 수송되면서 상하차, 온습도, 환기, 좁은 공간, 도로사정 등으로 극도로 피로와 불안상태에 있게 되므로 우선 안정과 휴식이 필요하다. 가축이 받는 스트레스는 주로 상하차에 발생되는 것으로 알려져 주의를 기울여야 한다. 도축장에 도착하면 계류장에서 도살 전 12～24시간 동안 휴식시키도록 유도하고 있다. 선진국에서는 식육의 품질과 동물복지를 고려한 조명과 소음 등의 계류장 환경에 신경을 쓰고 있다.

계류 중에는 수분을 충분히 공급하여 안정과 피로회복에 도움을 주고, 도축과정에서 방혈이 완전하게 되어 육색을 좋게 하는 효과를 얻게 된다. 도축 전까지 절식(fasting)을 시켜 내장 적출을 용이하게 하고, 내장 내용물에 의한 세균 오염을 최소화한다. 그러나 장시간 절식은 가축에게 스트레스를 줄 수 있으므로 계류시간이 지나치게 길어지는 것을 주의해야 한다.

(2) 생체검사

생체검사는 위생적으로 안전한 고기를 얻기 위하여 필수적인 것으로 도축 검사관의 검사를 통해 식육 생산에 적합한 개체인지를 검사한다. 도살 전 2시간 이내에 도축장에 마련된 생체검사장에서 실시한다. 소비자를 보호하고 식육의 안전성을 보증하기 위해 동물의 영양상태, 보행상태, 피부, 체온, 전염병 감염상태를 검사한다. 식육 생산용으로 부적당한 것은 도축 대상에서 제외된다.

3) 도살 해체

도살이라 함은 방혈에 의하여 죽음에 이르게 하는 것이고, 해체는 박피를 하고 복강을 절개하여 내장을 적출하는 것을 말한다. 그 전에 기절을 먼저 시켜야 한다.

(1) 기 절

생체검사를 마친 가축은 몸체 표면에 붙어 있는 오물이 도축과정에서 도체에 오염되어 생산되는 고기의 미생물학적 품질을 저하시키게 되므로 물로 씻어 준다. 우선적으로 가축을 실신시키는데 가축의 고통을 최소화 하면서도 심폐기능은 유지시킨 채로 무의식 상태에 이르도록 한 후 방혈이 잘 되도록 기절 방법을 선택한다. 축종, 작업장의 환경, 종교, 동물복지, 경제성에 따라 기절방법이 다양하게 사용될 수 있다. 이슬람 종교에서는 기절시키지 않고 도축하는 것을 율법으로 정하여 따르고 있기도 하다.

전통적으로 소의 경우 도축용 도구나 충격장치를 이용하여 실신시키며, 돼지나 닭과 같이 크기가 작은 가축은 전기적 자극이나 70% 농도의 탄산가스 등을 사용하여 대규모로 작업한다(그림 1-1). 최근 동물복지 문제가 대두되면서 보다 효율적인 기절방법에 대해 관심을 받고 있으나, 도살에 있어서는 동물에게 되도록 고통을 주지 않고 완전한 방혈이 되도록 하는 것이 중요하다.

(2) 방 혈

실신되어 무의식 상태에 있는 동안 가축의 경동맥을 절단하여 방혈시킨다. 가축의 전체 혈액량은 생체중의 약 8%인데, 방혈과정에서 약 50%가 유출된다. 방혈은 기절

그림 1-1. 닭의 전기자극에 의한 기절

후 10초 이내에 실시되어야 하며, 그렇지 못하면 모세혈관이 파열되어 근육에 수많은 혈반(blood splashing)이 발생하게 된다.

(3) 해 체

방혈이 끝나면 박피를 하거나 탈모를 한다. 복벽을 절개하고 내장을 적출하게 된다. 내장이 도체 표면에 오염되지 않도록 주의하며 도체는 세척된다. 박피, 내장 적출을 마치고 머리와 다리 끝을 잘라낸 나머지 도체(carcass)는 등뼈를 정중선에서 톱으로 나누어 절단한다. 이 지육은 수세하여 혈액 등을 없애고 청결하게 하여 해체작업을 끝낸다. 「이와 같이 처리된 도체 중 온도가 30℃에 가까운 것을 온도체(hot carcass)라 하며, 그대로 둘 경우 미생물 증식이 빨라져 안전성 문제가 발생될 수 있다.」 0℃ 내외의 냉각실에서 중심부의 온도가 4℃ 이하로 냉각된 것을 냉도체(cold carcass)라 하며, 비로소 위생적으로 안전하게 유통할 수 있는 상태가 된다. 유통단계나 용도에 따라 부위별로 분할하게 된다. 소의 경우 10개 부위로 크게 대분할(primal cuts)하고, 39개 부위로 다시 소분할(retail cuts)하게 된다.

1.2 식육 가공

1) 식육 가공의 목적

식육의 품질은 가축의 유전적 특성과 사양방법 및 도축 조건에 따라 결정되며, 도축 후에 발골 및 저장·숙성 과정을 거치면서 복합적으로 영향을 받게 되므로 매우 복잡한 구조를 지니고 있다. 식육의 품질을 좌우하는 요인으로는 고기에 함유된 영양성분과 미생물이나 잔류 물질의 존재에 따라 위협받는 위생·안전성 측면과 더불어 소비자가 직접적으로 느끼게 되는 고기의 색깔인 육색, 맛과 냄새를 포함하는 풍미, 고기의 연한 정도인 연도와 다즙성 등의 조직감과 같은 관능적 특성을 들 수 있다.

고기를 가공하는 기술은 소금이 신선육을 저장하는 효과가 있고, 고기를 가열함으로써 풍미가 증진된다는 사실을 알게 됨으로써 원시시대에 이미 시작된 것으로 추측하고 있다. 고대 이집트에서는 소금처리와 햇볕에 말리는 방법으로 고기를 저장하였다는 기록이 있으며, 초기 로마 사람들은 저장 수단으로 얼음과 눈을 이용하기 시작한 것으로 알려지고 있다.

고기와 고기를 가공한 육제품은 식품 중에서도 변질·부패가 매우 쉽게 되는 식품이므로 저장 유통하는 과정에서 품질 변화가 매우 심하다. 제조과정이 불량하거나 저장기간이 길어질수록 신선도를 잃은 과정에서 색깔, 풍미, 보수력, 연도, 다즙성 등의 품질 특성이 저하된다. 이러한 품질 저하를 비롯하여 안전성에 관한 유해물질이나 잔류 물질의 분석은 물리·화학적 실험이나 기기분석을 통해 객관적으로 측정할 수 있으나 비용과 시간이 소요된다. 특히 그 결과가 객관적 데이터일지라도 육제품을 섭취하는 사람의 감각에 의해 측정되는 평가와 연관하여 해석하지 않는다면 물리·화학적인 분석 결과만으로는 종합적인 평가를 내리기 어려울 것이다. 따라서 색깔, 맛, 향기 등 기호에 관한 품질 특성은 이를 직접 섭취하는 사람에 의한 주관적 관능검사의 이해보다 실질적이고 쉽게 판단할 수 있다.

2) 육제품의 종류

식육 가공품에는 우리가 알고 있는 햄, 베이컨, 소시지를 비롯하여 유럽만 해도 1,500여 가지가 있는 것으로 알려져 있다. 육가공품은 사용 원료와 제조방법에 따라 다양한 종류가 제조될 수 있으나, 원료가 되는 고기의 분쇄 여부에 따라 비분쇄 육제품(햄, 베이컨, 육포)과 분쇄 육제품(소시지, 햄버거 패티)으로 나눌 수 있다(표 1-1).

햄(ham)의 어원은 돼지의 엉덩이를 포함하는 뒷다리 부위를 지칭하는 것으로, 주로 돼지고기를 원료육으로 염지 훈연한 육제품이다. 최근에는 다른 축종의 고기가 혼합되기도 하는데, 소금과 아질산염으로 염지하여 훈연하거나 열처리한 것을 '햄류'라고 한다. 국내 축산물의 가공 기준 및 성분 규격을 보면 「햄류는 식육을 부위에 따라 분류하여 정형 염지한 후 숙성·건조하거나 훈연 또는 가열처리 한 것이거나, 식육의 육괴에 다른 식품 또는 식품 첨가물을 첨가한 후 숙성·건조하거나 훈연 또는 가열처리하여 가공한 것을 말한다.」라고 정의하고 있다. 국내의 햄류는 수분 함량이 72% 이하이고, 조지방 함량은 10% 이하로 규정되어 있는데, 주로 생산되는 햄은 햄과 소시지의 중간 형태로 볼 수 있는 프레스 햄이 주류를 이루고 있다.

표 1-1. 분쇄 및 제조공정에 따른 가공 육제품의 분류

<table>
<tr><td rowspan="2">비분쇄 육제품</td><td>비건조제품</td><td colspan="2">햄, 베이컨</td></tr>
<tr><td>건조제품</td><td colspan="2">생햄, 프로슈토, 카포콜로, 육포</td></tr>
<tr><td rowspan="3">분쇄 육제품</td><td rowspan="2">소시지</td><td>유화형</td><td>신선 소시지 (신선 돈육, 보크부르스트)
훈연 소시지 (프랑크푸르트, 볼로냐, 비엔나)
가열 소시지 (간, 피)</td></tr>
<tr><td>입자형</td><td>신선 소시지
건조 소시지 (살라미, 페퍼로니, 서머)
가열 소시지 (순대)</td></tr>
<tr><td>비소시지</td><td colspan="2">재구성육, 프레스햄, 햄버거 패티</td></tr>
</table>

베이컨(bacon)은 주로 돼지의 뱃살인 삼겹살 부위를 정형하여 염지한 후에 훈연하거나 열처리한 것으로, 제조공정은 햄과 비슷하다. 수분 60% 이하이며, 조지방 함량이 45% 이하로 정의되어 있다. 사용 부위에 따라 벨리 베이컨류 외에도 로인 베이컨, 숄더 베이컨 등이 있다.

소시지는 고기와 고기 부산물을 주원료로 제조하는 제품으로, 이들 원료육을 그라인더로 갈거나 세절한 것에 향신료, 조미료, 채소, 곡류 등을 넣어 반죽한 것을 케이싱에 넣고 훈연하거나 삶거나 열처리한 것을 말한다. 국내 규정에 의하면, 수분 함량이 70% 이하이고, 조지방은 35% 이하인 분쇄육 육제품에 해당한다. 고기 함량과 건조 정도에 따라 일반 소시지, 혼합 소시지, 건조 소시지, 반건조 소시지, 반건조 혼합 소시지로 구분한다. 우리나라의 전통 식품인 순대도 소시지의 한 종류로 볼 수 있다.

3) 비분쇄 육제품의 제조원리

식육가공품의 종류가 매우 다양함에도 불구하고 제품마다 많은 공정이 공통적으로 포함되어 각 제조공정의 원리를 파악하는 것은 다양한 제품을 개발하는 데 도움이 된다. 일반적으로 햄과 베이컨과 같이 비분쇄 육제품은 고기를 분쇄하지 않은 부분육 전체나 고기 덩어리를 그대로 사용하며, 염지공정을 거쳐 훈연 또는 가열하여 제조한다.

(1) 제조공정

① 원료육 준비

돼지 반도체를 어깨, 몸통, 넓적다리 등 세 부위로 절단하고, 절단된 각 부분의 지방을 떼어내고 가장자리는 보기 좋게 다듬는다(그림 1-2). 이때 발생한 작은 조각의 고기는 소시지나 프레스 햄 원료로 이용될 수 있다. 고기에 남아 있는 피는 세균 증식으로 보존성, 풍미, 색깔 등이 나빠지는 원인이 되므로 염지 전에 고기 속에 남아 있는 피를 제거시킬 수도 있다. 주로 돼지고기를 사용하나, 오늘날 육가공에서는 쇠고기, 닭고기를 비롯한 모든 종류의 고기를 사용한다. 원료육의 신선도는 최종 제품의 육색, 풍미, 저장성에 크게 영향을 주며, 지방이나 결체 조직이 지나치게 많은 부위는 좋지 않다.

② 부재료 준비

육가공품에는 주원료인 고기(meat) 이외에도 다양한 부재료가 사용되는데, 이를 첨가제(non-meat ingredients)라 부른다(표 1-2). 소금의 작용으로 맛이 향상되고, 고기의 보수성과 결착력이 증가하여 조직감(texture)이 좋아진다. 아질산염의 작용으로 고기 중에 존재하는 색소 물질인 미오글로빈(myoglobin)과의 화학적 반응을 통해 관능적으로 식감이 좋게 보이는 육가공품 특유의 분홍색을 발색시킨다. 소금, 아질산염, 인산염 첨가는 미생물을 억제하는 기능도 한다.

상대적으로 비싼 원료인 고기의 단가를 낮추고 조직감을 향상시키기 위해 대두단백과 같은 식물성 단백질(결착제)이 일부 대체하여 사용하기도 한다. 사용하는 부재료의 종류와 첨가량, 선택되는 향신료와 양념에 따라 다양한 형태와 맛의 육가공품 제조가 가능하다. 각각의 부재료는 육가공품의 품질 특성을 향상시키고, 저장성을 증가시키는 기능을 지니고 있어 이들의 특성을 파악하면 새로운 형태의 육가공품을 개발하는 데 도움이 된다.

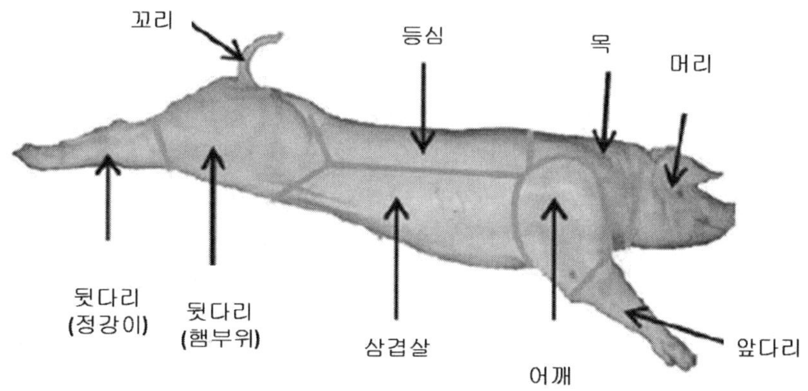

그림 1-2. 돼지 부분육의 절단

표 1-2. 육가공품 제조에 사용되는 주요 부재료

부재료	용 도
소 금	염용성 단백질 추출(결착력 증진), 저장성 증진, 풍미 증진, 보수력 증진
아질산염	염지육색 발현, 항균 효과, 항산화 효과, 풍미 부여
인산염	결착력 증진, 보수력 증진, 항산화 효과
설 탕	풍미 개량, 보수성 증진, 갈색 발현
아스콜빈산염	염지육색 강화, 환원제
소르빈산칼륨	보존제
그밖에 각종 향신료, 조미료, 양념류, 결착제 등을 사용함	

③ 염지(curing)

고기를 염지하는 이유는 소금, 설탕, 향신료가 원료 고기 내부로 침투하여 고기 제품의 풍미를 증진시키고 첨가물이 지닌 세균에 대한 항균 및 항산화 작용을 통해 미생물 증식을 억제하고 육제품의 보존성을 높이기 위한 것이다. 염지는 방법에 따라 건염법과 액염법으로 나누며, 건염법(dry curing)은 소금, 아질산염, 인산염, 설탕, 아스코빈산염 등의 염지제 혼합물을 물의 추가 없이 고기 표면에 직접 문질러 바르고, 8℃ 이하에서 몇 주간 숙성시킨다. 이후 찬 물에 담근 채로 고기 표면에 과도하게 침전된 염지제 덩어리를 제거해야 한다.

액염법(pickle curing)은 염지제를 약 10% 농도로 물에 녹이고 살균한 염지액에 2배 중량의 원료육을 담가 냉장 숙성실에서 4~6일간 스며들게 하는 방법이다. 염지액은 보통 반복적으로 사용될 수 있으나, 위생에 주의하여 액 표면에 곰팡이가 피거나 용액의 점성이 높아지면 새로 제조해야 한다. 염지액 주사법(pickle injection)은 염지액을 사용하므로 액염법으로 볼 수도 있으나, 고기를 염지액에 담그는 것이 아니라 염지액이 담긴 주사기로 직접 주입함으로써 염지공정을 단축시킨다.

공장의 연속식 공정에서는 여러 개의 주사바늘이 달린 다침주사기(stitch pumping)가 이용되기도 한다(그림 1-3). 염지기간을 단축하며 염지제 성분이 고기 내로 균일하게 스며들도록 염지 촉진방법이 사용된다. 충격에 의한 텀블링(tumbling)이나 마찰에 의한 마사지(massaging)법을 사용하여 근육단백질이 잘 추출되도록 한다. 단순히 혼합기(mixer)를 사용하여 원료육과 염지제를 신속하고 균일하게 혼합할 수도 있다.

④ 정형 및 충전

염지 후 제품 종류에 따라 다양한 정형 방법이 있다. 레귤러 햄의 경우, 고기 표면의 응고물이나 이물질을 긁어내고 형태가 일그러진 곳을 다듬는다. 본리스 햄은 뼈를

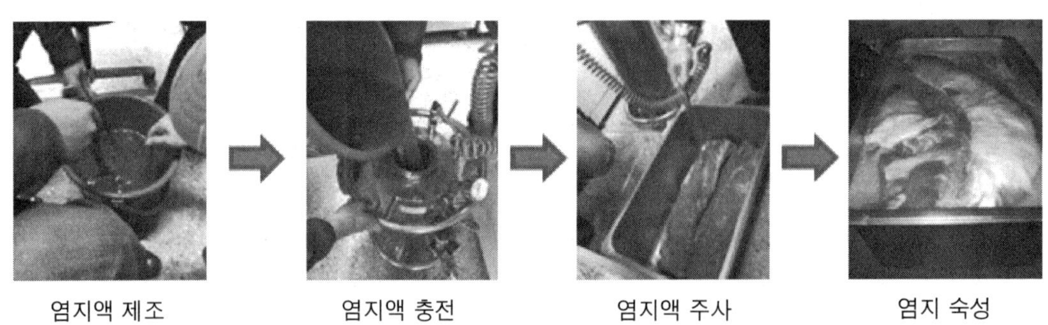

그림 1-3. 염지액 주사법을 이용한 로인 햄의 염지공정

빼고 여분의 고기 조각이나 지방 부위를 떼어 내며, 전체 모양을 보기 좋게 다듬는다. 표면의 물기를 마른 천으로 닦아 내고, 광목을 이용하여 원통 모양으로 단단하게 감싼다. 프레스 햄은 통기성이 있는 케이싱이나 리테이너(성형틀)에 담아 모양을 만든다. 베이컨은 훈연가열한 후 고압프레스를 이용하여 사각으로 성형한 후 슬라이스 한다.

⑤ 훈연(smoking)

훈연할 때 육제품 표면에 습기가 과다할 경우 수막이 형성되어 연기가 침투되지 않고 흘러내리므로 건조과정이 필요하다. 레귤러 햄은 다리 쪽에 끈을 달고 훈연실에 매다는데 30℃에서 1~2일 정도 표면이 마를 때까지 건조한다. 건조하는 이유는 원료 고기의 표면을 다공질로 만들어 훈연 연기의 침착을 쉽게 하여 훈연 효과를 높이고, 제품에 광택이 나도록 하는 것이다. 건조가 지나치면 제품 표면이 딱딱해져 오히려 연기 침투가 곤란해지므로 훈연하기 전에 적절한 건조가 이루어져야 한다.

훈연방법은 제품의 종류나 크기에 따라 냉훈법(10~30℃), 온훈법(30~50℃), 열훈법(50~80℃), 액훈법(훈연액을 제품에 직접 첨가) 중 하나를 사용한다. 훈연에 사용하는 나무는 수지함량이 적고 향이 좋은 히코리나무, 참나무, 떡갈나무, 밤나무, 벚나무 목재나 톱밥이 사용된다. 훈연실의 온도가 30℃일 경우 4~5일 정도, 50~60℃일 경우 2~3시간 정도 훈연한다. 최근에는 연기 발생 장치에서 생성된 연기를 발생시켜 온습도 조절이 되는 훈연실로 보내어 훈연하는 간접 훈연법이 주로 사용된다.

훈연과정에서 발생되는 약 200여 종 이상의 연기 성분에 포함된 알데하이드류(aldehydes), 페놀류(phenols), 유기산 등이 염지된 고기 내부로 침투하여 독특한 풍미를 부여하며, 미생물 억제에 의한 저장성이 증가된다. 훈연 연기 성분 중 페놀(phenol)과 유기산의 항균작용에 의해 미생물을 억제하고 제품의 보존성을 높인다. 훈연에 의해 생성되는 독특한 향기 성분이 육제품 내로 침투되어 완전히 새로운 육제품이 만들어진다. 훈연과 가열과정에서 염지에 의해 생성된 염지육색이 안정화 되며 갈변화도 함께 이루어진다. 훈연 연기 성분에는 항산화 작용이 있어 저장 동안 산패취 발생을 억제한다.

⑥ 가열 및 포장

본리스 햄이나 프레스 햄과 같이 가열처리를 하는 경우 75~80℃ 열탕에서 중심온도가 63℃에 도달한 후에 30분간 가열한다. 10℃ 이하의 저온실에서 냉각하여 진공포장이나 가스치환 포장을 한다.

(2) 햄의 제조공정

햄의 종류에 따라 제조공정에서 약간의 차이가 있는 것을 알 수 있다. 염지공정은 필수적으로 포함되며, 훈연과 가열처리는 제품 종류에 따라 선택적으로 이루어진다(그림 1-4). 햄 제조를 위한 원료육과 부재료의 배합비는 적절한 제조공정 조건과 더불어 고품질의 햄을 제조하는 기본적 요건이다. 햄의 종류에 따라 제조공정에서 약간의 차이가 있는 것을 알 수 있다.

(3) 베이컨의 제조공정

베이컨도 종류에 따라 제조공정에서 다소의 차이가 있을 수 있으나 염지공정은 필수적으로 포함되며, 훈연과 가열처리는 선택적으로 이루어진다. 베이컨 제조공정에서는 살균 목적의 가열처리가 생략되므로 초기부터 위생적인 제조공정이 필요하다. 돼지 삼겹살을 원료육으로 사용하여 소금, 설탕, 아스콜빈산염, 아질산염을 균일하게 섞은 염지제 분말을 고기 표면에 직접 문지르는 건염법을 주로 이용한다. 제품의 다양화를 위해 향신료나 조미료가 추가로 첨가될 수 있다. 냉장온도에서 3~4일간 숙성시킨 후 흐르는 냉수로 표면의 과도한 염분을 제거한다. 훈연된 베이컨을 냉각시키고 슬라이스한 후 진공포장 한다.

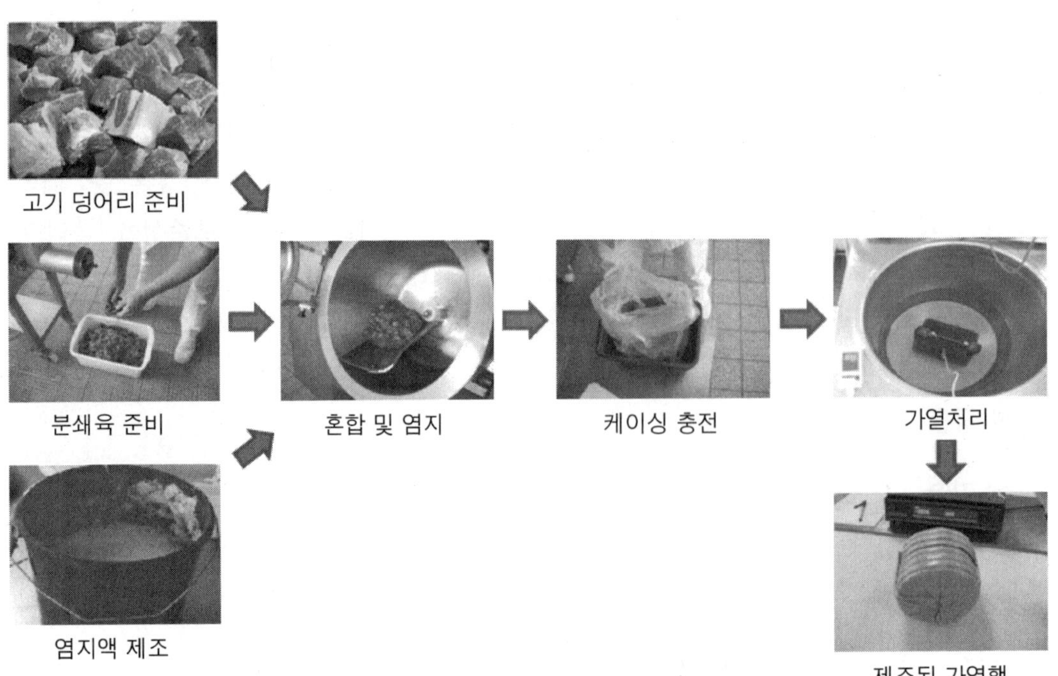

그림 1-4. 훈연이 생략된 가열햄의 제조공정 예

4) 분쇄 육제품의 제조원리

사용하는 원료육, 첨가제와 양념은 소시지 제품의 특성과 맛을 결정한다. 또한 적용되는 제조공정에서의 차이도 제품의 종류를 결정짓게 된다. 소시지 제조에서는 세절・유화공정을 통해 염지와 고기 반죽을 만드는 것이 공통적이다. 입자형 소지지는 분쇄한 원료육에 첨가물을 혼합하여 유화과정 없이 만들어지며, 반면 분쇄 육제품의 대표격인 유화형 소시지는 고기를 분쇄하여 입자를 작게 한 후 세절과 유화공정을 거쳐 만들어진다.

(1) 제조공정

① 원료육 및 부재료의 준비

일반 살코기나 발골 정형과정에서 발생된 작은 조각의 고기가 사용되며 간, 혀, 혈액, 염통 등의 부산물이 쓰이기도 하고, 지방공급을 위해 돈지방이나 우지방이 첨가된다. 사용하는 첨가제와 양념의 종류와 기능은 비분쇄 육제품에서와 유사하며 맛, 향, 조직감, 저장성 등의 소시지의 여러 가지 품질 요인에 직접적인 영향을 미친다.

② 분 쇄

살코기와 지방을 분리하여 원료육과 지방은 그라인더(grinder) 또는 초퍼(chopper)를 이용하여 분쇄한다. 살코기는 그라인더 구멍이 큰 것으로 조분쇄하고, 작은 지름의 플레이트로 연속하여 곱게 분쇄한다. 고기가 연하거나 지방의 경우는 한 번만 분쇄한다. 분쇄는 원료육과 지방의 입자 크기를 결정하는 공정으로 플레이트(plate)의 구멍 지름에 따라 좌우된다. 이 크기에 따라 최종 소시지의 조직감에 직접적으로 영향을 준다. 지방의 크기가 지나치게 작으면 유화가 불완전해질 수 있다. 고기를 분쇄할 때 온도가 올라가면 결착력이 떨어져서 좋은 제품이 될 수 없다.

③ 유화(emulsification)

이 공정은 곱게 갈아 만든 원료육과 지방에 염지제와 향신료 등의 첨가물을 넣어 고기 유화물이 생성되도록 사일런트 커터(silent cutter)로 갈고 혼합하여 유화물(emulsion)을 만드는 공정이다. 소지지류와 같이 제품 조직의 균일성이 중요시되는 제품을 제조할 때, 세절과 유화는 최종 제품에 미치는 영향이 매우 큰 주요 공정이다. 첨가된 지방과 향신료 등이 골고루 섞여야 되며, 유화공정에서 지방과 고기 내의 수분이 고기 단백질에 의해 친화되어 안정한 유화물이 형성되어야만 한다. 고기 단백질이 일종의 유화제로 작용하여 소시지 제조에 첨가한 지방(분산상)을 감싸 주며, 유화물 반죽에 존재하는 물(연속상)과의 가교 역할을 한다. 소시지 반죽의 고기 유화물을 일종의 수중 유적형(oil-in-water) 유화물이라고 불리는 이유이다. 커터의 회전속도나 분쇄시간도 제품의 조직감에 결정적인 영향을 준다.

유화공정에서 재료의 첨가 순서와 시기는 매우 중요하다. 고기의 단백질과 첨가하는 지방이 유화를 형성하기에 최적의 시기에 지방을 첨가하여야 한다. 먼저, 분쇄육을 커터에 넣고 저속으로 혼합하면서 소금, 아질산염, 인산염, 일부의 빙수를 혼합하여 단백질을 추출시키고, 이후 나머지 빙수와 함께 향신료, 조미료 등을 넣어 혼합한다 마지막 단계에서는 결착력 향상을 위한 전분 등의 증점제를 넣어 혼합하고, 유화가 완성되면 마찰에 의한 점성이 높아지고 특유의 고기 유화물이 형성된다. 사일런트 커터에서 유화시키는 동안 고기 반죽의 온도가 올라가는 것을 방지하기 위하여 얼음물을 첨가한다. 고기 반죽의 온도가 15℃ 이상으로 상승하면 고기 단백질이 변성되고 지방구를 둘러싼 단백질 막이 깨어져 지방이 녹아 나와 유화가 파괴된다. 작업장의 온도나 원료육의 온도 관리에 유의하여야 한다.

④ 케이싱 충전

고기 유화물 반죽을 충전기(stuffer)를 이용하여 케이싱에 넣는다. 이때 적당한 압력을 이용하여 케이싱 내에 공간이 없고 적당한 유화물이 일정하게 충전되도록 한다. 일부 케이싱은 미리 물에 불려서 사용해야 한다. 케이싱은 동물의 창자로 만든 천연 케이싱과 셀룰로오스나 콜라겐을 이용한 인공 케이싱이 있다. 천연 케이싱의 경우, 충전된 상태 그대로 먹을 수 있으므로 가식성(edible) 케이싱이라도 한다.

⑤ 훈연 및 가열

케이싱에 충전된 소시지는 훈연실 안에 매달아 훈연시킨다. 일반적으로 훈연은 열훈법을 많이 이용하며, 훈연실의 온도를 60℃까지 서서히 올리면서 건조시킬 때 발생하는 연기가 고기 내부로 침투하여 독특한 풍미를 부여하며, 방부효과가 증가되고

그림 1-5. 유화물 제조를 위한 사일런트 커터의 내부

표면이 갈색을 띠게 된다. 제품의 성질 및 종류에 따라 훈연과 열처리 과정을 거치는 것과 거치지 않는 것이 있다. 가열온도는 대장균군이나 인체에 해로운 식중독균 등을 사멸시키기 위하여 제품의 중심 온도가 최소 63℃에 도달하여 30분 이상 유지되어야 한다. 열처리는 소시지의 살균과 단백질을 응고시켜 표피형성과 조직을 굳게 하는 데 목적이 있다. 표면의 단백질 응고는 케이싱을 벗길 때 소시지의 외층이 표피로 작용하게 한다. 소시지 종류에 따라 훈연과 가열은 선택적으로 공정을 구성할 수 있다.

⑥ 냉각 및 포장

살균 가열처리가 끝나면 찬물로 냉각시켜 냉장실에 저장한다. 냉각된 소시지는 몇 개씩 묶음으로 포장된다. 보통 가열처리 제품은 냉장온도에서 30일간 유통할 수 있다.

(2) 소시지의 제조공정

국내 규정에 의하면 수분함량이 70% 이하이고, 조지방 함량이 35% 이하인 경우 분쇄 육제품에 해당된다. 이상의 제조공정을 단계별로 살펴보았지만 소시지의 종류에 따라 선택적 제조공정이 이루어진다(그림 1-6). 신선 소시지(fresh sausage)는 신선한 고기를 갈아서 조미료와 향신료를 넣고 유화시켜 천연 케이싱에 충전한 것으로 염지제나 아질산염은 첨가하지 않고 훈연이나 가열처리도 하지 않은 것이다. 훈연소시지(smoked sausage)는 훈연처리를 기본으로 하며 이후 가열처리를 추가로 하기도 한다. 일반적으로 알려진 프랑크푸르트, 비엔나소시지 등이 훈연소시지에 해당된다.

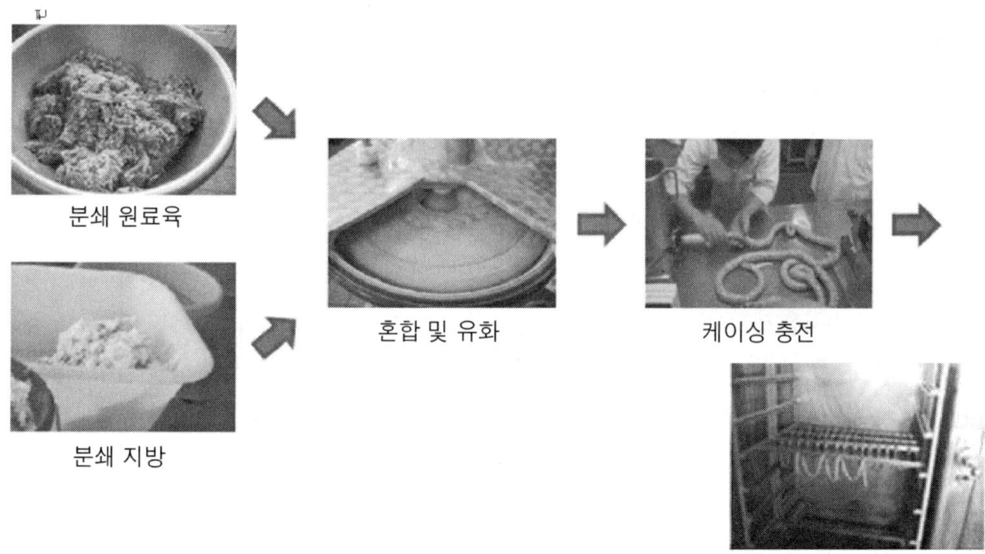

그림 1-6. 유화형 소지지의 제조공정 예

고기 이외에 혈액이나 간 등의 부산물을 미리 가열하여 사용한 가열소시지(cooked sausage)가 있으나 국내에는 일반적이지 않다. 원료육과 향신료 등을 혼합하여 케이싱에 충전하고 낮은 온도에서 장기간 건조 숙성시킨 건조소시지(dry sausage)가 있으며, 대표적인 것이 살라미, 페퍼로니 등이 해당된다.

1.3 우유 가공

1) 우유의 품질

고단백질의 식품 원료인 우유는 물리적, 화학적, 미생물학적인 다양한 가공공정을 통해 시유, 발효유, 아이스크림, 버터, 치즈, 농축유 및 분유 등 다양한 형태의 유제품으로 생산하여 이용하고 있다. 이들 유제품의 품질은 원료에 해당되는 원유의 품질에 따라 기본적으로 영향을 받게 된다. 원유의 품질에는 화학적 성분 함량에 따른 영양학적 품질, 착유와 저장과정에서 우려되는 미생물학적 품질, 젖소의 건강과 관련된 위생학적 품질로 나누어 생각해 볼 수 있다.

(1) 우유의 영양 성분

우유의 중요한 영양 성분인 단백질의 함유량에 따라 우유의 영양학적 품질을 결정하고 원유의 가격을 결정하는 시도가 이루어지고 있다. 화학적 품질을 결정하는 방법으로는 전통적으로 지방을 추출하여 그 무게를 측정하는 방법이 이용되어 왔다. 최근에는 검사방법이 발전하면서 유성분 자동분석기가 전반적으로 이용되고 있다. 간편하고 신속하며 비파괴 원리를 적용하여 여러 가지 성분을 동시에 분석할 수 있고, 정밀도가 높은 장점을 지니고 있다. 원유(raw milk)의 가격은 영양학적 품질 기준에 따라 결정되는데, 낙농산업이 근대화를 이루기 시작한 초기에 유지방의 함유량이 중요한 지표가 되었으며, 이후 미생물학적 품질과 위생학적 품질이 함께 반영되고 있다.

(2) 미생물 및 위생학적 품질

영양소 함유량이 풍부한 우유는 그 자체가 미생물에게도 좋은 영양 공급원이기 때문에 착유된 원유가 오염되면 미생물은 원유의 저장조건과 기간에 따라 정도의 차이를 보이면서 증식이 일어난다. 가공하기 전의 상태에서 원유의 미생물학적 품질은 그 원유를 가지고 만들어지는 모든 유제품의 품질에도 직접적으로 영향을 미치기 때문에 미생물로부터의 품질 관리는 매우 중요하다. 원유의 미생물학적 품질에 따라 등급을 부여하고 있으며, '1등급 우유'라는 개념도 미생물학적 품질로 볼 때 최고의 등급을 받았다는 것을 의미한다.

원유의 위생학적 품질 요인으로는 유방염과 항생물질 잔류 오염 등이 있다. 유방염에 걸린 젖소는 유량이 급격히 감소하고, 포도상 구균의 오염이 심각하며, 치즈를 제조할 때 응고성이 낮아지고, 스타터 미생물의 증식에도 영향을 준다. 유방염의 치료 목적으로 항생제를 주사하면 항생물질이 우유에서 검출되는 문제를 초래할 수도 있다. 체세포(somatic cell)란 백혈구와 유선 조직에서 탈락된 세포를 총칭하여 부르는 용어이며, 젖소의 유선조직인 모세혈관을 통해 원유에 들어가게 된다.

체세포는 생명력이 없어서 착유 후에도 그 숫자가 증가하지 않는다. 이러한 점에서 미생물 세포와 구별된다. 그러나 원유 중에 적혈구가 존재하면 이는 혈액이 혼입된 것으로서 유선조직이 질병상태에 있음을 의미하게 된다. 정상적인 우유 1mL에는 약 1만~1만 5천 개의 체세포가 함유되어 있으며, 50만 개 이상으로 증가하면 유방염의 가능성이 높고, 100만 개 이상이 검출되면 유방염으로 확실하게 단정할 수 있다. 우유는 건강한 젖소에게서 생산되는 것으로, 어떠한 종류의 오염물질이나 항생물질이 잔류되어서는 안 된다. 우유에 잔류될 수 있는 물질로는 항생제, 호르몬, 방부제, 살충제, 중금속, 다이옥신 등이 있다.

2) 유제품의 제조원리

(1) 표준화(standardization)

목장에서 집유한 우유는 맛과 향, 온도, 비중, 산도, 성분, 잔류 항생물질, 이물질, 체세포, 세균검사 등을 실시한다. 이상의 검사를 통하여 기준 규격에 합격한 원유만을 시유 제조의 원료로 사용한다. 검사에 합격한 원유는 기포를 제거한 다음에 부피로 계량을 하고, 커다란 이물질은 여과 필터를 이용해 제거한다. 청징은 비교적 작은 이물질을 원심분리 원리를 이용하여 제거하는 과정으로, 이때 우유의 성분이나 미생물도 함께 제거할 수 있다. 특정 상품명으로 판매하는 시유 제품은 언제나 성분 조성이 동일해야 한다. 그러나 원유의 성분 중에서 특히 지방 함유량은 계절, 젖소의 품종, 사료, 목장에 따라서 다를 수 있으므로 지방 함유량을 일정한 값으로 표준화시켜 주는 것이 중요하다.

(2) 균질(homogenization)

우유의 지방은 나머지 성분에 비해 비중이 작고 입자의 크기가 커서 자연적인 상태에서는 쉽게 떠오르게 된다. 이러한 현상을 막기 위하여 지방 입자의 크기를 균질기라고 하는 기계를 이용하여 65℃에서 15~20 MPa의 압력으로 작게 만들어 주는 과정을 균질화(homogenization)라고 한다(그림 1-7). 우유를 균질화하면 작아진 지

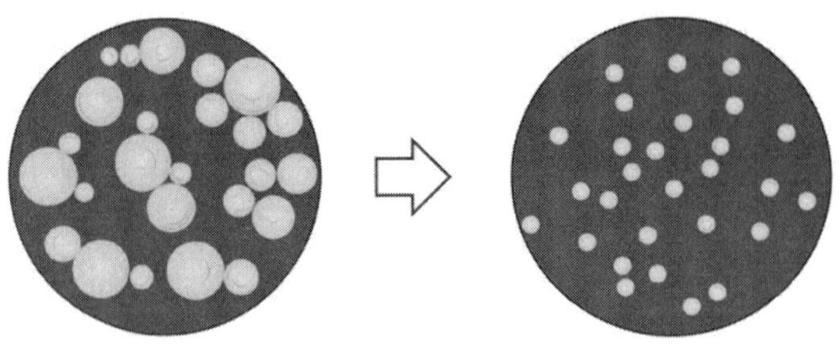

그림 1-7. 균질 전과 후의 지방구 분포상태

방 입자가 우유 속에 골고루 퍼져 떠 있게 되면서 지방이 위쪽으로 떠오르는 크림 분리현상을 막아 주고, 우유 지방의 소화를 돕는 이점이 생긴다.

(3) 살균(pasteurization) 및 멸균(sterilization)

살균은 우유에 존재하는 세균을 일정한 온도에서 일정한 시간 동안 열처리를 통해 줄이는 과정이다. 살균을 거치면서 우유 속에 들어 있는 해로운 미생물은 죽고, 전체 미생물 수는 줄어들며, 효소를 파괴시켜 우유의 저장성이 높아진다. 우유를 살균하는 열처리 방법으로는 저온장시간 살균법(63～65℃에서 30분간 처리), 고온단시간 살균법(72～75℃에서 15초간 처리), 그리고 초고온 멸균법(135～140℃에서 1～3초 정도 처리) 등이 있다. 열처리한 우유는 영양소 파괴를 최소화하고, 살아남은 세균이 자라지 못하도록 냉장 온도로 빠르게 냉각한다. 살균처리를 마친 유제품은 적당한 포장용기에 포장을 한다. 시유의 경우 200mL, 500ml, 1000mL 단위 등으로 포장하고 있으며, 포장용기 재질로는 유리나 플라스틱도 있지만, 여러 겹의 종이와 얇은 알루미늄 재질로 안쪽을 방수 처리한 카톤 팩을 주로 이용하고 있다.

(4) 발 효

열처리 후 냉각된 원료유에 젖산균을 접종한다. 우유의 발효를 주도하는 젖산균을 스타터(starter)라고 하며, 대표적인 요구르트 스타터는 구균인 스트렙토코커스 서모필러스(*S. thermophilus*)와 간균인 락토바실러스 불가리쿠스(*L. bulgaricus*)이다. 이들 구균과 간균을 함께 배양하면 두 젖산균 간에 공생효과로 젖산 발효가 촉진되는 장점이 있다. 계대배양 스타터인 경우에는 1.0～2.0% 정도, 동결 건조된 스타터는 0.01～0.02% 정도 투입하여 배양온도 40～42℃에서 6시간 이내에 배양이 완료되는 단기 배양방법이 이용된다. 젖산발효 과정에서 젖산의 생성과 아세트알데히드, 아세토인, 다이아세틸 등의 요구르트 고유의 향미를 가지게 된다. 배양액의 pH가 4.5 부근에 다다르면 배양을 종료하고 바로 냉각하여야 한다. 배양이 끝난 후에 냉각은 15~20℃로 1차 냉각하고, 냉장실에서 5℃ 이하로 2차 냉각한다.

(5) 크림 분리

우유에 원심력을 가하면 지방함량이 높은 크림을 얻게 된다. 우유에 유화된 상태로 존재하는 유지방은 원심분리기로 원심력을 가하면 지방구들 사이의 응집작용과 무지고형분과의 비중 차이로 상층으로 분리된다. 우유의 온도는 37~43℃ 범위가 바람직하며, 우유의 투입과 크림분리기의 회전 소독에 따라 크림분리의 효율이 달라진다.

(6) 교반(교동)

크림을 세게 휘저어 엉기게 한 다음에 응고시키면 버터가 만들어진다. 교반기에서 초기 크림으로부터 탄산가스가 배출된다. 교반과정에서 생겨난 기포가 팽창하면서 발생한 압력을 제거하게 된다. 50~60분 정도의 교반과정을 거치면서 크림의 지방구들이 뭉쳐 작은 입자를 형성하고, 콩알 크기의 버터입자가 되면 종료한다. 버터입자가 분리되어 수면 위로 떠오르도록 기다렸다가 교반장치 아래쪽으로 버터밀크를 제거한다. 제거된 버터밀크와 같은 양의 냉수를 넣어 버터가 단단해지면 다시 회전시켜 수차례 세척한다.

(7) 치즈 제조

치즈 스타터는 우유를 응고시키기 전에 유산을 생성하여 치즈 특유의 풍미 생성, 조직 개선, 품질 보전에 기여한다. 우유의 주요 단백질인 카세인을 분해하는 효소의 일종인 레닛은 송아지의 소화 단백질 분해효소로, 치즈를 제조할 때 치즈를 응고시키는 가장 중요한 역할을 한다. 레닛 첨가 25분경에 커드 굳기를 검사하여 적당해지면 커드 칼로 절단한다. 교반은 온도의 변화를 주지 않고 서서히 시작하며, 속도는 커드가 부서지지 않으면서 가라앉지 않는 정도를 유지한다.

유청 제거는 커드로부터 유청을 분리시키는 작업이다. 커드 절단 후 가온을 통해 커드가 수축되면 원유의 부산물인 유청을 커드 입자 밖으로 배출시킨다. 압착은 치즈 특유의 모양을 만들고, 치밀한 조직을 형성하기 위해 틀에 넣어 압착기로 가압하는 것을 말한다. 모양을 만든 커드에 소금을 넣는다. 압착과 가염이 끝난 직후 생치즈는 굳어 있는 상태로 맛과 향이 없기 때문에 숙성의 공정을 거치게 되는데, 숙성 방법에 따라 여러 종류가 만들어진다. 숙성과정을 거치는 젖산이 생성되고 단백질은 가수분해를 거치면서 치즈의 맛과 질에 크게 영향을 끼치며, 지방은 치즈 고유의 향기 성분을 생성하는 데 기여한다(그림 1-8).

그림 1-8. 치즈의 제조공정

3) 유제품 제조

(1) 시 유

원유가 시유(market milk)로 소비되려면 균질과 살균을 포함한 여러 가지 과정을 거치는 가공처리가 이루어져야 한다. 목장에서 착유한 원유를 적절한 방법으로 가공처리하면 소비자들은 영양가 높은 우유를 안전하고 편리하게 마실 수 있게 된다. 우유를 안전하게 마시기 위해서는 원유에 들어 있는 세균을 적절한 수준까지 살균하여야 한다. 또한 유통과정 중에 우유에서 유지방이 분리되는 현상을 막기 위해 지방을 잘게 쪼개어 주는 균질 과정도 필요하다. 시유 제품은 살균방법이나 성분 조성에 따라 다음과 같이 나눌 수 있다.

① 살균 시유

원유가 가지고 있는 영양분의 손실을 최소화 할 수 있는 범위 내에서 살균처리와 균질을 하여 포장한 제품이다. 살균과정에서 모든 미생물이 사멸되는 것은 아니나, 유해 미생물은 거의 대부분 죽게 되어 시유 제품의 유통기한 동안은 안전하다. 시유 제품은 5℃ 이하의 냉장온도에 보관하며, 유통기한 내에 소비하는 것이 안전하다.

② 멸균 시유

우유의 모든 미생물을 멸균처리 하고, 특수 용기에 무균상태로 포장하여 실온에서도 여러 달 동안 저장할 수 있는 우유를 말한다. 일반적으로 냉장유통 시설이 갖추어지지 않은 곳에서 소비되는 형태의 제품으로, 살균제품에 비하여 영양소의 파괴가 심한 것이 단점이다.

③ 성분강화(조정) 및 환원유

우유에 부족하기 쉬운 성분(철분, 비타민 D 등)을 강화한 우유를 말하며, 포장용기에는 반드시 강화시킨 성분과 함유량이 표시되어야 한다. 우유의 성분 중에서 유지방 함유량을 조정한 저지방, 무지방 우유나 유당분해 효소를 처리하여 유당 함유량을 조정한 우유가 여기에 해당한다. 분말형태의 분유에 수분을 첨가하여 다시 액상으로 재생(환원)한 우유를 말한다.

④ 우유음료

시유나 환원유에 우유 성분 이외의 설탕 또는 향료와 색소를 넣어 음료로 만든 것을 말하며, 시중에서 판매하고 있는 커피우유, 초콜릿 우유, 바나나 우유, 딸기우유 등이 우유음료에 해당한다.

(2) 요구르트

발효유는 포유동물의 젖에 젖산균이나 효모 또는 두 가지 미생물을 배양하여 발효시킨 제품으로 발효산물에 의한 독특한 풍미를 가지게 되며, 요구르트는 대표적인 발효 유제품이다. 형태에 따라 무지고형분 함량에 따라 액상발효유과 농후발효유로 나누기도 한다. 농후발효유는 무지고형분이 8% 이상으로 규정되어 있다.

요구르트의 일반적이 제조공정은 원료의 표준화 및 배합, 균질, 살균 및 열처리, 냉각, 스타터 첨가, 배양, 냉각, 배양 후 처리공정으로 구성된다. 배양이 완료되면 냉각 후 신속하게 용기에 채워 넣는데, 원유나 유제품만을 원료로 사용한 플레인(plain) 요구르트와 풍미 성분을 가미한 제품의 경우 과일 퓨레 등을 첨가할 수 있다.

(3) 크 림

크림은 우유의 지방을 분리하여 농축한 것으로 지방함량에 따라 싱글크림(18%), 하프크림(10～18%), 더블크림(45% 이상)으로 구분된다. 커피용 크림, 휘핑크림, 발효크림 등도 용도에 따라 구분된다.

(4) 버 터

우선 크림을 중화하고 살균한 후 스타터를 이용하여 숙성한다. 교반과정을 통해 크림의 지방구들이 한데 뭉쳐 덩어리가 되면서 생긴 버터입자를 버터밀크로부터 분리하고 세척한다. 미생물의 번식을 억제하고 버터의 풍미를 위해 소금을 0.3～1.5% 첨가하는 가염과정을 거치기도 한다. 연압과정은 버터입자를 모아서 짓이기는 것으로 지방에 수분이 유화되도록 하여 버터의 조직을 부드럽고 치밀하게 해준다. 버터는 가염 여부에 따라 무염버터와 가염버터로 분류되고, 발효 여부에 따라 감성버터와 발효버터로 분류된다. 종류에 관계없이 버터의 조지방 함량은 80% 정도를 차지한다.

(5) 치 즈

치즈는 전 세계적으로 1,400여 종이 있는 것으로 알려져 있으며, 원산지, 원유, 제조방법에 따라 매우 다양한 종류가 있다. 치즈는 원유에 젖산균과 레닛을 첨가하여 커드라는 우유 단백질의 응고물을 만들고 남아 있는 액체 성분인 유청을 제거하여 고형분만을 압착하고 성형한 후 숙성시킨 발효 유제품의 일종이다. 수분함량에 따라 초경질(41% 이하), 경질(49～56%), 반경질(54～63%), 반연질(61～69%), 연질치즈(67% 이상)로 구분한다. 숙성단계를 거치지 않고 바로 소비하는 신선치즈(비숙성치즈)로는 크림치즈, 모차렐라 치즈가 해당된다. 치즈 제조 후 숙성실에서 유산균에 의해 숙성되는 체다치즈가 대표적인 숙성치즈이다. 카망베르로 알려진 곰팡이에 의해 숙성된 치즈도 있다.

1.4 알 가공

1) 알제품의 종류 및 가공

우리가 가장 많이 접하는 달걀은 영양가에 비해 열량이 낮고 소화흡수가 잘 되며 상대적으로 가격이 저렴하다. 달걀은 양질의 단백질과 지방, 각종 비타민과 무기질을 고루 함유한 완전식품에 가까운 천연 식품이다. 성장에 필요한 필수아미노산 조성에서 모유 다음으로 달걀이 높다. 최고 단백질 효율을 100으로 기준할 때 달걀은 93.7로 식품 중에서 생물가가 가장 높은 완전식품에 해당된다. 황을 함유한 아미노산이 많아서 곡류를 주식으로 하는 우리에게 부족하기 쉬운 메치오닌 성분을 보충해 줄 수 있다.

달걀의 독특한 성질로 인해 신선란의 형태뿐만 아니라 전란액, 난황액, 난백액, 전란분, 난황분, 난백분 등 다양한 형태로 가공되어 다른 가공식품 제조에 활용하며, 새로운 형태의 제품을 개발하여 이용하고 있다. 알은 1차 가공품인 위생란(table egg), 액란(liquid egg), 동결란(frozen egg), 건조란 등으로 처리되어 다시 2차 가공품인 마요네즈, 피단, 훈연란, 제과, 제빵, 음료 등의 원료로 이용된다.

2) 알제품의 제조원리

(1) 세 척

산란 후 수거된 계란 표면에는 미생물로 오염되어 있으므로 추가 가공공정에서 내부로 오염될 수 있으므로 제거해 준다. 세척수를 분무하거나 침지시키는 방법이 사용되며 솔로 닦아내는 방법도 사용된다. 물 세척만으로 미생물 제거 효과가 크지 않으므로 세척액에 염소계 소독제(sodium hydroxide, sodium hypochlorite등)를 50～200 ppm 수준으로 첨가하여 난각 표면의 미생물을 90%까지 제거할 수 있다. 세척 후에는 난각 표면의 큐티클층 단백질이 손상되어 미생물 유입 가능성이 커지므로 바로 포장한다.

(2) 살균(pasteurization)

계란을 깨뜨려(할란) 액란을 제조하여 유통하기 위해서는 살균공정을 거칠 필요가 있다. 난백액은 55℃에서 9분 30초, 난황액은 60℃에서 3분 30초, 전란액은 64℃에서 2분 30초 동안 가열 살균한다. 살균한 액란은 10℃ 이하에서 보관한다.

(3) 염지 및 조미

조미란은 난각을 벗기지 않은 상태로 기공을 통해 외부의 염지액을 고온고압 상태에서 내부로 침투시키면서 동시에 가열 처리한다는 점에서 초란과 구별된다. 따라서 초란처럼 용액 상태에서 포장할 필요가 없어 간편하게 유통시킬 수 있다. 표면을 목화씨기름으로 도포하거 훈연하여 기공을 막아 상온에서도 3～4개월 이상 유통시킬 수 있다.

(4) 훈 연

훈연과 동시에 가열처리가 이루어지며, 갈색화 반응에 의한 표면의 색과 풍미가 향상된다. 훈연과정에서 발생되는 페놀, 유기산, 포름알데히드 등의 연기 성분과 표면의 건조로 인해 미생물 수가 감소되고 성장을 억제하여 보존성이 증가한다. 훈연 재료는 참나무, 벚나무, 도토리나무, 떡갈나무, 히코리나무나 톱밥을 사용한다. 훈연하는 온도에 따라 냉훈법(15～30℃), 온훈법(30～50℃), 열훈법(50～80℃) 등이 사용되며, 훈연 성분을 함유한 훈연액을 직접 첨가하거나 침지 또는 제품에 분무하는 액훈법도 사용된다.

3) 알제품의 제조

(1) 위생란(table eggs)

수집한 신선란은 오염란과 기형란 등을 골라내고, 온수와 소독수를 사용하는 자동 세척기로 세척한 후, 고속 열풍 건조기로 급속하게 건조시킨다. 다음에 투광 검란과정에서 혈반란, 변질란, 이상란 등을 가려내고, 알 무게에 따라 컴퓨터 검량기로 선란하여 같은 무게의 달걀별로 구분한다. 선란기는 시간당 3,000개 이상의 알을 선별한다(그림 1-9).

달걀은 비교적 안전한 구조를 하고 있으나, 기계적인 처리 공정이나 유통과정에서 손상되고 부패되는 수가 있다. 또, 건강에 대한 관심이 높아진 소비자들은 위생적으로 문제가 없는 차별화된 식란을 선호하고 있으므로 검란을 통한 달걀의 품질 관리가 제대로 이루어져야 한다. 최근에는 축산물품질평가원에서 실시하는 달걀 품질 등급 판정을 받아 판매되기도 한다. 달걀의 품질 등급은 세척한 계란에 대해 외관, 투광

그림 1-9. 위생란 제조공정

및 할란 판정을 거쳐 1+, 1, 2 및 3등급으로 구분한다. 외관 판정은 달걀의 전체적인 모양, 껍데기의 상태, 오염 여부 등 달걀 외부의 상태를 평가하고, 투광 판정은 기실의 크기, 노른자의 위치와 퍼짐 정도, 이물질 유무 등을 평가하며, 할란 판정은 흰자의 높이와 달걀의 무게, 이물질 유무 등을 평가한다.

(2) 초란(pickled egg)

삶은 계란이나 메추리알의 껍질을 벗기고 염지액(pickling solution)에 1주일 정도 담그어 제조한다. 염지액은 3～5%의 초산과 소금을 기본으로 향신료 등 다양하게 구성될 수 있다. 산 처리에 의해 조직이 변하며 흰자는 반숙처럼 응고된다. 초란은 병조림 포장하여 수개월의 유통기한을 갖게 된다(그림 1-10).

(3) 피 단

중국에서는 피단(皮蛋)이라고 불리는 전통적으로 오리알을 알칼리 발효시킨 제품이 있다(그림 1-10). 기본적으로 차, 석회, 소금, 나뭇재를 혼합하여 달걀 껍데기에 도포하고, 1주일에서 5개월까지의 숙성기간을 거쳐 제조한다. 혼합물 속에서 생성된 알칼리성 물질들이 달걀 껍데기를 통해 침투하면 흰자는 홍차색의 반투명 상태로, 노른자는 검은 녹색의 고체상태로 된다. 장기 저장을 할 수 있고, 발효에서 오는 독특한 향기와 맛 때문에 그냥 썰어서 섭취하기도 한다.

(4) 마요네즈

마요네즈는 달걀노른자의 유화 작용을 이용하여 만든 알 가공 식품이다. 마요네즈는 일종의 조미료로 생선 요리나 샐러드에 널리 이용되고 있다. 마요네즈는 달걀노른자의 유화성을 이용하여 식용유를 달걀노른자에 골고루 퍼지게 한 일종의 소스(sauce)이다. 유화(emulsification)란 물과 기름과 같이 잘 섞이지 않는 두 액체를 섞

그림 1-10. 초란과 피단

이게 하는 작용을 말한다. 물과 기름이 섞이려면 두 액체를 동시에 잡아 두는 물질이 필요한데, 이것을 유화제(emulsifier)라고 한다. 달걀노른자의 레시틴(lecithin)이라는 물질은 대표적인 천연 유화제이다.

유화액에는 물에 기름이 녹아 있는 수중 유적형과 기름에 물이 녹아 있는 유중 수적형이 있다. 버터나 마가린은 기름 속에 물이 녹아 있는 유중 수적형이고, 우유, 아이스크림, 마요네즈는 물속에 기름이 녹아 있는 수중 유적형이다. 달걀노른자에 조미료, 향신료, 식초의 일부를 믹서에 넣고 잘 교반하면서 식용유와 나머지 식초를 교대로 첨가하며 교반, 유화시키고 균질화 시킨 다음에 용기에 담는다. 식용유의 첨가 비율은 충분히 교반해 가면서 달걀노른자 10mL당 3～4mL로 첨가한다. 식초는 방부성과 부드러움을 부여하며, 식용유와 번갈아 가면서 첨가하게 되는데, 첨가 후에 pH가 3～4 정도에 이르게 된다. 소금은 방부성 및 유화 안정성에 도움이 되나, 과다 사용은 오히려 유화성을 저해시킨다.

1.5 축산물 생산을 위한 도축의 윤리와 동물복지

1) 축산물 생산을 위한 도축의 윤리

축산물의 경우 대부분 살아 있는 가축을 이용하기 편리하도록 도축되어 가공 과정을 거치면서 탈자연화된다. 특정 종교에서는 특별한 도축 의례 절차를 따르기도 하며, 이는 소비자의 편의, 위생 안전성 문제, 심리적 측면까지 고려되기 때문이다. 도축과정에서의 작업자의 노고가 따르며 가축을 죽일 때의 죄책감과 감사의 의미를 위한 절차도 있다. 도축 후 정형, 포장 과정을 거치면서 소비 단계의 식육으로 변형되어 최종 요리로 가공되는 과정에서 이용의 완벽성이 증가하고 도축 과정에서 생긴 죄책감도 사라진다고 한다.

개발도상국 인구의 소득 증대로 인한 육류를 비롯한 축산식품 소비 증대는 매년 도축 물량의 증가로 이어지고 있다. 특히 이슬람 인구의 증가로 2030년에는 세계 인구의 26.4%를 차지할 것이며 매우 젊은 층의 인구구조를 지니고 있어 향후 주요 식품 소비 집단으로 자리 잡을 것이다. 이슬람에서 주장하는 할랄(Halal) 도축은 이슬람 법전에 따른 것으로 동물은 도축 당시에 살아있어야 하고 도축 과정에서 정해진 특정 방법을 준수해야 한다. 이슬람 인구의 증가로 할랄 시장의 증가는 당연한 것이다(그림 1-11).

할랄에서 일반적인 도축에 비해 가장 다른 점 중의 하나가 기절방법일 것이다. 할랄에서는 대부분의 동물이 도축과정에 죽을 수 있는 위험이 있기에 기절을 시키지 않고 날카로운 도구를 이용해 단번에 대정맥, 대동맥을 절단하여 방혈시킴으로써 스트

그림 1-11. 이집트의 소규모 할랄 식육점

레스를 줄인다고 한다. 동물은 고통을 최소화할 수 있다고 간주된다. 동물이 스트레스를 받게 되면 식육에서 상처나 멍이 남을 수도 있다.

할랄에 의한 도축이 동물에게 스트레스를 최소로 주는지에 대한 객관적 정보는 찾기 어렵다. 일부 연구에서는 기절이 되지 않은 상태에서의 도축과정이 오히려 가축에게 더 많은 스트레스를 준다고 지적한 결과가 있기도 하다. 희생에 대한 동정과 동물의 고통을 최소화하려는 측면이 식육의 대량 소비와 관련되어 계속적인 윤리 문제로 대두될 것이다. 특별한 도축방법, 종교적 율법에 의한 도축, 현대적인 도축시설을 이용한 도축이건 간에 어떤 방법이 동물복지나 인도적 측면에서 더욱 바람직한 것이냐 하는 질문에 쉽게 대답할 수 없는 이유이다.

2) 농장에서 도축장까지 동물복지의 실행 - EU의 예시

동물복지에 대한 관심과 요구가 정부, 시민단체, 시장 그리고 일반 대중으로부터 꾸준히 증가하고 있다. EU의 경우 동물복지가 계속 논의되고 있으며, 돼지에 있어서 꼬리자르기의 감소, 새끼돼지의 거세 대체 방법, 가축 수송환경 개선 등을 몇 나라에서는 주도적으로 거론되고 있다. 제도적인 부분에서도 동물복지가 강조되어 반영되는 것이 점점 늘어나고 있다. 이러한 요구를 수용하기 위해서는 도축공정에 새로운 기술이나 시스템이 필요하게 된다.

시장은 균일하게 높은 품질에 대한 부가적인 요구사항들이 계속 발생하고 있다. 산업 내의 치열한 경쟁과 효율적 생산 공정은 작업환경에 대한 관심도 증가하게 한다. 미래 축산식품 산업이 계속 성장하기 위해서는 동물복지, 제품의 품질, 효율성 그리고 작업환경 등을 개선하는 생산시스템이나 기술이 필수적이다.

유럽의 경우 제도적으로(EC No. 1009/2009)로 도축되는 시점에서 가축을 취급하는 과정이 상당히 개선되도록 하였다. 도축장은 동물복지를 담당하는 직원을 채용해야 하고 표준 작업공정이 확립되어야 하며, 훈련받은 직원이 가축을 취급하도록 해야 한다. 작업자는 능력을 검증할 자격증이 요구된다.

현재와 같이 비용 효율적인 생산시스템을 유지하기 위해서 동물복지의 개선은 효율적이면서 목적에 맞는 기술로 집중해야 한다. 작업자가 교육을 받고 동물복지에 대해 인식이 높아지긴 하지만 도축장 작업공정에 사람이 웬만하면 덜 포함되는 시스템이 더욱 좋다. 동물의 행동이 고려된 신기술의 개발 및 보급을 통해 높은 동물복지 수준에서 품질과 수율이 높은 수준으로 유지하는 효율적인 생산시스템을 얻을 수 있다.

살아있는 동물에게 위해를 줄 수 있는 상해의 예로 출혈이 있다. 덴마크의 최근 연구에 의하면 대부분의 돼지 도체의 출혈은 도축 전 2시간 이내에 발생한다고 보고된다. 따라서 도축 전 취급이 매우 중요하다. 출혈은 도체의 가치를 떨어뜨리기 때문에 상처는 단지 동물복지의 문제만이 아니다. 그래서 도축하는 당일 생축의 관리를 최적화시켜 출혈과 같은 도체의 문제가 없도록 하는 것은 경제성을 높이는 중요한 일이다. 피부의 상처나 골절 등을 줄이거나 도축 당일 올바른 가축의 취급으로 식육의 보수력을 증가시키는 것은 추후 도체가 감량이 적고, 가격이 높은 부분육으로 팔릴 수 있게 하여 도체의 가치를 높일 수 있다.

(1) 도축 전 취급

도축 전 취급은 운송을 준비하는 과정, 상차, 운송, 하차, 계류, 그리고 도축하는 곳까지 가는 것 등 모두 사람과 동물 사이의 상호작용으로 이해할 수 있다. 새로운 시스템을 개발하거나 취급하는 것은 동물의 행동에 관한 지식을 기반으로 해야 가축에 해를 덜 주고 취급하는 데 있어서 물리적인 힘을 사용할 필요가 없는 효율적인 시스템을 만들어 낼 수 있다.

(2) 농장에서 도축장까지

① 돼 지

높은 수준의 동물복지를 위한 기본적인 도축 전 취급의 개념은 운반, 계류, 기절의 과정을 거칠 때 같은 돈군을 그대로 유지하는 것이다. 이는 익숙하지 않은 낯선 돼지들과 낯익은 돼지를 분리하여 공격적이거나 싸우는 것을 줄여준다. 그로 인해 피부의 상처나 멍 등이 줄어들고, 돈육의 품질 특히 보수력이 좋아진다. 실제 연구에서 전통적인 큰 그룹(45마리)으로 계류장에 계류시키는 것에 비해 15마리의 돈군을 그대로 유지하는 것이 덜 공격적이었고, 도축 후 피부상처도 많이 없었다.

또 15마리의 돈군을 하차 시나 계류장으로 이동 또는 거기서 기절기로 이동할 때 이동이 훨씬 쉬웠다. 계류장은 15마리의 돼지가 충분히 쉴 수 있는 면적에 미닫이 문 등으로 구분되어 있는 구획들로 구성되어 있어 돼지들이 조용히 계류장으로 들어갈 수 있었다. 돼지는 또한 방향판 만을 사용해서 움직였다. 동일한 돈군 관리는 동물은 어두운 곳에서 밝은 곳으로 움직이려는 경향이 있는 것과 이동통로들은 동물이 자유롭게 움직일 수 있도록 설계되어야 한다는 사실을 기본 개념으로 하여 설계되었다.

마지막 컨셉은 돼지를 계류장부터 기절장소까지 가는 자동시스템을 부가하는 컨셉이다. 기절기의 용량에 따라 돼지를 2 또는 3개 그룹으로 다시 나누어 주는 슬라이딩 도어가 있다. 작은 그룹은 자동적으로 움직이는 벽과 기절박스로 이루어진 CO_2 기절기로 이동하게 된다. 이 시스템은 생산 공정 속도에 알맞게 조절이 가능한데, 물론 움직이기 싫어하는 동물을 강제로 끌고 가는 것을 방지하고자 일정 압력 이상이 되면 정지하는 시스템도 있다. 동물을 더 살살 다루기 때문에 피부상처나 멍의 숫자는 줄었고 보수력은 증가하였다. 게다가 공장 내 소음의 수준도 현저히 줄었다. 그로 인해 작업자도 힘을 덜 쓰고, 소음이 덜하기 때문에 작업환경도 개선되었다.

돈군 관리 원칙을 완성하기 위해서 돼지가 농장에서 표시되지 않고 운송되었더라도 추적이 될 수 있는 시스템을 개발하여 실행하고 있다. 돼지를 같은 돈군 그룹에서 농장에서부터 도축 라인에서 RFID 태그로 인식될 때까지 계속 관리함으로 추적할 수 있다. 현재 도축 시스템에서 사용하는 문신은 돼지에게 어느 정도 스트레스를 주지만, 이 새로운 시스템은 동물복지 증진에 기여할 것이다. 이 시스템은 도축장 검사, 훈련된 작업자, 관리 중점사항 등과 IT가 결합된 형태로 이루어져 있다.

동일 돈군 관리 하나로 동물복지가 다 된 것은 아니다. 전체 돈육 생산 라인에서 동물복지 수준을 높이기 위해서는 도축장 시설들이 디자인이나 사용된 재료들, 건축 방식, 온도조절 등의 기술적인 특성들이 충족되어야만 한다.

② 운 송

동물복지에서 운송은 여러 스트레스 요인이 복합적으로 작용하기 때문에 꽤 어려운 문제이다. EU의 법적(EC No. 1/2005)으로 가축은 운송을 할 때 편안해야 한다고 규정한다. 운송 중의 돼지의 복지에 영향하는 주요 요인은 운송 거리와 온도, 트럭 내에서 돼지의 위치, 가축의 밀도, 바닥의 형태나 깔짚의 유무, 트럭의 디자인, 진동, 운전 스타일, 그리고 낯선 돼지의 존재 등이 있다. 운송 중 폐사는 동물복지에서 최악의 경우이다. 돼지는 높은 기온에 매우 민감해서 20℃ 이상의 온도에서 운송된 돼지는 그 보다 낮은 온도에서 운송된 돼지의 도축장 도착 시 폐사율은 매우 높다. 트럭 내에 강제 환기 시스템과 분무기의 설치로 동물복지를 증진시키고, 여름철 온도에 의한 스트레스를 예방할 수 있을 것이다. 20℃에는 환기시스템이 25℃에는 분무장치가 작동되게 하는 장치가 개발되기도 하였다.

가축의 운송거리는 자주 오르는 주제이다. 덴마크에서 진행한 연구에서는 운송거리가 100km 이하와 200km 이상을 비교할 때 폐사율이 0.0016%에서 0.0223%로 증가했다고 한다. 스페인에서도 유사하게 50km 이하의 거리로 운송된 것과 100km 이상의 거리가 각각 0.21%와 0.46%의 폐사율을 나타내었다. 그러나 운송의 질, 즉 운송 시 운송 차량이 가축에 적합한지, 차량의 디자인이나 작동, 공간, 온도 및 환기 등이 거리보다는 더 중요한 요인으로 알려져 있다.

③ 계 류

계류의 주요 목적은 축산 선진국의 경우 도축 라인에 지속적인 돼지를 공급하기 위해서이다. 예전에는 계류시간이 운송 후 회복하는 시간을 주어 육질을 좋게 하기 위해서였지만, 현재 운송과 계류 시 소규모의 돈군 관리와 함께 할로텐 유전자(halothane gene)가 제거된 돼지들에서는 중요한 문제가 안 된다. 계류장에는 낯선 돼지들과 섞이게 되는데 이것이 스트레스가 된다. 계류 중에 피부 손상이 증가하는데, 이는 기절기로 가기 위해 돼지를 이동시킬 때 전기막대를 사용하거나 하여 생기는 것이다. 돈군을 30마리로 하여 함께 관리하면 10마리로 하는 것에 비해 10배의 공격성을 보인다고 한다.

큰 돈군에서 공격성이 높아지면 당연히 피부손상의 수준도 높아진다. 게다가 계류장에서 낯선 돼지를 만나면 creatine kinase(CK) 수준이 안정된 돈군의 돼지에 비해 증가한다. 혈중 CK 수준은 피부손상이 약하지만 양의 상관관계가 있다. 피부손상의 경우 계류시간이 0에서 3시간으로 길어지면 증가하는 것으로 나타났고, 또한 1.0 pig/m^2에서 2.7 pig/m^2로 밀도가 높아지면 증가하였다. 그래서 15시간 같이 긴 시간의 계류는 돼지에게 충분한 휴식시간을 주는데 공격성의 위험이 있어 피부손상이 증가할 수 있다. 물을 위한 니플의 수, 돈방 크기, 밀도, 바닥의 형태 또한 동물복지에 중요한 요인인데, 현재 15두 돼지 당 니플 1개와 100kg 돼지 한 두 당 0.5m^2의 밀도, 그리고 바닥은 배수가 잘 되게 권장하고 있다.

④ 기 절

돼지에게 주로 사용되는 기절 방법은 전기기절 또는 가스기절이다. 전기기절은 곧바로 의식을 잃기 때문에 동물복지 면에서 우수하다. 그러나 전극이 제대로 위치해야만 원하는 결과를 얻을 수 있다. 전기기절은 먼저 가축이 움직이지 못하게 고정해야 하는데, 이는 가축에게 고통을 주게 된다. 머리를 이용해 전기기절 시키는 것이 일반적이지만 머리와 어깨에 전류를 흘려 기절시키는 방법도 있다.

이 방법은 방혈 전에 의식이 돌아오는 위험이 줄어든다. 더욱이 머리와 가슴을 모두 사용한 기절방법은 도체 경련도 억제한다. 그런데 만일 전극이 제대로 위치하지 않으면 기절 대신 움직이지 못하는 상태만으로 될 수 있다. 영국에서의 통계를 보면 15.6%의 돼지가 첫 번째에 제대로 기절되지 않아서 다시 기절시키고 있다고 한다. 이것은 동물복지의 입장에서 매우 안 좋은 일이다. 전기기절의 또 하나의 단점은 동물복지와 상관이 없지만, 근육에 출혈을 발생시키고 pH를 낮춘다는 것이다.

CO_2 기절은 식육 품질을 개선(출혈을 억제하고 보수력을 증진)하고, 돼지를 고정할 필요가 없는 방법으로 고안되었다. 또 CO_2 기절방식은 동일 돈군 관리를 할 수 있게 해 준다. 그런데 한 가지 생각해야 할 것은 돼지가 기절하기 전 CO_2가스를 처음 접할 때 몇 초간 상당히 고통스러워한다는 것이다. 아르곤과 같은 불활성 기체가 대체제로 제안되었지만 무의식 시간이 짧아 방혈을 시키기 전에 의식이 돌아올 위험이 있어 동물복지 면에서 더 좋지 않다고 판단되었다. 또한 기절과정에서 CO_2가스의 농도나 노출시간도 효율적인 기절을 위해 매우 중요한 요소이다. 연구에 따르면 80% CO_2에 100초 이상이 동물복지 측면에서 바람직하다고 알려져 있다.

(3) 닭

① 수 집

가금류는 농장에서 손으로 또는 기계적으로 수집되는데 그 방식과 기계사용에 따라 동물복지 수준이 달라진다. 스웨덴의 연구에서 대략 4～6%의 닭이 농장에서 기계를 이용한 수집 시 해를 입는다고 했다. 약 2%의 상처가 운송 중에 발생하고, 또 2%가 쇄클에 걸기를 할 때 발생한다. 덴마크에서 1.63%의 닭이 기계적으로 수집될 때 상처가 나는데 사람이 손으로 하게 되면 0.18%에 불과하다. 수집하는 단계는 일반적으로 스트레스를 주고 고통을 줄 수 있는 독립된 공정이기 때문에 충분히 개선할 수 있는 여지가 많이 있다.

② 운 송

브로일러는 도계장까지 이송용 상자에 실려서 간다. 가금류는 열을 머리 위를 선회하는 공기를 통해 방출하기 때문에 차량 내부나 운송 중 환기가 중요하다. 운송 중 기계적 환기가 권장되고 있긴 하지만 차량이 이동할 때 자연 환기를 많이 쓰고 있다. 캐나다의 한 연구에서 보면 바깥 공기 온도가 -28.2℃임에도 불구하고 열 스트레스와 냉 스트레스가 함께 차량의 위치 간 환기의 부족으로 발생하였다고 한다. 여기에 이동 중 진동도 많은 스트레스를 준다. 운송에 관한 스트레스를 연구할 때 사용되는 지표가 도착 시 폐사율(Dead on arrival, DOA)인데 평균 0.13～0.57%에 이른다. 일반적으로 DOA는 30km를 기준으로 그 이상 거리가 늘어나면 증가하게 된다.

③ 기 절

가금류의 기절은 주로 2가지 방법이 상업적으로 많이 쓰이는데, 수조 내에서 전기적 기절과 가스조절(controlled atmosphere) 기절이 있다. 전기기절이 사용될 때는 닭이 의식이 있을 때 쇄클에 걸어야 하고, 가스기절의 경우 닭이 의식이 있을 때는 쇄클에 걸지 않는다. 전기기절 하는 방법은 차량에서 살아있는 닭들이 컨베이어로 쏟아지게 되고 쇄클 거는 곳으로 가게 되거나 또는 닭이 들어있는 각 박스를 하나씩 들고 가게 된다. 쇄클에 거는 것은 주로 행거가 한다. EU 지침에 따르면(EC No. 1099/2009) 실제적으로 행거의 크기가 일정하기는 하지만, 행거의 크기는 닭의 크기와 같아야 한다고 규정하고 있다.

전기기절은 닭을 바로 무의식 상태로 가게 하는데 주파수에 따라 차이는 있지만 100mA에서 4초간 실행하는 것을 권장하고 있다. 그러나 수조에서 하는 전기기절 과정은 무의식의 기절 대신 움직이지 못하는 상태가 되거나 또는 전기 쇼크가 발생할 수 있어 동물복지에서 문제가 될 수 있다. 새로운 혁신적인 방법은 닭고기의 품질이나 기절의 품질을 개선할 수 있다. 머리만 기절시키는 방법(head-only-stunning system)이 그것이다. 이 시스템에 의하면 닭은 수조의 탱크를 이용해서 전기기절 되는 것이 아니다. 머리의 센서가 있어서 닭의 머리에서 저항을 계산하여 기절에 필요한 양의 전류를 흘려주게 되어 올바른 기절이 될 수 있도록 한다.

닭을 뒤집거나 쇄클에 걸거나 또는 출혈이 적어서 육질을 개선하는 등에 동물복지를 고려하면 가스기절 방식으로 가는 쪽으로 방향이 잡힌다. 원칙적으로 가스기절 방식에는 2가지 방법이 주로 사용되며 CO_2를 이용한 혼합가스가 주로 선호된다. 첫 번째 방식은 이송용 상자에 들어 있는 생계가 컨베이어에 쏟아지고, 닭이 점차 높은 수준의 CO_2(40에서 80%로)와 낮은 수준의 O230에서 5%로) 기체에 노출되게 된다. 다른 시스템에서는 닭이 혼합가스 안쪽으로 들어갈 때 이송박스 안에 그대로 있는 방식이다. CO_2 노출에 고통스러운 반응을 막기 위해 의식이 있는 닭은 의식을 잃기 전에는 최대 40% CO_2가 주입된다. 의식을 잃은 후 닭은 CO_2 농도가 높은(80%) 곳으로 이송되게 된다.

높은 수준의 동물복지를 유지하기 위해서는 CO_2 농도를 세밀하게 조정해 주는 것이 강제적으로 필요하다. 고안된 단계적 CO_2 기절 시스템은 CO_2 농도를 단계적으로 18%에서 62%까지 높이게 되는데, 이때 기절 효율이 99.97%까지 올라갔다고 한다. 동물복지의 관점에서 볼 때도 점차적으로 CO_2 농도를 증가시키는 것이 선호된다. 이 방법을 쓰게 되면 골절, 출혈 등의 빈도가 낮아져서 전기기절 된 닭들에 비해 고기의 질이 좋고 색이 균일하다고 알려져 있다.

기절 전 취급이나 육질의 측면에서 CO_2 기절이 선호되고 있기는 하지만 현재까지 이상적인 기절 방법은 없다. CO_2기절을 쓰게 되면 할랄 도계는 사실상 불가능하게 된다. CO_2 농도가 너무 높으면 닭은 목 절단 전에 죽게 되고, CO_2 농도가 너무 낮으면 목 절단 전에 의식이 돌아올 수가 있다.

세 번째 기절방법은 저압(low atmospheric pressure) 기절방식이다. 이 방법에서는 대기 중 산소의 부분압력이 공기가 차있던 챔버에서 공기가 빠짐으로써 낮아지는 것을 이용한다. 가스기절처럼 이 방식도 기절 후에 쇄클에 걸 수 있게 되어 스트레스를 줄여줄 수 있다.

④ 목 절단

대부분의 도계장에서 목 절단은 자동화된 설비로 이루어진다. 목의 앞쪽 부분이 양 방향으로 잘리어 2개의 대동맥과 기도 및 식도가 모두 잘리게 된다. 이 방법은 빠르게 죽음을 맞게 하고, 효율적인 방혈을 가능하게 하여 육색과 품질에 좋은 효과를 준다. 작업자는 방혈이 끝나지 않은 닭이 도계공정 중에 더 이상 움직이지 않도록 확실히 해야 한다.

(4) 동물복지 조사 및 문서화

전체 생산과정에서 동물복지의 문서화는 정부기관과 시장에서 모두 제도적으로 요구하며 점점 늘어나는 추세이다. 동물복지에 대한 조사 또한 도계하는 날 가축의 취급에 관계되는 문제를 확인하고 등록하는 효과적인 장치가 될 수 있다. 동물복지에 관련되는 요소들을 모니터링 하는 것은 부적정한 절차나 작업의 변화를 가능하게 해준다.

도계하는 날은 잠재적인 스트레스 요소들이 복합적으로 구성되어 있다. 이러한 스트레스는 몇 가지 다른 생물학적 결과 측정으로 표현할 수 있다. 동물복지는 몇 가지 동물기반 측정으로 모니터하고 문서화할 수 있는데 설비기반 측정도 간접적으로 가능하긴 하다. Grandin 박사는 동물기반과 설비기반 측정을 통합했는데, 우선 동물기반 점수제로 기절공정의 효율성, 떨어짐, 소음, 전기막대의 사용 등이 그것이다. 이 5가지의 측정은 도축장에서 쉽게 점수를 낼 수 있으며 반복하기도 쉽다. 그러나 이러한 방식은 적용하기에 시간이 많이 들고, 일상적 작업에 녹여내기가 어렵다. 그래서 도축 시 간단하게 동물복지 수준을 측정하고 문서화 할 수 있는 방법이나 시스템이 필요하다. 복지 지시계(indicator)와 같이 동물복지의 수준을 문서화하는 자동등록 시스템이 도축장이나 식육 생산업자에게 도움이 될 것이다.

기본적으로 동물복지 조사는 2가지 방법으로 이루어진다.

- 온라인 방법으로 측정과 결과가 동시에 이루어져 만일 어느 요소가 허용할 만한 수준을 벗어날 경우에 경고를 주도록 되어 있다. 이 방법은 조건을 바로 바꿀 수 있다.
- 어떤 일정 시간에 일정 공정에서 동물복지를 회고하여 문서화하는 방법이다. 부정적인 사건이 증가하는 경향을 보이게 되면 대대적으로 도축장이나 운송 중의 조건 변화를 줄 근거로 사용된다.

① 돼 지

돼지 운송 중 개체인식, 체온, 위치 등을 포함한 온라인 조사 시스템이 개발되었다. 이 시스템은 전자이표와 온도 측정을 위한 이식된 송신기가 필요하기 때문에 도축용 돼지의 상업적 조건에서 동물복지 모니터링이 적합하지 않다. 이식된 데이터 축적장치가 운송 중 몸 안쪽 깊숙한 체온을 측정하기 위해 개발되었고, 돼지 운송 중 허용열 지대(acceptable thermal envelop)의 개념을 만드는 예상모델을 만들어 내었다.

자동 혈액샘플 채취 및 젖산이나 포도당 자동분석은 도축 당일 동물복지를 지속적으로 모니터하고 문서화 하는 데 도움을 줄 것이다. 상하차, 운반, 도축과 연관되는 도축 전 취급은 혈액 내 젖산과 포도당 수준을 높이고 귀 온도, creatin kinase(CK), 심장박동을 높이고, 피부손상이 많고, 도축 30분 후 pH가 정상보다 낮게 된다. 그러나 여기서는 한 가지 또는 몇 가지의 스트레스원만이 그 대상이 되어 연구가 제한적이었다. 따라서 덴마크 연구자들은 돼지가 처음 농장에서 상차작업을 시작할 때부터 도축장에서 죽을 때까지 만나는 모든 잠재적 스트레스의 효과를 분석하였다. 이 연구에서 방혈 시 혈액 내 젖산, 포도당, CK 농도가 도축장에서 동물복지를 측정할 수 있는 잠재적 표지가 될 수 있다고 판단하였다. 이 연구는 더 확실한 데이터를 얻기 위해 계속 진행되고 있다.

비디오 녹화도 도축 전 취급이나 도축장이나 계류장에 바로 도착한 동물의 행동을 분석하는 데 사용된다. 여기에는 자동 이미지 분석이 있어야 효율적으로 결과를 활용할 수 있다. 즉 돼지가 움직이는 패턴이 달라질 때 즉 갑자기 서거나 방향을 틀거나 넘어지는 등을 분석할 수 있으나, 특별한 하나의 행동을 분리해서 분석하기는 아직 어려운 실정으로 더욱 개발이 필요하다.

개발되어 보급된 문서화 시스템의 예로 VisStic®이 있다. 혈관 절단공정(sticking)에서 방혈이 일어나는데, 방혈이 지체되면 뇌의 지속적인 관류가 일어나게 되어 뇌의 활동을 지속하게 되고 따라서 동물복지에 위배되게 된다. 그래서 돼지가 탕침과 탈모

공정 후에도 의식이 있을 수가 있기 때문에 혈관 절단공정이 가장 중요하다고 하겠다. 작업자는 혹시라도 제대로 되지 않은 동물은 수동으로 해 주어야 한다. 그래서 이런 현상을 최소화하기 위해 시각화 장비로 돼지가 기절 후 실제로 사망했는지 검사하게 된다. 이 시각화 장비(VisStic®)는 혈관 절단이 진행된 돼지를 관찰하다가 만일 방혈이 일어나지 않으면 경고를 하게 된다. 설치하여 검증한 결과 98～100%의 검출 결과를 가졌다.

이 시스템은 덴마크 전 공장에 구비되었고, 북유럽 몇 나라에도 보급되었다. 더욱이 60℃의 열수를 돼지의 얼굴에 분무해서 행동이나 의료적 관찰을 하여 사망을 확인하는 방법도 쓰이고 있다. 최소 5초간 돼지의 머리와 앞다리에 분사되는데, 비디오 장치가 각 돼지를 녹화한 후 실시간으로 분석한다. 열수 분무로 돼지가 움직이면 비디오 판독으로 검출되고 다음 공정으로 가기 전에 정확하게 죽일 수 있게 된다. 실험 결과 상당히 신빙성이 있는 결과를 얻었으나 아직도 모든 움직임이 자동으로 검출되는 것은 아니라 실시간 검출 소프트웨어의 개발이 더 필요하다. 그렇게 되면 자동화가 충분히 이루어질 수 있다.

② 닭

브로일러의 발바닥 피부염(footpad dermatitis)은 습기가 많은 오물과 높은 암모니아 수준에 노출되었을 때 발생하는 동물복지의 문제이다. 오물의 형태나 관리가 적절한 발바닥과 닭의 건강을 유지하는 데 필수적이다. 따라서 관리기관에서는 발바닥 피부염 발생을 동물복지의 지표로 사용하기도 한다. 덴마크의 브로일러는 2002년부터 발바닥 피부염 검사를 하고 있다. 도계장으로 보내지는 모든 계군은 발바닥 피부염의 확산을 제어해야만 한다. 만일 상처가 없는 발이면 0점으로 처리하고, 약간의 상처가 존재하면 0.5점, 그리고 심한 경우 2점을 준다. 총 계군의 점수에 따라 관리 감독하는 수의사는 생산자에게 생산 조건을 개선하라고 요구한다.

발바닥 피부염 발생은 점점 감소하고 있어 2013년에 75%의 검사된 계군에서 40점 이하의 점수를 받았는데 2002년에는 30% 수준이었다. 발바닥 피부염 상처를 사후 자동 검사하는 시스템이 개발되면 샘플링을 하는 것이 아니라 전체 도계되는 닭을 모두 조사할 수 있게 된다. 자동 발바닥 피부염 점수계산 시스템은 카메라로 등급을 매기는 것인데, 현재 개발되어 검증되는 중이다. 현재까지는 카메라 등급이 숙련된 사람이 하는 것과 크게 다르지 않게 결과가 나오고 있다.

(5) 동물복지에 대한 현재까지의 결론

식육을 생산하는 것이 더욱 빨라지고 효율적으로 발전했다 하더라도 도축 전 취급

또한 많이 개선되었다. 운송이나 계류, 가스기절시 돼지를 소규모 그룹으로 관리하는 것은 도축 시 돼지를 취급하는 가장 적합한 방법이다. 그러나 기절 시 알맞은 가스 조성을 유지하는 것이 매우 중요한 숙제이다. 닭의 경우 여전히 수집, 쇄클링, 기절, 목절단 등의 작업 공정에서 많은 개선의 여지가 있다. 일반적으로 수집하는 과정이 스트레스가 많고 고통스럽기 때문에 이 과정을 독립적으로 수행하고 방법을 개선할 것이 권장된다. 살아있는 닭을 쇄클에 거는 것 또한 피하거나 또는 좀 더 부드러운 방법으로 대체되어야 한다.

동물복지를 조사하는 효율적인 온라인 방법은 문서화 하고, 도축 전 취급을 지속적으로 개선하는 좋은 방법이다. 자동 혈액샘플 채취 및 젖산이나 포도당 자동분석은 도축 시 동물복지를 계속적으로 모니터하고 문서화 하는 데 도움이 될 것이다. 그러나 동물복지를 측정할 지표들을 가지고 어느 수준에서 동물복지가 좋거나 허용할 만하거나 또는 허용할 수 없는 수준인지에 대한 평가척도가 필요하다.

1.6 축산식품 가공단계의 안전성 문제

1) 축산식품과 식중독

식중독이란 식품 섭취가 원인이 되어 인체에 유해한 미생물이나 화학물질에 의하여 발생되는 감염성 또는 독소형 질환으로 고열, 복통, 설사, 구토, 두통 등의 증상과 더불어 때로는 호흡곤란, 탈수 등을 일으키며 생명을 위협하기도 한다. 식중독에 감염되는 비율은 매년 인구의 약 5～10%로 추정되며, 이들 식중독의 발생은 식품위생 수준이 향상됨에도 불구하고 매년 증가할 뿐만 아니라 원인체도 다양해지고 있는 실정이다. 유익한 영양소를 많이 풍부한 영향소를 함유한 축산식품은 세균에게도 질 좋은 먹이가 되기 때문에 쉽게 번식할 수 있으며, 다양한 화학물질이 혼입되어 식품 사고를 발생시킬 수 있다. 따라서 축산식품에서 대표적으로 문제가 되는 위해요소는 미생물학적 세균과 화학적 잔류물질이다.

(1) 미생물학적 위해

축산식품과 관련한 가장 흔한 식중독균의 병원체는 *Salmonella, Escherichia coli* O157:H7, *Campylobacter jejuni, Listeria monocytogenes, Staphylococcus aureus* 등이 있다. 살모넬라 식중독은 오래 전부터 문제시 되어 왔으나 리스테리아 및 대장균 O157등은 비교적 새로운 식중독 원인균으로 알려지고 있다. 거의 모든 종류의 축산식품이 식중독의 원인식품으로 알려져 있으며, 포도상구균(*Staphylococcus aureus*)과 같이 내열성 독소를 생성하는 세균은 가열공정으로도 해결되지 않으며, 리스테리아균은 저온에서도 증식하는 균으로 장기간 저장하는 냉장식품에서도 문제가 될 수 있다.

세균의 제어방법에는 화학적 방법, 생물학적 방법, 물리적 방법을 단일 또는 병용하여 사용하여 왔다. 온도를 조절하여 미생물이 생존할 수 없는 환경으로 만든다든지 또는 식품에 수분을 줄여 생존하기 어려운 환경으로 만드는 것이 대표적인 예이다. 최근에는 과학의 발달과 함께 여러 가지 기계가 발달되면서 기존의 문제점을 해결하려는 신기술이 대두되고 있다. 세균을 제어하는 데 식품의 기능적 성질의 유지, 인체 안전성, 살균효과 증진, 경제성과 편이성, 에너지의 소비나 자원 활용, 환경보존까지 다양하게 고려되어야 한다.

안전하고 우수한 축산식품을 위해 미생물학적 검사의 가장 핵심적인 사항은 각종 식품에서 식중독 및 부패 미생물의 오염여부를 판별하는 것이다. 식품의 품질관리를 목적으로 식품의 미생물 오염정도와 그 식품에 이용되고 있는 유용한 미생물을 확인하는 경우는 식품의 신선도를 보증하여 동시에 부패의 진행 정도를 판정하는 데 목적이 있다. 또한 식품이 병원성 미생물에 오염되었는지 여부를 확인하는 것으로 식품위생적인 측면에서는 식중독 세균검사에 목적을 둔 것이다. 식품의 미생물학적 검사는 소비자의 건강보호와 식품의 품질확보라는 두 가지 측면을 동시에 달성하여야 한다. 식중독으로부터 소비자 보호라는 윤리적 차원에서 정부는 식중독을 감시할 수 있는 시스템을 가지고 있어야 하며, 생산자, 유통자, 소비자 측면에서 식중독 예방을 위한 올바른 대응조치를 강구할 수 있도록 해야 한다.

(2) 화학적 잔류물질

축산물 생산에서도 사육 규모가 대규모 기업화 되면서 동물약품 사용량이 증가하고, 공업화 도시화의 영향으로 환경 오염물질이 증가하고 있다. 화학적 잔류물질은 대부분 생산과정에서 사료, 동물약품, 살충제, 제조체 등과 유통, 저장, 수출입과 같은 장기 저장과정에서 혼입되는 환경오염 물질이다(표 1-3).

식육에서 잔류 화학물질로 검출되는 살충제로는 할로카본(halocarbons), 유기인(organophosphates), 카바메이트(carbamates), 파이리스로이드(pyrethroids) 등이 있고, 제초제로는 염화트이아진(chlorinated triazines), 휘발성 산업환경 오염물질로는 스틸렌(styrene), 석유에테르(petroleum ether), 에틸벤젠(ethylbenzene) 등이 동물의 지방조직에 흡수되어 잔류되며, 할로페놀류(halophenols)는 목재 방부제로서 처리된 나무를 농장이나 도축장에서 사용할 경우 식육에 종종 오염된다.

이러한 잔류물질들은 인간에게 급성독성, 만성독성, 돌연변이 유발, 기형아 출산, 발암, 알레르기 유발, 과민성 등의 해를 가져온다. 항생제나 호르몬제 등의 잔류물은 소비자에게 약학적 효과를 유발할 수 있다고 보고된다. 그러나 대부분의 잔류물질들

표 1-3. 축산식품에서 검출되는 잔류물의 종류

발생단계	화 학 물 질
사 료	살충제, 제초제, 살곰팡이제, 구서제
축 산	항생제, 호르몬제, 성장촉진제, 체조성재분배제(베타애고니스트), 살충제, 구서제
환 경	PCB, Dioxin, 중금속, 방사성 핵종, 나무방부제, 곰팡이 독소
가 공	나이트로자민, 포장재 성분

은 급성독성을 가져올 정도로 높은 수준으로 식육에 오염되어 있지 않기 때문에 장기적인 섭취에 따른 부작용 유발이 문제가 되며, 더욱이 잔류수준에서 이들의 해로운 효과를 확인하기가 매우 힘들기 때문에 더욱 관심이 높아지는 부분이다.

이들 화학적 잔류물질에 의한 식품사고와 수출입 통관문제로 국가 간 품질관리의 기준도 달라 국제분쟁으로 확대되기도 한다. 따라서 이러한 분쟁을 최소화하기 위해 국제식품규격위원회(CODEX)를 중심으로 국제표준과 기준을 설정하고 권고하고 있다. 축산식품의 안전성 확보 차원에서 잔류물질 검사와 모티터링을 수행하고 있으며, 그 결과와 관련 정보를 국가 간에 신속하게 공유하여 수출입 및 자국 식품에 대한 소비자 신뢰를 높이고자 노력하고 있다.

축산에서는 이러한 잔류물질을 남기는 항생제나 호르몬 등의 사용이 없이 과거의 자연 상태에서의 가축사육 형태로 키워진 가축에서 생산되는 자연축산물(natural products)이 소비자들의 호응을 상당히 받고 있다. 일부에서는 유기축산물(organic meat) 생산을 시도하고 있으며, 합성비료나 농약을 일체 사용하지 않고 2년 이상 경작된 토양에서 수확된 농작물을 사료로 사용하고, 질병치료를 제외하고는 일체의 동물약품을 사용하지 않고 사육된 가축에서 생산된 고기로서 잔류물질이 고기에서 검출이 되지 않아야 유기축산물로 인증 상표를 붙여 판매를 할 수 있다. 이러한 현상은 현대 소비자들의 축산식품에 대한 안전성 분야의 관심도를 반영하는 것으로서 생산자들이 고려해야 할 분야이다.

2) 축산식품의 변질

농산물과 식품시장이 글로벌화 되면서 대량 생산과 유통으로 인체 유해물질의 오염기회가 증가하고 있다. 생산지와 소비자 간의 운반거리가 멀어지고, 그로 인해 식품정보에 대한 투명성도 약해질 수 있는 조건이 되고 있다. 더욱이 가공식품 소비가 증가하면서 원료에 대한 투명성이 더욱 중요해졌다. 생산과 소비의 국경이 무너지면서 축산물의 수입 비중이 높은 국가의 경우 수입식품의 철저한 안전관리도 요구되고 있다. 그럼에도 저장 및 보존방법과 기술의 증대로 빠르고 저비용의 운반시스템이 구축되어 식품시장의 통합은 계속적으로 증가할 것이다.

축산식품은 미생물, 효모 및 곰팡이들이 생육하기에 충분한 영양소를 가지고 있기 때문에 변질되기가 쉽다. 생산단계로부터 소비에 이르기까지 물리화학적이며 미생물학적인 변질이 진행되기 때문에 주의 깊게 처리하지 않으면 변질에 의한 품질과 저장성이 감소하게 된다. 변질이 일어나면 가스발생으로 악취가 생성되고, 유기산이나 색소 등으로 인하여 탈색이 되어 기호성이 저하된다. 단백질이나 지방이 미생물 효소의 작용으로 인하여 가스가 발생되어 악취를 일으키고, 유기산이나 색소에 의한 변색이 일어나 기호성을 저하시키게 된다. 식육의 부패는 암모니아, 황화수소, indole, amine 등과 같은 방향성 물질의 생성으로 불쾌한 냄새를 생성시킨다.

3) 식육가공품에서 첨가물의 기능과 논란

햄이나 소시지와 같은 육가공품의 부드러운 분홍색은 염지과정에서 첨가한 질산염이나 아질산염의 작용에 의한 것이다. 고기가 색깔을 띠는 원인물질로 알려진 것은 육색소 단백질인 미오글로빈(myoglobin)이다. 육제품에 첨가된 아질산염으로부터 전환된 일산화질소(NO)는 미오글로빈에 대한 결합력이 매우 강해서 훈연과 열처리 과정을 거쳐 분홍색(이를 염지육색이라고 함)을 띠는 NO-미오글로빈을 생성한다.

염지육색은 매우 안정적 물질로 육가공품을 시각적으로 맛있게 보이게 하지만, 저장기간이 길어질수록 공기 중의 산소나 광선 등에 의해 산화되어 갈색으로 변색이 일어난다. 그러므로 염지된 육가공품을 진공포장이나 산소 비투과성 포장을 하면 염지육색을 오랫동안 보존할 수 있다(그림 1-12).

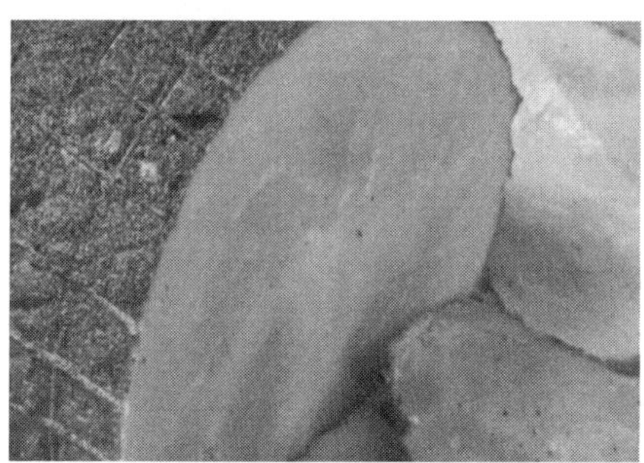

그림 1-12. 염지육색을 띠는 햄 내부

햄, 베이컨 등에 첨가되는 아질산염은 염지육색을 생성하고, 냉장고에서 증식하기 쉬운 병원성 미생물인 클로스트리듐 보툴리눔(*Clostridium botulinum*)의 성장을 억제하므로 염지공정에 필수적인 첨가물이나 아질산염이 발암물질로 알려진 니트로소아민(nitrosoamine)을 형성하므로 사용에 대한 주의가 필요하다는 주장이 있다. 그러나 아직 보툴리눔 독소에 의해 사망한 경우는 있어도 아질산염 때문에 사망한 기록은 없는 실정이다. 더욱이 규정으로 정해진 아질산염의 식육제품 허용기준인 아질산 이온 70ppm은 샐러리와 같은 채소에서 발견되는 질산염의 양과 비교하여도 매우 미비한 양이다. 그러나 식품은 소비자의 안전과 관련 있는 것이므로 제품제조나 표기에서 첨가량을 정확히 지킬 필요가 있을 것이다.

4) 가공과정에 발생되는 유해물질

바이오제닉 아민(biogenic amine)은 인체 및 동물체내에서 중추신경의 신경전달물질 또는 직·간접적 혈관계 조절에 관여하는 필수 성분의 하나이다. 또한 다양한 종류의 식품, 특히 발효식품에서 저장, 숙성 및 발효과정 중에 생성되는 물질로서 과량 섭취 시 신경계 및 혈관계를 자극하여 식중독 증상을 유발시키거나 일부는 나이트로자민(nitrosamine)과 같은 강력한 발암물질로 전환될 수 있는 잠재성을 가지고 있다. 일부는 자연에 존재하지만 대부분의 biogenic amine는 식품에서 미생물 작용에 의한 아미노산의 decarboxylation을 통해 형성된다. Putrescine, spermidine, spermine은 육류에 주로 존재하는 성분이다.

높은 biogenic amine을 함유하고 있는 식품들로 치즈, 생선, 맥주, 포도주, 초콜릿, sauerkraut, 소시지와 요구르트와 같은 일부 발효식품이다. 또한 부패한 음식은 biogenic amine이 많으며, 다량의 putrescine과 cadaverine을 함유하고 있다. 치즈는 아민 함량이 가장 높은 식품 중 하나이다. 치즈의 조직감과 풍미의 증진에 가장 중요한 현상인 단백질 분해는 우유에 자연적으로 존재하거나 인위적으로 접종하는 미생물로부터 생산되는 우유 protease, 응고제 및 효소에 의해 발생한다. 치즈는 아민 생산에 가장 이상적인 환경이지만 검출된 아민의 농도는 치즈의 종류, 숙성도 및 미생물 균총 등 다양한 요소에 따라 다르다. 치즈에 나타나는 중요한 biogenic amine으로는 tyramine, histamine, putrescine, cadaverine, tryptamine, β-phenylethylamine 등이다.

5) 환경유래 유해물질과 인간의 건강

앞서 축산식품의 위해요소로 작용하는 화학적 잔류 물질에 대해 소개한 바 있다.

이 중 잔류성 유기오염물질(POPs, persistent organic pollutants)은 구조적으로 안정하여 환경에 잔류하는 시간이 길며, 지방 친화성이 있는 물질들은 동물성 체내 축적

표 1-4. 일반적 잔류성 유기오염물질(POPs)

화합물	용도 및 발생	특 징
Aldrin/Dieldrin	곡류 생산을 위한 살충제; 진드기, 모기 살충제; 미국에서는 1974년 곡류 사용에 금지; 1987년 제조업체 자발적으로 사용 금지	인체에서 반감기는 9~12개월; estrogenic
Chlordane	작물 생산에 사용되는 살충제, 가정용 잔디 정원 살충제; 미국은 1978년 작물사용 금지, 1988년 진드기 제거용 금지	주성분은 trans-chlordane, cis-chlordane, trans-nonachlor 등; 인체 반감기 1~3개월
Dichlorodiphenyltri-chloroethane(DDT)	면실과 같은 농업작물용 살충제로서 말라리아, 발진티푸스를 옮기는 병원균 제거에 사용; 미국은 1972년 사용 금지; 현재 남미, 아프리카, 아시아에서 말라리아 방제용 사용	인체 반감기 4~6년; estrogenic
Endrin	작물 살충제로서 설치류와 조류 제어에도 사용; 미국은 1986년 사용 금지	인체 반감기 2~6년
Mirex	불개미와 진드기 제거; 플라스틱, 고무, 전기제품에 방화제로 사용; 미국은 1978년 사용 금지	토양 반감기 약 10년
Heptachlor	토양 곤충과 진드기 제거용; 일부 작물 해충과 말라리아 방제용으로 사용; 1988년 미국에서 사용 금지	토양 반감기 약 3.5년
Hexachlorobenzene	종자 처리용 항곰팡이제; 연소나 화학물질 제조 과정에서 비의도적으로 발생; 미국에서 1984년 사용 금지	토양 반감기 약 6년
Polychlorinated biphenyls(PCBs)	전기장치, 열교환액, 페인트 첨가제, 플라스틱 제품에 사용, 연소 과정에서 비의도적으로 발생; 1977년 미국에서 사용 금지	209종 유사체; 인체 반감기 수개월에서 수년; estrogenic, antiestrogenic
Toxaphene	작물용 살충제, 가축 병충 제거; 1990년 사용 금지	수백 종 염소 화합물의 혼합체
Polychlorinated dibenzo-p-dioxins (PCDDs)	펄프 제지공장에서 염소 표백과정, 폐수와 음용수 염소 처리과정, 폐기물 소각 과정, 일부 잡초제거제 및 목재 보존제에서 비의도적으로 생성	토양과 인체에서 반감기는 약 14년과 7~12년; 75종 유사체, 독성이 강하고 연구가 많이 된 것은 TCDD
Polychlorinated dibenzo-p-furans (PCDFs)	화학물질 제조, 펄프종이 표백, 발연체 제조 공정에서 비의도적으로 생성	135종 유사체; 인체 반감기는 수년

이 이루어지며, 환경과 오염된 사료를 통해 동물 체내에 축적되고, 최종 먹이사슬을 통해 인체에 이르게 된다. 따라서 식육, 우유, 계란 등의 축산식품에서 POP의 잔류가 가능하다. 유기염소계 살충제(organochlorine pesticides), polychlorinated biphenyls (PCB), 다이옥신(dioxins) 등이 여기에 해당된다. 유엔은 환경관리 프로그램에서 잔류성 유기오염 물질을 선정하여 각국에서 위험평가와 관리에 최선을 다하도록 권고하고 있다. 식품에서 오염되어 문제가 될 수 있는 POP에 대해 표 1-4에 정리되어 있다. 일부 국가에서 제한적으로 소비되는 거북이, 조류 등의 특이종 알(egg)에는 POP의 잔류 농도가 높아 섭취하는 인간의 건강을 해칠 수 있는 것으로 보고되고 있다. 관습적으로 거북이알, 조류, 초유(colostrum) 등을 섭취하면서 건강에 도움이 되거나 근육을 키우는 성분이 많이 함유된 것으로 생각하는 사람들이 많다. 그러나 실지로 말레이시아 반도 시장에서 팔리는 녹색거북이(*Chelonia mydas*) 알에는 고농도의 POP와 중금속이 검출되고 있다. 또한 생물종 보호차원에서도 특이종의 알이 소비되는 것은 제한되어야 할 것이다.

일반적으로 당뇨병은 유전적 요인과 비만이나 운동부족과 같은 환경적 요인에 의해 발병되는 것으로 알려져 있다. 그런데 잔류성 유기오염물질(POPs)이 인간의 제2

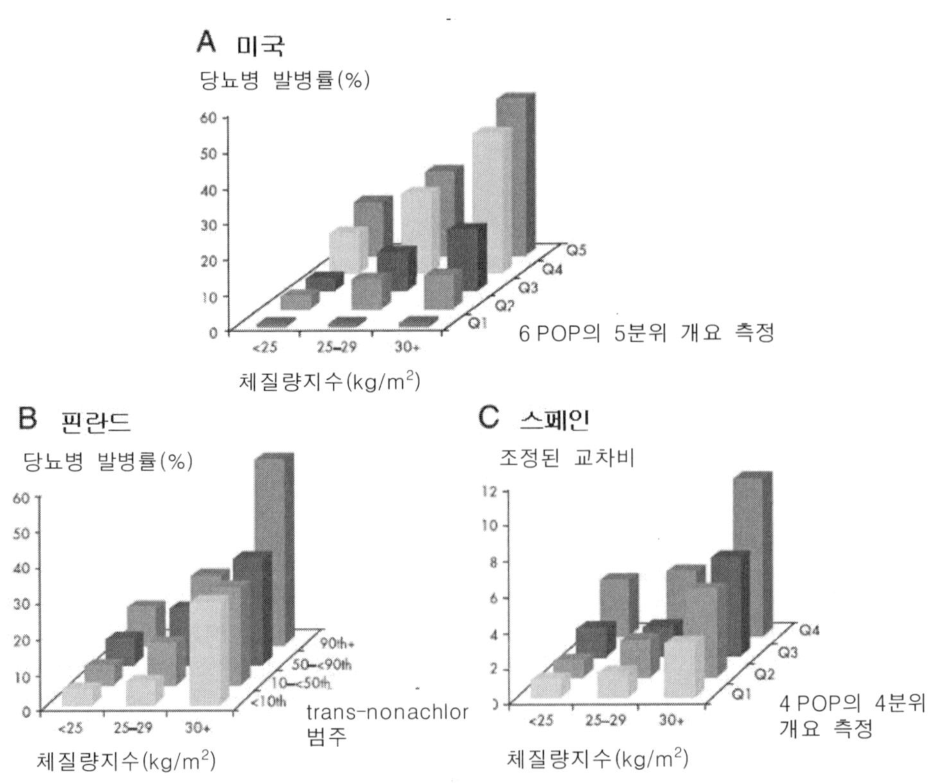

그림 1-13. 제2당뇨 유발과 관련된 체질량지수(BMI)와 POPs의 관련

형 당뇨병이나 비만과 밀접한 관계가 있다는 역학적 보고가 있다. 세포실험 및 동물실험 결과를 바탕으로 환경오염 물질에 노출되었을 때 당뇨와 비만을 유발한다는 결과가 보고되었다. PCB 보다는 유기염소계(OC) 살충제가 주로 비만 유발과 더 관련된 것으로 나타나고 있다.

인간은 지방이 많은 축산식품 섭취를 통해 직간접적으로 POP에 더욱 노출될 수 있다. 미국, 핀란드, 스페인 대상으로 환경오염 물질 POP의 노출정도와 비만도를 나타내는 체질량지수가 당뇨병 발병률과 관련된 역학조사 결과를 살펴보면(그림 1-13), 비만도가 낮은 경우에는 환경오염 물질이 당뇨 발병과 큰 영향이 없었다. 반면 체질량지수가 증가하고 환경오염 물질 노출 수준이 높아짐에 따라 상승적으로 발병률이 증가하는 경향을 보이고 있다. 식품에 잔류하는 환경오염 물질이 어떻게 당뇨병이나 비만을 유도하는지에 대한 명확한 기작은 밝혀지지 않았다. 다만 지방조직은 제2형 당뇨병을 유발하는 주요 역할을 하며, 환경오염 물질을 저장하는 안전한 장소를 제공하는 것으로 나타났다. POP는 지방조직과 지질에서 대사 장애를 일으켜 당뇨병을 일으키는 것으로 추정되고 있다(그림 1-14).

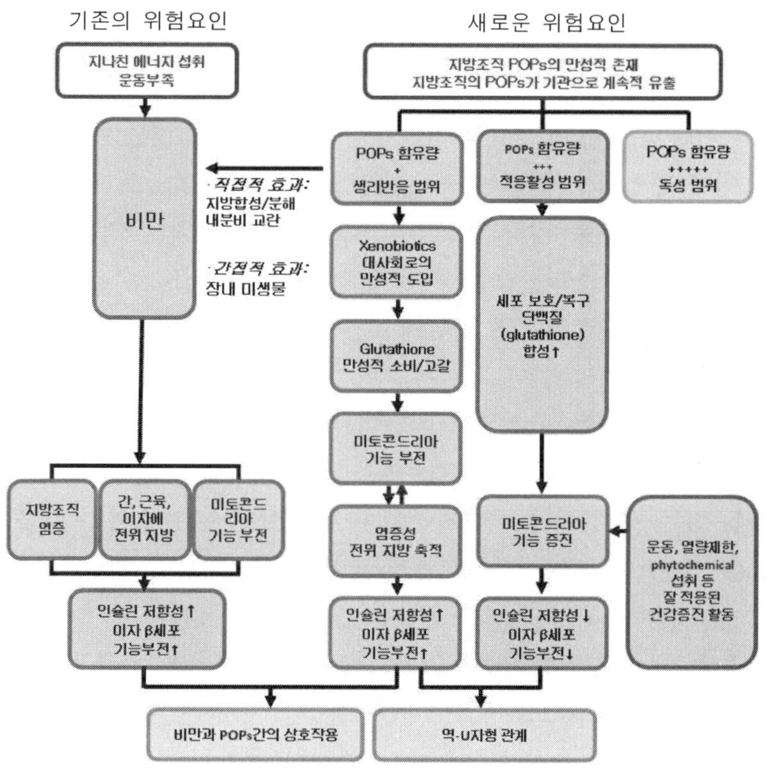

그림 1-14. POP와 당뇨발생 관계의 기작 추정

1.7 축산식품 가공의 윤리

1) 가공식품의 안전성 확보

축산식품의 품질은 양적 품질, 관능적 품질, 기능적 품질, 잠재적 품질, 위생적 품질 및 안전성의 종합적인 요인에 의해 좌우된다. 이 가운데 식품의 위생 및 안전성 확보가 무엇보다 중요한 이유는 다음과 같다.

첫째, 축산물의 대량 생산 및 유통으로 대규모 안전성 사고의 발생 가능성이 확대되고 있다. 축산업의 기업화로 대규모 생산 시스템 과정에서 사료첨가제, 동물약품, 중금속, 환경호르몬 등의 화학적 오염원과 병원성 미생물(황색포도상구균, 대장균 O-157:H7, 리스테리아균 등)의 발생 가능성도 커지고 있다. 둘째, 소득수준 향상과 정보 취득이 용이해지면서 소비자의 축산식품 안전성에 대한 요구가 거세지고 있다. 또한 지속적인 축산물의 수입증가로 수입 축산물에 대한 소비자의 안전성 확보 요구도 소비자단체 등을 중심으로 확대되고 있다. 셋째, 국내외적인 여건 변화에 따른 위생관리 강화의 필요성이 더욱 커지고 있다. 더욱이 2002년 제조물책임법(Products Liability) 시행에 따른 식품 제조사의 손해배상 책임이 더욱 커지면서 HACCP 시행 업체도 증가하였다.

2) 가공식품에 대한 인식 차이

인구 구조의 변화에 의한 고령화와 1인 가구 증가로 편리성을 추구한 식품의 수요가 급증하고, 이를 뒷받침 해주는 냉장, 냉동, 포장기술의 발달로 즉석식품(ready-to-cook, ready-to-eat) 시대를 앞당기고 있다. 특수 계층을 위한 저칼로리, 저지방, 저염식 형태의 건강식이나 소화불량을 줄이고 건강을 증진시킬 수 가공기술도 발전하고 있다. 식품가공이나 요리업계에 입장에서는 이윤 추구 측면에서 유리한 맛과 편리성에 비중을 두어 가공하려 한다. 즉석식, 편의식 형태의 제품이 시장을 점령하면서 전통 음식을 직접 조리하여 판매하는 식당이 줄어들고 심지어 가공업체에서 일차적으로 조리(반가공 또는 반조리)된 식재료를 공급받아 제공하는 추세이다. 이는 음식점 특유의 개성 있는 맛 차이가 줄어들면서 마치 마트에서 판매되는 가공식품처럼 차이가 없어질 수 있다. 단조로운 가공식품은 장기적으로 식욕감퇴와 우울증을 낳을 수 있다.

한편, 축산물 가공에 대한 소비자들의 이원적 반응도 있다. 우선 건강과 영양에 대한 관심이 높아져 가공은 최소화하고, 자연식품을 추구하려는 경향이 강해져 가공축산물 생산을 위해 사용되는 첨가물에 대한 안전성 문제를 끊임없이 제기하고 있다. 식품 선택의 건강 지향적 기능과 영신주의적 식습관이 강조되면서 가급적 가공되지 않은 식품을 섭취하려는 움직임이 있다. 일반적인 식재료나 요리는 자연 상태의 수확물이 탈자연화(denaturalization)를 거치면서 인간이 먹기에 편리하도록 보다 효율적인 형태로 바뀐다. 자연식품이 강조되면서 유기식품이나 친환경 식품에 대한 관심과 수요도 증대되고 있다. 유럽을 중심으로 성장호르몬의 처리, 방사선 조사, 유전자 변형 식품에 대한 불신이 커지고 있으며, 상대적으로 미국 농산물에 대한 불신은 자연을 인위적으로 조작해서는 안 된다는 영신주의적 사고도 포함된 것으로 볼 수 있다.

3) 식품 유통에 따른 윤리

식품이 소비자에게 전달되기까지 길고도 복잡한 유통과정을 거치게 된다. 영국 통계에서는 식품 운반이 전체 트럭 운송의 4분의 1을 차지하며, 막대한 비용을 유발한다고 한다. 길고도 복잡한 유통경로(supply chains)에 대한 우려가 있다. 식품 시장이 세계화 되면서 생산지와 소비지가 멀어짐에 따라 운반에 따른 온실가스(탄소)를 배출하는 자원낭비와 특히 항공 수송에 따른 과도한 기후변화를 일으키게 된다. 장기간 저장을 위해 다량의 첨가제(방부제) 사용으로 농장에서 식탁에 이르는 동안 많은 식품 안전성에 위협되는 위해요소가 작용하게 된다. 생산자와 소비자 간의 이해 차이를 유발하고 장거리 가축 운송으로 동물복지 문제를 유발할 수 있다. 소규모 지역 경제 측면에서도 지역사회를 위협하는 원인이 되기도 한다. 이러한 문제를 해결하기 위한 하나의 수단으로 "로컬푸드(local food)"는 현지에서 조달되는 식품 시장이 식품산업과 지역사회의 지속가능한 경영전략으로 급속도로 성장하고 있기도 하다.

지역에서 생산된 농산물을 그 지역에서 소비하자는 의미로 중간 유통단계를 거치지 않고 지역 시장에 직접 판매해 소비자는 15% 정도 싸게 구입하고 생산자는 그 만큼 소득이 늘어난다. 소농민의 안정적인 소득 확보로 지역 공동체를 살리고 젊은 층의 귀농을 유도하여 농촌 경제를 살릴 수 있으며, 인근 대도시에 사는 소비자와 직접적인 거래가 될 수도 있다. "신토불이"의 개념에 비추어 보면 지역 농산물은 그 지역 주민에게 특별히 필요한 영양소와 면역체계를 지역의 기후와 보건환경에 적합하도록 변형하여 제공하게 된다. 그럼에도 로컬푸드 운동은 가난한 나라의 생산자들을 이해하고 세계 무역을 환영함으로써 지역사회와 연대할 수 있는 폭 넓은 아량도 갖추어야 한다. 로컬푸드가 자체 농산물만 유통시키겠다는 지역주의의 하나가 아니냐는 비판도 제기되기 때문이다. 전 세계의 탄력적인 지역 시장 개발을 지원하기 위한 정부와 기업의 활동도 이해해야 한다. 효율적으로 수요를 관리하여 유통경로를 단순화하는 정부의 노력이 필요하다. 기업에서는 책임을 소비자에게 전가하기 보다는 출처(이력정보)를 제공하고, 생산자와 소비자를 신뢰로 연결하는 제품과 서비스에 대한 혁신을 해야 한다.

4) 식품안전 위협 – 멜라민 스캔들

멜라민(tripolycyanamide)은 벤젠고리에 아민기를 함유한 물질로 접착제나 플라스틱 제조에 공업적으로 사용된다. 미국 FDA에 따르면 하루 허용섭취량(tolerable daily intake)은 성인 체중 kg당 0.63mg이며, 식품에서 직접적으로 첨가하는 것은 허용되어 있지 않다. 그러나 질소함량이 66% 정도이므로 식품에 첨가할 경우 분석적 단백질 함량을 증가시킨다. 2008년 부패한 우유가 유통되는 식품안전 문제가 있는 가운데 중국의 우유 스캔들은 식품안전 윤리의 문제점을 극단적으로 보여 주었다. 일부 우유와 유아용 조제식품에서 멜라민(melamine)이 혼입되어 30만 명의 피해자가 발생했으며, 5만3천명의 유아가 입원하였고, 이 중 6명의 유아가 신장결석이나 신부전증으로 사망한 것으로 판명되었다.

중국산 멜라민 우유가 수출된 주변 홍콩 등 국가에도 영향을 미쳤다. 10개국 이상에서 중국산 유제품의 수입을 금지시켰고, 영국에서는 15% 이상 유제품 원료가 사용된 중국산 전체 제품에 대해 엄격한 서류조사와 물리적 검사가 이루어졌으며, 미국에서는 중국으로 여행갈 경우 아이들에게 먹일 식품을 가져가도록 권고하였다. 중국 정부는 사건을 대중에게 알렸고, 유아 조제품에서는 멜라민 함량이 1ppm 및 시유 및 유제품에서는 2.5ppm 이하로 검출되어야만 한다고 규정하였으며, 신선한 우유에 금지된 물질을 첨가할 경우 사형에 처할 수 있도록 법 조항을 만들어 가담자들을 처벌하였고 무상치료를 추진했다.

그럼에도 이 사건을 통해 중국 정부의 부패와 중국산 식품에 대한 신뢰도를 떨어뜨렸으며 막대한 공중 건강과 경제적 수준을 낮추었다. 정부의 정책이나 법규의 재정이 이러한 식품 안전사고를 완벽히 막을 수는 없었다. 이후에도 중국에서는 매년 수천 명이 식중독 사고를 겪고 있다. 현재도 상대적으로 수입산(한국산 등) 유제품에 대한 중국 내 인기는 매우 높다.

5) 부정·불량식품 억제를 위한 윤리 실행

식품 제조기술을 사용하면서 윤리적이며 적법한 생산 실행은 가장 중요한 덕목이며 식품 업체의 의무이다. 특히 후진국에서는 여전히 빈곤과 자원 결핍과 같은 사회적 외부 요인에 의해 도전을 받고 있다. 선진국에 비해 부족과 배고픔의 근본적 문제가 상주해 있기 때문에 식품기술 적용 윤리의 기본적인 원칙을 따르는데 더 큰 노력이 필요하다. 식품기술 윤리를 도입함에 있어 이익의 희생과 재정적 스트레스를 겪게 된다. 도덕적 행위에 대해서는 필요성을 느끼나 실제로 실행하는 것에 제약을 받게 된다. 국내 법규에도 불량식품이란 식품위생 관련 법규를 준수하지 않고 생산, 유통,

판매되는 식품으로 품질이나 상태가 좋지 않아 섭취 시 인체의 건강을 해칠 우려가 있는 식품으로 규정하고 있다. 부정식품은 내용물의 크기나 중량을 속이거나 허가나 신고를 받아야 하는 경우 받지 않은 식품, 허위 표시로 소비자를 혼동시키는 식품으로 규정되어 있다.

식품 법규는 중대한 역할과 공중을 위한 교육적 기능을 해 왔다. 2차 세계대전 이후 Taylor 체계에 따라 산업 공정의 생산 단가와 시간 연구를 통해 모든 제조공정을 과학적으로 조사하는 개념이 성립되었다. 이는 식품 사고에 대해 기업이 제조공정에 대한 모든 책임을 지는 것으로 오늘까지 이어오고 있다. 멜라민 사태 이후 중국 정부는 작은 지역의 산업체에서도 산업생산표준(예, ISO9001), 엄격한 식품제조 가이드라인(예, GMP), 체계적인 식품안전관리계획(예, HACCP) 등을 요구하게 되었다.

교육은 식품가공 윤리의 또 다른 선제조건이다. 중소 규모의 식품업체는 종종 노동집약적이며 자본이 충분하지 않고 고도의 기술력도 부족하다. 교육이 덜된 종업원들은 식품안전을 위협하며 계획된 안전 프로그램을 주의 깊게 실행하는 것에 소홀하기 쉽다. 소작농의 경우 일반적으로 교육 수준이 낮아 때때로 어떤 마술과 같은 물질(예를 들면 중국의 멜라민 사태)과 보존제를 혼합하는 것이 안전성의 문제점을 크게 인식하지 못한 채 식품의 영양 가치를 높이고 보존성을 증대시켜 이익을 더 창출할 수 있다고 쉽게 생각할 수 있다. 따라서 전문적 훈련이나 워크숍을 통해 부족한 교육 문제를 해결할 수 있으므로 기업과 정부의 지원이 절실하다.

식품기술의 잘못된 사용은 막대한 경제적 손실뿐만 아니라 대중의 심리적 건강을 해치고 개인의 심리적 안전을 위협한다. 현대사회의 개인주의 및 쾌락주의와 더불어 식품 소비는 더 이상 기본적인 생물학적 필요를 충족하는 것이 아니라 자존감과 사회 문화 지형적 차이를 표현하는 중심이다. 그런 점에서 식품가공 윤리는 사회과학, 정책, 경영학점 관점에서 협조적으로 고려되어야 한다. 더불어 기술 발전과 함께 신속하면서도 윤리적 실행이 필요하다.

6) 안전 기준에 대한 신뢰

농산물과 식품 시장이 글로벌 영향으로 확장되면서 농장과 소비자의 거리가 멀어지는 식품 생산과 소비의 간격 현상이 발생되고 있다. 식품안전 기준에 대한 소비자의 신뢰 구축을 위해 믿음(trusting)과 위험 부담(risk-taking) 사이의 차이를 인지할 필요가 있다. 위험 부담이란 장단점의 비중을 고려하여 결정된다. 위해분석 관점에서 안전한 식품이란 일정한 조건에서 위험 정도가 받아들일 만한 수준의 식품을 의미한다. 위해관리에서 위해가 받아들일 정도인지를 결정하는 것은 위해소통을 의미한다. 위해 소통은 위해분석에 관련된 가치들에 대한 합의를 포함한다.

식품안전 정책은 위해분석, 위해관리, 위해소통으로 구성된다. 위해분석은 과학적 접근 절차이며, 위해관리에는 행정적이고 정책적인 과정으로 보통 주체가 분리되어 있다. 소통이라 함은 식품안전과 관련된 관리자, 평가자, 소비자 간의 위해에 대한 정보와 의견을 교환하는 과정을 말한다. 식품안전 당국의 역할은 위해분석과 위해소통을 담당하는 것이다. 예를 들어 핵무기 시험이나 원전사고로부터 방사능 낙진이 식품 유통 체인에 미치는 영향을 평가할 수 있는 모델 개발은 비교적 많이 이루어졌으나 윤리적 측면은 많이 다루어지지 않은 점은 위해소통 측면이 아쉬운 부분이다. 기술의 발달이 유용하게 활용되기 위해서는 인도적 윤리가 중요하다. 2008년 중국의 멜라민 사태는 식품기술의 활용 측면에서 윤리의 중요성을 일깨워 주는 좋은 사례이다.

식품가공 분야는 제품개발, 생산관리, 식품안전, 가공연구에 이르기 까지 다양한 분야를 포함하며 많은 발전을 이루어왔다. 식품안전 측면에서 *Salmonella, Campylobacter* 등의 식중독을 일으킬 수 있는 병원성 미생물과 다이옥신(dioxin), 광우병(BSE) 등 다양한 식품안전 위해요소가 존재하므로 대부분 정부 차원에서 억제하고 조절하기 위한 법률 규정과 행정조치가 이루어진다. 그럼에도 식품기술에 관한 윤리 문제는 다루어진 것이 별로 없다. 소비자의 상당수는 식품안전에 대해 걱정하거나 정부나 기업이 제공하는 정보를 믿지 못하는 경우가 자주 있다.

7) 식품안전에 대한 불확실성 - 투명성 결여

1989년 가축의 광우병(BSE)이 인간에게 전파될 수 있는 확률이 매우 낮은 것으로 영국 정부는 규정했다. 이는 위험성에 관한 소통이 부족함을 보여 주었다. 초기 위험성에 대해 정확히 특정되지 못했고, 사실에 입각한 규범적인 정보가 부족한 상태에서 각종 보고서의 결론과 제안을 해석하기 어려웠다. 일부 소의 내장기관에 대한 유통 금지를 결정하면서 정부는 딜레마에 빠졌다. 제안서의 내용을 넘어서는 것은 과학당국을 믿지 못하는 것이고, 반대의 경우는 인간에 대한 위험성을 무시하는 것이 될 수 있기 때문이다.

최종 해결방안으로 반추동물의 장기와 갑상선 조직을 유아식품에서 혼입되지 않도록 행정명령을 하는 것이었다. 그럼에도 사료에 반추동물에서 유래된 단백질이나 특정 소의 내장기관이 사용되지 못하도록 하는 주의조치가 적절히 시행되지 못했다. 이러한 이유는 대부분의 식품업계에서 BSE가 인간에게 유해성을 보이지 않는다는 믿음이 널리 퍼져 있었기 때문에 주의조치가 반드시 필요하지 않으며, 대중이 느끼게 될 공포를 의식해서 정부의 의견이 반영되어 정책이 만들어졌다고 의심하는 사람들이 많았다. 적어도 부분적으로 완벽하지 못한 위해평가 보고서에 기초한 정부 주도의 위해소통 결과라고 믿는 사람들이 많았다.

과학에 기초한 정부의 식품안전 시스템에 대한 소비자의 불신이 널리 퍼져 있다. 위해평가의 결과는 절대적으로 확실한 것으로 언급된다. 위해평가의 불확실성을 인정하지 않는다. 과학적 실험일지라도 일부 불확실성이 있으며 특정 경우에 불합리한 분석 방법이 적용될 수 있기 때문이다. 특정 사안에 대해 다른 이론이나 방법적 견해 차이로 과학자들 사이에서 의견이 갈리기도 한다. 투명성이 결여된 상태에서 결론이 확실하다고 제시되는 것은 불신으로 이어질 수 있다. 많은 사람들의 주요 요구사항과 안전 확보에 대한 배경에 대해 과학자들에 대한 불신이 비판의 대상이 되기도 한다. 때때로 전문가들마다 다른 결론의 위해평가를 제출하기도 한다.

위해평가가 좁은 위해 개념이라면 대중은 이익과 위험성이라는 두 가지 측면에서 보다 넓은 가치 관점에서 해석하려고 관심을 가진다. 많은 전문가의 의견과 정보가 상호 충실히 소통될 필요가 있으며 보다 독립적이며 과학적 사실에 기반을 두어 운영되는 식품위원회가 창설되고, 사실과 규범적 전제에서 보다 투명한 과학적 제안이 이루어져야 한다. 윤리적 행위에 대한 명확한 청사진은 불가능하다. 중요한 것은 새로운 증거, 새로운 요구사항을 고려하여 수요에 근거한 윤리적 입장을 주기적으로 검토하고 개선해야 한다.

8) 기업의 윤리적 결정

기업의 사업윤리 문제는 경제적 측면과 사회적 역할의 차이에서 적절히 균형을 이루게 된다. 사회적 수행은 종업원, 고객, 채권자, 공급자, 유통인, 지역사회, 환경 입장에서 이행할 의무에 해당되며 평가하기 어렵다. 식품회사는 종종 고객의 요구를 만족시켜야 하는 점과 경제적 이익을 추구해야 하는 갈림길에서 윤리적 행위를 채택하여 사회적 책임을 수행함에 적절한 균형을 고려하여 어려운 결정을 해야 한다. 유럽 일부의 식품회사의 경우 우유 생산자로 하여금 높은 가격에 우유를 팔도록 종용하고, 이를 어길 시 외국에서 우유를 싼값으로 수입하여 생산자를 도산시키는 비윤리적 기업행위가 도마에 오른 적이 있다.

실질적으로 품질 좋은 우유를 만들기 위해 생산자는 많은 노력을 했음에도 불구하고 소비자 가격을 최종 판매 기업이 자신의 편리대로 정하면서 생산자가 제대로 된 이득을 얻지 못하게 되는 경우이다. 때로는 가격 설정, 유통 및 홍보 정책에서 공정하지 못하고 비윤리적인 기업의 행위가 소비자에게 영향을 미치기도 한다. 실질적 시장에서 투명하지 않고 관측되기 어려운 요인들이며, 이를 이해 당사자를 위한 숨겨진 품질이라고 한다. 정보에 대한 투명성과 접근성이 확보될 때 모두에게 신뢰가 구축될 것이다. 사회적으로 책임 있는 행동과 윤리적 결정은 전체적인 식품공급 체인에 바람직한 영향을 미쳐 모두에게 이익이 되는 순기능으로 돌아오기 때문이다(그림 1-15).

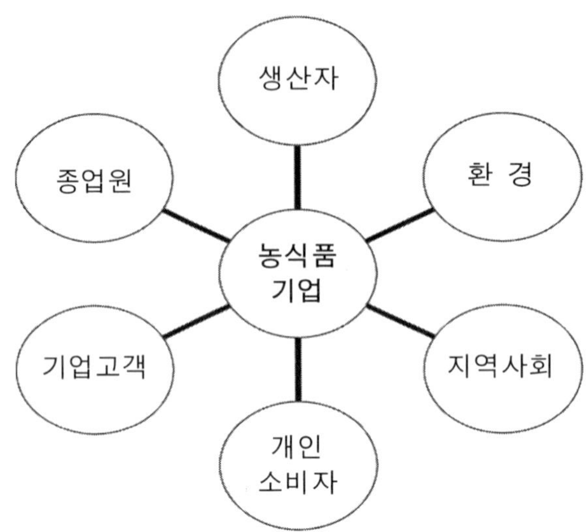

그림 1-15. 농식품사업 간의 이해 관계자 관계 도식

국내 축산식품은 식품위생법과 축산물위생관리법에 의거하여 위해 축산물의 회수 등에 대해 명시하고 있다. 리콜 제도는 소비자 입장에서 결함 제품에 피해 확산을 미연에 방지하여 안전한 소비생활을 영위할 수 있고 기업의 입장에서는 안전사고를 방지하여 소비자 피해에 대한 손해배상 부담을 줄일 수 있다. 기업은 리콜에 따른 막대한 회수비용과 기술적 문제점의 외부 노출을 두려워하지 말고 사회적 책임에 대한 신뢰를 소비자에게 인식시켜 주는 긍정적인 면을 고려할 수 있다. 윤리적 경영을 실천함으로써 소비자들로부터 신뢰와 존경을 받은 긍정적 순기능을 고려해야 할 것이다.

기업윤리에서 기업의 사회적 책임(CSR, corporate social responsibility) 활동은 소비자 입장에서 고려되는 식품 안전성, 표시, 광고이여야 한다. 기업활동을 인간의 생명 존중, 정의, 환경보전, 식품안전, 동적 평형, 소비자 최우선 원리를 중심으로 접근해야 한다. 소비자가 갖는 선택의 권리에 따라 식품 첨가제를 비롯한 가공에 관한 모든 정보를 포장에 정확히 제공해야 하는 것이다. 맛있고 영양적으로 우수하고 안전한 식품이며 특정 사회적 종교적 터부에도 문제되지 않으며, 심적 즐거움을 줄 수 있는 식품이 되어야 할 것이다. 가공식품이 나쁜 것이 아니라 비윤리적인 식품이 나쁜 것이다.

참고문헌

1. Brom, F. W. A. 2002. 06. 14. Background paper for the FAO expert consultation on “food safety: science and ethics”
2. Chan, Z. C. Y. and Lai, W. 2009. Revisiting the melamine contamination event in China: implications for ethics in food technology. Trends in Food Science & Technology 20. p. 366-373.
3. Food Ethics Council. 2008. Food distribution, an ethical agenda. Brighton, United Kingdom.
4. Jensen, K. K. and SandØe, P. Food safety and ethics : the interplay between science and values. 2002. Journal of Agricultural and Environ-mental Ethics 15. p. 245-253.
5. Lee, D. H., Porta, M., Jacobs Jr., D. R., and Vandenberg, N. 2014. Chlorinated persistent organic pollutants, obesity, and type 2 diabetes. Endocrine Reviews 35(4):557-601.
6. Mara Miele. 2016. Killing Animals for Food: How Science, Religion and Tehcnoloeis Affect the Public Debate About Religious Slaughter. Food Ethics, 1. p. 47-60.
7. Ratiu, P. and Mortan, M. Ethical Aspects of decision-making in agri-food enterprises. 2013. Proceedings of the 7th International Management Conference. November 7-8th, 2013. Bucharest, Romania.
8. 김미경. 2009. 동물성식품의 다이옥신 관리 동향. Safe Food. 4(4). p. 55-58.

제 4 장

소비윤리

1. 식품과 인간의 복지

"소규모 농민들에 의해 주도되어 지역 상황에 적응되고, 경제와 환경에 지속가능한 혁신이 미래의 식품 안보를 보장하기 위해 필요할 것이다."

- 빌 게이츠(Bill Gates) -

모든 사람은 먹어야 한다. 이것은 원초적인 진리이다. 유엔 헌장 25조는 인간의 기본 생존권으로 식량을 기술하고 있다. 식품 시스템 안에서 인간은 식량의 생산을 담당하는 주체일 뿐만 아니라 생산된 식량을 소비하는 당사자이다. 식량 생산의 목적이 인간의 생존을 위한 것이기 때문에 인간은 식량을 생존에 필요한 만큼 충분히 소비할 권리를 가진다. 이것은 인간이 가지는 근본적인 권리이다. 그러나 지구상에서 9명 중 1명은 매일 굶주리고 있다. 약 8억 명이 매일 굶고 있다는 이야기이다. 따라서 유엔은 인간의 기본적인 복지를 위해 필요한 식량을 안정적으로 확보하여 공급하는 식품 안보(food security)를 강조하며 2015년까지 Millenium Development Goals(MDG)를 통해 굶주리는 사람의 수를 절반으로 줄이려는 노력을 경주하였다. 또한 향후 15년 동안 기아를 종식시키고 지구환경을 보호하며, 전 인류의 발전을 위한 Sustainable Development Goals(SDG)를 추진하고 있다.

유엔 식량농업기구(FAO)는 식품 안보를 다음과 같이 정의하고 있다: "식품 안보는 언제나 모든 사람들이 건강하고 활기찬 생활을 위해 그들의 식사 필요(욕구)와 식품선호도를 모두 충족하고, 안전하고 영양가 있는 식품을 물리적, 사회적 그리고 경제적으로 취할 수 있을 때 존재한다." 식품 안보는 전 지구 차원, 개별 국가 차원, 개인 차원에서 고려할 수 있으나 네 가지의 상호 연관되어 있는 요소들을 가지고 있다.

1.1 식품 안보의 내용

1) 입수 가능성(Availability)

입수 가능성은 식량의 생산, 분배 및 교환을 통한 식량의 공급에 관한 사항이다. 충분한 공급이란 한 나라나 한 지역에, 나아가서는 마을이나 개별 가정에 국내 생산, 수입, 저장된 물량, 구호식량 등 어떤 형태로건 간에 양적으로 충분하게 공급되는 것이다. 또한 단순한 양적 차원뿐만 아니라 품질과 다양성도 고려된다. 과거에는 입수 가능성이 단순히 생산의 증가로써 식품 안보를 향상시키는 것으로 간주되어 왔으나 여전히 많은 사람들이 식품에 접근을 하지 못하는 경우가 발생하고 있다. 입수 가능성이 개선되려면 잘 관리된 천연자원, 지속가능한 농식품 생산 시스템, 그리고 생산성을 향상시킬 정책도 요구된다.

식량 생산(production)은 다양한 요인에 의해 결정된다.: 토지 소유권 및 사용, 토양관리, 작물 선택, 육종 및 관리, 관개수리, 가축 육종 및 관리, 수확 등이다. 작물생산은 강수량과 기온의 변화에 영향을 받는다. 식량 생산을 위한 토지와 물 그리고 에너지의 사용은 다른 용도와도 경쟁하기 때문에 식량 생산에 영향을 미친다. 농지는 도시개발에 이용되거나 사막화 또는 지속가능하지 않은 농법으로 인한 토양 유실 등으로 줄어든다. 식품 안보를 달성하기 위해 식량 생산은 필수사항이 아니다.

천연자원이 부족한 나라들은 자체적으로 곡물 생산을 증가시킬 수 없다. 모든 나라에서는 생산자보다 소비자의 수가 많기 때문에 식량은 다양한 지역이나 나라로 분배되어야 한다. 식량 분배(distribution)는 저장, 가공, 운반, 포장, 그리고 마케팅이 요구된다. 따라서 영향요인으로써는 수송수단 및 기반시설, 공공 안전망, 저장시설, 수확 후 가공기술, 관리통제(권력, 부패, 식량가치 등), 안전, 무역장벽 및 국경의 적용 등이 있다. 식품의 사슬 구조와 농장에서의 저장기술은 분배과정에서의 손실에 영향을 미친다. 또한 빈약한 물류 운반 구조는 용수와 비료 공급 가격을 증가시킬 뿐만 아니라 국내 또는 국제적인 식량의 운반비용도 증가시킨다.

전 세계적으로 개인이나 가계는 지속적으로 식품을 자급할 수 없기 때문에 물물교환, 교역, 구입, 차용 등의 교환(exchange) 수단이 필요해진다. 이 단계에서 영향을 주는 요인으로써는 소득 수준, 구매력, 비공식적 교환주선, 선물을 주고받는 지역 관습, 이민, 성 및 연령 구조, 시장, 거래조건, 환율 및 보조금 등이다. 이러한 효과적인 교역 시스템과 마케팅 기구가 식품 안보에 영향을 주게 된다. 전 세계 일인당 식량 공급량은 모든 사람들에게 식품 안보를 제공하기에 충분하기 때문에 식품 안보를 달성하는 데에 가장 큰 문제는 식량의 획득이다.

2) 획득(Access)

획득은 개인이나 가계에 식량이 배분(allocation)되고, 그것을 획득할 비용을 감당할 수 있음(affordability)을 의미할 뿐만 아니라 그들이 좋아하는 것(preference)을 선택하는 것도 포함한다. 다시 말하면 식량에 경제적, 사회적, 또는 물리적으로 접근하는 것을 의미한다. 식량의 획득은 "구입, 교환, 차용, 구호 혹은 선물을 통해 충분한 양의 식품을 정기적으로 획득하는 가계의 능력"이라고 세계식량계획(WFP)은 정의한다. 획득에는 세 가지 요소가 있다: 물리적, 경제적 그리고 사회문화적 요소.

첫째, 물리적 측면은 물류 차원이다. 식품이 어떤 나라나 지역에서 생산될 때, 다른 지역에서는 수송수단의 부족으로 식품의 공급이 제한되거나 정보의 부족으로 공급이 되지 못하는 상황을 생각할 수 있다. 식품 안보에서 획득이란 실제로 식품이 필요한 사람이나 가계가 위치하고 있는 지역에서 식품이 입수 가능한 상태에 있다는 것을 의미한다.

둘째, 경제적 차원에서 기아와 영양실조의 원인은 식량 부족이 아니라 입수 가능한 식량을 획득할 능력이 없는 것이다. 이는 식량을 필요로 하는 사람이나 가계가 있는 지역에서 입수 가능하고, 자신들의 요구를 만족시키기에 충분한 식량을 정기적으로 구득할 수 있는 경제적 능력을 갖추고 있어야 한다는 것이다. 식량이 아무리 입수 가능하여도 그것을 필요로 하는 사람이 구입을 할 수 없으면 식품불안의 상태가 되는 것이다. 일반적으로 가난이 그 이유이다.

셋째, 사회문화적 차원이다. 사회적 혹은 문화적 규범이나 가치는 사람들이 특정 식품을 요구하게 만든다. 영향 요인으로써는 종교, 계절, 선전, 조리문화, 인종, 맛, 전통, 여성고용 등이다. 따라서 식량이 입수 가능하고 물리적으로 접근이 가능하여도 그 식품에 대한 접근이 특정 그룹의 사람들에게 사회문화적으로 차단되는 경우가 있다. 이러한 사회문화적 장벽으로 작용하는 것들로는 나이, 사회적 계층, 성차별 혹은 HIV/AIDS 환자 같은 경우가 있다. 식량 획득을 향상시킨다는 것은 소규모 생산자들에게는 더 나은 시장 접근이 요구되고, 그것을 통해 소득 작물이나 축산물 등으로부터 더 많은 소득을 얻을 수 있게 해주어야 하는 것이다. 또한 사회문화적 취약계층들에 대한 배려는 국가적 차원에서 더욱 연구되어야 할 것이다.

획득은 두 가지 형태가 있다. 식품 획득은 한 가계가 당시의 가격으로 식량을 구입할 수 있는 충분한 수입이 있느냐의 여부와 자신의 식량을 생산할 수 있는 충분한 토지와 다른 자원을 보유했느냐 여부에 좌우된다. 첫째로 직접 획득은 가계가 인적 및 물적 자원을 사용하여 식량을 생산하는 형태로, 충분한 자원을 가진 가계는 불안정한 수확이나 지역 식량부족 상황을 극복하고 자신들이 필요한 식량을 획득할 수 있다.

둘째로 경제적 획득은 가계가 다른 곳에서 생산된 식량을 구입하는 형태이다. 가계가 소재하는 곳은 그 가계가 어떤 종류의 식품을 획득하고, 어떤 형태의 획득에 의존하느냐가 결정된다. 가계의 재산, 소득, 토지, 노동력, 유산 그리고 선물 등은 그 가계의 식품 획득에 영향을 미친다. 특정 가계에서는 가족 구성이나 교육수준 그리고 가사의 주도권자 성별이 획득하는 식품의 종류를 결정하기 때문에 모든 가족 구성원들이 충분하고 영양가 있는 식품 섭취가 보장되지 않을 수 있다. 아울러 식품의 획득은 사회적으로 용인되는 방법으로 이루어져야 한다. 예를 들면 긴급구호 식량, 음식물 쓰레기, 도둑질 등을 이용하여 획득하면 안 된다.

3) 활용(Utilization)

식품 안보의 정의는 "그들의 식사 필요를 만족시키는 안전하고 영양가 있는 식품"이라고 기술되어 있다. 이것은 가정에서 입수 가능하고 획득 가능한 식품만으로는 충분하지 않고 사람들이 안전하고 영양가 있는 식사를 하도록 보장되어야 함을 의미한다. 그 사람이 소비하는 식품이 에너지를 비롯한 대량영양소와 미량영양소의 일일 요구량을 공급할 수 있어야 한다. 이것은 식품의 선택, 보존 및 준비 그리고 신체가 다양한 영양소를 활용하도록 하는 것을 의미한다.

식품은 양질의 안전한 것이어야 한다. 개인의 건강, 식사습관, 식사준비, 식사의 다양성, 식사 간의 식품 분포 등 모두가 개인의 영양 상태에 영향을 미친다. 따라서 이것은 그들에게 입수 가능하여 획득된 식량을 활용하기 위한 적절한 방법을 가르쳐야 한다는 것을 의미한다. 깨끗한 물, 위생, 건강관리 또한 식품 활용과 깊은 관계가 있다. 활용 차원은 영양측면 뿐만 아니라 식품의 사용, 보존, 가공 및 처리 등과 관련된 요소들도 관련이 있다. 활용을 개선하려면 영양을 개선하고 식품 안전, 식사의 다양성 제고, 수확 후 손실 감소, 그리고 식품의 부가가치 증대 등이 요구된다.

식품 안보 차원에서 식품 안전은 식품이 보유한 영양소를 최대한 활용한다는 점이 무엇보다도 중요하다. 예를 들면 생산, 가공 및 포장 단계에서 유해물질이 첨가되거나 식중독 세균이나 광우병 등에 오염이 되면 건강에 위험하고, 기생충 감염은 신체가 영양소를 흡수하는 것을 방해함으로써 식품 활용을 저하시키고, 질병 발생으로 인해 식품 활용이 부정적으로 영향을 받게 된다. 따라서 위생교육, 영양교육 그리고 조리교육은 식품 안보에서 식품 활용성을 개선시킬 것이다.

4) 안정성(Stability)

안정성은 항상 식량이 확보되어 있는 것을 의미한다. 식품 안보의 정의에 "항상"

이라고 기술되어 있는 것은 앞서 기술된 세 가지 요소들에 적용된다. 식품 안보는 순간, 하루 또는 한 계절에만 발생되는 상황이 아니고 지속가능성에 근거한 영구적인 상황에 기초한다. 식량 불안(food insecurity)은 일시적일 수 있다. 예를 들면 잘못된 작황, 고용상태의 변화, 질병, 식품 가격의 상승 등 단기적인 충격으로 인하여 발생되는 상황들이다. 식품 가격이 오르면 소득 대비 식품비가 높은 가계가 위기를 당할 가능성이 가장 높다.

식량 생산 단계에서 자연재해와 가뭄은 작황을 악화시켜서 식량의 입수 가능성을 낮춘다. 또한 사회적 불안도 식품의 획득을 어렵게 할 수 있다. 식품 가격 상승이 초래한 시장의 불안정은 일시적인 식품 불안을 야기할 수 있다. 식량 생산에서 계절적 식품 불안은 재배 계절의 규칙적인 형태에 따라 일어난다. 만성적 식품불안은 장기적이고 지속적인 식량 부족상태로 정의된다. 이 경우에서 가계는 지속적으로 구성원의 필요를 만족시킬 식량을 확보할 수 없다. 일시적 식품 불안의 재발은 만성적 식품 불안보다 가계를 더욱 취약하게 만든다.

1.2 식품 안보지수

세계 식품 안보지수(Global Food Security Index)는 "The Economist Intelligence Unit(EIU)"이 식품안보의 구성요소 중 입수 가능성, 구입능력, 품질과 안전에 관한

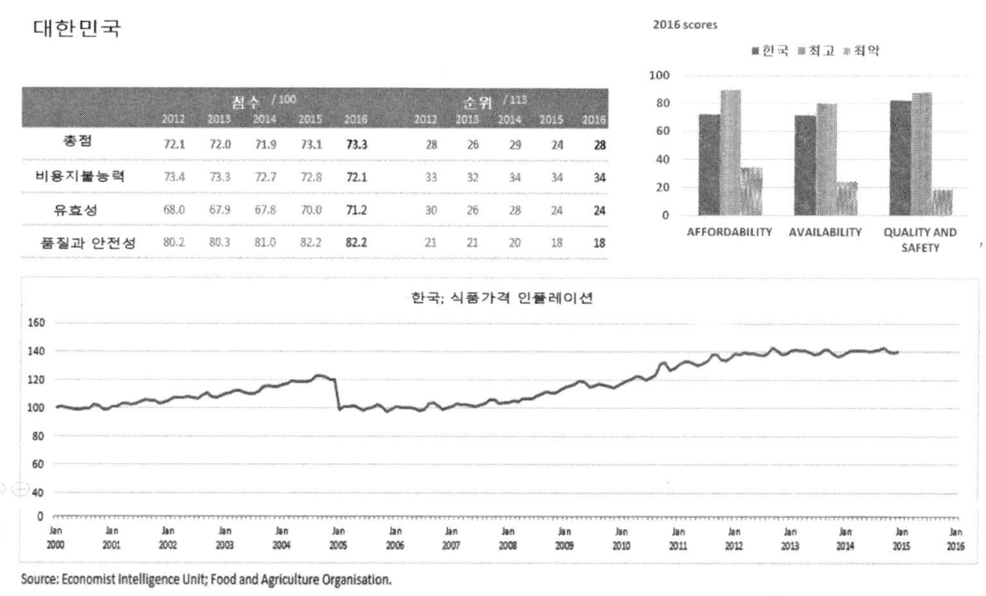

대한민국

	점수 /100					순위 /113				
	2012	2013	2014	2015	2016	2012	2013	2014	2015	2016
총점	72.1	72.0	71.9	73.1	**73.3**	28	26	29	24	**28**
비용지불능력	73.4	73.3	72.7	72.8	**72.1**	33	32	34	34	**34**
유효성	68.0	67.9	67.8	70.0	**71.2**	30	26	28	24	**24**
품질과 안전성	80.2	80.3	81.0	82.2	**82.2**	21	21	20	18	**18**

그림 1-1. 대한민국의 식품 안보지수

사항을 중심으로 국민식량지원제도, 농업기반 시설, 농민금융지원제도, 정치적 상황, 미량영양소 섭취 상태, 가계 식품비, 식량 손실 등을 조사하고 113개국의 식품안보 상태를 지수화 하여 그 발전 경향을 파악한 것이다. 우리나라는 2016년 평가에서 113개국 중 28위를 차지했다(그림 1-1).

1.3 식품 안보(Food Security)의 역사

식품 안보의 역사는 식품 안보(food security)가 한 나라, 지역, 마을 혹은 가계 수준이 아닌 국제적 수준에서 관심의 대상이 된 때와 장소에서 시작된다. 1930년대 초에 국제연맹(League of Nations)의 일원이었던 유고슬라비아가 "건강을 위한 식품의 중요성"의 관점에서 세계 각국의 대표들에게 식품관련 정보를 제공해야 한다고 제안한 것이 최초의 시작이다. 1935년에 국제 연맹의 건강부는 조사사업을 벌여 "영양과 보건"이라는 보고서를 제출하였다. 이 보고서는 식량이 부족한 나라들의 영양실조와 기아 상황을 설명하였다. 이것이 아마도 영양과 식품 안보의 복잡한 관계를 처음으로 설명한 것으로 생각된다.

그러나 국제연맹의 각국의 많은 관련 인사들은 식량생산 감소와 국제 식량 가격 또는 국제무역거래 등과 같은 경제 문제에 더 많은 관심을 가져 영양실조와 식품안보는 주된 관심사에서 밀려나고 단지 국제 수요를 만족시키기 위한 식량생산 증대에 합의를 하였다. 이때 "농업과 건강의 결합(marriage of health and agriculture)"이라고 기술된 것을 통하여 인류의 건강 필요를 만족시키기 위해 식량생산을 늘리면 이것이 농업을 발전시키고, 다시 이것이 산업계로 넘쳐 흘러들어가 세계경제가 확대된다는 주장에 동의하였다.

1943년 2차 세계대전 중 유엔은 미국 Hot Spring에서 개최된 '식량과 농업' 국제회의에서 식량농업기구(FAO)를 설립하고 "secure"(안전하게 보장한다)의 의미로서 "모든 이에게 충분하고 적절한 식량의 공급"의 개념을 국제적 수준으로 적용하기에 이른다. 1946년에 실시한 FAO 조사에 의하면 세계 인구의 최소 1/3은 충분한 에너지를 공급받지 못하고 있다는 결론이었다.

1950년대에 미국이나 캐나다처럼 대량 생산된 식량을 식량이 부족한 유럽 국가들에게 지원을 하는 개념으로 식품안보가 실천되었다. 따라서 많은 선진국들은 식량 공급이 주요 관심사였고, 생산 증대를 위한 농업부문과 농민들에 대한 지원을 강화하는 것이 주요 정책이었다. 그러나 과다하게 생산된 식량을 식량 원조의 형태로 부족 국가에게 효율의 고려 없이 양과 가치 차원에서 제공되다 보니 오히려 해당 국가의 식품 안보를 개선하지 못하고 자급노력을 위한 발전에 방해가 되는 결과를 초래했다.

유엔은 1960년 초에 결국 식량 원조는 해당국가의 발전을 위해 활용되어야 함을 인정하였다.

풍족한 식량의 시대는 기후불량으로 인한 작황의 악화로 1972~1974년에 식량 위기로 인한 국제 식량 공급과 가격 혼란의 시대를 맞이하였다. 국제적 식량 위기로 인해 개발도상국과 선진국 모두가 유엔에 국제 식량대회를 개최하여 대책 마련을 촉구하였고, 그 결과 1974년 유엔은 "모든 남녀 및 어린이는 육체적 및 정신적 능력을 충분히 발달시키고 유지하기 위해 기아와 영양실조에서 자유로울 권리를 가진다. 따라서 기아의 근절은 국제 사회의 모든 나라들의, 특히 선진국과 도울 수 있는 다른 나라들의 공통 목표이다."라고 선언하였다. 이 대회에서 처음으로 식품 안보가 모든 국가들의 공통 관심사임을 인정하였다. 그러나 식품 안보를 항상 충분한 식량 공급의 입수 가능성으로서 정의되었다. 다시 말하면 식량 위기에 대처하기 위해 식량의 생산과 식품 안보를 개선하려는 모든 노력이 생산 증대와 식품의 입수 가능성 향상에 중점을 두었다는 것이다.

1980년대의 녹색혁명은 식량생산 수준을 증가시켰지만 기근의 문제는 해결되지 못했다. 1981년 인도의 Amartya Sen이 『가난과 기근(Poverty and Famines)』이라는 책에서 "굶주림은 사람이 먹을 수 있는 충분한 식량을 갖지 못하는 상황이지 주변에 충분한 식량이 없는 상황이 아니다." 그때서야 세계는 식량 공급이 문제가 아니고 문제 집단의 구매력이라는 것을 깨달았다. 식품 안보의 정의는 식량 입수 가능성의 물리적 측면뿐만 아니라 경제적 측면을 고려하기 시작했고, 가난을 해소하는 방법과 발전과정에서 여성의 역할을 향상시키는 방법에 대해 관심이 집중되었다.

1983년 FAO는 세계 식품 안보에 대한 결의를 발표한다. "세계 식품 안보의 궁극적인 목표는 모든 사람들이 항상 물리적, 경제적으로 자신들이 필요한 식품을 획득하도록 보장하는 것이어야 한다." 그러나 획득이 식품 안보에서 중요한 요인이지만, 이것은 안정성과 함께 이루어져야만 기아를 예방할 수 있다.

1990년대에는 베를린 장벽이 무너지고 남아프리카의 가뭄에 의한 식량위기 등 국제적으로 식품 안보 관련 회의가 많이 개최되었다. 이런 과정 속에서 식품 안보는 서서히 다전문분야 차원으로 인식되어졌다. 1992년 유엔과 공동 개최한 국제영양대회는 식품 안보에 대한 주된 이정표가 되었다. 이 대회에서 "영양적으로 충분하고 안전한 식품을 획득하는 것은 개개인의 권리이며, 세계적으로 모든 사람을 위한 충분한 식량이 존재하며, 불공평한 획득이 주된 문제이다."라고 선언하였다.

1996년 세계 식량 정상회담(World Food Summit)에서는 중요한 진전이 있었다. 기근과 기아를 해소하려는 세계 각국의 강력한 의지가 천명되었고, 식품 안보가 입수 가능성, 획득, 활용, 안정성의 네 가지 요소를 모두 포함된 정의로 선언되었다. "모든 사람이 활동적이고 건강한 생활을 영위하기 위해 그들이 좋아하며 식사 필요를 만족시키는 충분하고 안전하고 영양가 있는 식품을 물리적, 사회적 그리고 경제적으로 어느 때나 획득할 수 있을 때에 식품 안보는 존재한다."라고 정의하였다.

WHO는 식품 안보에 입수 가능성, 획득, 활용의 3개의 기둥이 있다고 이야기하지만, FAO는 2009년에 개최된 식품 안보 세계정상회의에서 안정성을 추가하여 다시 한 번 4개의 기둥을 강조하였다. 최근에는 식품 안보에서 윤리와 인권 차원이 관심을 끌기 시작했다. 전 세계의 많은 나라들이 식량권리(right to food)를 강조하기 시작했다.

1.4 식품 안보를 달성하기 위한 도전

1) 지구적 물 위기

물 부족으로 인하여 많은 나라들이 곡물을 수입하고 있으며, 조만간 중국이나 인도 같이 큰 나라들도 곡물 수입국으로 전락하게 될 것이다. 과도한 지하수 채취로 인하여 중국, 미국 및 인도 같은 나라에서 지하수면이 계속 낮아지고 있다. 파키스탄, 아프카니스탄 그리고 이란 같은 나라들도 결국 물 부족으로 곡물 생산이 줄어들 것이다. 앞으로 태어날 인구의 대부분은 물 부족 국가에서 태어날 것이다.

중국과 인도 다음으로 물 부족을 경험하게 될 국가들은 아프카니스탄, 알제리, 이집트, 이란, 멕시코 그리고 파키스탄이다. 이들 국가 중에서 4개국은 이미 식량을 수입하고 있다. 아프리카의 사하라 이남 국가들의 대부분은 물 부족 국가들이다. 더욱이 이들 대부분의 국가들은 농업 국가이며, 농촌지역은 생계형 농업이므로 물 부족은 식품 안보의 상실로 이어진다.

2) 토질 저하

집약적 농업은 토양의 비옥도를 고갈시키고 수확량의 감소를 가져온다. 전 세계 농지의 약 40%는 심각하게 손상된 것으로 보고되었다. 아프리카에서 현재와 같은 정도로 토질 악화가 계속 된다면 2025년에는 인구의 25%만이 식량을 공급받을 수 있을 것이라고 예측된다.

3) 기후 변화

기후 변화와 지구 온난화에 따른 가뭄이나 홍수 같은 극한 상황이 빈번해질 것이다. 하룻밤 사이에 발생하는 홍수나 장기간에 걸쳐 악화되는 가뭄은 농업부문에 폭넓은 영향을 미친다. 나일강 전 지역은 2040년까지 사막화되어 농사가 불가능해질 것이라는 예측을 내놓고 있다. 식품 안보의 미래는 농업체제를 극한 사태에 적응시키는 우리의 능력에 달려 있다. 히말라야에서 유래한 수원에 의존해서 사는 인도, 중국, 파키스탄, 아프카니스탄, 방글라데시, 네팔, 그리고 미얀마는 앞으로 수십 년 뒤 홍수를 경험한 후에 심한 가뭄을 경험하게 되리라는 예측이다.

개도국들은 기후변화로 인해 빙하가 녹아내림으로써 해수면이 높아져 농토가 줄어들어들 것을 염려한다. 많은 개도국들이 소재하는 저고도 지역에서는 곡물 수확량이 줄어들어 국제 곡물 가격은 상승할 것이고 굶주리는 사람들은 늘어날 것이다. 특히 기후변화로 인한 작은 환경 변화일지라도 식품시스템이 취약해져 식품 안보가 심각하게 위협을 받게 되는 경우가 발생한다. 이것은 특별한 농생태계에서, 농사 이외에는 생계수단이 없는 가계에서, 공식적 기구들이 사람들에게 충분한 안전망을 제공하지 못하는 지역에서 쉽게 발생한다.

4) 병충해

가축이나 작물에 위해를 가하는 질병은 대비책이 없는 경우 식량 확보에 치명적인 결과를 가져온다. 특히 현대에서 유전적 다양성이 감소되어 가고 있는 상황이 더욱 치명적이다. 따라서 야생종들을 이용하여 종 다양성을 증가시켜 질병에 강한 품종들을 개발하는 것이 하나의 해결책일 것이다.

5) 독재와 도둑정치

가뭄을 비롯한 자연 재해가 기근 상황을 촉발할 수도 있을지는 몰라도 기근의 강도를 결정하는 것은 정부의 조치나 대책의 유무이다. 종종 기근 자체가 발생하는 것조차도 정부의 탓이 된다. 세상에는 정치와 상관없는 식량문제는 없다. 정권을 힘에 의해 잡으면 지지기반이 매우 빈약하여 소수의 패거리들로 구성된다. 이런 경우 국내 식량배분은 정치적 이슈가 된다. 정부는 영향력 있고 힘이 있는 사람들 그리고 기업들이 많이 거주하는 도시지역에 우선순위를 둔다. 일반적으로 정부는 의도적으로 낮은 곡물가격을 유지시켜 생계형 농민들의 자본축적을 방해하여 그들의 생산 개선을 위한 투자를 힘들게 만든다. 따라서 농민들이 불확실한 상황에서 효과적으로 벗어나지 못하게 만든다.

독재자들은 자기 지지자들에게 식량을 지원하는 반면에 반대자들에게는 공급을 중단함으로써 식량을 무기로 사용한다. 도둑정치를 하는 정권은 수확이 좋을 때에도 식품안보를 해친다. 정부는 무역을 독점하여 농민들에게서 곡물을 싼값에 구입하고, 국제시장에서는 제값에 판매하여 이익을 챙긴다. 이것은 인위적으로 "가난의 덫"을 만들어 가장 현명하고 열정적인 농민들일지라도 벗어날 수 없도록 만든다. 사유재산이나 법치가 존재하지 않으면 농민들은 생산성을 향상시킬 동기 부여가 없게 된다. 한 농민이 주위 다른 농민들보다 생산성이 높고 소득이 높아지면 정권과 가까운 자들에게 시기심을 유발하여 토지를 빼앗길 위험이 커짐으로 평범한 농민으로 남아있는 안전을 택하게 된다.

6) 식량주권

식량주권은 식품 안보가 선진국의 다국적 기업 위주의 농업생산에 의존하여 개도국의 소규모 농가들을 농촌에서 몰아내는 결과를 가져오고, 그 나라들의 농업을 사라지게 함으로써 식량문제를 다국적 기업에게 종속시키는 것을 비판하는 관점이다. 다국적 기업의 기업경영을 신식민주의의 형태로 본다. 이들은 막대한 자금으로 가난한 국가들, 특히 열대지방의 나라들로부터 환금작물들을 재배 수확시킨 후 이것들을 선진국들에 판매하는 형태를 취한다.

생계형 농민들은 다국적 기업들이 관심을 보이지 않는 생산성이 낮은 한계토지에서만 경작을 하게 된다. 이 과정에서 가난한 나라들의 비옥한 토지를 수탈하는 결과를 자아내고 있으며, 다국적 기업들은 자신들의 경작기술, 종자, 화학비료, 농약 등을 개발도상국들에게 강요하는 상황이 되고 있다. 식량주권은 공동체가 자신의 식량생산방법을 결정하고, 식량은 인간의 기본권리라는 것을 주창한다. 그러나 이러한 주장도 식품안보의 문제를 해결하기에는 역부족이다.

1.5 식품 안보에 대한 위협

1) 인구 증가

유엔은 2050년까지 지구 인구가 90억 명이 넘을 것이라고 예측했다. 이러한 인구증가는 지구 환경, 식량공급, 에너지 자원 등에 대해 지속적으로 스트레스를 가할 것이다. 지금도 지구상의 7명 중의 한 명은 허기진 배로 잠자리에 든다. 지구는 인구과다로 고통을 겪고 있으며, 매일 2만 5천명이 영양실조와 기아와 관련된 질병으로 죽어가고 있다. 특히 인구 증가율이 높은 아프리카를 포함한 개도국들에서 기아상태가 더욱 심화되고 있다(그림 1-2).

2) 화석연료 의존성

녹색혁명으로 농업 생산성은 증가하면서 이에 따른 에너지 투입도 엄청나게 증가하였다. 따라서 에너지 투입대비 작물 생산 비율은 감소해 왔다. 녹색혁명은 또한 화

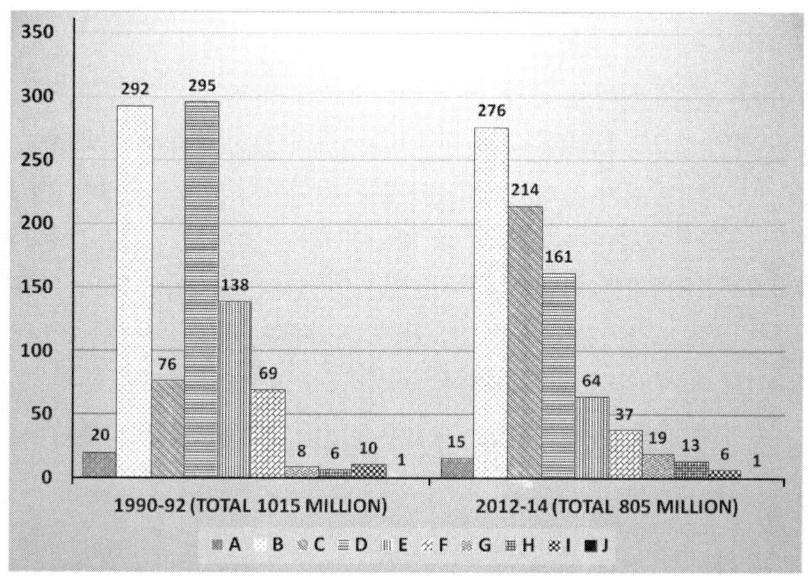

지 역	인구수(백만) 1990~92, 2012~14		지역분포(%) 1990~92, 2012~14	
A : 선진국	20	15	2.0	1.8
B : 남부 아시아	292	276	28.8	34.3
C : 사하라이남 아프리카	76	214	17.3	26.6
D : 동아시아	295	161	29.1	20.0
E : 동남아시아	138	64	13.6	7.9
F : 라틴아메리카와 캐리비안	69	37	6.8	4.6
G : 서아시아	8	19	0.8	2.3
H : 북아프리카	6	13	0.6	1.6
I : 코카서스와 중앙아시아	10	6	0.9	0.7
J : 오세아니아	1	1	0.1	0.2
총 계	1015	805	100	100

그림 1-2. 세계 기아인구 분포 변화 : 지역에 따른 영양결핍 인구수 (1990~1992, 2012~2014)(Source : FAO)

학비료, 살충제, 제초제 등에 의존해 왔고, 이들은 화석연료로부터 만들어지기 때문에 농업이 석유화학 제품에 의존하는 경향을 증가시켰다. 앞으로도 늘어나는 인구를 먹여 살리기 위해서는 농업 생산성을 더 높여야 하고, 이에 따른 화석연료의 생산은 더욱 증가할 것이다. 따라서 화석연료의 위기는 농업 위기를 앞당길 것이라고 학자들은 주장한다.

3) 지구 식량공급의 동종성

1961년 이후 전 세계를 통해 인간이 주식으로 소비하는 식품은 더욱 다양해져 지역적으로나 국가적으로 중요한 곡물의 소비는 줄어드는 결과가 초래됐다. 이것은 전 세계적으로 주곡의 종류가 균일해졌다는 것을 의미한다. 1961년에서 2009년 사이에 여러 나라들 사이에서 소비되는 식품의 차이가 68% 줄어든 것으로 보고된다. 전 세계에서 주곡으로 소비되는 곡물의 종류는 밀, 쌀, 설탕, 옥수수, 대두, 팜유 그리고 해바라기유 등이다. 그 중에서도 밀은 전 세계 나라들의 97% 이상이 소비하는 주곡으로 변했다. 이로 인해 라이, 얌, 고구마, 카사바, 코코넛, 수수, 조 등은 급격히 그 소비가 줄었다. 이에 따른 식품 안보는 개선된 지역도 있지만 오히려 악화된 곳도 생겼다.

4) 가격 담합

전 세계적으로 같은 종류의 곡물을 생산하는 나라들이 “식량 안정성을 보장하고 세계와 지역에서의 식량 부족사태를 방지하고자” 국제공조 조직을 만들어 국제 시장 가격을 결정하려는 추세는 식품안보를 악화시킬 가능성이 크다.

5) 토지용도 변경

나라마다 상황은 조금씩 다르지만 경작지의 손실은 다양한 용도로의 전환이 가장 큰 이유이다. 도시화에 따른 농토의 손실은 식량생산에 큰 위협이 되고 있다. 산업화에 따른 토지의 오염 또한 농지를 더 이상 경작지로 사용할 수 없게 되는 원인 중의 하나이다.

6) 지구 대참사 위험

갑작스런 지구환경의 변화는 우리가 예측할 수 없는 재앙을 지구에 가져온다. 직경 1km 이상 되는 행성이 지구와 충돌하면 지구에 “충격 겨울”이 오게 된다. 유사하게 대규모 화산 폭발은 “화산 겨울”이 오게 만들어 탄소동화작용을 억제하고 농업생산을 저해할 것이다. 지구상에서 핵전쟁이 나게 되면 “핵 겨울”이 야기되어 식량부족이 야기된다.

1.6 식품 안보의 미래

식품 안보의 정의는 수십 가지가 된다고 한다. 그러나 결정적인 것은 인간이 굶주리지 않고 필요한 영양소를 공급받을 수 있는 식량을 매일 획득해서 소비할 수 있는 상황일 것이다. 그러나 최근의 경향은 이 수준에서 한 발 더 나아가 인간의 발전과 복지 수준을 식품 안보와 연계시키는 것이다. 기아와 식품 불안은 인간의 능력 발달을 박탈하는 것으로 간주되고 있다. 식품 안보는 충분한 영양을 공급하는 것을 의미하고 영양이 충분하게 되면 인간은 양호한 건강을 유지할 수 있게 되어 자아 발전에 긍정적인 영향을 미치게 되는 것이다.

인간 발달 단계를 영유아(0～5세), 아동(6～17세), 그리고 성인(18세 이상) 시기로 구분해 보면 영유아 및 아동 시기의 식품 불안은 긍정적 자극의 제한과 더불어 기본적인 배움 능력에 심각한 장애 요인으로 작용한다. 더욱이 식품 불안은 건강 유지에 부정적이어서 질병에 취약해지고 사망률을 높이는 결과를 가져온다. 성인으로서는 식품 불안을 겪는 상황에서 고용 생산성이 낮아질 수밖에 없고 교육이나 배움에 적극적일 수 없다. 비록 국가적인 차원에서 식품 불안은 국가 불안으로 연결되기 때문에 개도국에서는 정권유지를 위해 신경을 많이 쓰지만 국민들의 복지와 개인의 발전이라는 관점에서 볼 때 현대의 식품 안보는 그 중요성이 점점 더 커지고 있다.

종종 식품 안보가 식량 자급을 의미하는 것으로 오해하는 경우가 있지만 국토가 좁은 나라나 선진국의 경우를 보면 식품 안보는 자급율과 전혀 상관이 없는 것으로 나타난다. 더욱이 국토가 좁은 나라에서는 식량 자급이 불가능한 사안일 경우가 대부분이다. 따라서 식품 안보는 식량 자급이라는 폐쇄적이고 고루한 사고에서 벗어나 인간능력의 발전이라는 인본주의적 사고와 글로벌한 관점으로 접근할 필요가 있다. 문제는 인도나 중국처럼 인구가 폭발적으로 늘어나는 나라에서 식량 수요가 증가하고, 선진국에서 환경을 고려하여 바이오 연료를 생산하기 위해 식량의 일부를 사용하고, 축산물의 수요 증가로 곡물의 수요가 증가하게 되면서 전 세계적으로 식량의 국제가격 변동이 매우 심하다는 것이다. 따라서 국제 가격이 폭등하는 경우에 경제적으로 취약한 계층들의 획득 능력(affordability)이 문제가 된다.

이러한 경우에 취약계층은 자기들이 선호하는 식품을 포기하게 되고 더욱 저렴한 식품으로, 양적으로도 축소하게 되는 결과를 초래하여 국가적으로 식품 안보가 위협받게 된다. 또한, 국가적으로 식품 안보를 해결할 방법은 경제력이 있는 선진국의 경우와 그렇지 않은 개도국의 경우가 상이할 것이다. 이것은 마땅한 해결책이 없는 문제로서 결국 식품윤리가 근본적인 대안으로 고려되어야 할 것이다.

참고문헌

1. Burchi, F. and De Muro, P. 2012. A Human Development and Capability Approach to Food Security: Conceptual Framework and Informational Basis. UNDP.
2. EIU. 2016. Global Food Security Index 2016.
3. Napoli, M. 2011. Towards a food insecurity multidimensional index. HDFS.
4. Simon, G. A. 2012. Food security: definition, four dimensions, history. Univ. Roma Tre.

2. 축산식품의 가치

"고객은 좋은 가치를 원한다. 하지만 그들은 그 어느 때보다 더 식품과 의복이 어떻게 만들어지는가에 대해 신경을 쓴다."

-스튜어트 로오즈-

2.1 식품의 가치

우리는 영양분을 공급하여 몸의 성장과 발달 그리고 회복과 활동을 위한 에너지를 얻기 위하여 식품을 섭취한다. 또한 맛, 색깔, 냄새 및 조직감 등을 즐기면서 함께 식사를 하는 사람들과 대화를 나누는 분위기를 즐기는 물리적 및 정신적 측면을 위해서 식품을 소비한다. 그렇다면 우리는 식품의 가치를 어떻게 부여하는가? 아마도 영양적 가치와 소비할 때 얻는 양적, 정신적 만족감을 모두 합쳐 가치를 매길 것이다.

최근, 전 세계적인 중산층 비율의 증가와 도시화 및 산업화 추세에 힘입어 축산식품의 수요 증가는 식품 공급 사슬에 상당한 압박을 가하여 21세기의 식품 생산과 유통에 매우 중요한 요인으로 작용할 것이다. 반면에 선진국 소비자들은 전례 없이 건강에 관심이 높아져 식품의 성분, 생산지, 신선도 및 안전에 상당한 우려를 표명하고 있다. 아울러 식품생산의 지속가능성과 환경에 대한 관심도 높아 유전자변형(GMO)과 같은 현대 농업기술에 대해서도 부정적인 입장을 취하고 있다.

한편, 지구 공동체가 당면하고 있는 가장 시급한 문제들 중의 하나는 식품의 손실이다. FAO에 의하면 전 세계의 식품 생산량의 1/3이 소비자의 손에 닿기 전에 사라진다. 현재 기아에 허덕이는 사람들의 숫자는 8억 명(2015년)에 이른다고 한다. 식품의 획득(access)은 인간의 기본 권리이다. 우리는 생산자나 소비자 모두에게 손실문제에 대한 관심을 환기시켜야 한다. 우리 모두는 식품 공급 사슬을 통해서 손실에 책임을 져야 하는 사람들 중의 하나로 자신을 인식해야 하고 효과적인 표준을 확립해야 한다. 이와 관련하여 기아뿐만 아니라 식품에 대한 우리의 태도에도 변화가 필요하다. 식품은 사람을 먹이기 위해 생산된다. 따라서 우리는 식품을 생태적으로, 경제적으로 그리고 도덕적으로 존중해야 한다. 또한, 고소득 국가들의 식품과 에너지 낭비 태도를 바꿔야 한다. 더욱이 정책 입안자들과 소비자들과 더불어 포장업계가 식품 가치사슬에 따라 다른 산업계와 문제 해결에 대해 협력을 해야 한다.

왜 이런 사태가 발생하고 있을까? 선진국에는 식품이 너무 많다. 소매상이나 소비자들은 마음에 안 들고 유통기한이 지났다는 이유로 멀쩡한 식품을 폐기한다. 또한 소비자들이 더 많은 식품을 구입하도록 유인하여 결국 가정에서 소비하지 못하고 버리게 만드는 유통 산업계의 관행도 문제이다. 개도국에서는 대부분의 손실이 공급사슬 하부에서 일어난다. 불충분한 도로 기반시설, 저장창고, 냉장시설, 운반 등으로 인해 식품은 소비자에게 전혀 공급되지 못하고 폐기된다(그림 2-1). UN기관의 연구에 의하면 포장의 개선은 특히 저소득 국가에서 식품 손실을 상당히 줄일 수 있음을 보여준다. 이러한 식품 손실은 생산, 가공 및 운반을 위해 투입된 자원의 손실로 연결된다. 대량의 농약, 비료, 연료, 토지, 수자원 등이 모두 손실되는 결과로 이어지는 것이다. 폐기된 식품이 매립되는 경우 탄산가스보다 20배 유해한 온실가스인 메탄가스를 발생시킨다.

현대의 대량 생산은 식품 생산을 위한 자원의 집약화를 야기하고 물과 에너지를 생산과 분배에 대거 투입해야 하는 문제를 초래하며, 전 세계적으로 물 부족 사태를 악화시키고 있다. 지구의 기후 변화는 지역에 따라 물 공급에 큰 어려움을 야기하고 있으며, 농업 생산에 필요한 다량의 에너지 공급은 상황을 더욱 악화시킨다. 식품 생산과 소비를 위해 요구되는 가용자원의 공급 가능성에 대한 불확실성과 불균형은 각국의 정부의 역할이 요구되는 부분이다.

자연을 존중하지 않는 대량 생산과 대량 소비의 문화는 우리와 식품과의 사이를 점점 더 멀어지게 한다. 그뿐만 아니라 지구 환경의 지속가능성을 훼손시켜 우리 자

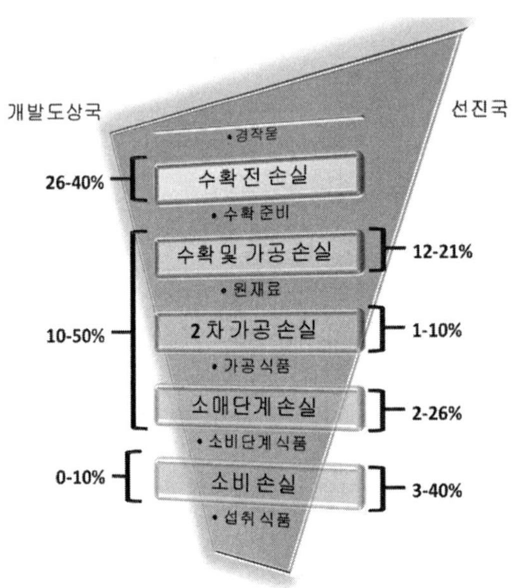

Source: World Economic Forum, Driving Sustainable Consumption

그림 2-1. 개도국과 선진국의 식품의 단계별 손실률 차이

신과 후손들에게 크나큰 죄를 범하게 만들고 있다. 결국 식품의 가치는 근본적으로는 인간의 생존과 관련한 영양적 측면이 중요하지만 그 생산과 소비과정에서 부수적으로 야기되는 자연훼손이라는 부작용 때문에 더 고차원적인 지구환경 보호의 가치가 강조되어야 할 것이다. 따라서 자연 농업, 유기생산 농업, 소규모 농업, 지역 농산물 시장 등을 지원하고, 낭비적 소비관행을 중지함으로써 지역 환경과 지구 환경을 살리는 노력이 식품의 가치를 이해하고 유지시키는 방법이 될 것이다.

2.2 축산식품 자원

1) 고기(식육 및 식육제품)

전 세계 역사를 통해 바라보았을 때, 식육은 각기 다른 상황과 문화 속에서 가축생산물 중 가장 가치 있는 고급식품이며, 완전 영양소를 함유하고 있는 전형적인 제품이라고 통용되어 왔다. 식육은 단백질과 아미노산, 미네랄, 지방과 지방산, 비타민과 그 외 다양한 생리활성물질과 소량의 탄수화물을 함유하고 있다. 영양적인 측면에서 보면 식육은 고품질의 단백질로서 모든 필수아미노산을 함유하고 있으며, 체내 이용률이 높은 미네랄과 비타민이 풍부하다. 식육 소비량은 선진국의 경우 상대적으로 고정된 상태인 반면에 개도국의 연중 개인의 식육 소비량은 1980년대 이후 두 배 이상 증가하였다.

인구와 소득의 증가가 식품의 선호도를 변화시켜 식육 생산물의 소비 증가를 가져온 것으로 보인다. 세계 식육 생산량은 2050년에 2배 이상이 될 것으로 예상되며, 대부분 개도국이 될 것이다(그림 2-2). 식육시장의 성장은 가축생산 농가와 식육 가공

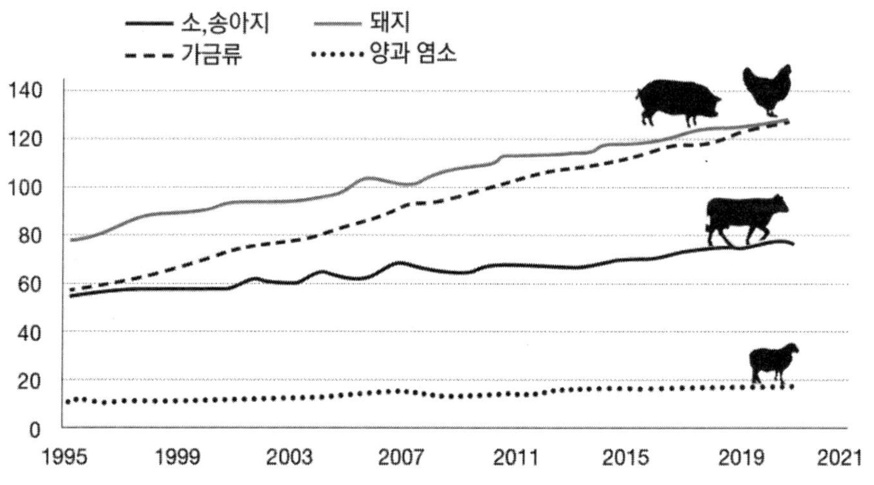

그림 2-2. 세계 식육생산 예측량 (단위 : 백만 톤, OECD / FAO)

업자에게 상당한 기회를 제공하게 될 것이다. 그럼에도 불구하고 가축생산량 증가와 안전한 가공과정, 위생적인 식육 마케팅 및 식육제품은 커다란 과제가 될 것이다.

(1) 식 육

① 적색육(소고기 및 양고기)

소고기, 송아지 고기, 양고기(Lamb 또는 Mutton)는 적색육으로 분류된다. 적색육은 인체 건강에 도움이 되는 몇 가지 영양소를 가지고 있다. 이러한 영양소에는 단백질, 지방산, 무기물과 비타민이 포함되어 있다(표 2-1).

소고기와 양고기 같은 적색육은 100g당 약 16～25g의 단백질과 필수아미노산을 함유하고 있으며, 조리 후에는 수분의 함량이 감소하여 영양소가 더욱 더 농축되기 때문에 단백질 함량이 증가한다. 식육의 단백질은 약 94%로 높은 소화율을 가지고 있으며 인체의 성장, 유지 및 회복을 위해 필요하다. 또한 필수 아미노산(인체에서 합성될 수 없음)으로 이루어져 있기 때문에 좋은 건강상태를 유지하기 위해서는 식이를 통한 필수 아미노산 섭취가 필요하다. 식육은 8가지 필수 아미노산(lysine, threonine, methionine, phenylalanine, tryptophan, leucine, isoleucine, valine)을 함유하고 있다(표 2-2).

㉠ n-3 다가 불포화 지방산(n-3 polyunsaturated fatty acids, PUFA)

알파 리놀레산(ALA)과 eicosapentaenoic acid(EPA, C20:5), docosapentaenoic acid(DPA, C22:5), docosahexaenoic acid(DHA, C22:6) 같은 장쇄 n-3 PUFA은 소고기와 양고기 같은 적색육에 함유되어 있다. ALA는 심혈관 질환(CVD) 위험의 감소와 연관이 있으며, DPA는 중상 경화증 위험 및 급성 관상동맥 질환의 위험을 감소시킬 수 있다. 또한 EPA, DPA 및 DHA의 장쇄 n-3 PUFA는 혈전과 염증억제 효과가 있다. 특히 태아와 신생아의 경우 DHA는 임신 첫 3개월 동안의 태아 뇌 형성 과정에서 매우 많이 필요하기 때문에 식육의 섭취가 이에 도움을 줄 수 있다.

㉡ 무기질과 비타민

인체 내 효소 시스템은 보조인자가 필요하며, 비타민 B는 보조인자로 작용한다. 식육은 자연적으로 비타민 B_{12}를 제공하는 유일한 식품이다. 식육은 다수의 비타민 B를 함유하고 있다(표 2-1). 소고기와 양고기를 포함하는 적색육은 비타민 B_{12}가 풍부한 공급원이며, 많은 나라에서 적색육은 비타민 B_{12} 공급원으로써 중요하게 기여하고 있다. 비타민 D는 뼈 성장과 유지에 필수적이다. 비타민 D의 대부분은 피부에 있는 7-dehydrocholesterol이 햇빛과 작용하여 체내에서 합성된다.

따라서 외부활동이 적은 사람들은 비타민 D를 식품섭취에 의지해야 한다. 특히, 비타민 D의 대사산물인 25-hydroxycholecalciferol [25(OH)D3]은 식육과 간에서 상당한 양이 발견되고, 높은 생물학적 활성을 가진다. 소량의 비타민 E와 A도 적색육에 함유되어 있다. 또한 식육은 생체에서 이용 가능한 무기질과 미량의 원소, 특히 철분과 아연의 중요한 식이 공급원이다. 철분은 근육의 미오글로빈과 혈액의 헤모글로빈에서 산소 운반체로서 중요한 역할을 하고 있으며, 또한 많은 대사과정에서도 필요하다. 아연은 기본적으로 다양한 효소의 활성과 관련이 있는데 식육은 다량의 아연을 함유하고 있다.

표 2-1. 소고기와 양고기 평균 영양성분(단위/100g)

영양성분	단 위	소고기[1]	양고기[2]
수 분	g	73.42	59.47
에너지	kcal	117	282
단백질	g	23.07	16.56
총 지질(지방)	g	2.69	23.41
칼 슘	mg	9	16
철	mg	1.85	1.55
마그네슘	mg	23	21
인	mg	212	157
칼 륨	mg	342	222
나트륨	mg	55	59
아 연	mg	3.61	3.41
티아민	mg	0.052	0.11
리보플라빈	mg	0.124	0.21
니아신	mg	6.703	5.96
비타민 B_6	mg	0.651	0.13
엽 산	μg	13	18
비타민 B_{12}	μg	1.27	2.31
비타민 E(알파 토코페롤)	mg	0.22	0.2
비타민 K(필로퀴논)	μg	0.9	3.6
총 포화지방산	g	1.032	10.19
총 단쇄불포화지방산	g	0.995	9.6
총 불포화지방산	g	0.108	1.85
콜레스테롤	mg	55	73

[1] 소고기, 목초급여, 스테이크, 지방 없는 생육 (USDA, 2016a)

[2] 양고기, 분쇄육, 생육 (USDA, 2016b)

표 2-2. 소고기와 양고기의 평균 아미노산 조성(g/100g)

아미노산	소고기[1]	양고기[2]
아스파르트산	1.137	1.89
세 린	0.523	0.51
글루탐산	1.603	2.91
글리세린	0.462	1.67
히스티딘	0.452	0.55
아르기닌	0.865	1.38
트레오닌	0.595	0.83
알라닌	0.609	1.14
프롤린	0.504	0.54
시스테인	1.004	0.30
티로신	0.745	0.56
발 린	0.591	1.04
메치오닌	0.329	0.44
라이신	1.161	1.61
아이소류신	0.326	0.92
류 신	0.590	1.59
페닐알라닌	0.502	0.83

[1] Reported by Samicho et al. (2013)

[2] Reported by Sheridan et al. (2003)

② 돼지고기

돼지고기의 단백질 함량은 15.41% 정도이며, 포화지방산보다 불포화지방산의 함량이 더 높고, 콜레스테롤 함량은 100당 58mg을 함유하고 있다(표 2-3).

식육은 생체 이용 가능한 비타민 B와 특히 동물에서 유래된 식품에서만 존재하는 비타민 B_{12}의 중요한 공급원이다. 비타민 B와 B_{12}의 함량은 다른 종의 식육뿐만 아니라 부위마다 매우 다르다. 돼지고기 100g에는 비타민 B_{12}의 일일 권장 섭취량의 최대 3배를 제공한다.

Imidazole dipeptide carnosine(CAR)은 척추동물 조직 및 특히 골격근, 심장 및 중추신경계에 널리 분포되어 있는 히스티딘 함유 dipeptide이며, creatine은 일부 조직에서 에너지 전달과정의 중요한 구성요소이며, 특히 일부 높은 에너지를 요구하는 곳에서 중요하다. 돼지고기는 닭고기와 소고기보다 carnosine 함량이 높다. Carnosine은 활성 산소종(ROS)과 반응 질소종(RNS) 제거, 아연 및 구리이온 킬레이터, 항당화

표 2-3. 돼지고기 평균 영양성분(단위/100g)

영양성분	단 위	돼지고기[1]
수 분	g	64.46
에너지	kcal	221
단백질	g	15.41
총 지질(지방)	g	17.18
칼 슘	mg	14
철	mg	0.91
마그네슘	mg	20
인	mg	181
칼 륨	mg	297
나트륨	mg	58
아 연	mg	2.28
티아민	mg	0.668
리보플라빈	mg	0.214
니아신	mg	3.959
비타민 B_6	mg	0.350
엽산	μg	5
비타민 B_{12}	μg	0.64
총 포화지방산	g	6.379
총 단쇄불포화지방산	g	7,651
총 불포화지방산	g	1.548
콜레스테롤	mg	58

[1]돼지고기, 분쇄육, 냉동, 생육(USDA, 2016e)

작용(antiglycating), anticross-linking activities와 같은 생리활성이 있다. 따라서 carnosine은 동물임상 및 세포 수준에서 항노화 효과를 나타낼 수 있으며, 이차 당뇨 합병증과 신경변성억제, 항암효과 가능성이 있다. 동물의 근육에 함유된 미량 성분 중 하나인 creatine은 섭취 시 근육 내 creatine을 증가시켜 phosphocreatine으로 저장된 근육 에너지를 증가시키며, 체중을 감소시키고, 수분 보습을 증가시킨다.

③ 가금류(닭, 오리)

가금류, 특히 닭고기는 종교와 상관없이 소비가 점차 증가하고 있으며(그림 2-3) 인간에게 많은 영양성분을 제공한다(표 2-4). 식육 단백질은 생리활성 펩타이드의 일반적인 공급원으로 알려져 왔다. 특정 펩타이드는 안지오텐신 전환 효소를 억제하고,

고혈압 치료제로써 사용할 수 있는 가능성을 갖고 있다. 최근에 안지오텐신 I 전환효소(ACE)를 억제하는 몇 가지 식품 펩타이드가 밝혀졌으며, 닭 가슴육 및 난백 알부민 효소분해에서 얻어진 저해 펩타이드는 ACE 활성에 의한 분해에 저항력을 나타내었다. 일부 필수 아미노산은 인체에서 합성할 수 없으므로 식품으로 반드시 섭취해야 한다. 오리고기는 필수 아미노산의 좋은 공급원이라고 보고되었으며, 오리고기의 아미노산 함량은 표 2-5에 나타내었다.

가금육의 껍질은 중요한 지방 공급원이며, 육계의 지방함량은 1～15%이지만, 껍질을 포함하고 있는 부위는 지방함량이 더 높다. 식육 내 포화지방산은 심혈관 질환 및

표 2-4. 닭고기 및 오리고기의 평균 영양성분(unit/100g)

영 양 성 분	단 위	닭고기[1]	오리고기[2]
수 분	g	73.24	48.50
에너지	kcal	143	404
단백질	g	17.44	11.49
총 지질(지방)	g	8.10	39.34
칼 슘	mg	6	11
철	mg	0.82	2.40
마그네슘	mg	21	15
인	mg	178	139
칼 륨	mg	522	209
나트륨	mg	60	63
아 연	mg	1.47	1.36
티아민	mg	0.109	0.197
리보플라빈	mg	0.241	0.210
니아신	mg	5.575	3.934
비타민 B_6	mg	0.512	0.190
엽 산	µg	1	13
비타민 B_{12}	µg	0.56	0.25
비타민 E(알파 토코페롤)	mg	0.27	0.70
비타민 K(필로퀴논)	µg	0.8	5.5
총 포화지방산	g	2.301	13.220
총 단쇄불포화지방산	g	3.611	18.690
총 불포화지방산	g	1.508	5.080
콜레스테롤	mg	86	76

[1] 닭고기, 분쇄육, 생육(USDA, 2016c)

[2] 오리고기, 가축, 고기와 껍질포함, 생육(USDA, 2016d)

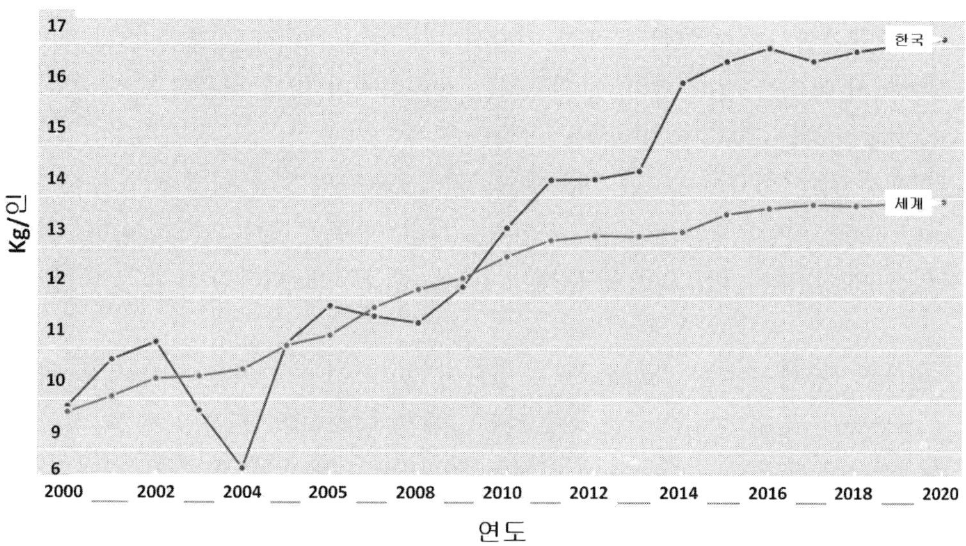

그림 2-3. 가금육 예측 소비량 [Reported by OECD(2016)]

표 2-5. 북경오리와 머스코비 오리의 평균 아미노산 조성(g/100g)

아미노산	북경오리	머스코비 오리
아스파르트산	9.57	10.01
세 린	4.56	4.87
글루탐산	15.21	15.62
글리신	6.26	5.57
히스티딘	3.23	2.96
아르기닌	7.07	7.28
트레오닌	4.65	4.96
알라닌	6.21	6.62
프롤린	4.23	4.31
시스테인	2.65	0.07
티로신	1.84	3.70
발 린	4.58	3.49
메치오닌	7.09	6.15
라이신	9.21	9.41
아이소류신	7.61	3.44
류 신	2.79	7.63
페닐알라닌	3.22	3.90

* 머스코비 오리(Cairina moschata)는 멕시코와 남아메리카가 원산지임

신진대사 장애의 위험을 증가시키는 것으로 널리 알려져 있다. 그러나 닭고기 및 오리고기는 포화지방산의 함량이 불포화 지방산보다 낮기 때문에 심혈관 질환 및 신진대사 장애에서 유익한 점이 있다. 오리고기를 섭취하거나 다른 식품과 함께 섭취하면 매일 소비해야 하는 오메가 지방산을 공급받을 수 있다.

가금류에서 닭 가슴육은 나이아신(100g당 일일요구량의 56% 공급량을 가짐)과 비타민 B_6(100g당 일일요구량의 27% 공급량을 가짐)의 특히 좋은 공급원이다. 칠면조 가슴육의 100g당 나이아신 일일요구량의 31%를 공급하며, 비타민 B_6는 29%를 공급한다.

철은 인체 건강에 중요한 역할을 하고 있으며, 철의 결핍은 여러 가지 생물학적 기능의 손상뿐만 아니라 아동의 성장 발달에 장애를 일으킨다. 철은 다양한 식품에서 찾을 수 있으며, 헴철(heme iron)과 비헴철(non-heme iron)의 두 가지 형태로 존재한다. 헴철은 헤모글로빈과 미오글로빈에서 유래하여 동물성 식품에만 존재한다. 색이 연한 고기는 소고기와 같은 어두운 고기에 비해 헴철의 함량이 낮다. 어두운 색 고기 내 헴철은 약 39.20%이었지만, 연한 고기색의 헴철의 함량은 최대 26.15%를 나타냈다.

식육 내에 포함된 생리활성물질은 질병의 예방 및 치료를 포함해서 의학적, 건강적 이익을 가져온다. Carnosine, anserine, creatine, taurine, ubiquinone, betaine, carnitine은 식육에서 일반적으로 볼 수 있는 내인성 생리활성물질이다. Carnosine은 완충역할, 항산화제 및 항노화제로서의 기능을 가지며, 당뇨병, 신장병 및 일부 형태의 암과 관련하여 당화 및 산화에 대한 방어기작을 가지고 있다. Anserine은 가금류를 포함한 척추동물의 골격근에서 높은 함량으로 존재하며, carnosine과 유사하게 완충력 및 항산화 특징을 가지고 있다.

Carnitine은 지방산 대사에서 중요한 기능을 하기 때문에 동물에서 중요하다. Carnitine은 β-산화를 위하여 cytosol에서 mitochondrial matrix로 장쇄 지방산을 운반한다. 그 후 근육과 심장 같은 기관이나 조직에 분배하여 에너지 생성에 사용된다. 또한 알츠하이머 및 만성 피로증후군과 같은 특정 질병이 있는 환자의 대체 치료법으로 사용되었다. 우리나라 토종닭의 carnitine 함량은 9.92mg/100g이다. Betaine은 성장률과 지방분포를 향상시킬 수 있다. Betaine의 기능은 조직 내에서 methyl 공여체로서 작용을 하고, methionine, phosphatidylcholine, creatine의 합성에 이용되며, 세포에서 단백질과 에너지 대사의 중요한 구성 요소이다. 닭 가슴육에서 betaine 함량은 4.26mg/100g이다.

④ 특수 가축육

최근 토끼, 사슴, 말, 당나귀와 같은 특수 가축에서 생산된 식육은 이국적인 특성을 가진 희소 식품으로서 소비자의 요구가 증가하고 있다. 이들 식육에 함유된 일반적인 영양성분은 표 2-6에 나타내었다.

토끼고기는 사료 공급을 통해 PUFA, CLA, EPA, DHA, 비타민 E, 셀레늄 등의 수준을 높이는 데 매우 효과적이며, 심혈관 질환 및 기타 만성질환 조절에 핵심적인 역할을 하는 n-6/n-3 비율을 맞출 수 있으며, 단백질뿐만 아니라 생리활성물질을 제

표 2-6. 특수 가축육의 평균 영양성분 (단위/100g)

영양성분	단 위	토 끼[1]	사 슴[2]	말[3]	당나귀[4]
수 분	g	74.51	73.57	72.63	73.7
에너지	kcal	114	120	133	116
단백질	g	21.79	22.96	21.39	22.8
총 지질(지방)	g	3.32	2.42	4.6	2.02
칼 슘	mg	12	5	6	8.65
철	mg	3.2	3.4	3.82	3.80
마그네슘	mg	29	23	24	24.8
인	mg	226	202	221	212.9
칼 륨	mg	378	318	360	343.7
나트륨	mg	50	51	53	52.5
아 연	mg		2.09	2.90	3.67
티아민	mg	0.03	0.22	0.13	
리보플라빈	mg	0.06	0.48	0.1	
니아신	mg	6.5	6.37	4.6	
비타민 B_6	mg		0.37	0.38	
엽 산	μg		4		
비타민 B_{12}	μg		6.31	3.0	
총 포화지방산	g	0.69	0.95	1.44	
총 단쇄불포화지방산	g	0.63	0.67	1.61	
총 불포화지방산	g	0.45	0.47	0.65	
콜레스테롤	mg	81	85	52	68.7

[1] 토끼, 야생, 생육 USDA(2016f)

[2] 사슴, 생육 USDA(2016g)

[3] 말, 생육 USDA(2016h)

[4] Polidori 2008)

공할 수 있다. 토끼고기의 특징은 MUFA 함량이 낮고, PUFA 및 n-3 지방산이 높고, 비타민 B의 중요한 공급원(비타민 B_2, B_5, B_6, B_3, B_{12})이며, 나트륨 함량이 낮고, 인의 함량이 높다.

사슴고기는 근육 내 지방함량이 낮고, 단백질 함량이 높은 것으로 알려져 있다. 사슴고기의 지질함량은 3% 미만이다(표 2-6). 저지방 고기는 고지방 고기보다 더 건강에 유익한 것으로 인식되기 때문에 사슴고기는 소비자에게 매우 긍정적으로 인식되고 있다. 또한 사슴은 반추동물로서 소고기의 장점과 유사한 점이 있다.

당나귀와 말고기는 지방함량이 적고, 단백질 함량이 많으며, 결과적으로 다른 적색육에 비해 에너지 값이 낮다. 당나귀 고기의 필수 아미노산 비율은 51~52%로, 비필수 아미노산보다 높으며, 말고기 아미노산 비율과 유사하였다. 당나귀 고기는 불포화지방산이 높고, 특히 PUFA(24~25g/총 지방산 100g)의 함량이 높기 때문에 영양가가 높은 제품으로 알려져 있다. 예를 들면, 그 중 일부는 항혈전 인자의 전구체로서 중요한 역할을 할 수 있다. 당나귀 고기의 콜레스테롤 함량은 말고기와 유사하고, 토끼와 사슴보다 낮은 함량을 나타내었으며(표 2-6), 이는 고기의 콜레스테롤 농도와 관련된 심혈관 질환의 위험을 줄이는 장점이 있음을 의미한다.

(2) 이국적인 식육(외래 가축의 식육)

적색육은 권력, 특권, 남성성, 남자다움과 관련된 식품으로서 최상위를 우점하고 있으나 채소는 그보다는 위치가 낮거나 보충제로서의 역할을 해왔다. 문자 그대로 비유적인 의미에서 식육은 어디에나 있고, 문화의 상징이며, 정체성을 나타낸다. 사실, 식육의 높은 가치를 가짐에도 불구하고 금기 식품으로 지정되는 사례가 많다.

전 세계적으로 사람들은 동물을 죽이고 섭취하는 것에 대해 강한 반감을 보인다. 살생이 금지된 동물은 종류가 다양하고 장소와 문화에 따라 다르다. 왜 이런 배척과 금기사항이 일어나는 것일까? 특히 동물성 식품이 금기 식품에 속하기 쉬운 이유는 무엇일까? 지금까지 지배적인 두 개의 이론적 예측은 "기능적인(functionalist)" 측면과 "상징적인(symbolic)" 측면이다.

먼저 기능적인 측면은 식품의 사용과 관련이 있는데 특정 동물의 섭취에 제한을 두는 것은 실질적인 이유거나, 건강에 위험하거나, 생태학적 목적을 제공하기 위함이다. 예를 들어 기생충, 미생물, 다른 오염물질을 보유하고 있는 것으로 알려진 동물은 인간의 건강을 보호하기 위해 거부된다. 이러한 예에는 유태인들이 선모충병을 예방하기 위해 돼지고기를 금기하는 것을 들 수 있다.

기능적인(functionalist) 관점에서 두드러진 것은 특정 식육의 금기는 간접적으로 천연자원의 사용을 효과적으로 촉진시켰으며, 특히 일부 지역 생태계의 남획을 금지해 왔다. 그러나 이러한 금기에 대한 생태학적인 이점에 대한 평가는 항상 정확한 조사 하에 이루어지는 않았다.

상징적인(Symbolic) 측면에서 본다면 광범위한 문화적 증거들은 특정 동물이 다양한 상징적 의미를 내포하기 때문에 사냥 후 비식용으로 가공하여 섭취하지 않았음을 나타낸다. 즉, 종교적인 의미이거나 전통적인 신앙 시스템에 의한 것인지 상관없이 이러한 금기사항은 흔히 순결과 타락에 대한 문제를 일으키고 또는 공포스럽거나 신에 불경한 동물로서의 의미를 갖게 된다. 전통 아프리카 원주민은 각기 다른 가문과 부족으로 구성되어 특정 동물을 힘, 수호신, 토템과 같이 조상과 연결되는 심볼로 정하고 경외하고 있다. 그렇기 때문에 이러한 동물종을 살생하는 것은 엄격하게 금지하고 이를 위반하는 사람은 강력하게 제재한다.

물론 특정 동물은 주술적이고 의료적인 믿음으로 살생과 섭취가 가능하기도 한다. 동부 아프리카의 일부 부족들은 사자의 고기와 표범의 고기를 남자가 섭취하게 해서 이러한 동물이 가지고 있는 용맹함과 사나운 특성이 스며들기를 바라기도 한다. 반면에 하마의 다리는 어린이의 콰시오카(단백질 결핍성 영양실조) 질병을 치료할 수 있다고 전해지고 있다. 게다가 다양한 희귀종 또는 멸종위기 야생동물(예를 들어 호랑이, 곰, 개미핥기, 파충류)의 식육이나 몸통은 일부 아시아 사회에서 인기가 높은데 이는 치유에 대한 효과와 최음제 효과 또는 향정신적 상태를 촉진시키는 효과가 있다는 평판 때문이다.

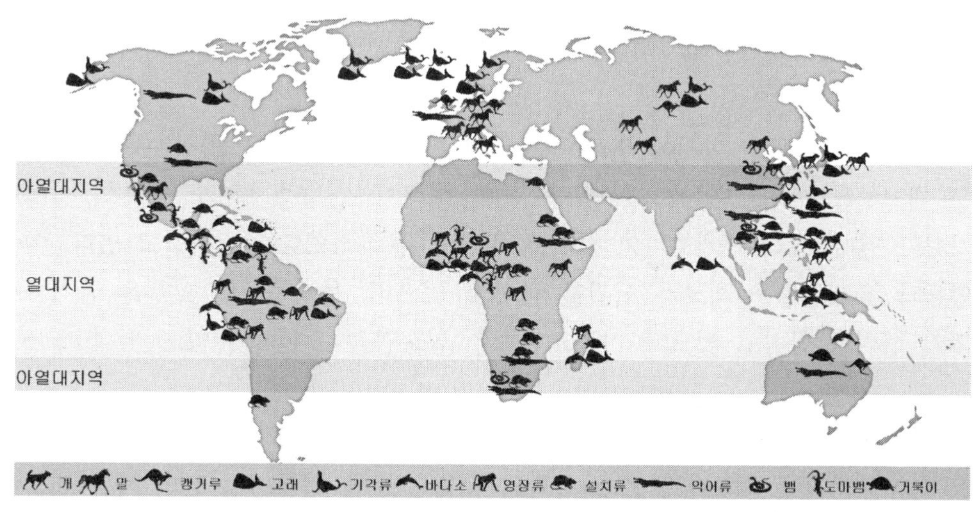

그림 2-4. 세계적으로 섭취하고 있는 이국적인 식육의 종류

Reported by Cawthorn and Hoffman(2016)

유태인들의 돼지고기에 대한 금지사항은 잠재적으로 건강에 미치는 영향을 떠나서 갈라진 발굽이라는 결점이 아닌 되새김질이나 씹는 것이 잘못되었다는 점에 있다. 동물 사체의 청소를 도맡아 하는 동물들, 즉 독수리와 같은 동물은 수렵이나 섭취가 금지되는데 이는 이들 동물이 더러움, 질병과 죽음 등과 관련 있기 때문이며 이러한 동물에는 설치류도 포함이 된다.

위에서 살펴보았듯이 인류는 식육을 제공하는 일반적인 가축인 소, 돼지, 닭 등 이외에도 특이하고 이국적인 동물의 식육을 오랫동안 섭취해 왔다. 이러한 동물에는 개, 말과 동물, 캥거루, 해양 포유류, 영장류, 설치류와 파충류가 있다(그림 2-4).

① 개고기

개고기(Canis familiaris)는 세계의 많은 곳에서 1,000년 동안 섭취를 해왔다. 또한 일부 기록에 의하면 개고기는 아시아 국가의 요리로서 그 기록이 BC 500년까지 거슬러 올라간다. 개고기 섭취에 대한 오랜 역사는 또한 폴리네시아, 라틴아메리카와 아메리칸 인디안 원주민들이 행했던 것으로 기록되어 있으며, 유럽에서는 흔치 않았으나 대부분 곤궁에 처했을 때 먹었다는 기록이 있다.

오늘날에는 전 세계적으로 연중 2천 5백만의 개고기가 소비되는 것으로 예측된다. 개고기는 비록 매일 섭취하지는 않지만 특히 한국, 중국, 북부 베트남에서 전통식품으로 소비되고 있다. 또한 개고기는 서부 및 중앙아프리카, 캄보디아, 태국, 인도네시아와 스위스의 일부 그룹에서 섭취되고 있다. 또한 불법임에도 불구하고 개고기 섭취는 필리핀, 홍콩에서 지속되고 있다. 개고기는 소화흡수가 쉬운 단백질과 불포화지방산 함량이 높다. 그리고 비타민 A, B_1, B_2가 높고, 콜레스테롤 함량이 낮은 것으로 알려져 있다.

이외에도 일부 특정 아시아 문화에서는 개고기를 '향긋하고' 영양이 풍부하며, 성기능을 개선하는 고기로 인식하고 있다. 특히 에너지, 건강증진효과, 행운의 심볼로서 생각하고 있다. 그러나 개고기의 섭취는 종교적, 문화적으로 배척당하고 있다. 이슬람교인들과 유태인들은 개고기 섭취를 금하고 있으며, 불교인들도 살생을 금지하므로 개고기 섭취를 금하고 있으나 기독교인들은 혐오감을 표현하지 않고 있다.

② 말고기와 말과(科) 동물

고고학적 근거에 의하면 말은 가축화되기 훨씬 오래 전부터 인간의 사냥 대상이었으며, 서부 유럽에서 출토된 뼈에 의하면 그 시기가 초기 구석기시대까지 거슬러 올라간다(약 BC 10,000년). 가축화되고 적어도 3000년 동안 말은 거의 모든 사회에서 식품원료로 허용되었다. 청동기 시대 동부유럽에서는 말의 뼈와 뇌를 쪼개어 골수와 뇌를 섭취하기도 하였다. 그러한 시기 이후에 말의 고기는 많은 사회에서 종교, 사회적, 문화적 이유로 거부되었고 특히 영어권 국가에서 그러하였다.

오늘날 가축화된 말(*Equus. ferus. caballus*)과 당나귀(*Equus. africanus asinus*)는 유럽대륙(이탈리아, 프랑스, 벨기에, 독일, 네덜란드)에서 다양하게 섭취되고 있다. 전 세계적으로는 말과 동물의 소비는 최근 중국, 카자흐스탄, 멕시코가 높으며 미국이나 영국, 호주는 많지 않다. 말과 동물의 고기는 색이 검고 약간 단맛이 난다. 전형적으로 지방이 적은 적육의 형태이지만 종에 따라 지방함량이 다르다. 그러나 일반적으로 불포화지방산 함량과 오메가-3 지방산의 함량이 다른 반추동물의 고기보다 높다.

③ 캥거루 고기

캥거루라는 말은 호주 방언으로 커다란 유대목동물종(대부분 *Macropus* spp.)을 의미한다. 캥거루 고기는 호주 원주민에 의해 40,000년 넘게 보존되어 왔으며, 구덩이에서 타다 남은 숯으로 구운 육즙이 많은 꼬리는 특히 유명하다. 또한 캥거루는 1788년 초기 정착한 유럽인들에 의해 고기를 구하기 위해 사냥되었다. 오늘날, 호주에서 캥거루 고기는 틈새시장이지만 도시의 소비자들은 대부분 캥거루 고기에 관심이 많지 않다. 캥거루 고기는 풍미가 강하고 단백질 함량이 높지만 총 지방함량, 포화지방, 콜레스테롤은 상대적으로 낮다. 그러나 불포화지방산과 conjugated linoleic acid (CLA)이 풍부한 원료이다.

㉠ 단백질

캥거루 고기는 100g당 약 20g의 단백질을 함유하고 있으며, 0.8~0.9 g의 적은 지방을 함유하고 있다. 부위별로 평균 영양성분의 큰 차이는 보이지 않았다(표 2-7).

표 2-7. 캥거루 고기의 평균 영양성분

영양성분	단 위	등 심	엉덩이살
에너지, 식이섬유포함	kJ/100g	397	373
수 분	%	75.4	75.5
단백질	%	21.4	20.3
질 소	%	3.42	3.25
지 방	%	0.9	0.8
회 분	%	1.1	1.2

Reported by NUTTAB(2010)

㉡ 지방 및 지방산

캥거루 고기 내 지방의 함량은 전체적으로 0.2～1.4g/100g으로 매우 낮다. 포화지방산의 함량 또한 매우 낮으며, 축종(Gray와 Red kangaroo)에 따라 큰 차이를 보이지 않는다. 캥거루 고기 내 함유되어 있는 CLA(Conjugated Linoleic Acid, 공액 리놀레산)의 함량은 평균 11.7mg/100g이다. 캥거루는 반추동물은 아니지만 장내 미생물에 의해 CLA를 생성할 수 있으며, 다른 비반추동물의 식육보다 높은 CLA함량을 함유하고 있다. 캥거루 고기 내 콜레스테롤의 함량은 50～80 mg/100g이다.

캥거루 고기 내 oleic acid는 총 단가불포화지방산의 95% 이상을 차지한다. 캥거루 고기는 다가불포화지방산의 비율이 37.5%로 높다(포화지방산 : 31.5%, 단가불포화지방산 : 30.7%). 그 중 linoleic acid가 15～20%를 차지하며, 그 다음으로 arachidonic acid(6～10%), α-linolenic acid (3～7%)로 구성되어 있다.

㉢ 무기질 및 비타민

캥거루 고기 내 potassium과 phosphorus 함량이 높았으며, 부위별로는 iron, potassium, sodium을 제외하고는 무기질 함량의 큰 차이가 없다. 비타민 함량에 있어서 캥거루 고기는 niacin(비타민 B_3) 함량이 등심, 우둔 부위가 각각 4.2, 3.5mg으로 가장 높다.

④ 악어 고기

과거 1950년대부터 60년대까지 악어가죽과 고기가 인기를 끌게 되면서 야생 악어의 수요가 급증하게 되었다. 이 때문에 악어가 멸종위기에 처하자 1975년 살아있는 야생 악어들은 모두 '멸종위기에 처한 야생 동식물종의 국제거래에 관한 협약'에 따라 관리를 받게 되었다. 이후 악어가죽과 고기에 대한 수요를 맞추고자 악어 농장이 인기를 끌기 시작했다. 악어 고기는 일부 나라에서 금기되기도 하는데, 가나의 경우 일종의 토템으로서 악어를 숭배하고 있으며, 강물에 악어가 사라지면 강의 마른다거나 콩고 강을 건널 때 악어들이 도와준다는 속설이 전해져 내려온다(Shirley et al., 2009 ; Dagba and Sambe, 2013).

아프리카에서는 악어 고기를 주로 야생 동물고기로 소비하였다(Thorbjarn-arson and Eaton, 2004). 최근 악어 고기의 주요 소비지는 아프리카, 호주, 아시아, 유럽이다(Klein et al., 2007). 서아프리카는 25년부터 악어(*Crocodylus niloticus*)를 기르고 악어가죽 및 고기를 생산하기 시작하였으며, 호주의 경우 악어가죽을 생산하기 위해 두 가지의 악어 종(*C. porosus, C. johnstom*)을 기르며, 고기를 부산물로서 생산한다(Hoffman et al., 2000).

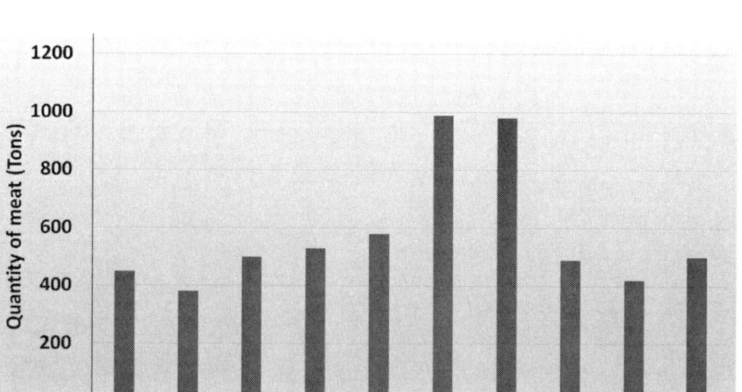

그림 2-5. 세계 악어 고기 무역량(2001~2010)
Reported by Caldwell(2012)

표 2-8. 악어의 생체중 및 도체중

성 분	중 량(g)	생체중에 대한 함량 (%)	도체중에 대한 함량 (%)
생체중	8316±618.0		
생체 조성분			
도체중	4695±329.8	56.5±1.50	
혈 액	109±52.9	1.3±0.63	
껍 질	1646±132.6	19.8±0.59	
머 리	521±37.4	6.3±0.22	
악어발	165±19.8	2.0±0.26	
허 파	54±13.5	0.7±0.14	
간	150±18.7	1.8±0.14	
내장지방	197±62.7	2.3±0.60	
위장관기관	681±197.5	8.2±2.16	
도체 조성분			
꼬 리	1531±119.9	18.4±0.90	32.6±0.82
다 리	788±54.8	9.5±0.43	16.8±0.82
몸 통	1830±143.0	22.0±0.79	39.0±0.67
목	560±60.0	6.7±0.48	11.9±0.97

Reported by Hoffman et al.(2000)

악어 고기의 국제 무역량은 1980년대 중반부터 증가하기 시작하여 1990~2005년에 200톤에서 600톤으로 증가하였으며, 2006년과 2007년에는 약 1000톤에 달했다(그림 2-5). 하지만 이후 2008년도에 약 500톤으로 감소하여 2010년도까지 유지되었다(Caldwell, 2012).

㉠ 도체 특성

악어 고기의 지육 수율은 56.5%였으며, 도체 중 살코기의 함량은 63~71%로 닭고기, 소고기 등에 비하여 낮다(표 2-8). 악어 고기 중 꼬리부분의 비중은 도체 기준으로 20.6%로 가장 많은 부분을 차지한다(968g).

㉡ 단백질 및 아미노산

부위 중 몸통(torso) 부분이 가장 가열감량이 적으며, 다른 축종과 비교하였을 때 악어 고기는 돼지고기(25.6~28.2%)에 비해 높은 가열감량(23.19~32.07%)을 가지고 있다. 부위 중 목이 단백질 함량이 높으며, 반면에 꼬리와 다리는 지방함량이 높다. 몸통부분의 지방과 무기질 함량은 생육보다 조리육이 높았으나, 다리부분의 무기질은 생육이 더 높다.

㉢ 지방산

악어 꼬리 고기의 주요 지방산은 oleic acids(C18:1n9), palmitic acids(C16:0), stearic acids(C18:0), linoleic acids(C18:2n6), palmitoleic acids(C16:1n7)으로 총 포화지방산은 37.72%이고, 단쇄 불포화지방산은 51.09%이다. 또한 1.69%의 n-3 지방산과 9.05% n-6 지방산으로 구성되어 있다.

㉣ 무기질

악어 고기를 조리 시 무기질 중 철 함량이 증가하였으며, 악어 고기가 소고기와 닭고기보다 철, 마그네슘, 나트륨 함량이 낮다.

⑤ 낙타고기

낙타는 세계 각국에서 식량 안보와 국가 경제의 가장 근본적인 핵심요소 중 하나이다. 그 이유는 인류 식량에서 중요한 부분을 제공하기 때문이다. 특히 아시아와 아프리카 일부 지역에서는 동물성 단백질 부족의 발생과 빈곤층에서는 기아 발생이 증가했으며, 이에 따라 가축 생산의 증가와 낙타 사육을 위한 노력이 중요한 부분이 되고 있다. 단봉낙타는 특히 다른 육용 동물의 사육이 어려운 기후를 가진 지역에서 매우 우수한 식육 공급원이다. 이는 낙타가 높은 온도, 태양 복사열, 물 부족, 황량한 지형과 빈약한 식생에 대한 훌륭한 내성을 갖는 독특한 생리학적 특성을 가지고 있기 때문이다. 또한 낙타는 효율적인 대사과정을 갖는데, 이는 낙타가 최소 영양분만을 갖는 질 낮은 식물(말라버린 사막의 식물, 가시가 많은 식물 및 단단한 털의 가지)을 고품질의 단백질 식품으로 변형시킬 수 있는 능력이 있기 때문이다.

전 세계에는 24,246,291마리의 단봉낙타가 있는데, 아프리카에 80%가 있어 가장 많으며, 그 다음으로 소말리아(7백만 마리)와 수단(4백2십5만 마리) 순으로 많다. 아시아에서는 인도와 파키스탄에서 약 70%의 단봉낙타가 발견된다.

㉠ 낙타고기의 생산

체중이 350~700kg 사이에 있는 낙타에서 총 고기의 비율은 연령, 영양의 유형 그리고 사육의 방법과 같은 여러 요인들에 따라서 43.5~62.7%로 나타났고, 지방과 뼈의 비율은 각각 0~4.8%, 15.9~38.1%이다. 낙타고기는 건조, 반건조 기후인 지역에서 매우 중요한데, 이러한 지역에서 낙타는 농가에서 사육하는 가축보다 고기 생산 측면에서 더욱 효율적이라고 여겨지기 때문에 낙타고기는 수단, 소말리아 그리고 모리타니와 같은 일부 국가에서 중요한 자원이 된다. 낙타고기는 아랍 국가들에서 육류 생산의 약 8%를 차지한다.

숫낙타는 1~3 혹은 4~5년생일 때 도축되는데, 이 시기가 고기 생산에서 가장 좋은 연령으로 여겨진다. 숫낙타는 나이가 들어감에 따라 오래된 섬유조직과 근육조직으로 인해 고기가 질겨져 품질을 잃게 된다. 낙타고기는 근섬유의 크기가 크고 수분함량이 높다. 또한 낙타고기는 맛이 담백하고 붉은색 혹은 어두운 갈색의 육색을 가지고 있다. FAO 통계(2009)에 의하면, 세계 낙타고기 총 생산량은 연간 351,548톤에 이르렀다고 한다. 아프리카(연간 249,206톤) 그리고 아시아(연간 102,253톤)가 전 세계 생산의 99%를 차지하고 있다. 또한 수단(연간 49,882톤), 이집트(연간 45,000톤), 소말리아(연간 44,200톤), 모리타니(연간 22,500톤), 아랍에미리트연합(연간 19,853톤)은 세계에서 낙타고기 생산량이 높은 나라이다.

㉡ 낙타고기의 특징

낙타고기가 양고기와 소고기와 구별되는 특징은 높은 수분함량과 낮은 지방함량이다(표 2-9). 낙타고기에서 수분함량은 20%이고, 지방함량은 1.2~1.8%으로 소고기의 지방함량인 4~8%보다 낮다. 낙타고기는 육색이 붉어 소고기와 비슷하지만 소고기보다 단백질과 무기질이 풍부하다. 따라서 낙타고기의 수분/단백질 비율(M/P)은 소고기, 양고기, 염소고기 그리고 닭고기의 수분/단백질 비율(M/P)보다 높다. 또한 낙타고기는 여러 가지 비타민, 특히 비타민 B 복합체, 그리고 철, 칼슘, 인과 같은 중요한 무기질의 좋은 공급원이다(표 2-10).

표 2-9. 낙타고기와 소고기의 일반 성분

일반 성분(%)	낙타고기	소고기
수 분	78.7	71.02
단백질	21.83	20.64
지 방	1.15	7.8
회 분	0.89	1.15

표 2-10. 낙타고기의 화학적 특성

화학적 특성	
pH	5.8
지방산	0.23
과산화질소	0.76
콜레스테롤 mg /100g	61
육색소 mg /100g	33.78
Oxy-myoglobin	49.87
Met-myoglobin	16.35
칼슘 mg /100g	0.62
인 mg /100g	0.56
마그네슘 mg /100g	23.6
칼륨 mg /100g	293
나트륨 mg /100g	70
아연 mg /100g	3.9
철 mg /100g	7.1
구리 mg /100g	2.1
비타민 B_1 mg /100g	0.12
비타민 B_2 mg /100g	0.18
비타민 B_6 mg /100g	0.25
비타민 E mg /100g	0.70

낙타고기의 콜레스테롤 함량은 61mg/100g으로 소고기(75～86mg/100g)와 같은 다른 가축에 비해 낮다. 낙타고기, 특히 어린 낙타는 맛이나 질감이 소고기와 비슷하다. 낙타고기의 아미노산 함량은 보통 소고기보다 높은데, 아마도 근내 지방함량이 더 낮기 때문으로 보인다. 근육 내 지방생성은 고기에 마블링을 부여하고 맛을 향상시킨다. 낙타고기는 글리코겐 함량이 높기 때문에 모타델라(대형 소시지), 소시지, 콘비프, 소시지와 샤와르마 등의 여러 가지 육제품에 이용된다. 고령의 낙타로부터 얻은 고기는 딱딱하고 굵은 섬유조직을 함유하고 있어서 잘 구워지지 않고 요리할 때 쉽게 익지 않는다. 이것은 열과 효소에 대한 분해성을 감소시키는 섬유조직간 상호결합력의 증가 때문인데, 이러한 이유로 어린 낙타고기가 어른 낙타 또는 고령의 낙타보다 더 부드럽고 맛이 좋다고 알려져 있다. 낙타고기의 지방은 다른 가축과 비교했을 때 노란색을 띠고, 기름지고 연하며 부드럽다.

2) 젖

(1) 우유류

동물의 젖은 동물의 성장과 유지에 필수 영양소를 함유하고 있으며, 에너지 제공과 더불어 고품질의 단백질과 지방을 함유하고 있다. 젖은 또한 칼슘, 마그네슘, 리보플라빈, 비타민 B_{12}와 판토텐산과 같은 미량 영양물질 제공할 수 있는 중요한 자원이다. 따라서 우유 및 유제품은 영양이 풍부한 식품으로서 이들 식품의 섭취는 식물자원을 기반으로 한 식사에 다양성을 제공할 수 있다.

동물의 젖은 특히 지방섭취량이 낮고 동물성 식품의 섭취가 낮은 어린이에게 중요한 역할을 하는 식품이다. 낙농 관련 동물의 종, 연령과 사료, 수유기, 분만 횟수, 사양 시스템, 물리적 환경, 계절적 영향은 젖의 색, 풍미, 성분에 영향을 미칠 수 있어 다양한 유제품의 생산이 가능하다.

① 우 유

지방함량은 우유 고형분의 약 3～4%이며, 단백질은 약 3.5%, 유당은 5%를 보이나 총 화학적 조성은 종에 따라 다양하다. 예를 들어 지방함량은 *Bos taurus* 종보다 *Bos indicus* 종에서 높다. *Bos indicus* 종의 우유 내 지방함량은 5.5%이다.

② 버팔로유

버팔로유는 지방함량이 매우 높으며, 우유의 지방함량보다 평균적으로 2배 정도 높다. 지방과 단백질의 비율은 약 2:1이며, 우유와 비교할 때 버팔로유는 casein/protein

비율이 높다. 또한 칼슘함량이 높아서 치즈 제조에 매우 적합하다.

③ 낙타유

낙타유는 우유의 성분과 유사하나 약간 더 짠맛이 있다. 낙타유는 우유보다 비타민 C 함량이 3배 더 풍부해서 과일과 채소를 얻지 못하는 사막과 반사막 지역에 사는 사람들에게 중요한 비타민 C 공급 원료이다. 또한 낙타유는 불포화 지방산 함량이 높고, 비타민 B군이 높게 함유되어 있다.

④ 양의 젖

양의 젖은 지방과 단백질 함량이 염소유와 우유보다 높으며, 버팔로유와 야크 젖보다 지방함량이 낮다. 양의 젖 또한 일반적으로 우유, 버팔로유, 염소유보다 유당함량이 높다. 양의 젖내 고단백질과 총 고형물의 함량은 치즈와 요거트 제조에 특히 적합하다. 양의 젖은 지중해 지역에서 중요한데, 이들 대부분은 pecorino, caciocavallo, feta 치즈로 가공된다.

⑤ 염소유

염소유의 평균 영양 성분은 일반 우유에 비해 총고형분 함량과 단백질, 지방 및 회분 함량이 높다. 염소유의 총 casein 함량 및 유청단백질 함량은 일반 우유와 유사하나, 우유의 소화율 지표로서 알려진 αs1-casein 함량이 일반 우유에 비해 매우 낮고 중쇄지방산(C6-14) 함량이 일반 우유에 비해 약 40% 가량 높아서 장내 소화율이 높다.

⑥ 야크 젖

야크의 젖은 단맛이 나며, 향긋하고 달달한 향기가 난다. 야크의 젖은 15~18%의 고형물을 함유하고, 5.5~9%의 지방과 4~5.9%의 단백질을 함유하고 있다. 그러므로 고형물, 지방, 단백질 함량이 우유와 염소유보다 높고, 버팔로유와 유사하다. 시유는 주로 밀크티로 사용하고, 야크 젖은 다양한 유제품, 즉 버터 치즈 발효유제품 등으로 가공된다.

⑦ 마 유

말과 당나귀 유는 매우 유사한 성분을 가지고 있다. 말과 동물의 젖은 인간의 모유와 유사하며, 상대적으로 단백질(특히 casein)과 회분이 적게 함유되어 있고, 유당함량이 높다. 그 외 낙농을 위한 다른 종들과 비교하였을 때 말과 동물의 젖은 지방과 단백질 함량이 낮다. 대부분의 말과 동물의 젖은 발효해서 섭취되며, 치즈 제조에는 적합하지 않다.

3) 알

(1) 가금류의 알

① 계 란

암탉의 알은 고대부터 인간의 음식으로 사용되어 왔다. 계란은 동물에서 유래된 식품이며, 생산하기 쉽고 많은 요리에 사용되고 있을 뿐 아니라 영양품질 때문에 전 세계 사람들이 많이 섭취한다(Surai and Sparks, 2001). 계란은 풍부한 필수 아미노산과 지방산뿐만 아니라 무기질과 비타민의 공급원이다. 표 2-11에는 계란의 평균 영양성분을 나타내었다. 계란은 필수 아미노산 함량이 높기 때문에 고품질의 단백질을 가지고 있다(그림 2-6). 계란의 난백에는 감염에 대항할 수 있는 항생제 특징을 가진 효소 lysozyme이 있어 생리활성 단백질로서의 장점을 가지고 있다. 또한 난황에는 중요한 화합물인 면역글로불린 항체가 있다.

전란의 지방함량은 9～10%이다(표 2-11). 건강한 지방은 필수지방산의 함량, 고도 불포화 지방산과 포화지방산의 비율, n-3과 n-6 고도 불포화 지방산의 비율에 따라 달라질 수 있다(Baum, 2007). 식이에서 건강함을 향상시키기 위한 목표는 n-6/n-3의 비율을 5:1로 달성하는 것이며, 5:1의 비율은 혈전증, 백혈구 유착, 혈관벽 염증의 위험을 줄일 수 있다(Baum, 2007). n-6/n-3 비율이 5:1이 되도록 조절하기 위한 방

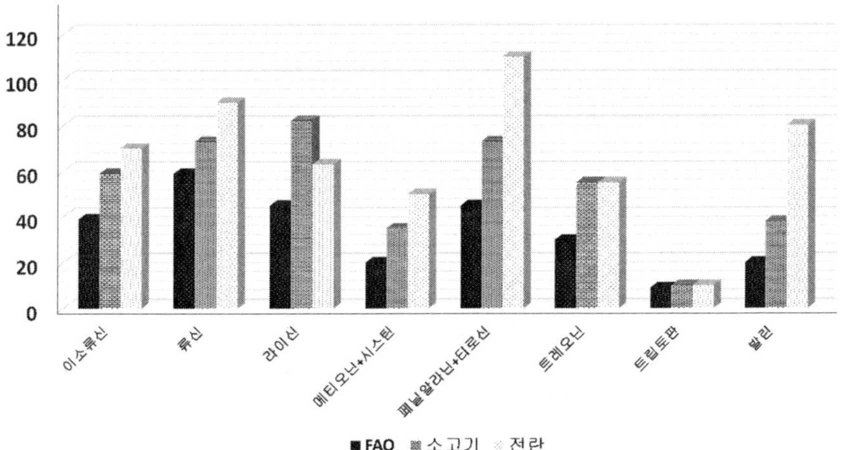

그림 2-6. 소고기와 전란의 필수 아미노산 함량 비교

Reported by Baum (2007)

법으로는 식이요법이 있다. 식이요법은 주로 아마씨(flaxseed, linseed)에서 얻은 오일을 사용하고 생선 기름을 식이에 추가하는 방법을 사용한다(Baum, 2007). 계란의 콜레스테롤은 태아의 발달에 중요한 역할을 한다. 콜레스테롤은 호르몬, 비타민 D, 담즙산의 전구체이고 세포막의 구성 요소이다.

계란은 비타민의 주요 공급원으로 알려져 있다. 계란 한 개는 인간의 식이에서 다양한 비타민의 일일권장 섭취량(RDI)의 10% 이상을 제공하며, 비타민 D(～30% of

표 2-11. 계란의 평균 영양성분(단위/100g)

영양성분	단 위	계 란[1]
수 분	g	76.15
에너지	kcal	143
단백질	g	12.56
총 지질(지방)	g	9.51
칼 슘	mg	56
철	mg	1.75
마그네슘	mg	12
인	mg	198
칼 륨	mg	138
나트륨	mg	142
아 연	mg	1.29
티아민	mg	0.04
리보플라빈	mg	0.45
니아신	mg	0.075
비타민 B_6	mg	0.170
엽 산	μg	47
비타민 B_{12}	μg	0.89
비타민 E(알파 토코페롤)	mg	1.05
총 포화지방산	g	3.126
총 단쇄불포화지방산	g	3.658
총 불포화지방산	g	1.911
콜레스테롤	mg	372

[1]계란, 전란, 신선란(USDA, 2016i)

RDI)와 엽산(~8.5% of RDI)의 공급원이다(Baum, 2007). 또한 계란은 무기질의 좋은 공급원이다(표 2-11). 난백은 많은 항균 활성분자를 함유하고 있는 생물학적 유체이며, 일부 분자는 의약품 또는 의료용으로 추출할 수 있다. 난백에서 항균물질은 lysozyme, ovotransferrin, ovostatin, ovalbumin, riboflavin 결합 단백질, avidin, thiamin 결합 단백질이 있다(Baron and Réhault, 2007).

계란은 또한 항 고혈압 화합물로서 인간에게 유용하다. *In vitro*에서 ACE 저해 활성(항 고혈압)은 ovalbumin 효소 가수분해물과 미가공된 난백, genus Rhizopus의 조효소가 있는 난황에서 나타났다(Fandino et al., 2007).

② 타조알

타조는 현재 가장 큰 조류이며, 그 다음으로 에뮤가 두 번째로 큰 조류라고 알려져 있다(그림 2-7). 타조알의 크기는 12.2×16.1cm, 무게 1,529g으로 현존하는 알류 중 가장 큰 알로 알려져 있다.

㉠ 평균 영양성분 및 단백질

타조알의 평균 영양성분 함량은 표 2-12에 나타내었으며, 평균 영양성분은 일반 계란과 큰 차이를 나타내지 않는다. 타조알의 아미노산 구성비는 일반 계란에 비해 leucine과 threonine이 풍부하며, 총 필수아미노산의 함량의 경우 타조알이 6,585mg/100g으로 일반 계란에 비해 높은 것으로 알려져 있다.

㉡ 지방 및 지방산

타조알 내 지질 구성은 표 2-13에 나타내었다. 타조알 내 콜레스테롤 함량의 경우 일반 계란에 비해 낮으며, 좋은 콜레스테롤이라고 알려진 HDL-cholesterol이 70.4mg

그림 2-7. 타조 및 타조알의 외관적 특징

표 2-12. 타조알 내 평균 영양성분 함량(%)

성 분	타조알 (평균값±표준오차)	
	알부민	난 황
수 분	87.54±0.45	52.26±1.22
회 분	0.97±0.03	1.08±0.31
단백질	10.79±0.62	16.34±0.85
지 방	-	28.91±1.05
탄수화물(당)	0.70±0.20	1.41±0.34

Reported by Al-Obaidi & Al-Shadeedi(2015)

표 2-13. 타조알 난황 내 지방산 구성

지방산 조성	평균값 ± 표준오차 (n=15)
미리스틱산 (C14:0)	0.42±0.03
팔미트산 (C16:0)	29.76±1.25
팔미톨레인산 (C16:1n-7)	7.22±0.15
스테아르산 (C18:0)	1.70±0.21
올레산 (C18:1n-9)	39.63±0.99
박센산 (C18:1n-7)	N/A
리놀레산 (C18:2n-6)	16.49±0.48
α 리놀레산 (C18:3n-3)	0.68±0.04
아라키산 (C20:0)	1.04±0.10
이코사테트라엔산 (C20:4n-3)	N/A
아라키돈산 (C20:4n-6)	N/A
이코사펜타엔산 (C20:5n-3, EPA)	0.78±0.07
비해닉산 (C22:0)	1.88±0.10
도코사펜타엔산 (C22:5n-3)	N/A
도코사헥사에노산 (C22:6n-3, DHA)	0.46±0.05
불포화지방산	68.12
n-6/n-3	8.59

Reported by Selvan et al. (2014), Yalcyn et al. (2007)

/100g으로 일반 계란에 비해 높은 함량을 나타낸다. 반면에 LDL 및 VLDL-cholesterol의 경우 타조알이 일반 계란에 비해 함량이 낮아 심혈관 질환 개선에 기여할 수 있는 장점이 있다. 타조알의 Oleic acid의 경우 39.63%로 일반 계란에 비해 높은 함량을 나타내며, EPA로 알려진 Eicosapentaenoic acid의 경우 타조알이 0.78%로 일반 계란보다 함량이 높았다(표 2-13). 또한 타조알의 불포화지방산 함량은 68.12%로 일반 계란에 비해 높고, n-6/n-3 지방산 비율이 8.59으로 낮아 일반 계란에 비해 좋은 비율을 나타내었다.

㉢ 무기질 및 비타민

타조알 내 주요 무기질 성분의 경우 potassium을 제외하고 난황이 난백보다 무기질 함량이 높으며, 특히 calcium과 phosphorus 함량이 높은 특징이 있다. 그러나 타조알의 모든 무기질 함량은 일반 계란 보다 낮은 단점이 있다. 타조알 내 비타민 함량의 경우 일반 계란에 비해 비타민 A, B_2 함량은 부족하나, 그 외 비타민 E, B_1, B_5, B_9의 함량은 일반 계란에 비해 풍부하다.

(2) 기타 알

① 거북이 알

거북이 알의 크기는 일반 계란에 비해 그 크기가 작으며, 무게 또한 20.7g으로 가볍다(그림 2-8).

㉠ 단백질

거북이 알의 단백질 함량의 경우 난백에서 0.9%, 난황에서 21%를 차지하고 있어, 난백에 비해 난황이 풍부한 단백질을 함유하고 있다.

그림 2-8. 거북이와 거북이 알 외형 사진

Reported by Stvarnik et al. (2017)

ⓛ 지방 및 지방산

거북이 알(난황) 내 지방산 조성은 표 2-14에 나타내었다. 거북이 알의 지방산 구성비는 불포화 지방산이 81.4%로 상당히 높아 낮은 포화지방산 구성 비율을 나타내며, oleic acid가 53.26% 및 EPA가 0.18%로 구성되어 일반 계란에 비해 함량이 높은 특징을 가지고 있다. 이러한 특징은 2.46으로 낮은 n-6/n-3 비율을 나타내어 동맥경화 개선, 혈행 개선 등 심혈관 질환 예방에 기여할 수 있다.

ⓒ 무기질

거북이 알의 경우 난백에 비해 난황 내 미네랄 함량이 높으며, 특히 Zinc이 26mg/kg, Iron이 31mg/kg으로 난백에 비해 풍부한 특징을 가지고 있다.

표 2-14. 거북이 알의 지방산 구성 비율

지방산	%
미리스틱산 (C14:0)	0.92
팔미트산 (C16:0)	13.84
팔미톨레인산 (C16:1n-7)	12.58
스테아르산 (C18:0)	3.63
올레산 (C18:1n-9)	53.26
박센산 (C18:1n-7)	9.33
리놀레산 (C18:2n-6)	1.78
α 리놀레산 (C18:3n-3)	0.67
아라키산 (C20:0)	0.06
이코사테트라엔산 (C20:4n-3)	<0.05
아라키돈산 (C20:4n-6)	0.84
이코사펜타엔산 (C20:5n-3, EPA)	0.18
비해닉산 (C22:0)	0.29
도코사펜타엔산 (C22:5n-3)	<0.01
불포화지방산	81.4
n-6/n-3	2.46

Reported by Stvarnik et al. (2017)

참고문헌

1. Al-Obaidi, F. A., & Al-Shadeedi, S. M. 2015. Comparison study of egg morphology, component and chemical composition of ostrich, emu and native chickens. Journal of Gene c and Environmental Resources Conserva on, 3(2). p. 132-137.
2. Cawthorn, D. M., & Hoffman, L. C. 2016. Controversial cuisine : A global account of the demand, supply and acceptance of "unconventional" and "exotic" meats. Meat science, 120. p. 19-36.
3. Ceballos, L. S., Morales, E. R., de la Torre Adarve, G., Castro, J. D., Martínez, L. P., & Sampelayo, M. R. S. 2009. Composition of goat and cow milk produced under similar conditions and analyzed by identical methodology. Journal of Food Composition and Analysis. 22(4). p. 322-329.
4. Cherbut, C., Michel, C., & Lecannu, G. 2003. The prebiotic characteristics of fructooligosaccharides are necessary for reduction of TNBS-induced colitis in rats. The Journal of nutrition. 133(1). p. 21-27.
5. Dagba, B. I., & Sambe, L. N. 2013. Totemic beliefs and biodiversity conservation among the Tiv People of Benue State, Nigeria. Journal of Natural Sciences Research. 3. p. 145-149.
6. Hoffman, L. C., Fisher, P. P., & Sales, J. 2000. Carcass and meat characteristics of the Nile crocodile(Crocodylus niloticus). Journal of the Science of Food and Agriculture. 80(3). p. 390-396.
7. Holland, B., Welch, A. A., Unwin, I. D., Buss, D. H., Paul, A. A., & Southgate, D. A. T. 1993. McCance and Widdowson's The Composition of Foods, Richard Clay, 5th and extended edn.
8. John Caldwell. 2012. World trade in crocodilian skins 2008-2010. UNEP-WCMC, Cambridge.
9. Kangaroo Industries Association of Australia(KIAA), 2002.
10. Kim, H. H., Park, Y. S., & Yoon, S. S. 2014. Major components of caprine milk and its significance for human nutrition. Korean Journal of Food Science and Technology. 46(2). p. 121-126.
11. Klein, G., Andreoletti, O., Budka, H., Buncic, S., Colin, P., Collins, J. D., & Hope, J. 2007. Public health risks involved in the human consumption of reptile meat Scientific Opinion of the Panel on Biological Hazards.
12. MacGregor, J. 2006. The call of the wild: Captive crocodilian production

and the shaping of conservation incentives. Cambridge : TRAFFIC International.

13. Martinez-Ferez, A., Rudloff, S., Guadix, A., Henkel, C. A., Pohlentz, G., Boza, J. J., & Kunz, C. 2006. Goats' milk as a natural source of lactose-derived oligosaccharides: Isolation by membrane technology. International Dairy Journal. 16(2). p. 173-181.
14. Nutrient tables for use in Australia(NUTTAB), 2010.
15. Parkash, S., & Jenness, R. 1968. The composition and characteristics of goat's milk: A review. In Dairy Sci. Abstr. 30. p. 67-87.
16. Paul, A. A., & DAT, S. 1978. McCance and Widdowson's the composition of foods. Medical Research Council special report series no 297.
17. Paul, A. A., & Southgate, D. A. T. 1978. McCance and Widdow-son's, The Composition of Foods. Fourth(revised edition). Her Majesty's Stationery Office, London.
18. Rural Industries Research and Development Corporation(RIRDC), 2008.
19. Sales, J., Poggenpoel, D. G., & Cilliers, S. C. 1996. Comparative physical and nutritive characteristics of ostrich eggs. World's Poultry Science Journal, 52(01). p. 45-52.
20. Selvan, S. T., Gopi, H., Natrajan, A., Pandian, C., & Babu, M(2014). Physical characteristics, chemical composition and fatty acid profile of ostrich eggs. Int J Sci Environm Technol, 3. p. 2242-2249.
21. Shirley, M. H., Oduro, W., & Beibro, H. Y. 2009. Conservation status of crocodiles in Ghana and Côte-d'Ivoire, West Africa. Oryx, 43, p. 136-145.
22. Stvarnik, M., Bajc, Z., Gačnik, K. Š., & Dovč, A. 2017. Evluation of different chemical composition in eggs of the hermann's tortoise(Testudo hermanni). Slovenian Veterinary Research. 54(1).
23. Thorbjarnarson, J. 1999. Crocodile tears and skins: International trade, economic constraints, and limits to the sustainable use of crocodilians. Conservation Biology. 13. p. 465-470.
24. Thorbjarnarson, J. B., & Eaton, M. J. 2004. Preliminary examination of crocodile bushmeat issues in the Republicof Congo and Gabon. Crocodiles. Proceedings of the 17th Working Meeting of the IUCN SSC Crocodile Specialist Group. Gland. p. 236-247.
25. Tziboula-Clarke, A. 2003. Encyclopedia of Dairy Science. 2.
26. Vincenzetti, S., Foghini, L., Pucciarelli, S., Polzonetti, V., Cammertoni, N., Beghelli, D., & Polidori, P. 2014. Hypoallergenic properties of donkey's milk: a preliminary study. Veterinaria italiana. 50(2). p. 99-107.
27. Wholesale Meats(2012).

28. Yadav, A. K., Singh, J., & Yadav, S. K. 2016. Composition, nutritional and therapeutic values of goat milk: A review. Asian Journal of Dairy & Food Research. 35(2).

29. Yalçyn, H., Ünal, M. K., & Basmacyoolu, H. 2007. The fatty acid and cholesterol composition of enriched egg yolk lipids obtained by modifying hens' diets with fish oil and flaxseed. Grasas y Aceites, 58(4). p. 372-378.

3. 축산식품과 건강

건강은 돈과 같다. 우리가 그것을 잃기 전까지는 결코 그 가치에 대해 진정 이해하지 못한다.
- 조슈 빌링스(Josh Billings) -

3.1 균형 잡힌 영양과 건강을 위한 식육의 역할

식육과 식육제품은 매일은 아니더라도 자주 섭취한다면 충분한 에너지, 단백질, 중요 미량 영양소 섭취에 주된 역할을 담당하게 된다. 그러나 다양한 인구만큼 동물성 식품의 소비도 매우 다양하기 때문에 인간의 건강에 미치는 영향 또한 다양하다. 전 세계 평균 식육 섭취량은 1일 1인당 약 110g이었으며, 이들의 최고 섭취량과 최저 섭취량간의 차이는 10배 차이가 있다. 개발도상국에서 동물성 식품에 대한 요구는 다가오는 세대에 지속적으로 증가할 것으로 예측되며, 반면 선진국의 식육 섭취량은 정체하거나 심지어는 감소할 것으로 예측된다.

현재 많은 국가에서의 높은 식육 섭취량은 만성질환에 영향하는 것으로 또한 사료자원과 식품자원으로서의 경쟁하는 문제, 기후변화, 그 외 다른 환경문제를 일으키는 것으로 비판을 받고 있다. 이러한 관심은 백색육인 가금육보다 적색육과 가공육(주로 포유동물에서 유래한 식육)에 집중되고 있으며, 특히 인간의 건강에 관한 문제에 중점적으로 관여하고 있다. 적색육과 백색육의 주된 차이점은 적색육의 마이오글로빈과 헴철 함량이지만, 적색육과 백색육의 정의는 항상 명확하지는 않아서 논쟁의 대상이 되고 있다. 어찌됐든지 백색육이 아닌 적색육과 가공육의 섭취량이 높은 것과 건강문제에(일부 만성질환, 즉 대장암, 만성 심장질환과 제2형 당뇨병) 대한 양의 상관관계가 있다는 증거들이 제시되고 있다.

이러한 환경과 건강에 대한 걱정 속에 일반적으로 식육의 소비량은 감소하고 있으며, 특히 적색육과 가공육에 더 주의를 기울이고 있으며, 이들 식품의 섭취량이 높은 나라에서는 현재 소비 감소가 증진되고 있다. 이것은 특정 인구 그룹에서 일부 핵심 영양소의 영양적 요구량을 만족시킬 수 없을 수 있는데 즉, 비타민 B_{12}의 부적절한 섭취, 노인의 단백질 섭취요구량에 미치지 못한다든지, 어린이 성장과 관련한 아연섭취량의 부족과 같은 영양소 결핍을 초래할 수 있다.

식육의 소비량은 변화하고 있으며, 미래 사회에서 식육의 역할은 경제, 환경, 도덕과 건강과 관련된 문제에 의해 영향을 받게 될 것이다. 그러나 식육의 섭취는 생물

문화적(biocultural) 활동이며, 인류의 발달과 함께 진화해왔기 때문에 다른 어떤 식품보다 강한 정서반응을 이끌어낸다. 이것은 또한 식육섭취의 영양적 이점 vs 잠재적으로 건강에 부정적인 효과에 대한 논쟁(양극화 되고 불합리한)이 왜 일어나는지를 설명할 수 있을 것이다.

식육 섭취에 대한 미래 시나리오가 어떠하든지 식육의 영양적 가치와 인간의 건강과 질병에 미치는 영향에 미치는 요소를 아는 것은 매우 중요하다. 식육 내 존재하는 일부 미량 영양소는 다양하고 조절이 가능해서 식육의 섭취를 통한 식품 섭취과정에서 이들 성분의 공급을 증가시키거나 유지할 수 있다. 적색육 섭취와 질병 사이의 관계에 대한 메커니즘에 대한 더 깊은 통찰은 이런 논쟁을 경감시키는 기회를 제공한다.

일부 많은 국가에서 일일 평균 섭취량이 최적의 양보다 적은 미량 영양소(장쇄 오메가-3 불포화지방산, 철, 아연, 셀레늄, 요오드)의 함량을 가축의 사료를 통해 변화시키는 것을 주요 생산 전략으로 삼고 있으며, 이러한 물질이 증진된 식육의 섭취가 건강에 미치는 영향을 명확하게 밝히는 것이 필요하다. 또한 오랫동안 논쟁이 되어왔던 적색육 및 가공육 소비와 대장암과의 관계에 대해 과학적 근거를 바탕으로 한 정확한 대응이 필요하다.

3.2 식육 내 중요 미량 영양소 함량 증진의 가능성

단백질의 높은 생물가 외에도 식육은 장쇄 오메가-3 지방산, 필수 미량 광물질(구리, 철, 요오도, 망간, 셀레늄, 아연)의 매우 가치 있는 원료이다. 이러한 식육 내 미량 영양소 함량은 다양한 요인에 의해 영향을 받는데, 식육 내 이런 성분을 변화시킬 수 있는 잠재성은 영양소에 따라 매우 다르다. 지난 수십 년 동안 식육 내 장쇄 오메가-3 지방산의 함량을 증진시키는 연구가 광범위하게 진행되어 왔다. 그러나 식육 내 미량원소에 대한 연구는 부족하다.

1) 식육 내 필수 지방산 함량의 조절

대부분의 연구가 가축의 지방과 지방산 대사, 이들 제품의 조성에 관하여 이루어져 왔다. 반면에 근육조직 내 아미노산 조성은 상대적으로 안정적인 반면 동물성 제품 내 지방산 조성은 안정적이지 않기 때문이다. 동물성 지방은 지방산 조성이 다르며, 일반적으로 포화지방산이 너무 높고, 다가불포화지방산이 너무 낮은 것으로 알려져 있다. 한편, 생선 섭취에 의해 대량으로 제공되는 것 이외에도 식육과 계란은 생선을 매일 소비하지 못하는 대부분의 고소득 국민들에게 유일한 장쇄 오메가-3 지방산 공급원이다. 또한 식육은 docosapentaenoic acid(DPA, C22:5n3) 지방산의 주된 공급 식품이며, 주로 포유동물과 가금육에 축적되어 있다. 생선에는 축적되어 있지 않으며, 주로 EPA와 DHA보다 더 높은 함량이 존재한다.

비록 DPA 지방산의 임상적인 중요성에 대한 연구는 거의 없지만 DPA가 일부 만성질환의 위험과 부의 상관관계를 가지는 것으로 제시되고 있으며, 오히려 EPA와 DHA보다 더 건강에 유익한 효과가 있는 것으로 제시되고 있다. 농장의 가축의 종 차이에 의한 식육 내 지방산 조성에 미치는 주된 요인에 대한 수많은 연구결과가 발표되어 있다. 식품 원료로서 지방산의 공급은 근내 지방과 지방조직 내 지방산 조성을 변화시키는 주된 요인이다. 이런 요인으로는 식이로 공급되는 지방함량과 원료, 사료급여 기간과 시간에 의해 영향을 받는다.

가축의 지방조직과 근육 내 지방산 조성은 도체와 근육 내 지방함량에 영향을 받는다. 여기에 사료와 유전적 특성이 항상 지방의 함량을 좌우한다. 인간이 지방산 섭취에 의한 효과를 적절하게 평가하기 위해서는 식육의 지방산 조성을 총 지방분획의 비율로 뿐만 아니라 반드시 조직(mg/100g 샘플 중량)을 기본으로 제시해야 한다. 또한 조리과정을 주의해야 하는데, 가시지방을 제거하고 열을 가하고 요리용 기름과 지방을 사용하는 등 이런 조리과정이 식육을 섭취할 때의 지방함량과 지방산 조성에 중요한 영향을 미치게 된다.

가축의 종에 따라 중요한 차이가 있으나 이런 것들은 주로 소화과정 내 차이에 의해 부분적으로 설명이 된다. 집중적인 지방분해와 biohydrogenation이 반추위 내에서 일어나고 있으며, 반추동물의 지방은 단위동물에 비해 일반적으로 더 높은 양의 포화지방산을 함유하고 있으며, 더 낮은 다가불포화지방산을 함유하고 있다. 또한 지방조직 내 장쇄 다가불포화지방산의 침착이 근육과는 대조적으로 종간의 차이가 있다. 반추동물은 다가불포화지방산을 주로 근육 내에 저장하고 있으나, 돼지의 경우 지방조직과 근육 내 함량이 비슷하다. 장쇄 다가불포화지방산은 지방조직에서 발견되며, 돼지와 양에서는 근육 중성지질이 발견되지만, 소에서는 상당히 낮은 함량이 발견된다.

단위동물에서는 사료 지방산은 소화흡수 과정 중에 거의 변화가 없다. 그러므로 단위동물 조직 내 지방산 조성은 사료 내 지방산 조성을 반영하게 된다. 그러나 반추동물 관련 산물은 일련의 미량 지방산인 트랜스 지방산, conjugated linoleic acid와 α-linolenic acid를 함유하고 있으며, 홀수 사슬지방산, 곁가지 지방산 등을 함유하고 있는데, 이들은 주로 반추위내 미생물학적인 biohydrogenation과 대사에 의해 유래된다. 이러한 미량 지방산이 인간의 건강에 이롭거나 혹은 해로운 효과는 여전히 확실하게 밝혀지지 않았으며, 이들 특정 지방산 사이에 차이점이 있다. 결론적으로 이러한 지방산을 함유한 식품을 정기적으로 섭취하였을 때 효과는 현재 잘 알려진 바가 없다.

사료 내 α-linolenic acid(ALA, C18:3n3) 지방산의 급여는 근육과 지방조직 내 ALA와 총 n-3불포화지방산을 증가시킨다. 총 n-3불포화지방산의 함량의 증가는 주로 ALA 증가로부터 발생하며, 훨씬 더 작은 범위의 장쇄 유도체인 eicosapentaenoic acid(EPA, C20:5n3), DPA와 docosahexaenoic acid(DHA, C22:6n3) 농도의 증가로부터 기인한다. 사실, 인간의 경우 ALA의 장쇄 n-3 불포화지방산으로 변환을 위한 신장과 탈포화 과정은 가축에 있어서 제한적이다. 특히 DHA의 최종 합성은 제한적이며, 대부분 ALA가 강화된 사료를 급여한 가축에서 얻은 식육 내 DHA 함량 증가는 거의 없거나 매우 낮다. 다시 한번 말하지만 육계의 경우 종의 차이에 의한 차이가 있으며, 이러한 관점에서 보면 다른 종보다 더 효율적이다.

식육 내에 장쇄 n-3 불포화지방산 농도의 거대한 증가를 위해서는 이러한 장쇄 n-3 불포화지방산의 직접적인 공급을 필요로 하는데, 이를 위해서는 어유/어분 혹은 미세 조류기름/바이오매스를 사료 내 첨가를 통해 가능할 수 있다. 물고기 양식산업에서 어유 공급이 감소하고, 장쇄 n-3 다가불포화지방산에 대한 요구가 증가하고 있기 때문에 미세조류를 장쇄 n-3 다가불포화지방산 생산을 위한 주요 생산개체로서 사용하거나, 미래에는 그 외 다른 원료를 사용하는 것이 더 바람직하고 장기적으로 지속가능한 전략이다. 조직 내 DHA의 축적은 어유보다 미세조류 바이오매스를 사용할 때 효과적이다.

가축의 근육 내 장쇄 불포화지방산을 일정 수준 이상으로 첨가한 사료를 사용할 때 일반적으로 고려해야 할 부분은 가축 지방의 안정성이 감소하고 불쾌취가 발생한다는 것이다. 그래서 고농도의 항산화제가 산화로 인한 산패취를 감소시키기 위해 필요하지만 지방산패와 불쾌취 제거를 완벽하게 하지 못한다. 가공육제품, 특히 지방이 풍부한 발효 육제품은 신선육보다 더 산패에 더 민감하다. 일부 연구에서는 적정량의 어유와 미세조류 바이오매스를 급여한 돼지에서 얻은 신선육과 건염 햄에서 전혀 부정적인 관능적 특성을 찾아볼 수 없었다고 하였으나 장쇄 n-3 불포화지방산 함량은 유의적으로 증가하였다고 하였다. 가금육에서도 비슷한 결과가 보고되어 미세조류 바이오매스와 어유의 사용은 산화적 안정성에 차이를 볼 수 없었다고 하였다.

비록 반추가축은 단위가축보다 인간에게 장쇄 n-3 불포화지방산 제공에 있어서 그 잠재성이 낮지만 생초 급여시스템에서 풍부하게 제공 가능한 ALA는 지속적인 기회이며 연구가 진행되어야 한다. 메타 분석을 통해 살펴보면 총 다가불포화지방산과 n-3 다가불포화지방산의 함량이 약 23%와 47%로 유기 식육에서 일반 식육보다 더 높은데, 이들 유기 축산물은 초지와 생초 함량이 높은 사료로 급여하였을 때 해당하는 것이며, 표준적인 유기농법 하에 사육하였을 때 가능하다. 특히 식물학적으로 다양한 초지의 유용성과 특이 효과에 대한 더 심도 있는 연구가 이루어져야 한다.

많은 연구에 의하면 동물의 종과 사료 내 지방산 조성은 근내 지방의 장쇄 n-3 불포화지방산 함량에 영향을 미치게 된다. 즉, 저 n-3 지방산을 함유한 사료, 고 ALA 지방산을 함유한 사료를 소, 양, 돼지, 닭에게 급여한 결과를 보면 소, 양, 돼지에서 유사한 결과를 보였으나 다른 종에 비해 닭은 특히 반응이 더 컸으며 직접적으로 n-3 지방산의 축적이 이루어지는 것으로 나타났다(그림 3-1).

재미있는 것은 반추동물과 단위동물 사이에 장쇄 n-3 지방산의 함량이 상대적으로 작은 차이만을 보였다는 것이다. 많은 부분에서 오차가 있을 수 있는데 식육 내 지방 함량의 차이 또한 큰 변이로서 작용할 수 있다. 권장 영양섭취량의 측면에서 EPA+DHA의 함량을 비교해 보면 국제적으로 250-667mg/d 범위에 해당하는데, 식육을 100g 정도 섭취하는 것은 이러한 권장량을 충족시키지는 못한다. 그러나 만일 장쇄 n-3 불포화지방산을 강화한 식육과 대체 지방원료를 섭취한다면 생선을 조금 먹거나 거의 먹지 않는 일반 사람들에 있어 이러한 영양소의 결핍을 막을 수 있다.

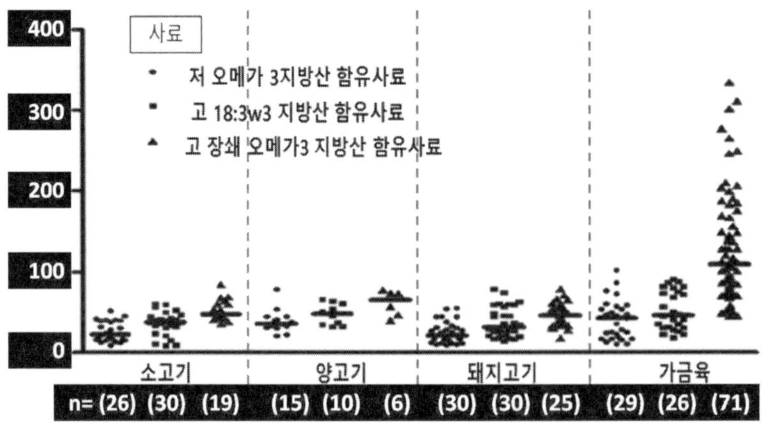

그림 3-1. 식육 내 장쇄 오메가-3 불포화지방산 함량(mg/100g)

2) 식육 내 미량원소

세계 많은 나라에서 일부 필수 미량원소의 섭취량은 권장량에 미치지 못하고 있다. 저개발 및 중진국에서 가장 영향을 많이 받으며, 예를 들어 철분과 요오드 결핍증은 또한 선진국에서 많이 보이고 있다. 이러한 부분에서 식육은 일부 필수 미량성분을 가장 유기적으로 잘 흡수할 수 있는 형태로 제공할 수 있는 훌륭한 원료이다. 그러므로 필수 지방산과 유사하게 식육 내 이러한 미량 영양소를 증가시키거나 최적화한다면 인간의 공급 시스템에서 인간의 건강에 매우 긍정적으로 기여할 수 있다. 그러나 이러한 필수 미량 영양소의 일정한 조절과 대사는 복잡하고 영양소에 따라 다르다.

표 3-1. 식육과 식육제품의 일일 평균 섭취를 통해 얻을 수 있는 오메가-3 지방산, 미량 성분, 비타민 함량(영국의 19～64세 성인 남성/여성 대상) (Henderson et al., 2003)

성 분	남성	여성	총량
오메가-3 지방산	19	14	17
미량영양소			
철	19	15	17
아 연	36	30	34
구 리	17	12	15
요오드	7	6	7
망 간	7	5	6
셀레늄			32
비타민류			
비타민 A	34	22	28
티아민	23	18	21
리보플라빈	16	13	15
니아신	36	33	34
비타민 B_6	22	19	21
비타민 B_{12}	34	14	30
엽 산	7	6	7
비타민 D	24	18	22
비타민 E	12	9	11

일부 미량영양소의 조절은 주로 흡수부위에서 일어나며(즉, 구리, 철, 망간, 아연), 반면에 그 외 다른 것들은(코발트, 요오드, 셀레늄) 신장 배설이 주된 조절 부위이다.

결론적으로 필수 미량 영양소의 양을 조절하는 것은 영양소의 조절과 대사를 조절하는 모든 요인들에 의해 크게 영향을 받게 된다. 이러한 것에는 미량원소의 원료, 함량과 사료 내 원소의 화학적 종, 사료와 대사 요인들의 방해 등이 해당된다. 방해를 일으키는 가장 중요한 사료 내 요인은 킬레이팅제로서 방해하거나 생체이용률과 금속이온(칼슘)의 흡수율을 증진시키기도 한다. 또한 다른 미량원소와 결합하여 대부분 흡수와 생체이용률을 방해하기도 한다.

3) 식육 내 n-3 불포화지방산의 섭취가 인간의 영양소 섭취와 건강에 미치는 영향

식육의 섭취가 n-3 불포화지방산, 미량영양소, 비타민의 섭취에 미치는 영향을 19~64세 영국의 남자와 여자를 대상으로 살펴본 결과를 표 3-1에 나타내었다. 식육과 식육제품의 섭취 시 이들의 영양소가 인간의 섭취량에 미치는 영향은 이러한 식품의 섭취의 결과로 발생하며, 이는 식육을 많이 섭취하는 사람들에게 효과가 있는 것이지 식육 섭취량이 적은 사람들에게는 영양물질을 강화한 식육을 공급하는 것이 인간의 건강에 큰 영향을 미치지는 않을 것이다.

3.3 영양소 강화 식육의 섭취가 인간의 건강에 미치는 영향

지난 이십여 년 동안 많은 연구가 식육의 영양성분 강화에 대한 부분이 많았음에도 불구하고 식육의 섭취에 의한 인간의 건강에 미치는 효과에 대한 부분은 거의 없었다. 표 3-2는 다른 형태의 식육과 식육 제품을 평가하고 기능성 성분에 의해 그룹화 하였다. 대부분의 연구가 n-3 지방산을 강화한 식육에 대한 것이었으며, 두 가지 연구가 식육 내 미량영양소의 강화에 대한 부분이었다. 그런 부분에서 다음과 같은 결론을 얻을 수 있다.

- ALA를 강화한 식육의 섭취가 심지어 식육 섭취량이 상대적으로 낮은 경우에도 혈중 지방산 조성이 향상되었으며, ALA 함량과 장쇄 n-3 불포화지방산의 비율이 증가하였다. 그러나 혈중 중성지질, 총 콜레스테롤, HDL과 LDL 콜레스테롤에 대한 효과는 없었다. 또한 그 외 다른 항목인 산화상태, 염증상태, 혈압에 영향을 미치지 않는 것으로 나타났다.

- 가축사료나 가공과정 중 어유를 공급함에 따라 장쇄 n-3 불포화지방산이 강화

표 3-2. 기능성 성분 강화 식육의 섭취가 건강에 미치는 영향에 대한 연구

기능성 성분	섭 취	설 계	피실험자	연구대상/지표	결 과	참고문헌
대두를 함께 급여한 n-3 PUFA 강화된 돈육 vs. 표준 식이를 급여한 돈육	지방 섭취량 : ±40% E/1일 일반 돼지고기를 섭취했을 때 FA 15g 대신에 41g의 PUFA/100g을 섭취함	균형 잡힌, 교차 • 4주/식이	여성 N = 20 19∼24세	- 콜레스테롤(총, LDL, HDL), TG - 혈중 지방산 수준 - 지질, 포도당 그리고 인슐린	- 더 낮은 혈장 총 콜레스테롤과 LDL 콜레스테롤 - 혈장 지질분획에서 SFA가 PUFA로 전환. - 혈장 포도당, 인슐린, TG 그리고 유리지방산 농도에는 영향이 없음.	Stewart, Kaplan, & Beitz (2001)
아마씨를 기초로 한 식이 vs. 표준 식이	700kcal 지질/1일 485kcal 동물성지방/1일 (a) 전체 용량 섭취 그룹 : 모든 식이는 n-3 PUFA가 농축된 축산물을 포함. (b) 절반 용량 섭취 그룹 : 조식과 석식만 n-3 PUFA가 농축된 축산물을 포함.	이중 맹검, 무작위, 교차 • 5주/식이	건강한 지원자 N = 50(a) + 25(b) (32명의 남성 and 43명의 여성) 25∼45세	- 혈중 지방산 수준	- 절반 용량 섭취나 전체 용량 섭취한 실험 모두에서 혈장 ALA, EPA, DPA, DHA, CLA가 증가하고, n-6/n-3 비율이 감소함. - 적혈구 ALA, EPA 그리고 DPA는 증가하고, n-6/n-3 비율은 감소함(단, (a)평가 결과에서만).	Weill, Schmitt, Chensneau, Faouzi Safraou, & Legrand (2002)
저 PUFA/SFA와 저 n-6/n-3 비율 가지고 아마씨를 급여한 가축	지방 섭취 : ±33%E/1일 동물성 지질 : 전체 지질의 76%	이중 맹검, 무작위 • 13주	과체중 지원자 BMI>30	- 적혈구 지방산 수준 - 혈장 TG, 총	- 실험군에서는 적혈구 ALA, EPA 그리고 DHA가 기준치보다 증가하였고	Legrand et al. (2010)

으로부터 획득한 축산물 vs. 고 PUFA/SFA와 n-6/n-3 비율을 가진 축산물			N = 160 18～65세	콜레스테롤, HDL, LDL 콜레스테롤	대조군에서는 감소함. - 혈장 TG, 총 콜레스테롤, LDL, HDL 콜레스테롤에서 변화는 없음.	
도축 전 6주간 목초지에서 사육된 가축으로부터 얻은 양고기와 소고기 vs. 곡물을 급여하여 얻은 양고기와 소고기	3부분(±450g) 적육/주	이중 맹검, 무작위 • 4주	건강한 사람 N = 40 18～41세	- 혈장과 혈소판 지방산 수준 - 혈압 - 혈청 지질과 지단백질	- 혈장과 혈소판에서 EPA, DPA 그리고 DHA는 각각 증가하지 않았으나, ALA, 총 n-3 PUFA 그리고 총 long-chain n-3 PUFA는 증가. - 혈청 콜레스테롤 척도, TG 혹은 혈압에서는 차이가 없음.	McAfee et al. (2011)
MUFA가 높은 소고기와 SFA가 낮은 같은 소고기 : a) 낮은 MUFA/SFA b) 높은 MUFA/SFA	114g의 분쇄 소고기 패티, 주당 5개 패티	교차, 무작위 • 5주/식이	혈중 정상 콜레스테롤 N = 27 (남성) 23～60세	- 지단백질(혈장), VLDL, LDL 그리고 HDL 콜레스테롤 - HDL2, HDL3 LDL 지단백질 입자의 직경 - 인슐린과 포도당	- (a), (b) 조절 모두에서 기준치보다 혈장 인슐린과 HDL2 그리고 HDL3 입자의 크기가 감소하였으나, 혈장 C18:0과 AA는 증가함. - 높은 MUFA/SFA에서 HDL-C 농도는 기준치보다 증가함. - 포도당에는 영향이 없음.	Gilmore et al. (2011)
아마씨와 유채씨를 급여한 가축 vs 대두유를 급여한 가축에서 얻은 n-3	160g의 닭고기/1일	이중 맹검, 무작위, 위약 조절 • 4주	건강한 사람 N = 46 (11명의 남성,	- 총 콜레스테롤, LDL, HDL 콜레스테롤, TG - 인지질 지방산	- 혈청 인지질에서 EPA 그리고 AA/EPA가 증가함. - DHA가 증가함. - 다른 지표들, 체중 또는	Haug et al. (2012)

PUFA가 농축된 닭고기			35명의 여성) 20～29세	- 혈압 -C 반응 단백질 - 체중	혈압에서 차이가 없음.	
가열 돈육 소시지 (a) 지방이 적고 칼슘이 농축됨. (b) ALA와 토코페롤이 농축되고 지방이 적음. (c) 대조 육가공품	600g/주 지방 섭취 : ±30%E/1일	이중 맹검, 무작위, 위약 조절 • 10주	건강한 지원자 N = 54 20～60세	- 혈장 지방산 수준 - 산화도 - 혈장 콜레스테롤 - 체구성	- ALA 혈장 수준과 지방량의 변화 간에 유의적인 상관관계가 있음. - 혈장 콜레스테롤 척도와 산화도에는 영향이 없음.	Navas-Carrestero et al. (2015)
호두가 농축된 (～20%) 재형성 소고기 스테이크와 프랑크푸르트 소시지. (호두는 PUFA, 비타민 E, 칼슘 그리고 마그네슘이 풍부함)	136g 호두/주 재형성 소고기 스테이크 600g/주 프랑크푸르트 80g/주	a) 교차, 단일 용량 생체 이용률 연구(토코페롤) b) 교차, 무작위 위약 조절 • 5주	과체중 및 약간 높은 콜레스테롤 수준 N = 25 45～70세	- 혈청 콜레스테롤(총 HDL 및 LDL), TG, 호모시스테인, 비타민 B_6와 B_{12}, 엽산, HDL/LDL 비율과 혈소판 기능 시험 - 혈소판 응집반응, 혈장 트롬복산 A2, 프로스타 사이클린 I2, 혈전 비율(TXB 2/6- keto-PGF1 α) - 단핵구를 위한 주화성, 부착 분자	- 증가된 혈청 y'-토코페롤(노출 지표) - 기준치와 비교: 총 콜레스테롤, LDL 콜레스테롤 그리고 체중은 감소하였고, HDL 콜레스테롤, TG, 엽산, 호모시스테인, 비타민 B_6 그리고 B_{12}, α-토코페롤과 혈소판 기능 시험에는 영향이 없음. - 호두가 없는 육가공품에 대해서는 총 콜레스테롤이 3% 감소. - 혈전 형성도와 항산화도의 개선	Canales et al. (2007, 2009, 2010, 2011); Nus et al. (2007); Olmedilla-Alonso et al., (2008); Sánchez-Muniz et al. (2012)

				(VCAM, ICAM, LTB4) - 항산화 효소(SOD, CAT, GR, GPx, AE PON-1), GSH와 GSH/(GSH+GSSG) 비율	- PON-1과 ApoA4의 폴리몰피즘에 의존한 식이반응 - 주화성, 부착분자의 감소.	
장쇄 n-3 PUFA 어유가 첨가된 육가공품(런천미트 그리고 소시지)	자연적으로 n-3 PUFA를 포함한 넓은 범위의 식품과 어유를 첨가한 품목	식이 조절 (2points time) • 4주	건강한 사람 N = 16 (남성) 39±4.5세	- 혈장, 혈소판 그리고 단핵세포 인지질 지방산	- EPA와 DHA의 비율이 혈장, 혈소판, 단핵세포 인지질에서 증가함.	Metcalf et al. (2003)
참치어분제품이 첨가된 식이를 급여한 가축에서 얻은 n-3 PUFA가 풍부한 돈육가공품(스테이크, 볶음요리, 깍둑썰기한 고기, 다진 고기, 소시지)	5개 신선한 조각 1000g/주 돈육 가공품에서 1.3g long-chain n-3 PUFA/주	동형, 이중 맹검, 무작위, 위약 조절 • 12주	건강한 사람 N = 33 (17명의 남성, 6명의 여성) 18～65세	- 혈청 지질 - 적혈구 지방산 조성 - TG - 트롬복산 B_2 - 체중	- 적혈구 DHA가 15% 증가함. - EPA는 변화 없음. - TG가 0.3% 감소함. - 혈청 트롬복산이 대조군보다 적게 증가함.	Coates et al. (2009)
프랑크 푸르터스와 빠테(pâtés) a) 저지방 제품(RF), b) 아마씨유, 올리브유 및 어유를 첨가한 n-3	200g 프랑크푸르트 & 250g 빠테(pâtés)/주. 2g의 n-3 PUFA/1일 이 제공된 RF, 그 중 1.5g은 ALA와 약 0.4g	교차 비무작위, 위약 조절 • 4주	과체중/비만의 약간 높은 콜레스테롤 수준을 가진 사람	- 총 콜레스테롤, HDL, LDL 콜레스테롤 - 산화된 LDL - 혈압	- n-3 RF vs NF 제품 : LDL 콜레스테롤, Ox-LDL 그리고 LDL 콜레스테롤/HDL 콜레스테롤 비율이 각각 12%, 17% 그리고 11% 감소함.	Delgado-Pando et al. (2014)

PUFA가 풍부한 저지방 제품(n-3 RF) c) 일반적인 지방 제품(NF)	EPA + DHA		N = 22 44±12세		- RF vs NF 제품 : Ox-LDL 15% 감소함.	
프랑크 푸르터스와 빠테(pâtés) a) 저지방 제품(RF), b) 아마씨유, 올리브유 및 어유를 첨가한 n-3 PUFA가 풍부한 저지방 제품(n-3 RF) c) 일반적인 지방 제품(NF)	200g 프랑크푸르트 & 250g 빠테(pâtés)/주. 2g의 n-3 PUFA/1일 이 제공된 RF, 그 중 1.5g은 ALA와 약 0.4g EPA + DHA	비무작위-조절 순차적 연구 • 4주	심혈관계 위험도가 증가한 남성 지원자 N = 18 44.9±10.3세	- 체구성	식이요법에 따른 이상적인 체중과 BMI 변화율 간의 유의적인 역의 상관관계 n-3 RF 단계에서 탄수화물/SFA 비율	Celada et al. (2015)
0.02%(w/w)로즈마리 추출물, 0.6%(w/w) 연어유 그리고 0.02%(w/w) 비타민 E가 풍부한 조리햄과 칠면조 가슴살 vs. 기능성 성분이 없는 동일한 육류	- 3×150g servings/주	이중 맹검, 무작위, 교차 • 12주/식이	심혈관계 질병의 위험이 있는 피실험자 N = 33 (24명의 여성, 9명의 남성) 50.7±8.8세	- 염증 지표 : CRP, PAI-1, TNF-alpha, IL-6, fibrinogen - 산화도 지표 : TBARS, FRAP 그리고 8-iso-PGF2α - 총 콜레스테롤,	농축 처리 vs. 기준치 : - FRAP은 증가한 반면에 PAI-1, 피브리노겐 그리고 8-iso-PGF2α는 감소함. 대조 처리 vs. 기준치 : - PAI-1은 증가하고 FRAP은 감소함. - 혈중 콜레스테롤 척도, TG, TBARS, TNF-alpha, IL-6	Bermejo et al. (2014)

				HDL, LDL 콜레스테롤 - TG	수준은 변화가 없음.	
미량 무기질 황산제1철과 피로인산제2철이 캡슐화된 리포솜이 풍부한 빠테(pâtés)	19mg 철/1일	교차, 이중 맹검, 무작위, 식후 6시간	낮은 철 저장량 N = 17 (여성) 21～25세	철의 생체이용률 연구 - 혈청 철	- 혈청 철 농도가 증가함.	Navas-Carretero et al. (2009)
셀레늄원이 보충된 식이를 급여한 가축에서 얻은 셀레늄이 농축된 닭고기	닭고기(4×200g/주) 셀레늄(22 μg/1일)	동형, 이중 맹검 • 10주	정상과 과체중 N = 24 20～45세	- 항산화 수준 : 셀레늄,글루타치온 퍼옥시데이스 활성 - 염증 수준 : 호모시스테인, 요산, CRP - 총 콜레스테롤, HDL, LDL 콜레스테롤, TG, 포도당과 인슐린	- 콜레스테롤 척도, TG, 인슐린, 포도당, 항산화 및 염증관련 생체지표에 변화가 없음.	Navas-Carretero et al. (2011)

ALA= alpha-linolenic acid ; BMI = body mass index ; CRP = C-reactive protein, DPA = docosapentanoic acid ; DHA = docosahexanoic acid ; EPA = eicosapentanoic acid ; FRAP : ferric reducing ability of plasma ; TBARS = thiobarbituric acid reactive substances ; TG = triacylglycerol ; AA = arachidonic acid; SOD = superoxide dismutase ; CAT = catalase ; GR = glutathione reductase ; GPx = glutathione peroxidase ; AE = arylesterase; PON-1 = Paraoxonase ; GSH = reduced glutathione; GSSG = oxidized glutathione; %E = % energy intake. Marker analyzed in serum when no other sample matrix is indicated.

된 식육제품을 섭취 시 혈중 콜레스테롤 함량에 매우 긍정적인 효과를 보여 식육 내 장쇄 n-3 불포화지방산의 함량을 증진시키기 위한 직접적인 원료로서 작용함을 나타내었다.

- 아직까지 많은 연구가 아직 진행되지는 않았지만 영양성분을 조절한 식육은 인간의 건강지표에 긍정적인 영향을 줄 수 있다. 비용-효율성 분석이 새로운 육종과 사양전략에 의해 생산된 동물성 식품 및 식육 내 필수 영양조성의 조정의 잠재력을 평가하기 위해 필요하며, 또한 식품가공 공장에서의 대안적인 접근과의 비교도 필요하다. 식품가공 과정 중에 필수 영양성분의 원료를 첨가하여 제조하는 것은 매우 다양하며 규격화하기 더 쉽다. 식육 생산 시스템에서 상대적으로 간단한 사양전략을 적용하는 것은 인간의 건강에 어느 정도 유용성을 제공할 수 있을 것이지만, 식육 자체만을 가지고 조작하는 것을 과대평가해서는 안 될 것이다.

3.4 적색육과 가공육 소비와 대장암과의 연관성

지난 십년간 역학적인 근거자료에 의하면 적색육을 많이 섭취하였으며, 특히 가공육 소비와 일부 만성질병 발생과의 관계는 양의 상관관계가 있음이 제시되어 왔다. 적색육을 고수준 혹은 저수준으로 섭취하는 것과 가공육을 고수준 혹은 저수준으로 섭취하는 것은 직장암, 만성 심장질환, 제2형 당뇨와 같은 질병 발생과 크게 관련 있다고 알려지고 있다. 이러한 질병과 관련된 역학조사에서는 신선육보다 항상 가공육에서 더 높은 것으로 알려지고 있는데, 반면에 가금육과 같은 백색육에서는 이러한 보고가 적다.

가장 큰 우려는 암과의 관련성인데, 이것은 국제 암연구센터(IARC)를 통해 2015년에 특별 작업팀을 형성하여 적색육과 가공육 섭취의 발암성을 평가하도록 하였으며 IARC monograph 114를 준비하도록 하기도 하였다. 이 특별 작업팀은 가공육을 "carcinogenic to humans"(그룹 1)로 적색육을 직장암에 대해 "probably carcinogenic to humans"(그룹 2A)으로 규정하였다. 추가적으로 가공육의 섭취와 위암발생이 양의 상관관계가 있음이 밝혀졌다. 불행히도 이러한 규정은 자주 잘못 풀이되어 양극화하고 과학적으로 증명되지 않은 정보들이 방송매체를 통해 전파된다.

IARC 특별 작업팀은 10개국의 22명의 전문과학자로 구성하여 한 서브그룹은 많은 나라에서 수행한 800여 편 이상의 역학조사 결과를 분석했다. 모든 암 사이트를 조사했으나 가장 큰 부분은 직장암에 관한 것이었다. 다른 2개의 서브그룹은 실험동물을 이용한 암 관련 결과를 분석했으며, 다른 그룹은 역학과 그 외 데이터를 분석하였다.

이후 각 서브그룹은 서로 만나 토론했으며, 다른 서브그룹에서 작성한 보고서를 서로 검토하여 마침내 최종 결론 및 규정에 도달하게 되었다. 적색육을 다량으로 섭취 시에 직장암 발생과 정의 상관관계가 있음이 14개 코호트 연구 중 7개의 결과에서 보고되었으며, 15개의 케이스 스터디 중 7개의 연구에서 밝혀졌다고 하였다.

직장암과 관련된 열 개의 코호트 조사에서 메타분석 결과 섭취용량에 따른 통계적으로 유의적인 결과를 나타내었는데, 적색육을 하루에 100g을 섭취하면 상대적으로 17%의 위험성이 증가하며, 하루 50g의 가공육을 섭취하면 18%의 위험성이 증가한다고 하였다. 이들은 역학조사를 통해 가공육제품의 섭취가 발암에 관한 충분한 증거가 있는 것으로 결론을 지었다. 적색육의 경우는 아직까지 증거가 제한적이어서 명확한 관계를 밝힐 수 없는 것으로 결론을 지었다.

동물실험에서는 불충분한 증거가 발견되었다. 가공육의 섭취는 산화 스트레스가 중간 정도이나 적색육 섭취에 의한 산화적 스트레스 생성에 대한 증거는 더 적었다. 임상시험에서 산화적 스트레스의 마커인 소변, 분변, 혈액은 가공육 섭취와 관련 있는 것으로 가공육을 급여한 실험쥐에서 얻은 분변에서 이와 유사한 결과를 얻었다. 일부 설치류 실험에서 적색육의 섭취도 분변과 소변의 지방산화물을 증가시켰는데, 이러한 효과는 헴철에 의한 것이다.

적색육의 섭취와 발암 가능성에 대한 메커니즘적인 증거는 식육 내에 존재하거나 가공과정 중에 발생하거나 소화관 내에서 존재하는 NOC, 헴철, 헤테로사이클릭아민(HAA) 때문이다. 적색육과 가공육의 섭취는 인간, 설치류의 결장에서 NOC의 발생을 일으킨다. 또한 이는 헴철이 지방 산화물의 생성을 촉진하므로 장내 독성을 일으킬 수 있다. HAA는 식육을 높은 온도에서 가열하면 발생하는데 HAA가 유전독성 대사물질로 전환의 범위가 설치류보다 사람에게서 더 크다. PAH 또한 DNA 손상을 일으키는 것으로 알려져 있으나 식육의 섭취에 따른 직접적인 근거는 거의 없다.

식품은 복잡한 성분으로 이루어져 있기 때문에 건강에 유익하거나 부정적인 효과가 하나 혹은 제한된 수의 특정 영양소 또는 성분에 의해 결정되지는 않는다. 즉, 직장암의 위험성 증가는 하나의 원인물질에 의한 것이 아니라 각기 다른 복합 발암물질의 존재가 다양한 상태의 직장암 발생단계에 영향하기 때문이다. 또한 식육의 섭취는 발암성분에 노출될 수 있는 유일한 식품 또는 성분이 아니다. 예를 들어 알코올 음료의 섭취를 통한 알코올의 섭취는 일부 암과 관련이 있는데 일일 10g의 알코올의 섭취는 1.09의 직장암 발생에 대한 상대적인 위험성을 보인다. 알코올은 IARC에 의해 인간 발암물질로 규정되어 있다.

인식해야 할 중요한 점은 IARC 분석은 특정 평가과정에 의한 위험분석이며, 이는 전체 위험성 측정이 아니며 식이권장을 할 수 없다는 것이다. 2007년에는 세계 암

연구협회/미국암연구소는 적색육 섭취를 제한하고 가공육 섭취를 피하라고 권고하였다. 이에 따라 적색육 섭취와 발암과의 메커니즘을 억제하고 헴철을 차단하기 위해 칼슘을 사용하거나 비타민 E와 폴리페놀 항산화제를 이용하여 헴철이 NOC와 지방 산화물 생성을 방해하는 기작에 대한 연구가 진행 중이다. 즉, 가공과정 중이거나 가정 내 조리 시에 PAH와 HAA 형성을 억제하기 위한 모든 방법이 발암물질에 노출되는 것을 막을 수 있을 것이다.

그러나 이에 반해 “백색육 역설”이라는 말이 있다. 이는 헴철이 발암촉진 효과가 불충분하며 가공육 섭취에 의한 직장암 발생 위험이 높다는 것에 대한 설명을 충분히 할 수 없음을 입증하고 있다. 왜냐하면 백색육과 생선의 위험성은 보고되지 않고 있는데 돼지고기와 가금육의 헴철 함량의 차이는 매우 작기 때문이다. 그래서 적색육 내 헴철이 아닌 다른 특정 성분에 대한 관심이 증가하고 있는데 mammalian cell surface sialic acid *N*-glycolylneuraminic acid(Neu5Gc)가 관여하고 있을 것으로 사료된다. 이 Neu5Gc은 가금육이나 생선에 적거나 거의 없으며, 적색육(양고기 돼지고기, 소고기)과 우유에 풍부하다.

인간은 Neu5Gc을 식품을 통해 축적하며, 특히 적색육과 유제품을 통해서 섭취하고 항-Neu5Gc 항체를 형성하여 국소적인 만성염증을 일으키게 된다. 그러나 우유는 아직까지 직장암과의 연관성이 보고된 바 없어 Neu5Gc 섭취에 의한 직장암의 발생 여부는 불충분하다. 그러나 Neu5Gc와 적색육이나 가공육 내 유전 독성물질이 결합하면 식품과 연관된 발암물질이 발생할 수 있으나 유제품 내에는 칼슘함량이 높아 염증성 Neu5Gc의 존재에도 불구하고 보호효과를 얻을 수 있을 것이다.

3.5 식육 내 생리활성물질과 건강

식육은 양질의 단백질과 지방 이외에도 식물과 마찬가지로 비타민과 미네랄 이외에 많은 생리활성물질을 함유하고 있으며, 건강에 긍정적인 영향을 미친다.

- 크레아틴 : 식육에 많이 함유되어 있는 것으로, 크레아틴은 근육의 에너지원으로 작용한다. 운동선수들이 많이 섭취하는 보조제로서 근육의 성장과 유지에 영향을 미친다.

- 타우린 : 식육에 많이 함유되어 있으며, 항산화 아미노산으로 체내에 작용한다. 식품으로 섭취하는 타우린은 심장과 근육의 기능에 영향한다.

- 글루타치온 : 항산화제로서 식육에 많은 양이 함유되어 있다. 그러나 인간의 체내에서 합성되기도 한다.

1) 근육량 유지

다른 모든 종류의 식육과 마찬가지로 쇠고기는 고품질 단백질의 중요한 원료이다. 모든 필수 아미노산을 함유하고 있어 완전한 단백질원으로 알려져 있다. 대다수의 사람들, 특히 나이든 사람들은 고품질 단백질을 충분히 섭취하지 못하고 있다. 단백질이 부족하면 노화와 관련된 근육의 감소를 일으키고, 근감소증과 같은 질병을 일으킬 수 있다. 근감소증은 노인들에게 심각한 건강문제를 일으키는데 강도 높은 운동과 단백질 섭취를 증가시켜 이를 예방할 수 있다. 가장 좋은 단백질원은 동물성 유래 단백질로서 식육, 생선, 우유제품이다. 건강한 생활습관을 위해 소고기의 정기적인 섭취, 또는 다른 고품질 단백질원의 섭취는 근육량 유지에 도움을 줄 뿐만 아니라 근감소증의 위험성을 감소시킬 수 있다.

2) 운동 수행능력의 개선

근육 내 carnosine은 다이펩타이드로서 근육의 기능에 매우 중요한 역할을 한다. Carnosine은 생체 내에서 식품으로 섭취하는 베타-알라닌으로부터 형성되며, 이들 성분은 생선, 소고기에 많이 함유되어 있다. 연구결과에 의하면 정제된 베타 알라닌을 고용량으로 4～10주간 섭취하면 근육 내 carnosine의 양을 40～80% 증가시킬 수 있다고 한다. 반면에 채식주의자 식이를 엄격하게 유지하게 되면 시간이 지나면서 근육 내 carnosine의 함량이 낮아지게 된다.

3) 빈혈 예방

빈혈은 일반적으로 적혈구 수가 부족해져 산소를 운반하는 혈액의 기능이 감소된 것을 의미한다. 철분의 결핍은 빈혈의 가장 대표적인 원인이며, 대표적인 증상으로 피곤함과 허약함이 있다. 소고기는 철분이 풍부하고 주로 헴철로 이루어져 있다. 동물성 유래 식품에서 존재하기 때문에 헴철은 채식주의자의 식이에는 결핍되어 있다. 헴철은 식물성 식품에 함유되어 있는 비헴철보다 흡수율이 더 좋다.

식육에는 흡수율이 좋은 헴철이 함유되어 있는 것뿐만 아니라 식물 식품의 비헴철의 흡수를 증진시키기도 한다. 이러한 이유로 식육의 섭취는 다른 식이 내 철분의 흡수를 증진시킨다. 일부 연구에 의하면 식육은 비헴철의 흡수를 돕는데, 특히 철분의 흡수를 방해하는 피틴산이 존재할 경우에도 흡수를 증진시키는 것으로 알려져 있다. 즉, 식육의 섭취는 철분의 결핍으로 인한 빈혈을 예방하는 가장 좋은 방법이다.

3.6 젖과 건강

1) 유성분의 기능적 역할

평균적으로 우유는 87%의 물, 4~5%의 유당, 3%의 단백질, 3~4%의 지방, 0.8%의 무기질, 그리고 0.1%의 비타민으로 구성되어 있다. 이들 성분은 각각 고유한 화학적 및 기능적 특성을 갖고 있다(표 3-3).

(1) 유단백질

일반적으로 우유는 인간의 중요한 단백질 공급원으로서 L당 약 32g의 단백질을 공급한다. 유단백질은 크게 수용성과 불용성 단백질로 구분될 수 있다. 유청 단백질이라고 부르는 수용성 단백질은 유단백질의 20%를 차지하고, 케이신이라고 부르는 불용성 단백질은 유단백질의 80%를 차지한다. 이들 두 가지 단백질 모두 인체 아미노산 요구량, 소화흡수율, 생체이용율 측면에서 고품질의 단백질로 분류된다. 실제로, 필수 아미노산가와 단백질 소화율에 따른 아미노산가를 고려하였을 때 유단백질은 최고의 단백질 공급원이라고 여겨진다. 수용성 및 불용성 단백질의 아미노산 특성에는 상당한 차이가 있는데, 특히 유청 단백질은 리신뿐만 아니라 발린, 이소류신, 류신과 같은 곁가지 아미노산(BCAA)이 풍부하지만, 케이신은 히스티딘, 메티오닌 그리고 페닐알라닌과 같은 아미노산의 비율이 더 높다.

① 유청 단백질

유청 단백질은 β-락토글로불린, α-락토알부민, 면역글로불린(Ig), 혈청알부민, 락토페린, 락토퍼옥시데이스, 라이소자임, 프로테오스-펩톤 그리고 트랜스페린과 같은

표 3-3. 축종에 따른 젖의 평균적인 성분

성 분	염 소	양	소	인 간
지방(%)	3.8	7.9	3.6	4.0
유당(%)	4.1	4.9	4.7	6.9
단백질(%)	3.4	6.2	3.2	1.2
에너지(kcal/100ml)	70	105	69	68
칼슘(mg/100g)	134	193	122	33
인(mg/100g)	121	158	119	43
비타민 A(IU)	185	146	126	190
비타민 D(IU)	2.3	0.18 (μg)	2.0	1.4

단백질을 함유하고 있다. 락토페린, 락토퍼옥시데이스, 그리고 라이소자임은 중요한 항균물질이며, 락토페린은 β-락토글로불린, α-락토알부민과 함께 종양의 성장을 억제한다.

β-락토글로불린은 중요한 레티놀 운반체이며, 지방산 결합작용과 항산화활성을 나타낸다. 락토페린은 철 흡수에서 중요한 성분이고, 항산화와 항암 효과를 나타낸다. 또한, 태반에서 태아로 전달되는 면역글로불린은 생후 낮은 농도를 가지게 되는데, 이때 면역글로불린의 가장 중요한 공급원은 초유이며, 초유는 생후 면역방어 작용을 하기 위해 유아기 때 섭취된다. 모유는 주로 IgA를 함유하며, 초유는 우유보다 100배 많은 면역글로불린을 가지고 있다(표 3-4).

표 3-4. 우유의 주요 단백질의 농도와 생물학적 기능

단 백 질	농도(g/L)		생물학적 기능
	소	사 람	
총 케이신	26.0	2.7	무기질 운반(Ca, PO_4, Fe, Zn, Cu)
α-케이신	13.0		
β-케이신	9.3		
κ-케이신	3.3		
총 유청 단백질	6.3	67.3	
β-락토글로불린	3.2		레티놀과 지방산 결합 ; 항산화제로 가능
α-락토알부민	1.2	1.9	유당 생산, 칼슘 운송, 면역조절 ; 항암제
면역글로불린 (IgA, IgM, IgE, IgG)	0.7	1.3	면역보호
혈청알부민	0.4	0.4	
락토페린	0.1	1.5	항균제, 항산화제, 면역조절, 철 흡수, 항암제
락토퍼옥시데이즈	0.03		항균제
라이소자임	0.0004	0.1	항균제, 면역글로불린 및 락토페린과 상승효과
기 타	0.8	1.1	
프로테오스-펩톤	1.2		
글라이코마크로펩타이드	1.2		항바이러스제, 비피더스제

② 케이신

케이신의 주요한 기능은 무기질 결합 및 주로 칼슘과 인에 대한 운반체로서의 역할이다. 우유에 함유되어 있는 총 케이신은 α-, β-, κ-케이신으로 분류할 수 있다. 이들은 칼슘과 인을 운반하며 응고물을 형성하고, 위장에서 칼슘과 인에 대한 소화흡수율을 향상시킨다. 또한 케이신은 건강에 이로운 일부 생리활성 펩타이드를 함유하고 있다. 이들 펩타이드는 심혈관계, 신경계, 면역계 그리고 소화계에서 항산화, 세포조절, 면역조절, 항고혈압, 그리고 항혈전작용을 하는 것으로 알려져 있다(표 3-4).

(2) 유지방과 비타민

유지방은 주로 지방구 안에 존재하는데, 이들은 일차적으로 위내 소화가 이루어지지 않으면 췌장의 지방분해에 대한 저항성이 있어 분해율이 낮아지게 된다. 중성지질은(TAG)은 유지방의 98%를 구성하며, 다이아실글리세롤(2%), 콜레스테롤 (<0.5%), 인지질(~1%), 그리고 유리지방산(0.1%)과 같은 지질성분도 함유되어 있다. 또한 사료급여를 통해 유입된 성분, 풍미물질, 지용성 비타민, 미량의 탄화수소가 존재한다. 유지방은 서로 다른 400여 개의 지방산이 중성지질을 형성하고 있어서 모든 천연지방 중에서 가장 복잡하다고 할 수 있다.

우유 지방산의 구성과 함량은 동물의 기원, 비유기, 유선염, 반추위 발효 혹은 사료와 관련된 요소에 따라 달라진다. 실제로, 우유 지방산은 반추위에서 미생물의 활동 혹은 사료로부터 유래된다. 대체로, 유지방의 70%는 포화지방산(SFAs), 30%는 불포화지방산으로 구성된다. 포화지방산의 경우 양적인 측면에서 가장 중요한 지방산은 팔미트산(30%), 미리스트산(11%), 스테아릭산(12%)이다. 또한 단쇄 지방산도 찾아볼 수 있는데 포화지방산의 11% 정도의 수준을 차지하며, 주로 뷰티르산(4.4%)과 카프론산(2.4%)이다.

불포화지방산의 경우 올레인산이 24~35% 존재하며, 다가불포화지방산은 리놀레산과 α-리놀렌산이 각각 1.6%와 0.7%를 차지하여 총 지방산의 약 2.3%를 차지하고 있다. 또한, 우유는 바크센산(2.7%)과 공액 리놀레산(CLA, 0.34%~1.37%) 같은 트랜스 지방산을 함유하고 있다. 공액 리놀레산은 보통 리놀레산으로부터 유래한 탄소 18개의 이성질체 그룹을 일컫는데, 이들은 반추동물의 장내 미생물에 의한 수소첨가 반응의 결과로 생긴다. 리놀레산은 항암작용과 저지방혈 효과뿐만 아니라 심혈관계와 면역기능에서 건강상의 이점을 가지고 있기 때문에 더 많은 관심을 받고 있다.

우유 비타민은 지용성인 비타민 A, D, E 그리고 수용성인 비타민 B 복합체, 비타민 C를 포함하고 있다. 우유의 지용성 비타민 농도는 유지방 함량에 따라서 달라진

표 3-5. UHT 처리한 탈지유와 전유, 저지방유의 평균적인 영양 성분

성 분(100g)	전 유	저지방유	탈지유
에너지(kcal)	63	47	34
물(g)	88.1	89.1	90.5
단백질(g)	3	3.4	3.3
지방(g)	3.5	1.6	0.2
탄수화물(g)	4.7	4.9	4.9
콜레스테롤(mg)	13	8	1
비타민 A(mg)	59	22	0
비타민 D(mg)	0.05	0.05	0
비타민 B_1(mg)	0.04	0.04	0.05
비타민 B_2(mg)	0.14	0.11	0.05
Na(mg)	43	41	41
Ca(mg)	109	112	114
Mg(mg)	9	9	10

Ca : 칼슘, Mg : 마그네슘, Na : 나트륨, UHT : 초고온

다. 이런 이유로 저지방유나 탈지유에서는 비타민 A, D, E의 양이 적다. 일부 국가에서는 탈지유의 영양가를 향상시키기 위해서 비타민 A와 D를 강화시켜 유통하고 있다(표 3-5).

2) 동물의 젖 섭취에 따른 인간의 건강

(1) 우유 섭취와 건강

많은 연구보고에 의하면 우유 섭취와 인간 건강에 대해 많은 논란이 발생하였다. 이유기 후에도 우유를 마시는 포유류는 인간이 유일하다는 것이 중요하다. 이것은 인간이 우유를 계속 마셔야 하는 필요성에 대해 몇 가지 질문을 제기한다. 일부 연구에서 우유가 주요 영양소와 미량영양소의 중요한 공급원으로써 유제품의 역할을 강조하고 있으며, 건강한 식이에서 우유의 가치를 정당화하고 있다. 반면에 또 다른 연구에서는 우유의 소비가 심혈관계 질환, 당뇨병, 암과 같은 서구형 질병의 위험을 높이는 것과 연관성이 있다고 보고하였다.

① 우유 소비와 심혈관계 질환

우유는 복합식품으로, 심혈관계 건강을 유지하고 보호하는 성분과 부정적인 영향을 주는 성분을 동시에 함유하고 있다. 우유의 구성성분인 칼슘, 마그네슘 그리고 칼륨과 같은 미네랄은 심혈관계 건강에 영향을 줄 수 있다. 이 성분들은 항고혈압 효과로 인해 심혈관계 질환에 방어 역할을 할 수 있다. Rotterdam 연구에서 유제품 소비와 고혈압과의 관계를 조사한 결과 고혈압 발생 비율이 20% 감소한 것으로 나타났으며, 우유 내 칼슘, 마그네슘 그리고 칼륨의 조합은 혈압 조절에 필수적인 것으로 입증되었다.

이러한 훌륭한 미네랄 함량은 우유가 다른 식이 무기질 보충제와 비교하였을 때 왜 고혈압 방지에 좋은지를 보여준다. 또한, 유제품 중 특히 우유는 위장관 소화를 통해 케이신의 분해가 이루어지는 동안에 생산되는 생리활성 펩타이드의 공급원으로 인정되고 있다. 이러한 펩타이드의 일부는 안지오텐신-변환 효소(ACE)를 직접적으로 억제하는데, 이는 강력한 혈관 수축인자인 안지오텐신 Ⅱ의 합성과 브래디키닌의 분해를 감소시킨다. 이에 따라 혈압 조절의 중재 역할을 하게 된다.

고혈압은 심혈관계 질환에 대한 주요한 위험인자이며, 우유 섭취 습관은 고혈압 예방에 상당한 영향을 미치며, 우유 내 성분은 고혈압 치료 보조제로 작용한다. 일부 연구에서는 저지방 유제품의 소비와 고혈압 위험 사이에 상당한 연관성이 있다고 보고하였다. 실제로, 유제품은 고혈압의 치료와 예방에 이로운 것으로 널리 알려져 있고, 심장을 보호할 수 있는 중요한 식이성분으로 자주 언급된다. 고혈압 억제식이협회(The Dietary Approach to Stop Hypertension, DASH)는 저지방 우유와 기타 유제품을 매일 섭취하는 것을 권장하고 있다.

② 우유소비와 암

우유 소비가 암 발생 위험을 증가시키는지 감소시키는지에 관한 것은 명확하지 않다. 암은 복잡하고 다인적인 병이며, 단일 식품이나 영양소가 암의 원인이거나, 발달에 미치는 영향을 입증할만한 증거는 거의 없다. 적당한 유제품 소비는 암을 비롯한 몇몇 만성질환의 예방과 관련하여 보호 식이로써 권장되고 있다. 역학조사에 의하면 적당한 우유소비는 대장암 발생 위험을 감소시키는 것과 관련 있다고 보고하였다. 우유성분 중 칼슘, 엽산 및 비타민 D, 이 세 가지 미량 영양소가 발암과정에 영향을 미치는 세포 증식을 조절하는 데 중요한 역할을 한다고 알려져 있기 때문이다. 특히 암의 유전적 요인과 영양소간의 상호작용인 DNA 메틸화에서 엽산의 역할이 중요하다. 실제로, 엽산의 섭취는 실험적 및 역학적 자료에서 대장암과 양의 상관성을 가진다.

우유 성분 중 발암을 촉진하는 인자로 주목받고 있는 성분은 지방이다. 지방은 중요한 에너지원이며, 섭취를 제한하면 암 세포의 증식을 억제할 수 있고, 암세포의 에너지원을 잠재적으로 억제할 수 있기 때문이다. 그러나 이것은 전유(whole milk)가 유방암과 방광암과는 관련이 있지만, 대장암과 전립선암과는 관련이 없다는 것을 고려했을 때, 일반적으로 모든 암 발생에 적용될 수는 없다. 하지만 과도한 지방의 섭취는 안드로겐이나 에스트로겐의 생산에 영향을 미칠 수 있고, 전립선 및 유방암의 발병과 관련 있음을 고려해야 한다. 일부 연구에서는 난소암과 전립선암의 경우 유당이 부정적인 역할을 한다고 보고하였다. 동물실험에서 유당대사로부터 생기는 갈락토오스가 난소에 독성을 나타낼 수 있고, 정상적인 생식선 분비에 손상을 줄 수 있다고 하였으며, 이것이 암 발생 촉진인자가 될 수 있다고 하였다. 이러한 결과는 요거트와 치즈 같은 발효 유제품이 난소암 발생위험이 왜 적은지에 대한 이유가 될 수 있다. 또한 과도한 칼슘의 섭취는 비타민 D 합성을 저해하고 전립선 암세포의 성장과 발달에 대한 조절자 역할을 억제한다.

이러한 자료를 종합해 보면, 암 발생은 복잡하고 다인적인 병이기 때문에 우유의 섭취가 암 발생 위험에 대한 긍정적 혹은 부정적 역할을 하는지에 대해 확실한 결론을 내리는 것은 쉽지 않다. 그러나 예측은 해볼 수 있다. 우유의 과도한 소비는 칼슘과 유당 섭취로 인한 전립선암과 난소암을 증가시킬 수 있다. 또한 전유(whole milk)의 섭취는 우유의 지방의 영향으로 안드로겐과 에스트로겐에 생산에 영향을 미쳐 유방암이나 전립선암의 위험을 증가시킬 수 있으며, 발암과정을 촉진하는 에너지 이용성을 증가시킨다. 그러나 이러한 연관성이 모든 암에서 일반적으로 적용되는 것은 아니다. 지방함량과 관계없이 적당한 우유소비는 대장암에 대한 보호역할을 할 수 있다.

③ 우유 소비와 비만, 제2형 당뇨병 그리고 대사증후군

우유 소비가 제2형 당뇨병에 미치는 영향에 대한 연구는 많지 않다. 코호트 연구의 결과에 따르면 우유 소비가 많을수록 상대적으로 제2형 당뇨병의 위험이 감소하는 것으로 나타났으며, 이는 가장 최근의 메타 분석에 의해 확인되었다. 이러한 방어효과는 우유에 풍부한 칼슘과 마그네슘 때문인 것으로 보인다. 최근의 메타 분석뿐만 아니라 실험 및 코호트 연구에서 보고된 바와 같이 이 두 가지 무기질은 인슐린 감수성과 내당능에서 결정적으로 작용하는 것으로 밝혀졌다. 동시에 일부 연구에서는 우유 단백질이 포만감과 식이조절에 도움이 되는 것으로 나타났다. 즉, 우유의 유청 단백질이 포만상태를 유지시켜 과도한 음식 섭취를 줄여 줌으로써 체중 증가를 막는데 도움을 줄 뿐만 아니라 혈당조절과 인슐린 반응에서 흥미로운 영향을 나타낼 수 있다고 보고되었다.

일부 연구에서는 내당능과 인슐린 감수성 향상, 체중 감소, 비만, 혈압 조절 그리고 항산화와 항염증 작용에 대한 유청 단백질의 여러 가지 효과를 제시하였는데, 이는 이 성분들이 대상증후군 예방에 있어서 방어적인 역할을 하고, 더 나아가 심혈관계 질환의 위험 감소에 기여할 수 있다고 보고하였다. 이 연구결과에서 유일하게 부정적인 요인은 대부분의 연구가 전유가 아닌 유청 단백질 분말을 사용했다는 것이다. 유청 단백질은 우유 단백질의 20%만을 차지하기 때문에 우유로부터 단백질을 직접 섭취했을 때의 생물학적 작용은 인체 건강에 다르게 영향을 미칠 수 있다. 유청 단백질, 칼슘 그리고 엽산은 식욕과 포만상태, 내당능, 인슐린 감수성 그리고 혈압 조절에서 그들의 역할로 인해 대사증후군 예방에 있어 가장 중요한 매개 물질이다.

우유 성분 중 체중 증가와 비만을 예방할 수 있는 또 다른 성분은 바로 CLA이다. 체중 감소와 체구성에서 CLA 섭취가 유의적인 효과를 보였다. CLA는 에너지 대사 및 지방생성에 대한 효과, 염증 감소, 지질대사 조절 및 세포 자멸사 유도를 통해 지방축적을 감소시킨다. 결론적으로 우유를 권장섭취량 범위 내에서 섭취하는 것이 더 건강한 삶을 유지할 수 있도록 하며, 심혈관계 질환, 당뇨병, 암 그리고 대사증후군 위험인자인 비만과 체중 증가를 예방할 수 있을 것이다.

④ 우유 소비와 골다공증

우유 섭취에 있어서 가장 대두되는 것 중의 하나는 우유에 칼슘이 풍부하고, 칼슘이 골밀도 증진에 긍정적인 역할을 한다는 것이다(표 3-6). 낮은 골량은 골다공증의 주된 위험인자이며, 말년기에 골량은 성장기 동안의 최고 골량에 따라 많은 영향을 받는 것으로 알려져 있다. 이처럼 우유 소비는 골밀도 증진과 관련이 깊다. 이 결과는 칼슘에 의한 것일 수도 있지만, 단순히 칼슘 보충이 뼈 질량에 미치는 영향에 대해서는 상당한 논란이 있다.

표 3-6. 영양섭취 기준 대비 우유 내 무기질의 평균 함량

무기질	mg/100g	1컵(244g)에 함유량	영양권장 섭취량 비율(%)
칼 슘	119～124	297.50～310	37～40
인	93～101	232.50～252.5	16～32
마그네슘	11～14	27.5～35	8～10
칼 륨	151～166	377.5～415	8～9
아 연	0.4～0.6	1～1.5	9～14

DRI, 영양권장 섭취량

우유는 골량의 증진, 낮은 골절 유병률 그리고 골다공증 예방에 긍정적인 역할을 할 수 있는 다양한 무기질과 펩타이드, CLA와 같은 성분을 제공한다. 비타민 B군과 엽산을 함유하고 있으며 아연과 망간, 구리와 같은 무기질뿐만 아니라 비타민 C, D, K, 높은 생물가를 갖는 단백질 등과 같은 골기질 유지와 생산에 영향을 미치는 영양소를 함유하고 있다. 그럼에도 불구하고 칼슘 흡수는 일부 성분에 의해 영향을 받을 수 있으며, 우유는 인과 칼슘의 비율 및 유당과 단백질의 존재로 인하여 인체 칼슘 흡수 측면에서 최적의 식품이다.

(2) 우유 소비를 저하시키는 부작용

우유의 섭취를 저해하는 주요한 두 가지 부작용이 있다. 하나는 유당불내증으로, 이는 우유 섭취를 피하고 요거트와 치즈 같은 발효유제품을 섭취하도록 유도해야 한다. 또 하나는 우유단백질 알레르기로, 이는 모든 유제품의 섭취가 제한된다.

① 유당불내증

유당은 우유에 존재하는 주요한 탄수화물이다. 유당은 포도당과 갈락토오스로 구성된 이당류이다. 유당은 알파(α)와 베타(β)의 2종류 이성질체를 가지는데, 이들은 수용액에서 평형을 이룬다. 유당은 락테이즈라고 알려져 있는 β-갈락토시데이즈에 의해 가수분해 된다. β형태의 유당에 특이적으로 작용하며, 이 효소는 소장 점막과 연관되어 있다. 또한 유당이 가수분해 되면 포도당과 갈락토오스 두 가지 단당류가 흡수되고 간문맥을 통해 간으로 운송되며, 간에서는 갈락토오스가 포도당으로 전환된다. 포유류의 경우 이유기 이후에 β-갈락토시데이즈 활성이 상당히 감소하는데, 이것은 인간에게 항상 같은 수준으로 작용하는 것은 아니다. β-갈락토시데이즈 활성은 성인기 때 남아있지만, 어떤 이유로 이 효소가 결핍이 되었을 때 유당불내증이 발생한다.

② 우유단백질 알레르기

우유단백질 알레르기는 어린이에서 관찰된 최초의 식품 알레르기이며, 유병률은 2.0～7.5%로 다양하다. 이것은 우유단백질에 대한 면역학적 부작용으로 분류할 수 있으며, 신생아기 혹은 출생 후 1년 동안 발병할 수 있다. 일반적으로 소아기 때 약화되는 경향이 있으며 성인에게는 상당히 드물다.

우유단백질 알레르기는 IgE 반응과 연관될 수 있으며, 부작용에는 즉각적인 반응(IgE-매개) 혹은 지연된 반응(비 IgE-매개)이 있다. 즉각적인 반응의 증상으로는 아낙필락시스, 두드러기 및 부종을 동반한 피부 반응, 호흡기 증상 및 구토를 포함한 위장관계 통증, 설사 그리고 혈변이 있다. 비슷하게 지연성 반응(비 IgE-매개)에는 아토피성 피부, 우유에 의해 유발된 폐질환, 만성설사 그리고 위식도 역류질환을 포함한 피부, 호흡기, 위장관계 증상이 있다. 이러한 부작용은 우유 섭취 후 1시간에서 길게는 며칠까지 발생할 수 있다. 이러한 알레르기는 유청 단백질, 주로 β-락토글로불린 때문이지만 케이신에 의해서도 발생할 수 있다.

3) 알과 건강

계란은 아주 오랜 시간동안 인간의 식품으로 이용되어 왔다. 계란 내에는 생명과 성장에 중요한 다양한 영양분이 함유되어 있다. 또한 계란은 저렴하면서도 저칼로리를 보이는 양질의 고단백질 식품이다. 더욱이 계란은 단백질, 지방, 단가불포화지방산, 불포화지방산, 콜레스테롤, 콜린, 엽산, 철분, 칼슘, 인산, 셀레늄, 아연, 비타민 A, B_2, B_6, B_{12}, D, E, K와 같은 성분이 있다. 또한 계란은 항산화 활성을 갖는 카로티노이드, 루테인, 제아잔틴과 같은 성분을 함유하고 있다. 계란의 높은 영양적 특성은 특정 영양소 섭취가 필요한 사람들에게 매우 이상적이다. 계란 단백질은 신체 조직의 형성과 회복에 필요한 필수 아미노산의 균형이 잘 이루어져 있다. 계란의 단백질은 계란 모든 부분에 존재하며, 특히 난백과 난황에 각각 50%와 40%를 차지하고 있다. 그 외에는 난각과 난각막에 존재한다.

계란의 훌륭한 영양적 특성 이외에도 계란의 특정 단백질은 생리활성을 갖고 있다. 고도로 면역화 된 닭은 특정 면역글로불린을 난황 내에 갖고 있으며, 수많은 미생물과 바이러스 예방에 효과적이다. 난백 내 단백질인 라이소자임, 오보트랜스페린, 아비딘 등은 다양한 생리활성 기능이 있다고 보고되었다. 또한 난각 기질 내 특정 단백질은 특이 활성을 갖고 있으며, 인간의 장내 상피세포 내 칼슘 수송을 촉진하는 특이 활성을 갖고 있다. 또한 계란 내 단백질은 생리활성 기능을 갖는 펩타이드 공급원이다. 수많은 연구자들은 난백 단백질 내 펩타이드의 잠재적인 기능을 밝히기 위해 노력하고 있다.

이러한 펩타이드는 단백질로서는 기능을 하지는 않지만 소화관 효소분해나 식품가공 과정 중에 분비되어 생리활성 기능을 하게 된다. 일단 생리활성 펩타이드가 분비되면 조절기능을 갖는 성분으로 작용하여 다양한 활성을 보이는데, 이러한 생리활성 기능에는 항고혈압 작용, 뼈 성장촉진, 항암작용 또는 항균활성이 있다.

(1) 난황 내 기능성 단백질 및 펩타이드와 건강

① 지단백질

저밀도지단백(Low Density Lipoprotein ; LDL)은 80～90% 사이의 지방을 함유하고 있으며, 유화기능을 갖고 있다. LDL은 난황 내 주요 단백질이며, 난황 단백질의

70%를 차지하고 있다. 일부 연구에 의하면 LDL이 풍부한 분획은 HB 4C5 세포의 성장과 면역글로불린 M의 분비를 촉진한다고 보고하였다. 고밀도지단백(High Density Lipoprotein ; HDL) 혹은 리포비텔린은 과립형 난황 단백질 내 고형물질의 약 1/6을 차지하고 있다. 분자량은 4×10^5이며, 80%의 단백질과 20%의 지방을 함유하고 있다. 건강한 사람의 일일 1~2개의 계란 섭취는 지단백 수준에 부정적인 영향을 보이지 않으며, 실제로 혈장 내 HDL 수준을 증가시킨다.

② 포스비틴

포스비틴이라는 이름은 계란 내 인산함량(10%)이 높은 특성에서 유래되었다. 포스비틴의 유화능력 특히, 유화안정성은 다른 어떤 식품단백질보다도 높은 것으로 평가되었다. 포스비틴의 항균활성은 대장균을 대상으로 측정되었는데, 열 스트레스가 있을 때 높은 금속 킬레이팅 활성과 높은 표면활성의 시너지 효과로 인해 항균활성이 나타난 것으로 보고되었다.

③ 면역글로불린(IgY)

닭에는 포유동물과 유사한 세 종류의 면역글로불린이 존재하며, 현재 IgA, IgM, IgG가 밝혀졌다. 계란 난백에는 IgA와 IgM이 존재하고 있으며, 난황에는 IgG가 존재한다. 난황 내 IgG는 포유동물의 IgG와 구별하기 위해 IgY로 나타낸다. 인간의 로타바이러스를 접종한 닭에서 분리한 IgY를 로타바이러스 환자에게 처리한 결과 설사가 완화되었으며, 최근에는 항암(抗癌)치료에도 사용되고 있다.

④ 뼈 성장 펩타이드

계란은 3주 안에 완벽한 병아리의 골격을 만든다. 이런 이론에 근거하여 계란 내 뼈의 성장을 촉진하는 생리활성물질에 대한 연구가 지속되었다. 그 결과 난황 내 수용성 단백질(펩타이드)이 생체 외(*In vitro*)와 생체 내(*In vivo*) 실험에서 뼈 성장을 촉진한다고 보고하였다.

(2) 난백 내 기능성 단백질 및 펩타이드와 건강

① 오브알부민

오브알부민은 생화학적으로 중요한 단백질로서 그 기능은 전달자, 안정제, 차단제 혹은 표준물질로서 이용되고 있으며, 정제한 오브알부민은 식품업계에서도 이용되고 있다. 오브알부민 특히 비인산화 형태의 오브알부민은 계란의 배아의 발달에 필요한 아미노산의 원료를 공급하며 난백 내 유일하게 프리 설프하이드릴(free sulfhydryl)기를 갖고 있다.

② 오보트랜스페린

오보트랜스페린(또는 콘알부민)은 난백 내 철분결합 단백질로서 알려져 있다. 철분결합능력으로 강력한 항균제로서의 근거가 되며, 이는 미생물 성장에 필수적인 철과 결합하여 미생물 내 철분의 결핍을 일으켜 항균제로 작용을 한다. 오보트랜스페린의 철분과의 강한 친화력은 미생물의 성장을 억제하거나 지연시킬 수 있다. 동물실험에서 오보트랜스페린은 급성 영유아 장염에 치료효과가 있다고 보고되었다.

③ 라이소자임

산란계 혈액 중 라이소자임 농도는 포유류보다 10배 높으며, 이는 계란 난백으로 이동된다. 라이소자임의 항균활성 특성은 특정 그람 양성균의 촉매작용에 의한 것으로 알려져 있는데, 이는 미생물 세포벽의 펩타이도글라이칸의 *N*-acetylmuramic acid와 *N*-acetyl-glucosamine과의 결합을 분리하는 것으로 알려져 있다. 이렇게 대표적인 라이소자임의 불성화 및 활성 이외에도 라이소자임의 비효소적 항균활성이 알려졌는데, 이는 변성된 라이소자임이 효소적 활성 없이도 효과가 있다고 알려졌기 때문이다.

④ 난백 펩타이드

난백 가수 분해물은 모든 필수아미노산을 함유하고 있는데, 특히 류신, 이소류신, 발린이 포함된 곁가지 아미노산(BCAA) 함량이 높다. 곁가지 아미노산은 특히 운동선수들에게 매우 중요한데, 이는 BCAA가 간에서 대사되지 않고 근육에서 대사되기 때문이다. 또한 황 함유 아미노산인 메치오닌과 시스테인이 풍부하고 3,000Da 이하의 저분자 펩타이드로 구성되어 있다.

참고문헌

1. Adham M. Abdou, Mujo Kim, and Kenji Sato. 「Functional proteins and peptides of hen's egg origin」 In Chapter 5. Bioactive Food Peptides in Health and Disease.
2. Atli Arnarson. 2015. Beef 101: Nutrition Facts and Health Effects. Authoritynutrition.
3. Pereira P. C. 2014. Milk nutritional composition and its role in human health. Nutrition 30, p. 619-627.
4. 송계원, 이무하, 한재용, 임정묵, 김희발. 2013. 알의 혁명. 서울대학교 출판부.

4. 푸드 패디즘(Food Faddism)

내가 이제껏 알아온 모든 변덕스러운 음식을 골라먹는 사람들과 유행식품 추구자들은 장기간 노화로 늙어 일찍 죽었다. - 윈스톤 처칠(Winston Churchill) -

4.1 식품의 선택에 있어서 심리적 요인의 역할

심리적인 요인, 즉 식품에 대한 동기, 개인의 성격, 태도는 필수적으로 영양적인 행동에 영향을 미친다. 심지어 합리적인 동기, 즉 건강해지려 하고 날씬 해지려는 이러한 욕구는 식사에 이상행동을 일으킬 수 있으며, 특히 병적으로 건강식품을 섭취하려 하거나 신경성 식욕부진을 일으키게 된다. 이들 모두 섭취한 식품이 정신적인 상태에 영향을 주고 식품의 선택에 있어서 감정이 영향을 주는 것으로 보인다.

한 연구에서는 소비자들의 유전자 조합, 기능성, 생태계적 그리고 흔하지 않은 식품에 대한 소비자의 태도를 제시하였다. 다양한 형태의 식품과 식사에 대한 부정적인 태도는 식품이 낯설거나 식품이 건강에 미치는 영향(기능성 식품)에서 기인한다. 소비자들의 구매 동기와 태도에 대한 지식은 식품산업 업자들에게 중요한 요소로서 판매를 증진시킬 수 있는 최고의 마케팅 전략이 될 수 있으며, 식이요법 치료사와 의사가 섭식장애발달을 치료하고 건강한 삶으로 변화시킬 수 있도록 만들 것이다.

4.2 푸드 패디즘(식품 신앙)

푸드 패디즘은 식품과 그 영양성분이 건강과 질병에 영향을 미치는 것을 과학적인 근거 없이 과대평가하는 것을 말한다. 특정한 음식을 먹는 것만으로 건강해진다는 선전을 그대로 믿고 균형을 잃은 식생활을 하는 것, 또는 특정한 음식을 먹어서 병에 걸렸다는 식의 정보를 접하고 구체적인 양에 대한 결과를 확인도 하지 않고 감정적으로 기억하여 그 음식을 전혀 입에 대지 않아 균형이 깨어진 식생활을 하는 것을 말한다. 푸드 패디즘을 믿는 사람들의 가장 위험한 부분은 식품이나 영양성분이 과학적인 근거보다 더 효과가 있다고 믿고, 자기 자신이 직접 진단하고 이를 행한다는 것이다.

불행하게도 대부분의 높은 칼로리를 가지는 식품은 fad food로 여겨진다. 푸드 패디즘은 일반적으로 인간의 건강에 영향을 미치는데, 특히 영양 상태에 영향을 미친다. 푸드 패디즘과 관련된 공중보건의 중요성에 대한 연구는 거의 이루어지고 있지 않다.

그러므로 푸드 패디즘의 발생빈도, 결정요인, 영양과의 관계를 정확히 살펴보아야 한다. 사회단체에서 이러한 푸드 패디즘의 빈도를 알고 그들을 위한 인식 프로그램을 구축하는 것이 매우 중요하다.

예를 들면 가공하지 않은 곡물이나 도정하지 않은 쌀을 찬양하고, 그 외 정제당, 밀가루 등 도정한 곡물을 건강에 이롭지 않다고 비난한다. Memon 등(2014)은 450명을 대상으로 조사하였을 때, 푸드 패디즘을 수행하는 여성은 31.78%, 어린이는 26.22%, 전혀 하지 않는 사람은 42%라고 보고하였다. 푸드 패디즘을 수행하는 사람들의 51.34%는 poor socio-economic class에 소속되었다. 이들 중 208명(79.69%)은 illiterate 또는 초등교육 수준을 보였으며, 반면 남은 53명(20.31%)은 초등교육 수준 이상의 높은 수준을 보였다(그림 4-1). 총 450명의 응답자 중 200명이 임신 중의 여성이었으며, 그 중 143명(71.5%)의 여성이 하나 또는 그 이상의 식품에 대해 푸드 패디즘을 보였다.

그림 4-1. 실험군 내 푸드 패디즘을 실행중인 사람들 분포도(왼쪽),
푸드 패디즘의 교육수준(오른쪽)

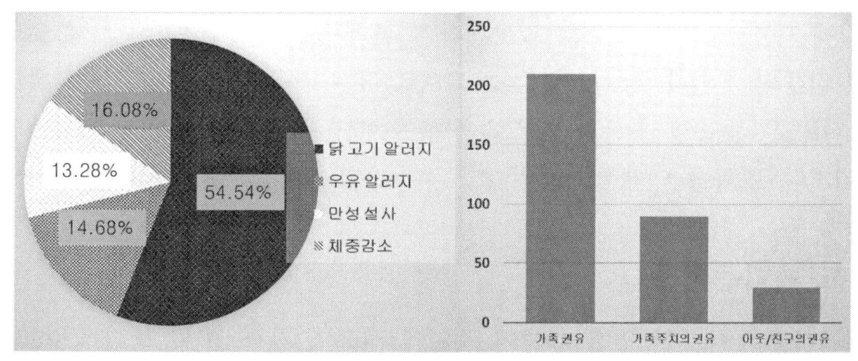

그림 4-2. 가임기 여성의 푸드 패디즘 참가 이유(왼쪽) 및 접하게 된 경로(오른쪽)

푸드 패디즘을 보이는 여성 중 87명(60.83%)은 하나 이상의 식품에 푸드 패디즘을 보였다. 여성 중 143명은 푸드 패디즘에 긍정적인 인식을 갖고 있으며, 78명(54.54%)은 닭고기나 계란에 알러지를 갖고 있다고 하였고, 21명(14.68%)은 우유에 알러지가 있으며, 19명(13.28%)은 만성적인 설사로 인해 gluten free 음식을 먹는다고 하였다. 여성 23명(16.08%)은 체중조절을 위해 특별한 차를 섭취하고 있다고 하였다. 푸드 패디즘을 수행하고 있는 261명 중 207명(79.31%)은 푸드 패디즘에 대한 조언을 부모/조부모로부터 얻었으며, 34명(13.02%)은 이웃/가족/친구로부터 얻는다고 하였다. 놀랍게도 96명(36.78%)의 참가자는 주치의로부터 특정 식품의 섭취를 피하라는 조언을 얻는다고 하였다(그림 4-2).

식이 습관은 개인의 건강상태뿐만 아니라 속한 단체에 영향을 미치는 생활습관 중의 하나이다. 심지어 선진국의 경우에도 특정 식품의 섭취는 특별한 라이프스타일을 의미한다. 이는 개발도상국에서 더 일반적이다. 현재의 연구는 이러한 라이프스타일에 쉽게 노출되는 그룹인 가임여성과 5세 이하 어린아이에 해당된다. 주목할 부분은 58%의 빈도로 노출된다는 점이다. 의사소통 수단의 발달과 함께 사람들은 자신의 건강에 관한 문제에 대해 알게 되었으며, 자신이 직접 자신의 문제를 해결하려 노력한다. Yang은 유기 및 생물화학 분야에의 발달과 함께 영양학은 과학으로 조명 받게 되었으며, 영양장애와 영양학적 처치가 여전히 사회인구(socio-demographic)의 조성에 따라 영향을 받는다고 하였다.

특정 식품이나 식품성분, 식품제조 가공과정에 대한 두려움은 많은 사람들에게 정통적이지 않은 식품처리 과정 또는 영양성분에 대한 특이한 접근을 하도록 만들었다. 합리적인 많은 사람들도 환경 친화적인 이유로 대체식품을 찾게 되었다. 이들은 농업에 사용되는 여러 화학물질에 의한 환경오염을 걱정하고 있으며 "유기식품"이나 "건강식품"의 형태를 찾고 있다. 사람들은 농약이나 합성비료 없이 천연비료와 그 외 다른 유기물질을 이용하여 생산된 식품이 더 영양가가 높고 위해성이 낮다고 믿게 되었다. 건강에 대한 염려와 인식은 정보전달 매체에 의해 증가하였는데, 주로 방송매체를 통해 진행되고 있다. 일명 건강사기꾼으로 유사과학을 통해 자신에게 유리하게 이용한다. 이들은 맞춤형 제품과 시스템을 홍보해서 질병에 저항하고 총체적인 건강을 증진시키거나 노화를 억제할 수 있다고 주장하고 있다.

4.3 푸드 패디즘의 예

푸드 패디즘은 대부분 일반 대중이 폭넓게 먹고 있거나, 아무 생각 없이 먹고 있는 특정 카테고리의 식품을 적으로 규정한다. 그리고 이러한 카테고리에 들어가는 식품이 인체에 안 좋은 영향을 줄 수 있다는 일부 연구 결과를 근거로 제시한다. 물론 그 과정에서 주장하는 바에 반대되는 결과를 보인 연구는 감추고 자신들이 제시한 연구 결과에 대한 소수의 의견 역시 묵살한다. 어떻게든지 자신들이 주장하고 싶은 것만을 전면에 내세우는 방식이다. 그리고 이런 푸드 패디즘의 뒤에는 반드시 특정 상품이나 기업의 이익이 연결되어 있다.

이것은 마틴 가드너 역시 지적한 것이고, 그 이후에 저술된 수많은 푸드 패디즘 관련 비평서에서 지적하고 있는 내용들이다. TBS의 낫토 다이어트 파동 이후 저술된 마츠나가 와키의 『미디어 바이어스 - 의심스러운 정보와 유사과학』이라는 책에는 낫토 파동은 물론이고 환경 호르몬, 첨가물 등의 보도 배후에 있는 특정 이익단체들을 지적하고 있다.

4.4 콜레스테롤

콜레스테롤은 세포 내부를 외부환경으로부터 보호하고 세포 내에 독립된 영역을 만드는 세포막 구성성분 중의 하나이다. 모든 동물은 콜레스테롤을 세포막의 구성 물질로 하고 있으며, 세포막은 콜레스테롤 없이 기능을 유지할 수 없다. 또한 체내에서 부신피질 호르몬이나 성호르몬 등의 스테로이드 호르몬의 합성재료가 되거나 음식물의 소화 흡수에 중요한 역할을 하는 담즙산의 소재가 되기도 한다.

인체 내에서 합성되는 콜레스테롤의 양은 1.0g～1.5g/일 정도인데 비해 식사로부터 섭취하는 양은 0.3g～0.5g/일 정도이고, 이는 식품 중 콜레스테롤 함량이 높은 그룹에 속하는 계란 2개에 해당하는 것으로 체내에서 합성하는 양의 1/3수준에 지나지 않는다. 만약 많은 양을 섭취했을 때 체내에서 콜레스테롤 합성이 억제되어 체내에는 항상 일정량이 유지된다.

결국 건강한 사람에게 어느 정도의 콜레스테롤 섭취는 전혀 문제가 되지 않는다. 다만 생체 대사기능의 장애, 고지혈증, 동맥경화 등과 같은 질병의 소양을 가진 사람에게는 심각한 문제가 될 뿐만 아니라 혈중 콜레스테롤 농도가 높을 경우에도 콜레스테롤이 많은 식사(동물성 지방과 식물성 지방 포함)를 할 때 동맥경화에 의해 발생되는 심근경색, 뇌출혈 등에 걸릴 위험성이 높아지게 된다.

반면, 혈중 콜레스테롤의 수치가 낮을 경우에는 뇌졸중이나 폐렴에 걸릴 가능성이 높다. 따라서 콜레스테롤은 높아도 문제이고 낮아도 문제이다. 이는 고혈압도 위험하지만 저혈압 역시 위험하다는 것이다. 특히 외국에 비해 식육 섭취가 적은 우리나라의 많은 노인들에게 있어 건강상 최대의 적은 심근경색이 아니고 뇌졸중(중풍)이라는 사실에 주목할 필요가 있으며, 성인과 달리 2살 이하의 영유아는 콜레스테롤을 충분히 합성하지 못하므로 충분한 콜레스테롤의 섭취가 중요하다.

지난해 한국지질학회 등 콜레스테롤과 관련이 있는 6개 학회는 고지혈증으로 치료를 받아야 할 환자의 혈중 콜레스테롤 기준치는 240mg/dℓ, 정상 기준치는 200mg/dℓ 이하로 발표했다. 미국인의 경우 이상치를 240mg/dℓ, 정상치를 220mg/dℓ로 정하고 이를 '가이드라인'으로 삼고 있다. 그러나 한국지질학회 등이 의료보험관리공단에 속해 있는 피보험자 59만여 명을 대상으로 2년간 조사결과에 의하면 한국인의 평균 콜레스테롤은 187mg/dℓ로 미국인의 211mg/dℓ보다는 훨씬 낮은 것으로 나타났다.

4.5 동물성 지방(마블링)과 건강

고기 중의 지방함량은 변이가 크지만 일반적으로 도체의 경우 약 20%, 정육의 경우 약 10%, 그리고 살코기의 경우 약 5% 정도를 함유하고 있다. 따라서 고기는 지금까지 지방이 많은 식품으로 인식되어져 왔으며, 산업화 이후 건강에 민감해진 소비자들로부터 뜨거운 논란의 대상이 되어 왔다.

일반적으로 동물성 지방의 섭취가 동맥경화와 관련된 성인병을 일으킨다고 보고되는 과학적 이유에는 크게 두 가지가 있는데, 첫째는 고기에는 높은 농도의 콜레스테롤이 있는데 비해 대부분의 식물성 식품에는 콜레스테롤이 존재하지 않는다는 것이다. 둘째는 고기의 지방조성과 함량에서 포화지방산과 관련된 혈중 콜레스테롤 함량이다. 그러나 이런 내용들은 많은 부분에서 신뢰성이 떨어진다. 그 이유는 고기 내에 많이 존재하는 포화지방산인 스테아린산의 경우 콜레스테롤을 상승시키지 않는 것으로 알려져 있는데, 그 이유는 인체에 유익한 고밀도지질단백질(HDL)의 작용을 촉진하고 저밀도지질단백질(LDL)을 감소시키는 역할을 함으로써 혈중 콜레스테롤의 수치를 감소시킨다는 것이다. 이와 반대로 야자유를 비롯한 대부분의 식물성 기름은 포화지방산으로 이루어져 있기 때문에 혈중 콜레스테롤의 수치를 증가시킨다.

최근 지방의 섭취와 심장병의 발생률에 대한 보고에서 미국의 경우 하루 섭취 칼로리의 40% 이상의 지방을 섭취함으로써 10명 중 3~4명이 심장병으로 사망하고 있고, 대장암이 암으로 인한 사망률 중 2위로 급증했다고 보고하였다. 물론 이러한 내용은 육류 지방을 과다하게 섭취하는 미국인들에게 있어서는 충분히 가능한 일이며, 미국인들의 잘못된 식생활에서 초래된 결과임에 틀림없다. 그러나 식품영양학자들은 우리나라의 경우 심장병 사망률이 미국인에 비해 16분의 1에 불과하므로 미국인은 지방 섭취량을 30% 이하로 낮추어야 하는데 비해 한국인은 오히려 20% 이상으로 높일 것을 권고한다. 이러한 주장의 배경은 한국인의 영양소별 섭취에너지 비율에 근거한 것으로 동양인의 경우 탄소화물 65%, 단백질 15%, 지방 20%가 이상적인 영양비율인데, 한국인의 지방 섭취량은 아직 19%에 머무르고 있는 것과 50세 이상에서는 지방 섭취 비율이 14% 이하로 조사된 것에 기초한 것이다.

한편, 채식 열풍과 관련해 식단을 채식 위주로 바꾸려는 사람의 대부분은 건강에 관심이 많은 중장년층으로 이들은 현재의 지방 섭취가 부족한 상태임에도 불구하고 채식 위주의 식사를 하게 될 경우 영양 불균형이 우려된다고 영양학자들은 지적하고 있다. 특히 5세 미만 어린이의 경우 지방의 섭취는 정상적인 성장을 위한 에너지원으로서 매우 중요한 만큼 섭취를 제한해서는 안 된다고 충고하였다.

4.6 채식주의

비거니즘(Veganism)은 다양한 이유로 인해 동물성 제품의 섭취는 물론, 동물성 제품을 사용을 하지 않는 식습관을 가리킨다. 이러한 식습관을 가진 사람들을 비건(vegan)이라 한다. 채식주의자들은 육식만을 피하지만, 비건(vegan)은 유제품, 꿀, 계란, 가죽제품, 양모, 오리털, 동물 화학실험을 하는 제품도 피하는 보다 적극적인 개념의 채식주의자라 할 수 있다(wikipedia). 그 정도에 따라 채식주의는 다음과 같이 분류할 수 있다(그림 4-3).

- 프루테리언(Fruitarian) : 극단적 채식주의자. 동물뿐만 아니라 식물의 생명도 존중하여 식물의 생명도 해치면 안 된다는 원칙으로 땅에 떨어진 열매만 먹는 채식주의자를 말한다.

- 비건(Vegan) : 완전 채식주의자. 육류와 생선을 물론 우유와 동물의 알·꿀 등 동물에게서 얻은 식품을 일절 거부하고 식물성 식품만 먹는 채식주의자를 말한다.

- 오보 락토 베지테리언(Ovo-Lacto-Vegetarian) : 육류, 생선 등 살코기는 먹지 않지만 달걀이나 우유는 섭취한다.
- 락토 베지테리언(Lacto-Vegetarian) : 우유와 같은 유제품은 섭취하되 다른 동물제품을 전혀 섭취하지 않는다.
- 오보 베지테리언(Ovo-Vegetarian) : 달걀 섭취는 허용하되 육류, 생선, 조류 및 유제품은 전혀 허용하지 않는다.
- 페스코 베지테리언(Pesco-vegetarian, Pescetarian) : 채식주의의 가장 기본으로, 육류와 조류와 같은 소고기, 돼지고기, 닭고기 등은 섭취하지 않지만 유제품 이외 생선 및 조개류는 허용한다.

- 플렉시테리언(Flexitarian/semi-vegetarian) : 파트타임 채식주의자라고도 불리며 끼니마다 육류, 생선, 조류 등을 먹지 않지만 때로는 식사에 육류 및 동물성 제품을 섭취한다.

식품을 선별하여 섭취하기 때문에 다양한 영양소 결핍이 있을 수 있으므로 미국 USDA의 미국인을 위한 식이 권장가이드 라인은 다음과 같이 권고하고 있다(그림 4-4).

- 다양한 종류의 식품을 섭취하는데 여기에는 채소, 과일, 콩류, 너트류, whole grains, 저지방 혹은 무지방 낙농식품과 계란을 섭취하도록 한다.
- 영양소가 강화된 식품, 즉 시리얼, 빵, 두유 혹은 아몬드유와 과일 주스를 섭취하여 전 영양소를 섭취하도록 한다.
- 당, 염, 지방 함량이 높은 식품의 섭취를 제한한다.
- 다른 식품을 과도하게 섭취함으로써 부족한 영양소를 대체하려 하지 말아야 한다. 예를 들어 식육을 대체하기 위해 많은 양의 고지방 치즈를 섭취하지 말아야 한다.
- 대신 콩과 같이 지방함량이 낮은 단백질 원료를 선택해서 이용한다.
- 식품 포장지의 영양 성분표를 이해할 수 있도록 한다. 이 표시사항은 제품에 함유된 원료와 영양성분에 대한 정보를 제공한다.

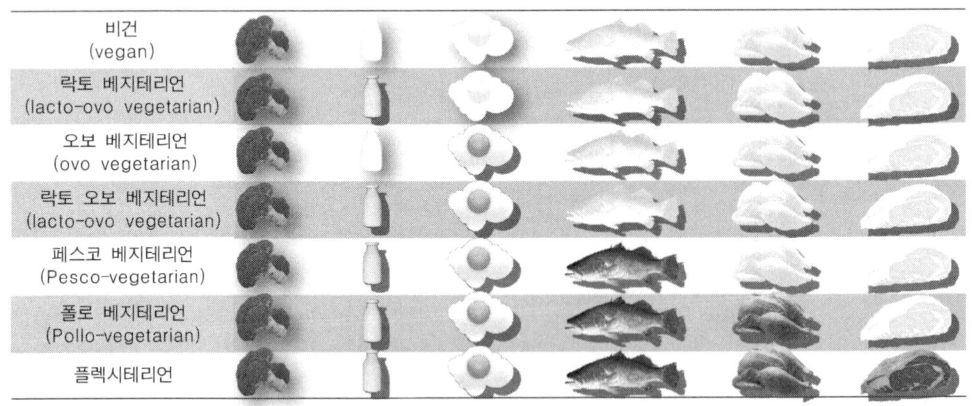

이 외에도 채식 중에도 식물의 생명을 존중해서 식물의 본체는 먹지 않고 열매와 씨앗 종류만 먹는 푸르테리언(fruiatian): 열매주의자)도 있고, 종교적인 이유에서 섭취하는 고기의 종류를 제한하거나, 채식만을 하더라도 채소의 종류를 제한하는 종류도 있다. 그림 출처 : http//blog.seoulfood.or.kr/666

그림 4-3. 채식주의의 분류

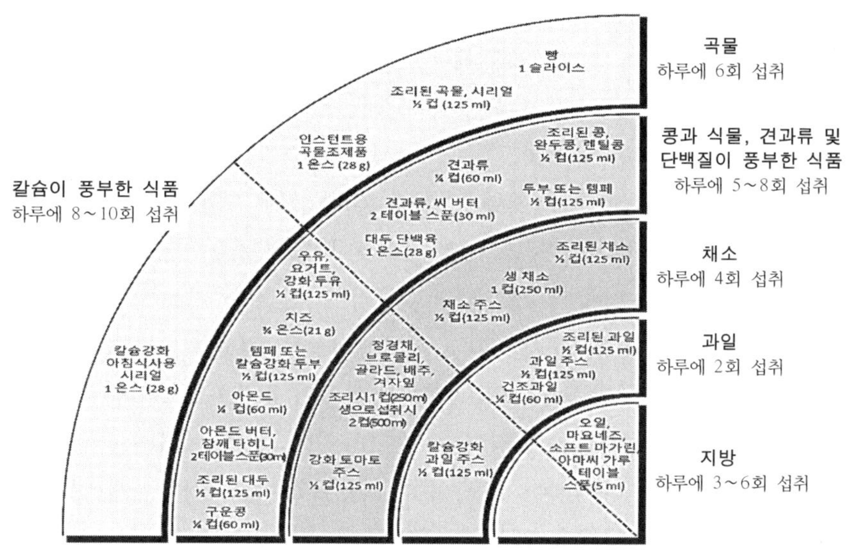

그림 4-4. 채식주의자 식품 가이드 레인보우

- 만약, 더 제한적인 식사를 하고 싶다면 영양사와 상의하여 충분한 영양소를 공급받을 수 있도록 한다.

4.7 동물성 단백질의 우수성

고기 중 단백질의 함량은 축종, 부위에 따라서 약간의 차이는 있지만, 일반적으로 약 20% 내외로 풍부한 편이다. 이러한 단백질의 섭취는 태아, 성장기 어린이, 그리고 화상, 창상, 수술 등으로 인한 새로운 조직의 생성과 오래된 세포의 교체에 필수적으로 요구되는 성분이다. 또한 효소와 호르몬 생성, 항체의 생성, 체액의 유지와 전해질 균형유지에 도움을 주고 산-염기 균형유지를 위한 완충제로서의 역할을 하며 피부, 근육, 힘줄, 뼈, 각종 기관 등의 구조물질이기도 하다.

그러나 단백질의 과잉 또는 부족은 여러 가지 문제점들을 일으키는데, 섭취가 지나칠 경우 어린이는 체성분의 변화를 초래할 수 있고, 신장 및 간의 비대와 아연 및 칼슘 등 무기질의 배출이 많아질 수 있다. 반대로 섭취가 부족할 때는 단백질 부족증(kwashiokor)을 일으켜 발육지연, 피부와 모발의 색소 변화, 부종 등을 유발시키고 성장지연, 면역력 부족, 빈혈, 학습능력 부족 등을 일으키는 원인이 되기도 한다.

물론 노년기에는 생체 대사기능 및 면역성 등의 약화로 인해 고기의 과다 섭취가 질병을 일으킬 수 있는 요인으로 작용할 수 있지만, 양질의 단백질원인 육류의 섭취량이 적으면 뇌연화, 치매현상, 뇌졸중(중풍)을 일으키기 쉽다. 또한 면역력이 약해지기 때문에 질병에 걸릴 확률이 높고, 감기 등으로 인한 폐렴과 같은 노인병의 합병증을 유발시키는 문제점들이 있기 때문에 고령자의 경우에도 1일 50~70g의 고기를 섭취하는 것이 이상적이며, 인체의 뇌수가 단백질로 이루어져 있다는 점을 감안한다면 적정 단백질 섭취는 필수적이다.

호주에서 발표한 연구결과에 의하면 건강을 위한 쇠고기의 일일 적정 섭취량은 여자의 경우 102~150g, 남자의 경우 180~240g이라고 보고하였고, 다른 연구자들은 혈중 콜레스테롤 함량이 정상일 경우 500g까지도 섭취가 가능하다고 한다. 그러나 어린이의 경우 계속적인 성장과 새로운 조직의 생성을 위해 이 보다 훨씬 많은 단백질이 요구되는데, 3세의 어린이는 체중 1kg당 성인의 2배, 임신기에는 15g~20g, 수유기에는 20g~30g이 추가로 요구된다고 보고하였다. 특히 쇠고기는 영양학적인 면에서 단백질과, 아연, 철, 나이신을 공급하고 리보플라빈, 티아민, 레티놀, 나트륨, 칼슘, 마그네슘과 다른 비타민들을 제공하는 훌륭한 공급원이며, 섭취 시 고기 내의 철은 곡류나 야채에 비해 흡수력이 훨씬 우수하다.

참고문헌

1. Adham M. Abdou, Mujo Kim, and Kenji Sato. 2013. Bioactive Food Peptides in Health and Disease in Functional proteins and peptides of hen's egg origin. Intech.
2. Jarvis WT. Food faddism, cultism, and quackery. Annu Rev Nutr. 1983;3:35-52. Review.
3. McBean LD, Speckmann EW. Food faddism: a challenge to nutritionists and dietitians. 1974. Am J Clin Nutr. Oct ; 27(10). p. 1071-1078.
4. Takanori Kasai. Food Faddism. Foods Food Ingredients J. Jpn. 2003. Vol. 208, No. 8.
5. 김정연, 문수재. 1990. 식품섭취의 다양성과 영양소 섭취 수준과의 관련성에 대한 생태학적 분석. 한국영양학회지. 23(5), p. 309-316.
6. 송계원, 이무하, 한재용, 임정묵, 김희발. 2013. 알의 혁명. 서울대학교 출판부.
7. 이성기. 2016. 닭고기와 계란의 과학. 유한문화사.
8. 축산물품질평가원. https://www.ekape.or.kr/view/user/information/expert_ 01_tech_tech_17.asp. Accessed 2016.10.24.

5. 슬로우푸드 대 패스트푸드

"우리가 먹는 것은 곧 우리 자신이 된다. 음식이란 약이 되기도 하고 독이 되기도 한다."

- 히포크라테스(Hippocrates) -

5.1 패스트푸드의 정의

오늘날 농업이 산업화된 형태로 발전하면서 식량 생산과 식품 가공도 대형화되고 있다. 가공식품은 미국인 식단에서 70%를 차지할 정도로 큰 비중을 차지하며, 패스트푸드(fast food)는 편리하며 기술집약적이고, 바쁜 생활에 적합하고 대중적인 현대적 삶의 방식에 부응하여 많은 발전을 이루어 왔다. 표준화의 최대 장점인 고도화된 생산성 증대로 일정수준의 맛과 영양을 비교적 저렴한 가격에 공급할 수 있게 되었다.

일례로 최대 패스트푸드 업체인 맥도날드 햄버거에는 쇠고기가 공급되며, 이는 부유층뿐만 아니라 노동자 계층도 즐길 수 있는 기회를 제공한다. 메뉴도 아이들에게 어필할 수 있는 것이며, 부모와 아이들이 떨어져 있는 경우, 이들은 먹는 시간을 단축할 수 있는 패스트푸드를 선호한다. 패스트푸드 공급 업체에서도 빠른 제공 시간을 통해 소비자에게 행복을 준다고 주장한다. 그러나 아이들에게 비만이나 콜레스테롤 수치를 높이는 원인이 될 수 있다는 정보를 업체가 명확히 제공하지 않는다고 비난을 받기도 한다. 비록 패스트푸드가 비만의 원인으로 지목되어 건강에 좋지 않다고 비난의 대상이 되기도 하나, 합리적 구매 가격으로 모두가 편리하게 이용할 수 있다는 최대의 장점을 부인할 수는 없을 것이다.

5.2 패스트푸드의 영양적 측면

대부분의 패스트푸드는 기름에 조리된 고기와 감자, 그리고 마요네즈, 치즈, 오일이 주성분으로 상대적으로 지방함량 많아 칼로리가 높다고 알려져 있어 건강에 좋지 않고 영양적 가치가 낮다는 부정적 견해를 지닌다. 지방함량 이외에도 패스트푸드가 너무 많은 소금, 설탕, 화학 첨가제를 함유하고 있고, 섬유소 등 건강에 도움이 되는 영양소가 부족하다고 하여 "정크 푸드(Junk food)"라 불리기도 한다. 패스트푸드의 비판적인 영양학적 요인들은 다음과 같다.

(1) 높은 칼로리

대개의 패스트푸드 메뉴(감자튀김과 음료를 포함하는 식사) 하나에는 1,500 kcal 수준의 열량을 함유한다. 이는 하루 성인 권장량의 50% 이상을 차지한다. 여기에 지방은 약 75g 정도이며, 비타민 함량은 상대적으로 부족한 편이다. 맥도날드의 대표 햄버거 제품인 빅맥에는 563 kcal의 열량과 33g의 지방이 함유되어 있다.

철은 일일 권장량의 24%, 비타민 A는 8%, 비타민 C는 1% 정도 함유되어 있다. 미국 성인 남녀 권장량을 고려할 때 상당히 높은 열량임이 틀림없다. 대기업에서는 이러한 문제를 개선하기 위해 칼로리가 낮은 대체 재료를 사용하기도 하지만 시장 반응은 미비하다.

(2) 트랜스 지방

지방이 높은 온도에서 가열될 때, 지방 분자 구조에 수소가 첨가되면서 만들어지는 것이 트랜스 지방산(trans fatty acids)이다. 미국심장협회는 트랜스 지방을 가장 위험한 영양소의 하나로 지정하였으며, 당뇨, 심장질환, 심장쇼크를 일으킬 수 있다고 보고하였다. 또한 햄버거에 있는 고기보다 빵이나 감자튀김이 더욱 문제가 된다.

(3) 소화기 질환

패스트푸드는 위식도 역류 질환(Gastroesophageal reflux disease, GERD), 과민성 대장증후군(irritable bowel syndrome, IBS) 등의 위와 장 질환을 일으킬 수 있다.

(4) 높은 당

일반적으로 햄버거 한 개는 10g 정도의 설탕을 함유하고 있으며, 설탕은 인슐린 저항성을 높여 당뇨병의 원인이 된다.

(5) 나트륨

패스트푸드의 상대적으로 높은 나트륨 함량으로 인해 신장에 무리가 갈 수 있으며, 나트륨이 혈관에 축적되어 고혈압과 심장병을 유발할 수 있다. 또한, 패스트푸드는 장기적으로 비만, 당뇨, 심장질환, 간 질환에 좋지 않은 것으로 알려져 있다. 불포화 지방산 또는 트랜스 지방산을 급여한 동물실험에서 트랜스 지방을 급여한 처리구가 복부지방이 증가하였고, 당뇨의 원인이 될 수 있는 인슐린 저항성이 증가하였다. 그러나 패스트푸드가 항상 건강에 나쁜 식품만을 의미하는 것은 아니다. 수십 년간 꾸준하게 하루에 햄버거를 2개씩 먹어온 사람에게도 건강 지표에 큰 문제가 없다는 보도 기사가 나오기도 한다. 심지어 건강한 식이의 일부일 수 있다고 주장한다.

표 5-1. 패스트푸드 종류별 영양성분 정보

분 류	칼로리	지방	지방 칼로리	콜레스테롤	나트륨	탄수화물	단백질	섬유소	당
햄버거	260	9	80	30	580	34	13	2	7
치즈버거	320	13	120	40	820	35	15	2	7
쿼터 파운더	420	21	190	70	820	37	23	2	8
쿼터 파운더 (치즈 포함)	530	30	270	95	1290	38	28	2	9
빅 맥	560	31	280	85	1070	45	26	3	8
크리스피 치킨 디럭스	500	25	220	55	1100	43	26	3	5
생선 필렛 디럭스	560	28	250	60	1060	54	23	4	5
그릴드 치킨 디럭스	440	20	180	60	1040	38	27	3	6

http://weightlossinternationa.com/newsletter/

패스트푸드 종류별 영양성분 정보는 표 5-1에 나타내었다. 패스트푸드의 영양 성분 정보를 보면 건강에 무조건 나쁜 식품이라고 말할 수 없다. 다른 식품과 비교하여 하나의 영양성분이 지나치게 많거나 적지 않다. 하지만 지나친 양의 패스트푸드 섭취가 건강을 해친다. 패스트푸드 자체가 나쁜 것이 아니라 많은 양의 패스트푸드 섭취가 비만과 건강문제를 일으킬 수 있다는 것이 과학적으로 알려져 있다. 이는 다른 식품(슬로우푸드)에도 적용되는 불변의 진리이다.

5.3 패스트푸드 섭취에 대한 반응

패스트푸드의 폐해를 고발하기 위한 「슈퍼 사이즈 미(Super Size Me)」라는 다큐멘터리에서 30일 동안 맥도날드 메뉴만 먹으면서 한 달 후 변화를 관찰한 결과 체중이 11kg이 늘어났고, 콜레스테롤 수치가 증가했으며, 간 기능도 저하된 것으로 나타났다. 국내에서도 일부 환경 정의단체에서 햄버거의 위해성을 실험하기 위해 2004년 햄버거만 먹는 실험에 들어갔다가 건강 악화를 우려한 의사의 권고에 따라 24일 만에 실험을 중단했다.

이 실험에 대해 전문가들은 햄버거가 채소가 부족해 영양의 균형이 맞지 않는 점이 있지만, 하루에 1~2개를 먹더라도 운동을 충실히 하고 다른 음식을 골고루 먹으면 건강에 전혀 문제가 없다는 의견이었으며, 위와 같은 극단적 실험은 특정 식품에 대한 평가를 과장하고 실험방법에도 무리한 측면이 있다는 점을 지적했다. 또한 고칼로리인 음식을 식사 때마다 매일 먹으면 건강에 문제가 될 수 있는 것은 패스트푸드만의 문제라고 몰아붙이는 것은 곤란하다는 것이다. 매일 매끼를 패스트푸드만 먹는다는 설정 자체가 비현실적이라는 것이다.

5.4 "맥도날드화"

1930년대 도시 빈민층에 나타난 사례를 보면, 패스트푸드의 인기를 설명할 수 있다. 사람들은 지겹고 불행한 삶을 살아갈 때 건강에 도움이 되는 식품 보다는 자극적이며 싸고 편리한 음식을 선호하게 된다. "맥도날드화"란 모든 사회적 가치가 효율성, 편리성, 즉각적 충족으로 변질되는 것을 의미하며 전통적 가치에 무관심해진다는 비난에서 맥도날드 제품의 세계화를 빗대어 만든 신조어이다. 글로벌 식품 회사는 전 세계 시장을 통합하는 강력한 능력을 지닌다. 세계화(globalization)의 영향으로 맥도날드, 버거킹, KFC, 피자헛 등의 유명 패스트푸드 브랜드를 세계 어디서나 볼 수 있으며 엄청난 속도의 성장을 이루고 있다.

미국산 패스트푸드나 편의식품이 유럽과 제3세계 국가의 전통적인 식습관을 변질시키는 원인이라고 비평의 대상이 되고 있다. 어릴 적부터 편리한 식문화에 흡수된 세대가 전통적 식사예절이나 식습관으로 되돌려지기는 쉽지 않다. 음식을 통해 문화의 전파가 이루어지는 실례이다. 전통적으로 인도와 같은 아시아 국가에서는 가정식(슬로우푸드)을 좋아하고 편의를 위해 집밖을 나가서 먹는 외식(eat and go) 문화와는 거리가 멀었다.

그러나 오늘날 패스트푸드는 인도 문화에 적응되어 자리 잡고 선호되고 있다. 연구에 의하면 인도 소비자가 패스트푸드를 선택할 때 가장 가치 있게 간주하는 것으로 위생과 청결을 말한다. 더욱이 친구와 함께 사회적 친분을 교류하는 장소로도 선호된다. 인도의 경우처럼 음식 트렌드가 패스트푸드 소비 쪽으로 변화하면서 문화 방식까지 바뀌는 경우가 많이 생겨나고 있다. 청소년기에 무조건적으로 습득한 음식 선호 패턴은 성장 후에도 변화지 않고 대중적 음식 문화로 남게 된다.

가족단위 중심의 집에서 음식을 만들어 먹던 생활 방식은 점차 약화되고, 요리하기 힘든 음식이나 시간이 많이 걸리고 번거로운 식사 예절도 사라지고 있다. 가구 구성원의 숫자가 줄어듦과 동시에 가족 구성원의 생활패턴이 다양화되고 식습관도 개성을 가짐에 따라 함께 식사하는 습관도 줄어들고 있다. 패스트푸드 음식점이나 전자레인지에서 간단히 조리할 수 있는 간편 편의식이 증가하는 것은 당연한 것일지도 모른다.

말레이시아 정부는 패스트푸드 광고를 아동 TV 프로그램에서는 허용하지 않고 있으며, 포장에 영양 성분을 반드시 표기하도록 한다. 영국 정부에서는 학교 주변 패스트푸드 식당의 개점을 금지하려고 하였으나 식품회사는 이러한 정부를 법률 위반으로 위협하기도 하였다. 개인 의지만으로 자제가 어렵고 질병 증가에 의한 사회적 문제가 확대된다면 예방을 위한 음식윤리의 강조도 중요하지만 비만세(패스트푸드세)와 같은 법적 제제도 고려할 수 있다는 의견이 있다. 그러나 반대론도 만만치 않다. 반대론자들은 패스트푸드 음식점에서 샐러드 등 건강용 음식을 먹을 경우에도 비만세를 내야 하는 것은 불공평하다고 주장했다. 또 비만세는 가격이 저렴한 패스트푸드를 선호하는 중산층 내지는 빈민층에게 차별적인 과세라는 비판도 제기되었다.

5.5 패스트푸드 마케팅과 관련된 윤리 문제

1) 중국의 아동 비만

체질량지수(BMI)는 체중을 키의 제곱으로 나눈 지수로 18.5 이하이면 저체중, 18.5～24.9는 정상, 25～29.9는 과체중, 30 이상을 비만으로 규정짓고 있다. BMI는 내장지방과 같은 체지방과는 상관없는 지수이며, 인종별 차이를 두고 있지 않아 최근에는 새로운 지수가 개발되고 있기도 하다. 아시아인은 서구에 비해 낮은 BMI 지수에서도 건강 위험 문제를 야기한다. 비만은 유전적 요인이 절반을 차지하고 식사와 운동과 같은 환경적 요인에 의해서도 결정된다. 비만은 심장질환, 각종 암, 당뇨, 관절염 등 만성질환의 원인으로 알려져 있으며, 윤리적 문제에서 정부는 어린 시기부터 대처가 필요하다고 주장한다.

패스트푸드 마케팅과 관련된 대표적인 윤리 문제 중 하나는 비만을 일으킨다는 것이다. 특히 중국에서 아동 비만은 심각한 사회문제이다. 현재 중국은 미국을 제치고 세계 1위의 비만국이 되어 성인에게도 비만은 큰 사회적 문제로 자리 잡았다. 영국 의학전문지 랜싯이 전 세계 성인 체중 보고서를 토대로 체질량지수(BMI)를 조사했더니 2014년 중국의 비만 인구는 남성 4천3백20만 명, 여성 4천6백40만 명 등 8천9백60만 명에 이르게 되었다. 1975년에 조사 대상 186개국 가운데 남성 60위, 여성 41위였는데, 40여 년 만에 세계 최고의 비만 국가라는 오명을 받게 되었다.

문화와 종교가 식품 마케팅 운영에 어떤 영향을 미치는 것인지 알아볼 필요가 있다. 쌀은 중국인의 주식이며 주요 에너지원이기 때문에 전통적으로 건강에 좋은 것으로 인식된다. 오래된 문화적 식습관에 의해 과식은 즐거운 것으로 여겨졌으며, 결과적으로 유도된 비만이 나쁜 것이 아니라고 생각했다. 중국이 가장 번성했던 6세기 당나라 시대에는 몸집이 풍만한 여성이 매력적이며 부의 상징으로 인식되었으며, 가난한 사람들은 상대적으로 야위었다. 18, 19세기에 전쟁과 자연재해, 공산주의를 겪으며 식량 공급이 부족했고, 풍부한 몸매를 유지하기 보다는 야위거나 영양실조를 극복하는 것에 대한 관심이 많았다. 중국 인구가 많아지고 한 자녀 정책을 갖게 되면서 부유한 가정에서는 아이를 비만하게 키우게 되었다.

오늘날 중국은 비만에 대한 생각이 변화하여 비만이 건강을 해칠 수 있는 주요 원인이며, 건강식품을 신경 써서 먹을 수 없는 소득이거나 교육정도가 낮은 사람들의 사회적 문제로 인식된다. 비만이 질병과 장기적 건강문제의 원인이라는 의학지식과 마른 체형이 아름답고 사회적 이득을 얻을 수 있다는 서구사상의 영향도 받게 되었다. 이렇듯 경제성장이 급격히 이루어지고 있는 21세기의 중국에는 두 가지 사고가 공존해 있다.

2) 인지상태와 사업 범위

과체중이나 비만과 관련된 인지상태에 관한 연구가 수행되었다(Char and Tang, 2010). 그 결과, 세 가지 유형의 사람으로 나누어졌다. 첫 번째 경우는 비만에서 벗어나는 것에 관심이 없는 사람들이다. 매우 수동적(passivity)인 경우로 체형 변화에 대한 바람이 결여되어 있다. 이들은 패스트푸드와 같이 비만의 원인이 될 수 있는 제품이나, 건강에 특별한 관심이 없는 사람들이 찾는 제품 및 서비스를 위한 사업유형에 해당된다. 두 번째는 뚱뚱하지 않아야 건강한 상태를 유지하고 마른 체형이 사회적으로도 이득이 된다고 생각하는 사람들이 해당되며 공리주의(utilitarianism)로 표현된다. 운동을 위한 체육관, 건강식품(과일 스무디, 저지방 식품 등), 건강 식품점(샐러드, 샌드위치 바), 건강식품 보조제(오메가-3 오일, 비타민제 등)의 사업 형태가 여기에 해당된다. 세 번째는 공리주의와 비슷한 인지개념에서 비만을 매우 나쁜 상태로 규정짓고 비만을 예방하기 위해 상당한 노력을 기울이는 재활주의(rehabilitation)자들이다. 사업유형에는 공리주의적 사업 종류와 더불어 외과수술, 식욕 약물치료, 강도 높은 피트니스 프로그램이 해당된다.

그림 5-1은 앤소프(Ansoff)의 2×2 매트릭스를 이용해서 사업 영역이 기존의 시장과 사업 활동에 침투하거나, 어떤 새로운 활동이나 사업을 추구해야 하는지를 보여준다. 사분면에서 모두 세 가지 인지상태가 포함된다. 1사분면은 “시장침투”형에 해당되며, 비만에 특별한 관심이 없는 수동주의적 상태를 의미한다. 2사분면은 “제품개발”을 위한 경우로 기존 시장 안에서 새로운 제품 개발을 위한 사업유형을 포함하므로

공리주의와 재활주의적 상태를 의미하며, 건강을 유지하기 위한 건강 식품류가 포함된다. 3사분면은 "시장개발(P_0, U_N)" 유형으로 새로운 시장에서 기존의 침투된 제품군의 사업유형을 포함하므로 공리주의와 재활주의적 상태를 포함한다. 여기에는 건강을 유지하기 위한 새로운 식단과 피트니스 프로그램을 포함하는 새로운 시장 형태로 나타난다. 나머지 4사분면은 "다양성" 유형으로 재활주의적 상태를 말한다. 재활주의는 건강하게 삶을 영위하기 위하여 일반적 수준 이상의 노력을 요구하며, 그 예를 들면 식품보조제나 의약품, 극단적 피트니스, 비만 외과수술과 같이 식품의 극단적 형태를 포함하게 된다. 비즈니스 기회는 크기는 1사분면의 시장침투 유형의 크기가 가장 작고, 4사분면의 다양성 유형이 가장 크다. 크기는 사업의 복잡성과 사업 활동의 위험성을 의미하기도 한다(그림 5-2).

		제 품	
		현행(P_o)	신제품(P_N)
시장	현행(U_o)	(1) 시장진입 (무저항)	(2)제품개발 (재건 & 공리주의)
	신규(U_N)	(3) 시장개발 (재건 & 공리주의)	(4) 다각경영 (재건)

그림 5-1. 앤소프(Ansoff)의 2×2 매트릭스

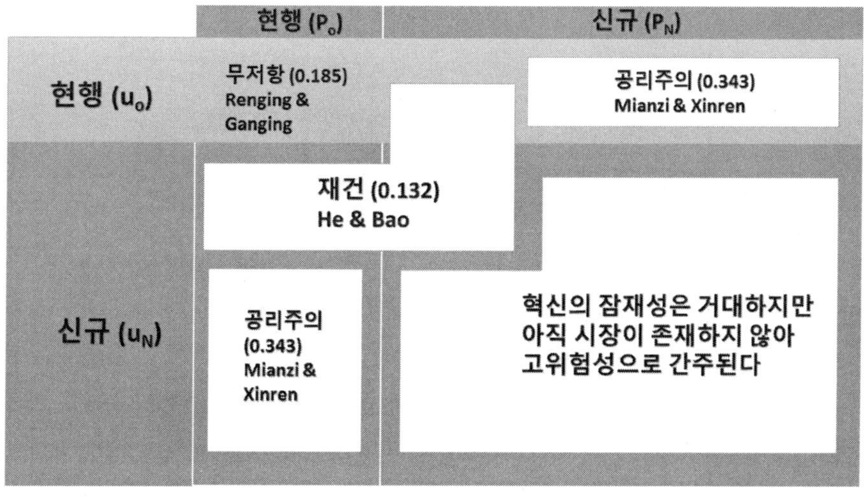

그림 5-2. 앤소프(Ansoff)의 매트릭스

3) 중국의 문화가치와 제품시장

시장침투 전략에 의해 공급되는 수동주의 유형의 소비자는 중간 정도의 시장규모(18.5%)와 가장 큰 BMI 수치를 보인다. 수동주의 유형의 소비자는 사회에서 일반적이며, 잘 알려진 제품의 소실되는 수명주기를 새롭게 연장시키는 형태에서 유효하다. 이러한 소비자들이 제품에 중독되면서 일반 정규 광고는 동일한 가족 그룹의 세대를 끌어들이는 사업전략을 갖는다. 이는 고객의 정서적 인식과 이전 상품에 대한 충성심과 고객과의 관계를 향상시키는 것이다. 이 그룹의 고객은 건강문제에 가장 취약하며 만성 비만을 야기하기 쉽다. 사회적 건강문제가 장기화될 수 있으나 패스트푸드 업체는 불황에도 고용을 유지하고 저소득자에게 공급할 수 있는 장점을 지닌다.

제품개발이나 시장개발에 의해 공급되는 공리주의적 고객은 가장 큰 시장군(68.3%)과 가장 낮은 BMI를 가진다. 기존의 건강의 이롭지 못한 식품 브랜드를 건강식품으로 개선하는 경우나 잘 알려진 기존 식품 브랜드와 차별화된 시장에서 활용될 수 있는 혁신적인 건강식품이 이에 해당된다. 예를 들면 패스트푸드점이 특별한 카페나 건강 베이커리로 다변화하는 것이다. 이 두 경우의 혁신은 결과적으로 중독의 유혹을 뿌리칠 수 있는 사람들의 낮은 BMI를 위한 것이다. 제품이 성숙기에 접어들었을 때 타겟층을 대상으로 한 광고에 마케팅이 집중된다.

재건주의 고객은 가장 적은 시장군(13.2%)과 두 번째로 높은 BMI 수치를 보인다. 제품개발, 시장개발 또는 시장 다변화에 의해 공급되며, 적은 시장군에 비해 매우 넓은 혁신과 다양화 전략이 건강식품에 초점을 맞출 수 있다. 여기에는 패스트푸드점 다음으로 비타민 보조제, 피트니스, 개인 성형외과 수술이 포함된다. 재활주의자 고객은 과거의 나쁜 것은 지나갔고 전적으로 새롭거나 다른 것을 선택함으로써 개선된다고 생각한다.

4) 마케팅에 의한 패스트푸드 중독

텔레비전을 비롯한 대중매체의 광고는 아이들의 식품 선호에 직접적인 영향을 미친다. 결국 이것은 부모들의 구매 행동과 아이들의 소비로 이어진다. 매출 확대와 중독을 위한 식품 광고는 세 가지 유형의 고객에게 각각 다르게 작용한다. 건강에 위해하다는 것을 알고서 전혀 먹지 않으려는 사람을 위한 광고가 있으며, 소비자로 하여금 중독되도록 유도하는 광고나, 실질적으로 먹어왔던 사람들을 위한 광고가 있고, 경쟁사 브랜드에 대항하여 자신의 브랜드를 각인시키기 위한 목적으로 이미 중독된 사람들을 위한 광고로 나눌 수 있다. 어릴 적부터 패스트푸드에 중독된 고객에게는 대부분 세 번째 유형의 해당되며, 추가 고객 확보 보다는 다른 경쟁사의 고객을 뺏어

오는데 목적을 둔다.

유혹물(미끼)은 제품이나 서비스를 끌어당기는 강력한 수단이 되기도 한다. 이는 소비자가 추가적으로 이득을 얻는다고 생각하므로 중독과는 다른 것이다. 아이들을 대상으로 한 광고의 11%는 패스트푸드와 관련되어 있으며, 고지방과 당 함량에 관한 문제점은 언급하지 않는다(Phlipson and Posner, 2008). 유혹물은 넓은 의미로 품질 서비스, 제품 편의성, 낮은 가격 정책, 좋은 맛, 심지어 아이들이 노는 장소를 제공하는 것도 포함된다. 가격을 낮춤으로써 매출이 증가하지만, 낮은 가격의 정책과 비만과의 연관성은 적다. 패스트푸드의 가격 인하와 BMI 수치의 연관성은 매우 낮은 것으로 나타났다(Powell and Bao, 2009).

오늘날 편의성은 매우 중요한 마케팅 요소이다. 바쁜 생활 속에서 전통적인 요리 준비가 어려워지며 짧은 시간에 주문과 구매가 가능한 패스트푸드를 선호한다. 시간이 지나면서 편리함의 이익이 건강 위험의 불안감을 압도한다. 자동판매기, 편의점, 인터넷 주문 방식을 통해 요리 보다는 가벼운 패스트푸드를 구매하는 편리성이 증대되고 있다. 학교 주변의 패스트푸드점 증가가 아동비만의 한 원인이라고 주장하기도 한다.

비만 인구의 증가는 건강 지향적인 식품의 비즈니스 기회를 가져온다. 건강 지향 식품 제조사들의 공통된 걱정은 지방, 설탕, 소금 함량을 줄이면서 동시에 맛이 없어지기 때문에 매출이 줄어드는 것이다. 다시 말해서 맛을 유지하면서 건강에 도움이 되지 않는 성분을 줄일 수 있다면 혁신이 될 수 있다. 대부분의 국가에서는 영양성분을 포장에 표시해야 하는 규정을 가지고 있다. 일부 소비자들은 이러한 정보를 잘 이해하지 못하거나 이전에 알고 있던 영양지식의 성향을 더욱 중시하기도 한다. 중국인들은 기존의 제품은 모두 안전하고 무탈하다고 생각하는 문화적 차이로 영양정보를 잘 읽지 않는 경향이 있다. 이것 또한 비만을 억제하지 못하는 원인이 되기도 하다.

5.6 패스트푸드의 또 다른 사회적 비판

패스트푸드 산업의 경쟁은 매우 심하고 이익 마진이 낮아 패스트푸드 체인의 대다수 종업원들은 최저 빈곤수준 이하의 임금을 받고 있다. 2012년 기준으로 미국 노동통계청 발표에 의하면, 7백만 시민이 패스트푸드 산업에서 일하고 있으며, 이 중 3백 40만이 카운터에서, 2백 90만이 음식준비 및 서빙하는 부분에서 종사하고, 5십만이 조리공정에 일하고 있다. 이들의 평균 임금은 시간당 9달러를 조금 넘는 수준이며, 세전 연봉은 약 18,770달러로 3인 가구 기준 빈곤 지수인 19,530달러를 밑도는 것이다.

패스트푸드 종업원들은 끊임없이 임금 인상을 주장하고 있으나 기업의 이익 감소와 식품 가격의 급등에 따른 사회적 문제를 주장하며 무산시키고 있다. 또한 기업 경쟁력의 약화로 종업원의 일자리가 없어질 것이라고 주장하기도 한다. 그러나 한편으로 종업원 대부분이 10대로서 첫 직장이거나 다른 직장으로 이동하기 위한 중간 직업인 경우가 많아 기업의 윤리문제라고 지적하고 있다. 또한 이들이 생계유지를 위한 부족한 임금을 메우기 위해 낮은 임금을 유지하고자 하는 패스트푸드 기업들이 정부의 생활비 지원 프로그램을 이용하도록 종용하고 있다고 고발되기도 한다. 2013년 기준으로 이러한 기업들이 간접적으로 얻는 순이익이 15억 2천만 달러에 이른다고 고발되었다. 이것은 기업들이 일반 시민이 낸 세금을 이용하여 그들의 낮은 임금을 상쇄시키려는 기업의 도덕적 윤리문제로 지적되고 있다.

5.7 슬로우푸드 및 로컬푸드

민간 차원에서 패스트푸드에 반대하는 움직임은 슬로우푸드(slow food) 운동으로 나타났다. 슬로우푸드는 1986년 이탈리아에서 시작된 운동이다. 로마의 스페인 광장 옆에 미국의 맥도날드가 진출하자 이탈리아 음식을 사랑하는 사람들이 반대운동을 벌인 것이 계기가 되었다. 슬로우푸드는 패스트푸드가 상징하는 속도, 맛의 표준화, 유통방식의 획일화에 반대하여, 조금 느리고 불편하더라도 전통 음식의 가치와 다양성을 재발견하자는 운동에서 출발하였다.

경남대 김종덕 교수는 슬로우푸드는 특정한 종류라기보다는 먹거리를 생산하고 가공하는 방식과 관련된 것으로, ① 슬로우푸드는 자연의 시간에 따라 생산한 것이며, ② 슬로우푸드의 재료는 최첨단의 기술을 이용하기보다는 농민들이 수천 년 동안 발전시켜 온 전통적인 방식을 이용하여 만든 것이고, ③ 슬로우푸드는 사람의 손맛이 들어간 것이며, ④ 슬로우푸드는 인공적인 숙성이 아니라 자연적인 숙성이나 발효과정을 거친 것이고, ⑤ 슬로우푸드는 음식에 대해 생각하고, 음식을 만든 사람에게 감사하며, 음식을 음미하면서 먹는 것이다 등으로 정의하였다(세계문화사전, 2005).

슬로우푸드 운동과 함께 표준화된 생산 시스템에서 생산된 획일화된 가공식품의 반대급부에서 1990년대 영국과 일본에서 시작된 로컬푸드(local food) 운동이 있다. 산업형 농업의 생산주의에 의한 식량공급의 세계화에 따른 원거리 수송으로, 약품처리와 신선도 문제가 제기되면서 소비자의 불안감이 증대되었다. 이는 앞서 언급된 식품 유통에 따른 윤리적 문제의 발생과도 관련된다.

로컬푸드는 소규모 지역농업을 주창하여 지역 생산자와 소비자의 신뢰관계를 중시한다. 1985년 매사추세츠에서 시작된 지역구축농업(community supported agriculture)이 로컬푸드 개념의 시초가 되었다. 지역 구매자는 생산자에게 운영 기금을 납부하고, 소속된 농부는 신선한 지역 농산물을 제공한다. 생산자와 소비자 간 직거래를 통해 생산자에게는 운영의 안전성을 부여하고, 지역농업의 활성화를 통해 지역경제 증대와 에너지 사용과 환경오염 최소화에 따른 이익을 기대할 수 있다. 현재는 대부분 유기농 운동과 결합되어 식품안전, 지역발전, 생태계 건강 측면에서도 긍정적인 역할을 하고 있다. 일부는 제3세계의 가난한 농부를 무시하고 오직 자기 지역의 이기적 이익만을 고집한다는 비판이 있기도 하다. 이러한 슬로우푸드나 로컬푸드 운동이 패스트푸드의 문제점을 근본적으로 해결해 줄 수 있을지는 장기적인 관점에서 지켜봐야 할 것이다.

참고문헌

1. Clark, J. P. and Ritson, C. Practical ethics for food professionals. 2013. IFT press. p. 57-76.
2. Danovich, T. 2015. Reports. Fast-food chains are demanding ethical products. how will farmers keep up?. Eater.
3. Kaiser, M. and Lien, M. Ethics and the politics of food.
4. Reports. Fast-food chains are demanding ethical products. how will farmers keep up?
5. Soba, M. and Aydin, E. Ethical approach to fast food products contents and their advertisement strategies. International Journal of Business and Social Science. 2(24), p. 159-167.
6. Thomas, C. 2014. Ethics and Today's Fast Food Industry. Disabled World. 10. 23.
7. [네이버 지식백과] 패스트푸드/슬로푸드(세계문화사전, 2005. 08. 20. 인물과 사상사).

6. 소비의 윤리

"자신에 대한 죄 가운데 가장 보편적인 죄는 과식과 폭식이다. 과식하게 되면 게을러지고, 게으르면 성적 욕망을 다스리지 못하게 된다. 그런 이유로 정신과 마음을 다스리는 가르침은 식욕을 억제하는 데서 출발한다." - 톨스토이(Tolstoy) -

음식 소비에 영향을 미치는 다양한 사회적 요인들이 있다. 식습관, 전통가치, 종교, 유행, 성별 등이다. 종교는 국가나 인종마다 식품 소비문화에 극단적으로 영향을 미친 강력한 요인이다. 사람들의 가치는 세대나 성별에 따라 다르며, 노인에게 있어 건강에 도움이 되고 질병을 예방할 수 있는 가치는 매우 중요한 반면 젊은 층은 상대적으로 맛이나 편리성에 더 비중을 두게 된다.

6.1 음식에 대한 인식 차이

식품의 가치를 에너지와 영양소 공급 목적의 영양적 기능(1차 기능), 관능적 맛이나 냄새를 제공하는 기호적 기능(2차 기능), 질병예방이나 신체리듬 조절과 같은 생리활성 기능(3차 기능)으로 분류할 수 있다. 음식을 먹으면서 자신에게 가져다 줄 수 있는 건강과 영양적 가치를 강조하는 3차 기능은 보신주의 가치에 해당된다. 영양학의 발달로 개별 성분에 대한 기능과 생화학적 특성이 밝혀지면서 식품을 건강과 장수에 대한 수단으로 인식하게 되었다. 성인병이 많아지고 고령화로 노인층의 건강 문제에 대한 관심이 증가하면서 음식이 열량을 공급해 주고 맛을 즐기는 차원에서 보신적 개념이 증대되고 있는 것이다. 노년의 건강문제와 쾌락주의 기반인 신체기능이 퇴화되면서 상대적으로 식품에 대한 도덕, 종교, 철학적 가치를 지향하는 음식윤리가 강조될 수 있다.

소비자 판매를 위한 마케팅 차원의 기능성 강조도 식품 소비에 영향을 미칠 수 있다. 축산물에서 오메가-3 지방산이 강화된 식육, 우유, 계란을 시장에서 마주치게 된다. 과연 뚜렷한 건강효과를 가져올 수 있을 만한 영양적 함량을 제공할 수 있을지는 미지수다. 맛을 추구하는 측면에서 지방함량이 높은 식품(마블링 쇠고기)의 인기는 여전히 높다. 한편, 동물성 지방의 건강 유해론을 내세워 지방함량이 낮은 고단백질 닭고기 가슴살을 찾는 다양성이 존재한다. 개인적인 선호도의 차이로 발생되는 시장의 다양성을 원인으로 볼 수 있으나, 맛과 건강을 시기나 장소에 따라 다르게 생각하는 소비자들의 모순된 선호 경향도 원인이 될 수 있다.

6.2 식문화

수렵채집 단계의 원시사회의 주술적 세계관, 농경사회의 신화적 세계관을 거쳐 산업사회의 가공식품이 발달되는 합리적 세계관에 따라 식문화도 변화해 왔다. 오늘날 일부 지역에서는 주술적 관점에서 건강에 도움이 되는 특별한 식품이나 효용이 과학적으로 정확히 알려지지 않은 식물에 관심을 보인다. 대부분의 식품에는 정해진 절차와 규정에 의해 만들어진 포장에 표기된 정보(원재료, 영양성분)를 통해 보다 객관적인 선택의 기준이 제공된다. 그러나 개개인이 갖고 있는 식습관은 다양하면서도 여전히 변하지 않는 부분이다.

지구 한편에서는 살코기가 많은 쇠고기가 선호되고, 다른 지역에서는 지방이 많은 마블링 고기가 비싸게 팔린다. 각자 새롭게 형성된 윤리관에 따라 채식주의를 결정할 수 있다. 특히 감수성이 예민한 청소년 시기에 우연히 접한 주변의 권유 및 혐오스럽다고 느끼게 된 사진이나 현장 자료 등을 통해 식습관이 바뀌게 된다. 민족 음식에 대한 편견의 논쟁도 끊이지 않고 있다. 자기가 먹어온 익숙해진 음식에 대해서는 절대적으로 맛있다고 생각하지만, 경험하지 못한 이질적 음식은 거부하기 쉽다. 오랜 문화적 영향으로 인한 음식에 대한 선입견 때문에 개고기를 쉽게 먹을 수 없는 경우가 한 예이다.

6.3 자기만족과 위안의 수단

음식을 섭취하려는 욕구인 식욕(appetite)에는 단순히 공복상태에서 허기를 충족시키려는 욕구와 특정 음식을 섭취하기 위한 욕구도 포함된다. 여기에는 필요한 영양소를 흡수하여 생명을 유지하려는 생리적 욕구도 포함되어 있다. 특정 영양소가 부족할 경우, 식품에 대한 개인의 생각은 감각적이며 본능적인 쾌락을 주요 가치로 생각하는 것으로 여겨졌으며, 음식을 먹는다는 것은 미각적 경험을 추구하려는 육체적 욕망인 식욕의 대상으로 여겨졌다.

식욕은 뇌의 시상하부의 섭식중추에 의해 조절되며, 혈당 수치를 감지하여 섭식행동을 중지하거나 시작하게 하는 조절을 담당한다. 그러나 해부학적 생리조절 기능 이외에도 모습, 시각, 후각적 요인들이 대뇌에 전달되어 영향을 미치며, 심리적 스트레스와 같은 심리적 사회문화적 요인도 영향을 미친다. 붉은 선홍색의 쇠고기는 식욕을 자극하는 육색을 지니며, 이로부터 다즙하고 연하며 풍미가 풍부하면서도 식감이 좋은 쾌락을 느끼게 해준다. 우울한 감정을 해소하기 위함이나, 어릴 적 충분한 관심을 받지 못할 경우 자신에게 위안을 주는 음식을 통해 감정을 해결하기도 한다. 그러나 지나칠 경우 비만으로 이어질 수 있다.

식욕은 생리적 기능에 의해 조절되지만 식습관에 의해서도 변화한다. 일부에서는 미식가들의 행위가 자신의 문화적 욕구를 표현하는 것이며, 다른 사람들의 미각을 자극하거나 유도하기 위해 요리를 만드는 것도 희열을 불러일으킬 수 있는 자기 표현의 하나일 것이다. 심지어 식욕은 이성과 도덕의 경계에서 벗어날 수 있을 뿐만 아니라, 성욕과 비슷한 수준의 통제하기 힘든 욕구다.

해로운 결과를 인지하면서도 즐거움(쾌락)을 위해 제품을 소비하는 현상을 중독이라 한다. 알코올, 담배 등이 대표적인 예이다. 담배의 표지에 적힌 경고 메시지에도 불구하고 흡연 인구는 좀처럼 줄어들지 않는다. 최근 과식도 이러한 중독 행동에 포함되며, 이는 많은 양의 음식을 단순히 섭취하는 것이 아니라, 포화지방이나 당 함량이 높은 특정 식품군(junk food)을 많이 섭취하는 것이다. 운동 결핍과 함께 부모의 특별한 주의가 없을 경우 아동비만의 주원인이 된다. 대부분의 아이들은 장난감이 포함된 패스트푸드를 통해 위안을 느낀다.

6.4 종교적 식습관

1) 종교적 소비

음식에는 영신주의적 가치를 부여하는 경우가 있다. 다양한 민족과 종교적 배경에서 우리가 먹는 음식 재료들은 대부분 성스러운 신화적 계보를 갖고 있다. 주술적이나 종교적이나 민족적인 관점에서 음식을 소비하는 자체를 성스러운 대상과 소통하거나 소통을 위한 의례에 동참하는 것으로 생각하는 경우가 많았다. 원시시대 사람들은 사냥을 통해 얻은 음식물을 신이 준 선물로 인식하였으며, 농경사회에서 수확한 곡식을 통해 공경의 대상에게 감사하는 마음을 지녔다. 또한, 자연히 음식을 통해 건강을 유지하고 생명을 연장시킬 수 있다는 믿음을 지니게 된다.

종교적 식습관은 영성주의 관점에 해당된다. 대부분 종교에서는 음식의 쾌락주의적 탐닉을 경고하여 제한적 식사와 음식 절제에 기초하여 영성적, 도덕적 선을 강조한다. 다양한 종교적 식습관은 인간이 동물과는 다른 차별적 우수성에 기인한다. 인간이 동물과 다르게 충동이나 무차별적 소비 욕구(쾌락주의)를 통제할 수 있는 금식 의례 등에서 나타나 있다. 그 예로, 순례자 및 수행자들의 마른 모습을 볼 수 있다. 특정한 음식 준비 의례 절차나 기도문, 조리법 등이 있다. 이런 음식에 도덕적 가치를 갖는 상징적 의미를 부여함으로써 자신의 우월성을 공고히 한다.

믿음의 기본적 원천인 종교의 교리 대부분은 음식과 관련된 건강과 정신적 가치를 강조한다. 불교, 유태교, 무슬림, 힌두교, 모르몬교도들은 음식에 대한 엄격한 규제가 있다. 가톨릭교인도 교리를 바꾸기 전까지 금요일에 고기를 먹는 것을 금지하였으나 개신교는 상대적으로 엄격하지 않다. 다만, 식사는 성스러운 행위임을 강조하여 식사 때마다 주기도문을 외우게 한다. 가톨릭교에서 광란적 폭식은 성욕만큼 사회 질서를 위협하는 요인으로 간주되지 않아 가벼운 죄로 보았으나, 유대교인에게는 절제하는 식습관이 절대적 의무로 요구되고, 대부분의 종교에서 음식을 낭비하는 것을 부도덕한 것으로 간주된다.

힌두교인들은 모든 생명체의 신성성을 중요시하며, 동물에게 고통을 주는 것을 반대하고 정신 수향에 도움이 된다는 이유로 채식주의를 이상적인 것으로 간주한다. 불교에서는 생선과 육류를 먹는 것을 허용하지만, 가급적 채식을 권장한다. 다른 종교에서도 그러하듯이 음식이란 생명 유지의 수단으로 과욕을 부리거나 탐식하는 것을 피해야 한다. 유대교에는 코셔(kosher)라고 하는 음식 계율이 있어 먹어도 되는 음식, 먹지 말아야 할 음식, 음식 조리방법 등을 언급한 가이드라인이 있으나 뚜렷한 과학적 증거는 희박하다. 발굽이 갈라지고 되새김질하는 동물만 먹을 수 있으며, 돼지고기는 금한다. 고기는 반드시 피를 제거해서 먹어야 하고, 고기와 유제품을 함께 먹어서는 안 된다고 한다. 이러한 엄격한 기준에 따라 카스르트(kashrut) 인증을 받은 식품을 먹는다.

이슬람의 음식문화는 유대교와 매우 유사하다. 먹을 수 있는 것을 법전에는 할랄로 불리며, 동물에게 불필요한 고통을 주는 것을 금하고 있으며, 무슬림은 돼지고기를 하람으로 금기한다. 가톨릭교에서는 금식기간에 고기를 먹는 것을 금하도록 되어 있으며, 종파에 따라 또한 다양하다.

2) 할랄푸드

세계 무슬림 인구는 현재 20억 명에서 2030년 22억 명으로, 전 세계 인구의 30% 이상을 차지하는 새로운 식품시장의 블루오션으로 떠오르고 있다. 이슬람 국가들의 식품 수요 시장 규모가 급격히 증가하면서 할랄푸드(halal food)에 대한 관심도 증가하고 있다. 이슬람교는 무슬림 생활 전반에 작용하는 종교로서 소비행태에도 강력한 영향력을 미치므로 이슬람 식품시장을 개척하기 위해 이슬람 종교와 문화를 완벽히 이해해야 하고 "할랄"과 같은 인증이 필수적이다. "무슬림은 신이 허락한(halal) 음식만 먹는다."는 율법에 따라 이슬람에서는 일상생활 전반에 걸쳐 원칙적으로 모든 형태의 금기와 규제를 가르는 기준이 있으며, halal(할랄)과 haram(하람)으로 구분한다(표 6-1).

할랄에는 해당되는 육류의 축종이 양, 소, 닭 등으로 제한되며, 샤리아 율법에 의해 동물 복지를 고려해야 한다. 사료에도 하람 사료나 GMO 농산물이 포함되어서는 안 되고, 동물의 성장을 촉진하는 호르몬제를 사용해서도 안 된다. 치료를 위한 약품도

표 6-1. 이슬람의 금기와 규제

구 분	정 의	식품 예
Halal	이슬람에서 허용되는 것	소, 양, 닭, 우유, 생선, 야채, 과일, 곡류 등
Haram	이슬람에서 금기되는 것	돼지고기와 부산물 이슬람법에 따라 도축되지 않은 할랄 식육 파충류, 곤충 포도주, 에탄올 등 술과 알코올성 음료
Mashbooh	허용인지 금기인지 명확하지 않은 것	담배(일반적으로 회피함)

할랄이어야 한다. 도축은 이슬람 도살법을 이해하고, 자격증을 취득한 무슬림이 시행하고, 도축 당시 살아있거나 살아있다고 판단되는 가축을 "신의 이름으로"라는 주문을 외운 뒤 메카 방향대로 단칼에 정맥을 끊어 도살하는 등 이슬람법(shariah)에서 허용된 방법으로 도축된 것만을 인정한다. 할랄 인증을 받기 위해서는 기존 식품의 생산 공정 수정이 불가피하며, 하람을 사용한 설비에서 생산할 수 없으므로 전용 생산라인이 필요하다.

6.5 과식과 거식

1) 폭식증과 거식증

폭식과 거식은 잘못된 식습관과 다이어트 강박증에 의한 대표적인 섭식장애의 하나이다. 청소년기에 증상이 시작되고 자신의 체중에 민감하여 다이어트에 집착하는 젊은 여성층에서 발생된다. 건강보험공단 자료에 따르면 섭식장애로 진료 받은 인원은 2012년 1만 3,000명으로 나타났고, 특히 폭식증환자는 2013년 1,796명으로 20~30대가 진료인원의 70.6%를 차지했다.

거식증과 폭식증은 식이 형태에서는 완전히 다르나 무리한 다이어트나 체중이나 체형에 대한 스트레스가 공통적 원인인 경우가 많아 청소년기에는 거식증이었던 환자가 20대에는 폭식증으로 바뀌기도 한다. 체중 감량을 위해 음식을 지나치게 피하다가 결국 참지 못하고 한 순간에 많은 양을 먹은 후 죄책감이나 비만에 대한 두려움으로 먹은 음식물을 토하거나 다시 굶는 행동을 반복하면서 거식증과 폭식증이 동시다발적으로 나타나는 경우가 흔하기 때문이다(그림 6-1).

그림 6-1. 섭식장애 사이클

2) 원인과 증상

거식증(anorexia)은 체중 증가나 비만에 대한 심한 혐오감을 가지고 있어 극단적으로 음식을 거부하면서 인위적인 구토, 지나친 운동, 설사약 등 약물을 남용하게 된다. 식욕부진아의 경우에는 선천적으로 소량의 음식물로 만복감을 느껴 항상 말라 있는 선천성 식욕부진이라는 것도 있다. 신체에 이상이 없어도 식욕부진이 일어나는 경우가 있어 음식물을 주는 방법 또는 즐거운 분위기 조성 등의 심리적인 면도 배려해야 한다. 거식증은 신경내분비 기능을 담당하는 시상하부의 이상이 원인이라는 견해가 유력하며 유전적 영향도 있는 것으로 알려져 있다. 지나치게 날씬함을 강조하는 사회적 요인도 원인으로 작용한다. 정상체중 보다 15% 이상 체중 감소가 나타나는 경우 거식증으로 진단한다. 30% 이상 감소할 경우 입원이 필요하다. 골격근이 위축되거나 여성의 경우 월경이 중단될 수 있다. 저혈압 증세와 더불어 우울증, 탈모, 피부착색과 함께 식도와 위에 염증이 생길 수 있다.

폭식증(bulimia)은 식욕을 조절할 수 없는 증상으로, 먹고 난 후 체중을 줄이기 위해 토하거나 변비약이나 이뇨제 등의 약물을 사용하거나 지나친 운동에 집착하는 등 이상적 행동을 되풀이한다. 음식을 완전히 씹지 않은 채로 먹거나 몰래 숨어서 먹는 행동이 지속되면 폭식증 진단을 받는다. 폭식증의 원인은 대뇌에서 분비되는 세로토닌과 노르에피네프린, 엔도르핀 등의 신경전달물질의 이상과 관련된 것으로 약물치료를 통해 증상이 호전된다. 폭식증 환자는 성취 지향적이고 충동조절에 문제가 있으며 우울증이 동반되기도 한다. 폭식증으로 인해 반복적 구토나 약물 남용은 체내의 저칼

륨혈증, 저염소성 알칼리혈증 등의 전해질 불균형을 가져온다. 구토에 의해 식도나 위가 찢어지기도 하며 우울증과 더불어 인격 장애, 충동조절 장애 등이 동반될 수 있다. 체중감소와 더불어 영양소 결핍에 따른 탈모, 체온저하, 피부건조도 발생된다.

3) 사회적 영향

식욕 상실이나 폭식은 심각한 정서적 또는 신체적 문제를 일으킨다. 심각한 고통이나 스트레스를 겪거나 화가 났을 때 음식 소비를 현저히 줄인다는 연구결과가 있다. 음식에 대한 혐오감은 소년기에 형성된다. 이는 특정 음식과 부정적으로 결합된 다양한 경험에서 비롯된다. 시대에 따른 이상적 체형에 대한 가치관의 변화도 식욕상실로 연결된다. 노동집약적 산업사회에서 풍만한 몸매의 가치관이 도시화, 자동화와 건강에 대한 관심이 증대되면서 미적 위주의 마른 체형으로 변화된 것이다.

젊은 여성들은 폭식, 거식증, 식욕 억제제 과용으로 건강을 잃기도 한다. 매력적인 이미지와 이상적 체형으로 인해 어릴 적 성적학대나 성폭행 등 성적 충격을 받은 여성들은 방어 전략의 일환으로 과체중을 유지하려 한다. 성적 매력을 감소시키기 위해 체중을 늘림으로써 다른 학대 가능성을 방어할 수 있다고 생각한다. 노인기에는 미각의 저하, 저작 기능의 상실, 상해 및 질병 등으로 식습관이 변하며 식욕을 잃을 수도 있다. 영양결핍에 의한 건강을 위협받을 수 있는 차원에서 단백질이 풍부한 축산식품 섭취의 중요성이 강조된다.

6.6 윤리적 소비

지난 10여 년 동안 서양사회에서 부유한 자본주의 국가들을 중심으로 윤리적 소비라는 말이 대중에게 점점 인식되어 왔다. 과거에 특정 정치적 소비자들이 주로 사용하던 '책임 있는' '양심적 소비'라는 말들이 이제는 일반 대중들에게도 친숙한 단어가 되었다. 그러나 윤리적 소비(ethical consumption)라는 단어는 아직 명확하게 정의 내려지지 않은 채 동물복지, 노동기준, 보건복지 차원의 인권, 환경과 사회의 지속가능성 등에 대한 폭넓은 관심사를 포괄하는 용어로 시장에 기초한 현대 소비자 경제의 편리한 표현으로 사용되어지고 있는 실정이다.

윤리적 소비는 넓게 활용되어 하나는 윤리적 구입이라는 개별 소비자 문화와 다른 하나는 좀 더 적극적인 자유시장 개입의 형태인 개도국 생산자들의 정치적 및 경제적 권리 보호라는 지구적 공정거래 운동과 소비자 구입행위를 연결시키는 것이다. 윤리적 소비가 포용하는 관심사항은 다양하지만 공통사안은 생활형태의 정치화를 강조하는 것이다. 이것은 정치적 소비자 중심주의(political consumerism)가 이제는 더 이상 소수의 정치적 소비자들의 관심사가 아니고 보통의 소비자들의 일상생활 형태로까지 넓혀졌다는 것을 의미한다.

자본주의 사회의 대량 생산, 대량 소비문화는 자원의 낭비와 노동환경의 악화, 사회의 비인간화, 기업들의 무분별한 소비권장 등으로 소비자들의 물질만능과 환경파괴 그리고 인간생활 형태의 지속가능성이 파괴되는 부작용을 가져왔다. 이에 따른 반작용으로 윤리적 소비가 주된 관심사로 일반 대중에게 어필하게 되었다. 윤리적 소비는 자급, 반 소비자 중심주의, 환경주의, 쓰레기 최소화 및 사회정의 등에 대한 관심을 불러 일으켰다.

식품윤리 차원에서의 윤리적 소비는 소비자가 추구하는 식품소비 과정에서 소비가 야기하는 다양한 부작용을 최소화하는 관점에서의 소비 행동 규범을 기술하고 실천에 옮기는 것일 것이다. 2017년 유엔 보고서에 의하면 2016년 세계 기아인구는 8억 1천 5백만 명으로 세계인구의 11%에 달한다. 반면에 세계보건기구(WHO)보고에 의하면 2016년 과체중 인구는 19억 명에 달하며, 이 중 비만인구는 6억 5천만 명에 이른다. 이런 상황에서 세계의 중산층 비율은 증가하여 식품 소비행태는 축산물 소비 증가로 향하고 있다. 이로 인한 부작용은 소고기와 유제품 수요증가와 타 단위가축 고기 수요증가를 만족시키기 위하여 생산을 증대시키려면 더욱 많은 물과 가축 사육 토지를 확보하여야 한다.

이에 따른 산림훼손, 온실가스 생산 증대, 야생동물 생활근거지 파괴, 지하수 고갈 등의 환경 파괴와 생산증대를 위한 공장식 축산의 확대로 동물복지 손상, 농민 인권 훼손, 작업자 착취 등의 부작용은 갈수록 악화된다. 더욱이 식품의 대량 생산과 이동거리 증가로 저장성 향상을 위한 과도한 첨가물의 부정 및 불량한 사용으로 인한 소비자 안전의 위험도는 증가한다. 따라서 소비자들은 개인 수준에서는 과도한 구입을 절제하고 음식 쓰레기를 줄이는 차원에서 식품을 구입함으로써 윤리적 소비를 실천하는 것일 것이고, 집단으로서는 식품산업의 다국적 기업이나 자국의 대기업들이 구입하는 원료의 원산지 파악과 가난한 개도국과의 공정한 거래를 감시할 수 있는 활동을 강화함으로써 윤리적 식품 소비가 성취할 수 있는 지구 환경보호와 개도국 농민보호, 소비자 안전 확보, 나아가서는 우리나라의 식생활형태의 지속가능성을 유지시키는 결과를 달성하도록 하여야 할 것이다.

부유한 국가들의 소비자들의 과시나 사치를 위한 무분별한 소비경향은 이국적 축산물을 추구하고 낭비성 소비를 부추기는 분위기를 조성한다. 이에 따른 부작용은 야생동물의 남획으로 인한 생물종 다양성을 해치는 결과와 식품 생산과 수송 그리고 소비 증가에 따른 탄소발자국 증가로 인한 지구 온난화의 촉진이다. 결과적으로 윤리적 소비는 일반 대중이 과다한 음식소비 및 낭비를 자제하게 만들어 국가적으로 보건의

료비의 절감을 가져오게 할 것이다. 또한 무분별한 축산물 및 이국적 동물성 식품의 소비를 절제하게 함으로써 개도국의 환경 파괴와 생물종 다양성 파괴를 완화시키고, 지구 기후변화에 좀 더 관심을 갖게 하여 자기 나라의 농식품 분야의 지속가능한 발전을 가능하게 할 것이다.

참고문헌

1. Haskins, O. Anorexia and bulimia, surgery and the redevelopment of eating disorders. B.
2. Lewis, T. and E. Potter(ed.). 2011. Ethical consumption: a critical introduction, London and New York, Routledge.
3. 김명식, 음식윤리와 숙의, 2014년 연구재단 선정 중견연구자 지원사업.
4. 김석신, 음식윤리학, 궁리.
5. 김용환, 음식의 심리학, 인북스.

축산식품 윤리

2018년 2월 20일 초판 인쇄
2018년 2월 25일 초판 발행

편저자 : 이무하 · 남기창 · 장애라 · 조철훈
펴낸이 : 천 승 배
펴낸곳 : 도서출판 유한문화사

주소 : 경기도 고양시 덕양구 지도로124번길 8-35
전화 : (02) 2668-2055
팩스 : (02) 2668-2565
http://www.yuhansa.com
E-mail : yuhansa@hanmail.net

등록 : 제 5-31호. 1979. 3. 6.

값 20,000 원

ISBN : 978-89-7722-935-8 93590